高等院校计算机教育系列教材

单片机原理与应用及 C51 程序设计
(第 5 版) (微课版)

谢维成　杨加国　主　编

清华大学出版社
北京

内 容 简 介

51 系列单片机应用广泛，是学习单片机技术较好的系统平台，同时也是单片微型计算机应用系统开发的一个重要系列。本书以实用为宗旨，通过丰富的实例讲解 51 系列单片机原理和软硬件开发技术。程序设计语言涵盖了汇编语言和 C 语言，兼顾单片机原理的学习和系统开发。本书所有程序均在 Keil C51 上调试通过，应用实例通过 Proteus 仿真实现，并免费提供所有源代码和电路图的资源下载。

本书适合各类大专院校及培训机构作为"单片机原理与应用"或"单片微型计算机原理及应用"类课程的教材，也特别适合打算学习单片机应用系统开发的读者使用，还可供各类电子工程、自动化技术人员和计算机爱好者参考。

图书在版编目(CIP)数据

单片机原理与应用及 C51 程序设计：微课版 / 谢维成，杨加国主编. -- 5 版.

北京：清华大学出版社，2025. 8. -- (高等院校计算机教育系列教材). -- ISBN 978-7-302-69781-7

Ⅰ. TP368.1；TP312.8

中国国家版本馆 CIP 数据核字第 20254Q72U4 号

责任编辑：梁媛媛
封面设计：李　坤
责任校对：李玉萍
责任印制：丛怀宇

出版发行：清华大学出版社

   网　　　址：https://www.tup.com.cn, https://www.wqxuetang.com
   地　　　址：北京清华大学学研大厦 A 座　　　邮　　编：100084
   社 总 机：010-83470000　　　　　　　　　邮　　购：010-62786544
   投稿与读者服务：010-62776969, c-service@tup.tsinghua.edu.cn
   质量反馈：010-62772015, zhiliang@tup.tsinghua.edu.cn
   课件下载：https://www.tup.com.cn, 010-62791865

印 装 者：三河市科茂嘉荣印务有限公司

经　　销：全国新华书店

开　　本：185mm×260mm　　印　张：20　　　字　数：487 千字

版　　次：2006 年 7 月第 1 版　2025 年 8 月第 5 版　印　次：2025 年 8 月第 1 次印刷

定　　价：59.80 元

产品编号：106386-01

前　言

　　51 系列单片机应用广泛，是学习单片机技术较好的系统平台，同时也是单片微型计算机应用系统开发的一个重要系列，是掌握嵌入式技术的入门平台。单片机实验及实践教学的目标是培养应用型人才，根据近年理论教学、实践教学和单片机应用系统开发的经验，发现要理解 51 系列单片机内部结构和工作原理，汇编语言知识还是必不可少的，但在单片机应用系统开发中采用汇编语言的却并不多，尤其在开发比较复杂的应用系统时，为了提高开发效率，以及便于代码移植，基本上都采用 C 语言编程。C 语言不仅学习方便，而且也与汇编语言一样能够对单片机资源进行访问，因而目前大多数院校在开设单片机课程时都引入了 C 语言。因此，本教材在讲解单片机基本原理的同时，兼顾了汇编语言和 C 语言两个方面。

　　本书自 2006 年出版后，凭借全新的编写思路、鲜明的应用型特色，受到了广大教师及学生的欢迎，重印了 9 次，2009 年修订出版的第 2 版重印了 14 次，2014 年出版的第 3 版重印了 14 次，2019 年出版的第 4 版重印了 19 次，累计印数达 18 万册以上。为了更加适合各院校使用，本书编者认真听取了广大师生的意见，权衡内容与篇幅的矛盾，本书仍然保留了第 1～4 版的主体框架和特色，为了缩减篇幅，仍然突出其应用性，对相应的内容做了修订。

　　本书特色和修订内容如下。

　　(1) 本书以实用为宗旨，在讲解单片机原理的同时兼顾单片机应用系统设计，内容前后连贯，知识难度逐步递进，前面章节的知识是后面应用的基础，后面应用实例是前面章节知识的延伸和拓展。

　　(2) 增加相应微机原理的相关知识，不用开设微机原理课程也可进行本课程的学习；在讲解理论知识的同时，适当引入嵌入式方面的相关内容，为后续 32 位嵌入式课程学习打下基础。

　　(3) 程序设计兼顾汇编语言和 C 语言。教材按照"同一实例，汇编语言和 C 语言对比学习"的思路教学并编写。本次改版考虑了 C51 单片机程序设计的现实情况(开发程序一般都用 C 语言编程)，精简了汇编程序设计的内容。第 3 章"单片机汇编程序设计"，介绍了 C51 单片机汇编指令系统，但减少了相应实例；第 6 章"51 系列单片机的内部资源及编程"的实例同时给出了汇编程序代码和 C51 程序代码，方便学生对计算机内部工作过程的理解和认识；从第 7 章开始的实例不再给出汇编程序代码，只给出 C51 程序代码，在一定程度上压缩了本教材的整体篇幅。

　　(4) 基于 Proteus 和 Keil 开发和仿真工具，所有程序均在 Keil 软件中调试通过，实用例子均通过 Proteus 进行硬件仿真。本书提供所有源代码和电路图的资源下载，读者可从清华大学出版社官网下载。

　　(5) 为便于读者练习和自学，各章均配有少量习题。为方便学生平时学习，各章节还录制了微课视频。

　　(6) 本次改版结合当前单片机应用系统开发情况，增加了图形液晶显示器 LCD12864 和温湿度传感器模块及其相应应用实例。第 4 版"第 5 章 Keil C51 集成环境的使用"和

"第 6 章 PROTEUS 软件的使用"合并成一章"第 5 章 51 系列单片机开发和仿真工具";后面章节按顺序进行相应调整。增加了"51 系列单片机仿真实验"内容并放在第 10 章。删除了第 4 版"附录 A MCS-51 系列单片机指令表"和"附录 B C51 运算符优先级和结合规则"的内容。其他章节内容作了适当的调整。

本书修改和调整后的章节内容如下。

第 1 章 计算机基础知识。内容包括计算机中的信息及表示、微型计算机基本结构和工作原理及单片机概念。

第 2 章 单片机基本原理。内容包括 51 系列单片机内部结构及原理,外部引脚、片外总线及工作方式。

第 3 章 单片机汇编程序设计。内容包括 51 系列单片机汇编指令格式及寻址方式,指令系统及常见的汇编程序设计。

第 4 章 单片机 C 语言程序设计。内容包括 C51 基础知识、数据类型、变量、绝对地址的访问及 C51 中的函数。

第 5 章 51 系列单片机开发和仿真工具。内容包括 Keil C51 集成环境的使用和 Proteus 软件的使用,Keil μVision 采用第 5 版,Proteus 采用 8.12 版。

第 6 章 51 系列单片机的内部资源及编程。内容包括并行接口、定时/计数器接口、串行接口及中断系统,本章通过大量实例介绍了 51 单片机片内四大接口的编程及应用。

第 7 章 51 系列单片机输入输出设备及应用。内容包括数码管、字符液晶显示器 LCD1602、点阵液晶显示器 LCD12864 以及键盘的原理及编程。

第 8 章 51 系列单片机与 D/A、A/D 转换器的接口。内容包括并行 D/A 转换器 DAC0832 和并行 A/D 转换器 ADC0808/0809 的原理及编程,串行 D/A 芯片 MAX517 和串行 A/D 芯片 MAX1241 的原理及编程。

第 9 章 51 系列单片机应用系统设计。内容包括单片机应用系统开发过程,以及单片机多点温度测量系统、带温湿度的电子万年历、单片机电子密码锁系统的设计方案及硬件和软件设计方法。

第 10 章 51 系列单片机仿真实验。提供了 8 个仿真实验,内容包括 51 系列单片机内部功能部件及 A/D、D/A 的编程和应用。

本书由西华大学谢维成和成都大学杨加国、陈斌、赵静共同编写,谢维成和杨加国担任主编。

本书第 1、2、6 章由杨加国编写,第 3、9 章由赵静编写,第 4、5 章由陈斌编写,第 7、8、10 章和附录由谢维成编写,最后由谢维成和杨加国统稿完成。另外,杨勇、郑海春、王孝平、檀杰及研究生谢林城、刘久成、张永海、张子豪、黄祥柯、胡林参与了本书的部分仿真调试及微课视频录制工作,在此一并表示感谢。同时感谢参考文献的作者们,本书借鉴了他们的部分成果,他们的工作给予我们很大的帮助和启发。

尽管本书是改版,我们全体参编人员已尽心尽力,但限于自身水平,书中难免会出现遗漏和欠妥之处,恳请广大读者不吝指正,给我们提出宝贵意见和建议。

编 者

目　录

第 1 章

计算机基础知识

【学习目标】

(1) 了解信息在计算机中的表示方法，掌握有符号数的原码、反码和补码表示以及西文字符的 ASCII 码表示。

(2) 熟悉微型计算机的基本结构和工作原理。

(3) 了解单片机的概念、发展及主要系列。

【本章知识导图】

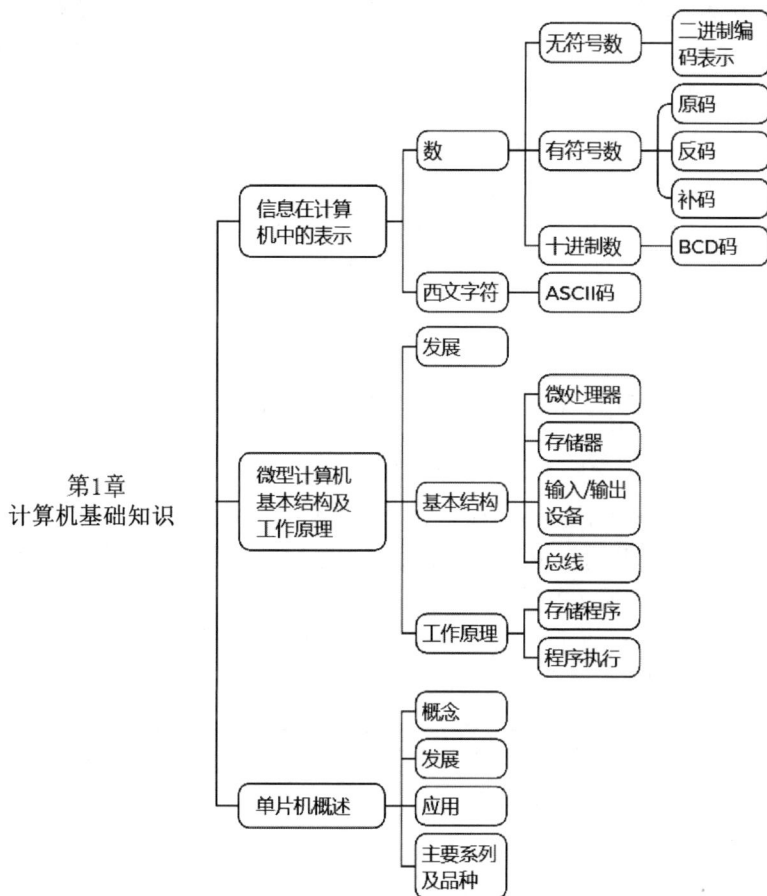

计算机是能够对输入信息进行加工处理、存储并能按要求输出结果的电子设备，又称为电脑或信息处理机。当前，计算机日益普及，已广泛应用到社会的各个方面，极大地改变了人们的工作、学习和生活方式，对整个社会和科学技术影响深远，已成为信息社会发展的主要工具。

1.1　信息在计算机中的表示

现在使用的计算机是按照冯·诺依曼(Von Neumann)的存储程序原理工作的，内部按二进制数进行运算，任何信息，不管是数字还是字符，在计算机中都是以二进制编码形式进行表示和处理的。

1.1.1　数在计算机内的表示

计算机中的数通常有两种，即无符号数和有符号数。这两种数在计算机中的表示是不一样的。无符号数由于不带符号，表示时比较简单，可以直接用它对应的二进制形式表示即可。例如，假设机器字长为 8 位，则 123 表示成 01111011B。

有符号数带有正负号。数学上用正负号来表示数的正负。由于计算机只能识别二进制符号，不能识别正负号，因此计算机中只能将正、负号数字化，用二进制数字表示。通常，在计算机中表示有符号数时，在数的前面加一位，作为符号位。正数表示为 0，负数表示为 1，其余的位用于表示数的大小。这种包含符号位的数称为机器数，其数值称为机器数的真值。机器数的表示如图 1.1 所示。

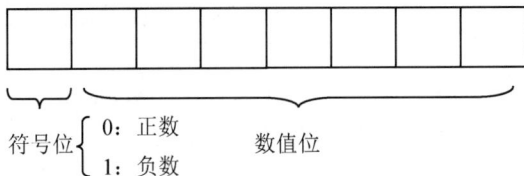

图 1.1　机器数的表示

在计算机的发展过程中，机器数先后有 3 种表示法，包括原码、反码和补码。

1. 原码

用原码表示数时，最高位为符号位，正数用 0 表示，负数用 1 表示，其余的位用于表示数的绝对值。正数的符号位为 0，因而正数的表示与它对应的无符号数的表示相同，负数则不同。原码的表示如图 1.2 所示。

图 1.2　原码的表示

用原码表示数时，由于最高位用作符号位，剩下的位作为数的绝对值位。对于一个 n 位的二进制数，其原码表示范围为 $-(2^{n-1}-1)\sim+(2^{n-1}-1)$。例如，如果用 8 位二进制数表示原码，则数的范围为 $-127\sim+127$。

用原码表示数时，对于 -0 和 $+0$ 的编码不一样。假设机器字长为 8 位，-0 的编码为 10000000B，$+0$ 的编码为 00000000B(这里的 B 表示二进制数的后缀，在计算机中对其不予表示)。

【例 1.1】求 $+76$ 和 -45 的原码(机器字长为 8 位)。

因为

$$|+76|=76=1001100B$$
$$|-45|=45=101101B$$

所以

$$[+76]_{原}=01001100B$$
$$[-45]_{原}=10101101B$$

2. 反码

用反码表示数时，最高位为符号位，正数用 0 表示，负数用 1 表示。正数的反码与原码相同，而负数的反码可在原码的基础上，符号位不变，其余位取反得到。反码的表示如图 1.3 所示。

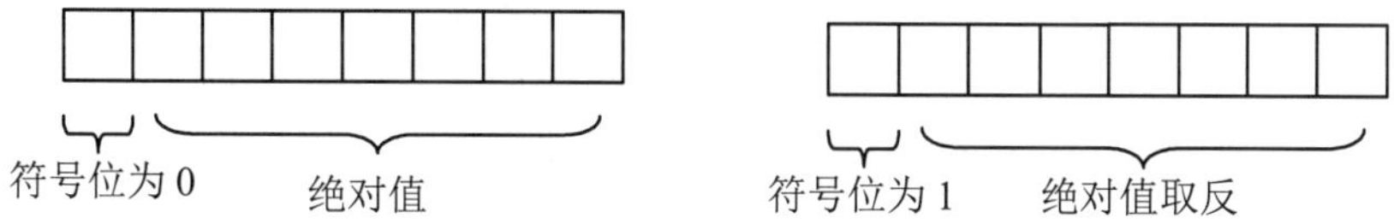

图 1.3　反码的表示

数的反码表示范围与原码相同，对于一个 n 位二进制数，它的反码表示范围为 $-(2^{n-1}-1)\sim+(2^{n-1}-1)$，对于 0，假设机器字长为 8 位，$-0$ 的反码为 11111111B，$+0$ 的反码为 00000000B。

【例 1.2】求 $+76$ 和 -45 的反码(机器字长为 8 位)。

因为

$$[+76]_{原}=01001100B$$
$$[-45]_{原}=10101101B$$

所以

$$[+76]_{反}=01001100B$$
$$[-45]_{反}=11010010B$$

3. 补码

用补码表示数时，最高位为符号位，正数用 0 表示，负数用 1 表示。正数的补码与原码相同，而负数的补码可在原码的基础上，符号位不变，其余位取反，末位加 1 得到。对于一个负数 X，其补码也可用 $2^n-|X|$ 得到，其中 n 为计算机字长。补码的表示如图 1.4 所示。

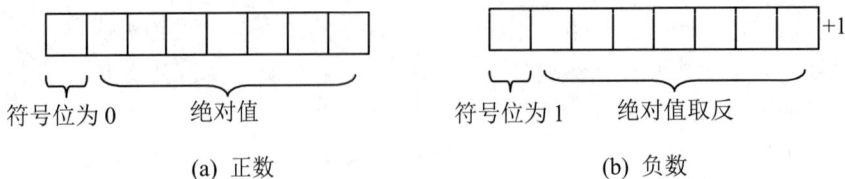

符号位为 0　　　绝对值　　　　　符号位为 1　　绝对值取反

(a) 正数　　　　　　　　　　　(b) 负数

图 1.4　补码的表示

【例 1.3】 求+76 和-45 的补码(机器字长为 8 位)。

因为

$$[+76]_原=01001100B$$
$$[-45]_原=10101101B$$

所以

$$[+76]_补=01001100B$$
$$[-45]_补=11010011B$$

另外，对于补码的计算，也可用一种求补运算方法得到。

求补运算：一个二进制数，符号位和数值位一起取反，末位加 1。

求补运算具有以下特点。

对于一个数 X，有

$$[X]_补 \xrightarrow{\text{求补}} [-X]_补$$

那么，已知正数的补码，则可通过求补运算求得对应负数的补码，已知负数的补码，相应地也可通过求补运算求得对应正数的补码。也就是说，在用补码表示时，求补运算可得到数的相反数。

【例 1.4】 已知+45 的补码为 00101101B，用求补运算求-45 的补码。

因为　　　　　　　　　$[45]_补 \xrightarrow{\text{求补}} [-45]_补$

所以

$$[-45]_补=11010010+1=11010011B$$

对于一个 n 位的二进制数，其补码的表示范围为 $-(2^{n-1}) \sim +(2^{n-1}-1)$。

用补码表示数时，对于-0 和+0 来讲，其补码是相同的，假设机器字长为 8 位，则 0 的补码为 00000000B。

4. 补码的加、减法运算

补码的加、减法运算规则如下。

$$[X+Y]_补=[X]_补+[Y]_补$$

$$[X-Y]_补=[X]_补-[Y]_补=[X]_补+[-Y]_补=[X]_补+\{[Y]_补\}_{求补}$$

即用补码表示数时，求两个数之和 $[X+Y]_补$，直接用两个数相加($[X]_补+[Y]_补$)；求两个数之差 $[X-Y]_补$，可以直接用两个数相减 $[X]_补-[Y]_补$，也可以先对减数 $[Y]_补$ 求补运算，然后再与被减数 $[X]_补$ 相加。也就是说，减法运算可通过加法和求补运算来处理。

【例 1.5】 假设计算机字长为 8 位，完成下列补码运算。

① (+76)+(-45)

因为　　　　　　　　　$[+76]_补=01001100B$　　　　$[-45]_补=11010011B$

$$[+76]_{补} = 01001100B$$
$$+ \quad [-45]_{补} = 11010011B$$

进位 1 自动丢失 $\longrightarrow$ 1 　　00011111B

所以　　$[(+76)+(-45)]_{补}=[+76]_{补}+[-45]_{补}=00011111B =[+31]_{补}$

② 　(+76)−(+45)

因为　　　　　　$[+76]_{补}=01001100B$　　　　$[+45]_{补}=00101101B$

　　　　　　　$\{[+45]_{补}\}_{求补}=11010010+1=11010011B$

$$[+76]_{补} = 01001100B \qquad\qquad [+76]_{补} = 01001100B$$
$$- \quad [+45]_{补} = 00101101B \qquad + \quad \{[+45]_{补}\}_{求补} = 11010011B$$
$$00011111B \qquad 进位 1 自动丢失 \longrightarrow 1 \quad 00011111B$$

所以　　$[(+76)-(+45)]_{补}=[+76]_{补}-[+45]_{补}= [+76]_{补}+\{[+45]_{补}\}_{求补}=00011111B=[+31]_{补}$

从以上计算可以看出，通过补码进行加减法运算非常方便，而且能把减法转换成加法，这样可进一步简化计算机中运算器的线路设计。所以，现在的计算机中，有符号数都用补码表示。

5. 十进制数的表示

计算机内部对信息是按二进制方式进行处理的，但生活中人们习惯使用十进制。为了处理方便，在计算机中，对于十进制数也提供了十进制编码形式。十进制编码又称为 BCD 码，分为压缩 BCD 码和非压缩 BCD 码。通常人们所说的 BCD 码是指压缩 BCD 码。

压缩 BCD 码又称为 8421 码，它用 4 位二进制编码来表示一位十进制数符号。十进制数符号有 0～9 共 10 个，编码情况如表 1.1 所示。

表 1.1　压缩 BCD 编码表

十进制符号	压缩 BCD 编码	十进制符号	压缩 BCD 编码
0	0000	5	0101
1	0001	6	0110
2	0010	7	0111
3	0011	8	1000
4	0100	9	1001

用压缩 BCD 码表示十进制数，只要把每个十进制数符号用对应的 4 位二进制编码代替即可。例如，十进制数 24 的压缩 BCD 码为 0010 0100。

1.1.2　字符在计算机内的表示

在计算机信息处理中，除了处理数值数据外，还涉及大量的字符数据。例如，从键盘上输入的信息或打印输出的信息都是以字符方式输入/输出的，字符数据包括字母、数字、专用字符及一些控制字符等，这些字符在计算机中也是用二进制编码表示的。现在计算机中字符数据的编码通常采用的是美国信息交换标准代码(American Standard Code for Information Interchange，ASCII)。基本 ASCII 码标准定义了 128 个字符，用 7 位二进制数来编码，包括 26 个英文大写字母、26 个英文小写字母、10 个数字符号(0～9)以及一些专用符号(如":""!""%")和控制符号(如换行、换页、回车等)。常用字符的 ASCII 码如表 1.2 所示。

表 1.2　常用字符的 ASCII 码(十六进制数表示)

字符	ASCII	字符	ASCII	字符	ASCII	字符	ASCII	字符	ASCII
NUL	00	.	2F	C	43	W	57	k	6B
BEL	07	0	30	D	44	X	58	l	6C
LF	0A	1	31	E	45	Y	59	m	6D
FF	0C	2	32	F	46	Z	5A	n	6E
CR	0D	3	33	G	47	[	5B	o	6F
SP	20	4	34	H	48	\	5C	p	70
!	21	5	35	I	49	]	5D	q	71
"	22	6	36	J	4A	↑	5E	r	72
#	23	7	37	K	4B	'	5F	s	73
$	24	8	38	L	4C	←	60	t	74
%	25	9	39	M	4D	a	61	u	75
&	26	:	3A	N	4E	b	62	v	76
'	27	;	3B	O	4F	c	63	w	77
(	28	<	3C	P	50	d	64	x	78
)	29	=	3D	Q	51	e	65	y	79
*	2A	>	3E	R	52	f	66	z	7A
+	2B	?	3F	S	53	g	67	{	7B
,	2C	@	40	T	54	h	68	|	7C
−	2D	A	41	U	55	i	69	}	7D
/	2E	B	42	V	56	j	6A	～	7E

计算机中一般以字节为单位，而 8 位二进制表示一个字节，字符 ASCII 码通常放于低 7 位，高位一般补 0，在通信时，最高位常用作奇偶校验位。

1.2　微型计算机基本结构及工作原理

根据冯·诺依曼设计思想，现代计算机由运算器、控制器、存储器、输入设备和输出设备五大部分组成。微型计算机是计算机发展到一定阶段的产物，由于大规模集成电路技术的发展，使得能够把运算器和控制器集成在一块集成电路芯片内，通常把集成运算器和控制器的这块集成电路称为中央处理器或微处理器，简称 CPU。微型计算机(Micro-Computer)是指以中央处理器为核心，配上存储器、输入/输出接口电路等所组成的计算机。微型计算机系统(Micro-Computer System)是指以微型计算机为中心，配以相应的外围设备、电源和辅助电路以及指挥计算机工作的系统软件所构成的系统。

1.2.1　微型计算机的发展

微型计算机的出现，是计算机技术发展史上一个新的里程碑，为计算机技术的发展和普及开辟了崭新的途径。我们日常生活中使用的大部分都是微型计算机。

说到微型计算机，必须要提到 Intel 公司。Intel 公司是一个生产 CPU 的公司，1971 年诞生的第一台微型计算机就是用 Intel 公司生产的 Intel 4004 微处理器。Intel 公司在整个微型计算机的发展中都起着非常重要的作用，正是 Intel 公司不断开发的新型的功能强大的微处理器，推动微型计算机不断向前发展。

微型计算机按 CPU 字长和功能一般分为以下几代。

第一代(1971—1973 年)：4 位和低档 8 位微处理器，代表产品有 4004、4040、8008。

第二代(1974—1977 年)：中高档 8 位微处理器，代表产品有 Z80、I8085、MC6800 以及 Apple-II 微机。

第三代(1978—1984 年)：16 位微处理器，代表产品有 8086、8088、80286 以及 IBM PC 系列机。1981 年 8 月 12 日，IBM 正式推出 IBM 5150，它的 CPU 是 Intel 8088，IBM 将 5150 称为 Personal Computer(个人计算机)，不久，"个人计算机"的缩写"PC"成为所有个人计算机的代名词。另外，Intel 公司后来生产的微处理器都以 8086 为基础，包含 8086 指令，所以统称为 80x86 系列。

第四代(1985—1992 年)：32 位微处理器，代表产品有 80386、80486。

第五代(1993—1999 年)：超级 32 位 Pentium(奔腾)微处理器，代表产品有 Pentium、Pentium II、Pentium III、Pentium 4 以及 32 位 PC 机、Macintosh 机、PS/2 机。

第六代(2000 年以后)：64 位高档微处理器，代表产品有 Itanium、64 位 RISC 微处理器芯片以及微机服务器、工程工作站、图形工作站等。

目前，Intel 生产的 CPU 一直占据市场的统治地位，也确立了 80x86 架构的行业标准。AMD 是 CPU 厂商中的后起之秀，其生产的 CPU 兼容 x86 指令，与 Intel 的竞争一直没有停歇，始终都是此起彼伏。近年来尤其在桌面和笔记本市场，AMD 仍在继续提高其市场份额。微型计算机的发展趋势就是速度越来越快、容量越来越大、功能越来越强。

1.2.2　微型计算机的基本结构

微型计算机由微处理器、存储器、输入/输出设备和系统总线等组成，典型的微型计算机基本结构如图 1.5 所示。

1. 微处理器

微型计算机中的运算器和控制器合起来称为微处理器(CPU)，CPU 是微型计算机的心脏，它对微型计算机的性能起着关键作用。

2. 存储器

存储器是微型计算机中存储信息的装置。CPU 执行的程序或者处理的数据都通过存储器存放。从存储器取出信息称为读，将数据或程序存放到存储器称为写。

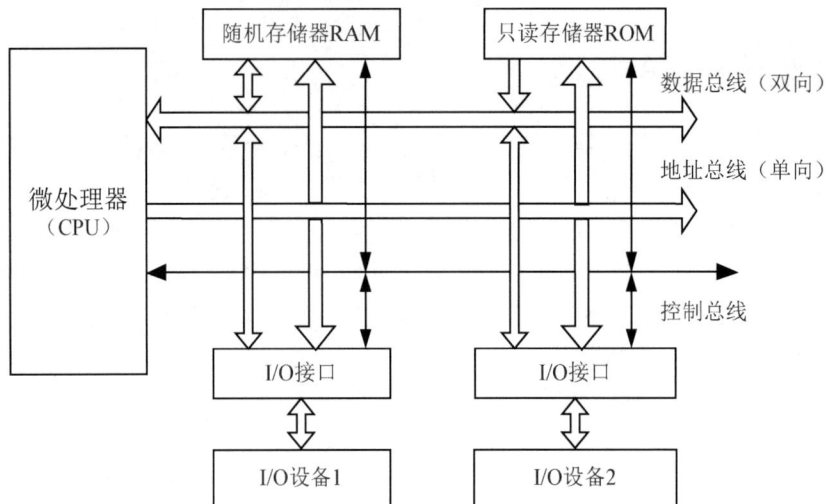

图 1.5　微型计算机基本结构

3. 输入/输出设备及接口电路

输入设备是向计算机输入数据和程序的装置。它的功能是将数据、程序按人们熟悉的形式送入计算机，经过计算机转换为可识别的二进制形式存入存储器中。常用的输入设备有键盘、鼠标、光笔、模/数转换器、扫描仪、话筒和数码相机等。输出设备是计算机向外界输出信息的装置。计算机通过输出设备将其处理过的信息以人们熟悉、方便的形式输送出来。常用的输出设备有显示器、打印机、绘图仪、数/模转换器及音箱等。输入设备和输出设备一起称为计算机的外部设备，有的设备既是输入设备又是输出设备。输入/输出设备一般不直接与 CPU 相连，而是通过一个中间部件(接口电路)与 CPU 连接。

4. 总线

总线是连接多个设备或功能部件的一簇公共信号线，它是微型计算机各组成部件之间信息交换的通道。微型计算机硬件组织上采用总线(Bus)结构，各大功能部件通过总线相连。

1.2.3　微处理器

微处理器是微型计算机的核心，不同的微处理器其性能指标不同，内部具体结构也不一样，但它们的基本结构大体相同，主要由运算器、控制器、寄存器组和片内总线组成。典型结构如图 1.6 所示。

1. 运算器

运算器一般包括算术与逻辑运算部件(Arithmetic and Logic Unit，ALU)、累加寄存器 A(Accumulator)、程序状态字寄存器(Program Status Word，PSW)和通用寄存器组等。

1)　算术与逻辑运算部件

算术与逻辑运算部件(ALU)是运算器的核心，它是以全加器为基础，辅以暂存器、移位寄存器和相应的控制逻辑组合而成的电路，在控制信号的作用下可完成对二进制信息的加、减、乘、除等算术运算，以及与、或、异或等逻辑运算和各种移位操作。

2) 累加寄存器

累加寄存器(A)简称累加器,有时写为 ACC。累加器的英文是积累的意思,翻译成累加器,初学者可能会误认为它是一个加法运算器。实际上,累加器只是一个寄存器,送入ALU 进行运算的两个操作数,其中一个一般都在累加器中,运算结果通常又送回累加器。例如,做加法运算的被加数、做减法运算的被减数通常都存放在累加器中,运算结果一般也送回累加器中,这样,运算后累加器中原来的操作数就被运算结果取代,在原来的基础上进行了积累。累加器是微处理器使用最频繁的寄存器,有些微处理器的相关运算要求必须通过累加器来处理。

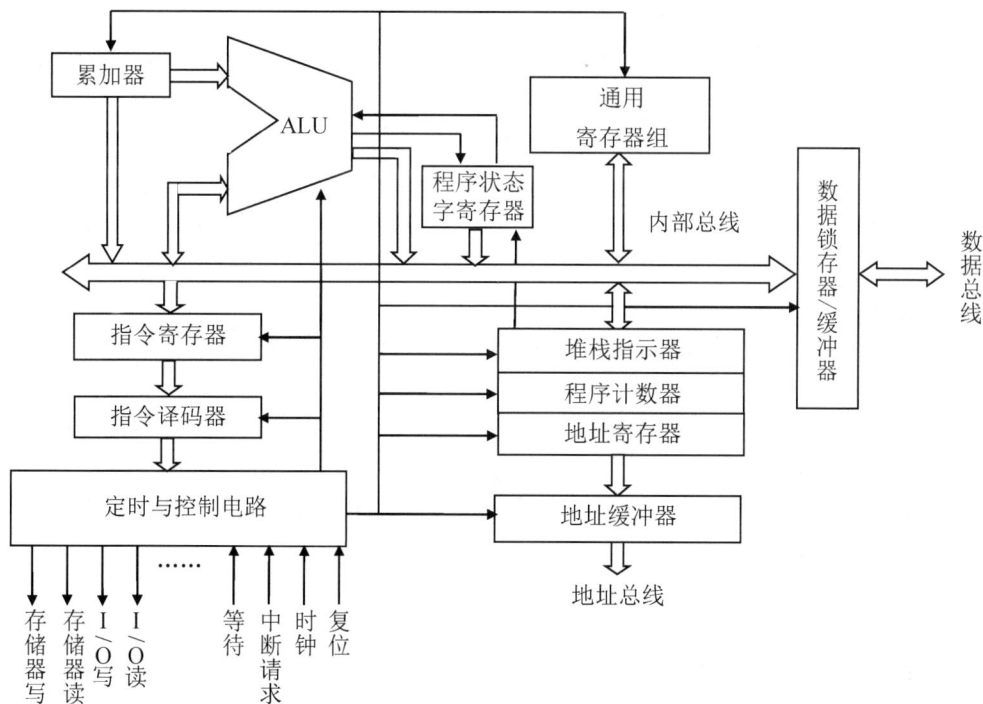

图 1.6 微处理器的内部结构

3) 程序状态字寄存器 PSW

程序状态字寄存器有时又称为标志寄存器(Flags Register,FR),按位方式使用。程序状态字寄存器通常有两方面的作用,一方面用于记录 ALU 运算过程中的状态,如用来记录运算结果是否溢出、是否有进位或借位、运算结果是否等于零等,这些位称为状态标志位,在程序运行过程中经常需要检查这些标志位以决定下一步如何做;另一方面用于对微处理器相关的运行过程进行控制,如数据传送是递增方式还是递减方式、是否进行中断处理等,这些位称为控制标志位。不同微处理器的标志位数目和具体规定都不相同。常见的标志位有以下几种。

① 进位标志 CY 或 CF(Carry)。该标志位用于记录加法运算时是否有进位或减法运算时是否有借位,如果有,则该标志位置 1;否则清零。

② 辅助进位标志 AF 或 AC(Auxiliary Carry),该标志位又称为半加标志位,用于记录两个二进制数加法或减法运算时,低 4 位是否向高 4 位产生进位或借位,如果有,则该

标志位置 1；否则清零。该标志位通常在十进制 BCD 码数算术运算后对结果进行调整时使用。

③ 溢出标志 OV(Overflow Flag)。该标志位用于记录两个带符号数算术运算时，运算结果是否超出机器数的表示范围，如 8 位带符号数的运算结果大于+127 或小于-128 时，该标志位置 1；否则清零。

④ 零标志 Z 或 ZF(Zero Flag)。该标志位用于记录运算结果是否为 0，如果为 0，则该标志位置 1；否则清零。

⑤ 符号标志 S 或 SF(Sign Flag)。该标志位与运算结果的最高位一致，如果运算结果的最高位为 1，则该标志位置 1；否则清零。

⑥ 奇偶标志 P 或 PF(Parity Flag)。奇偶标志用来标记运算结果中 1 的个数的奇偶性，可用于检查在数据传送中是否发生错误。但究竟是 1 的个数为偶数时 P 为 1，还是 1 的个数为奇数时 P 为 1，不同的微处理器其处理方法不一样。

⑦ 方向标志 D 或 DF(Direction Flag)。该标志位清零时，微处理器通常按从低地址到高地址递增方向处理字符串；该标志位置 1 时，一般按从高地址到低地址递减方向处理字符串。

4) 通用寄存器组

寄存器组实质上是微处理器内部的存储器，其数目和位数因微处理器而异。因受芯片面积和集成度限制，其容量不可能很大，因而寄存器数目也不可能很多。寄存器组可分为专用寄存器和通用寄存器。专用寄存器用于特定功能，其作用是固定的。通用寄存器可由程序规定其用途，它通常用来暂存程序执行过程中需要重复使用的操作数或中间结果，以避免对存储器的频繁访问，从而缩短指令长度和执行时间，加快 CPU 的运算速度，同时也给编程带来了方便。

2. 控制器

控制器是计算机的控制中心，它对程序执行过程进行控制。控制部件从存储器中取出指令送往微处理器，译码后产生完成指令所需要的信号，将其送至计算机的各功能部件，控制计算机进行相应的动作，实现指令的功能。控制器一般由程序计数器 PC(指令指针 IP)、指令寄存器 IR、指令译码器 ID、定时与控制逻辑以及堆栈指示器 SP 等部件组成。

1) 程序计数器 PC(指令指针 IP)

程序计数器 PC 用来存放要执行的指令的地址，控制程序的执行。当计算机运行时，控制器根据 PC 中的指令地址，从存储器中取出将要执行的指令送到指令寄存器 IR，同时根据取出的指令字节数自动改变 PC 值，使 PC 指向存储器中的下一条指令，当前指令执行后，控制器控制 PC 自动处理下一条指令。当转移指令控制程序转移时，由转移指令把新的指令地址(目标地址)装入 PC，从而实现程序转移。

2) 指令寄存器 IR

指令寄存器 IR 用于存放从存储器中取出的指令码，送往指令译码器 ID 译码。

3) 指令译码器 ID

指令译码器 ID 用来对指令码进行译码分析，以确定指令应执行什么操作。

4) 定时与控制逻辑

定时与控制逻辑是微处理器的核心部件，负责对整个计算机进行控制。定时与控制逻辑根据指令译码器 ID 对指令的译码情况，产生执行指令所需的全部微操作信号，控制计算机各部件执行指令所规定的操作，包括从存储器中取指令、分析指令(即指令译码)，确定指令功能和操作对象、完成指令规定的功能以及将运算结果送到存储器或 I/O 端口等，完成指令的功能。

5) 堆栈指示器 SP(堆栈指针)

堆栈是存储器中按"先进后出，后进先出"方式工作的一个特定区域，通常用来保护数据或地址。堆栈有两种操作，即入栈和出栈。堆栈操作通过堆栈指针控制，入栈时先改变堆栈指针再送入数据，出栈时先送出数据再改变堆栈指针，从而实现数据的"先进后出，后进先出"。

除了以上部件外，微处理器内部还包含部分地址寄存器 AR 和数据锁存/缓冲器 DR，地址寄存器 AR 是用来保存当前 CPU 所要访问的内存单元或输入/输出设备的地址。数据锁存/缓冲器 DR 用来暂存微处理器与存储器(或输入/输出接口电路)之间待传送的数据。所有的部件在微处理器内部是通过内部总线互连及信息传送的。

1.2.4 存储器

存储器是微型计算机的存储和记忆装置，用来存放微型计算机执行的程序和数据。最小的存储单元是存储位，每一存储位存储一位二进制数，连续的 8 个存储位组成一个字节，存储器一般以字节为单位进行组织和管理。为了便于对存储器进行访问，给每个字节存储单元分配了一个编号，称为地址，地址一般以自然数进行编号，第 1 个字节单元的地址为 0，后面分别为 1、2、3…以此类推。如图 1.7 所示，这里是地址为 1000H 开始的 4 个字节存储单元，里面存放的内容依次是 54H、A3H、56H、3BH。

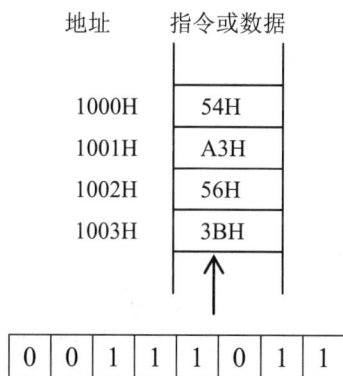

图 1.7 内存单元的地址与内容

1. 存储器的基本结构

微型计算机内部的存储器一般由半导体器件组成，其基本结构如图 1.8 所示，主要由地址译码器、存储矩阵(存储体)、控制逻辑和三态双向缓冲器等部分组成。存储体由若干存储单元(一般以字节为单位)组成，里面存放微型计算机的指令和数据；地址译码器用于对输入的地址译码，译码后选择对应的存储单元。如果地址线为 n 条，地址译码器译码后会产生 2^n 根译码信号线，可以从 2^n 个存储单元中选择一个进行访问。即给定任何一个 n 位的地址，就可以从 2^n 个存储单元中找到与之对应的某一个存储单元，对这个存储单元的内容进行操作；I/O 缓冲器用于在内部存储单元和外部数据总线之间进行数据缓冲；控制逻辑电路用于对存储器的访问过程进行控制，它对内存单元的访问操作有两种，即读和写。

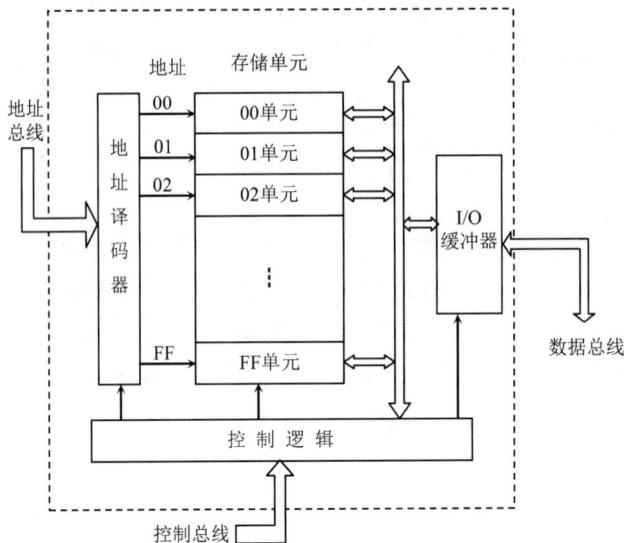

图 1.8　存储器基本结构

1)　读操作

若要将地址为 05H 存储单元的内容读出，首先要求 CPU 给出地址号 05H，通过地址总线(AB)送至存储器，地址译码器接收到，译码后找到 05H 号存储单元；其次 CPU 发出读控制命令，控制逻辑电路接收到，05H 号存储单元中的内容 2BH 由内部总线通过 I/O 缓冲器送往数据总线(DB)，再由数据总线送到 CPU 实现数据的读出，如图 1.9 所示。信息从存储单元读出后，存储单元的内容并不改变，只有向该单元写入时，才由写入的新内容代替旧的内容。

2)　写操作

若要将数据寄存器中的内容 1AH 写入地址为 06H 的存储单元中，首先也得要求 CPU 给出地址号 06H，通过地址总线送至存储器的地址译码器，译码后找到 06H 号存储单元；其次把数据寄存器中的内容 1AH 经数据总线(DB)送给 I/O 缓冲器；最后 CPU 发出写控制命令，存储器的控制逻辑电路接收到，数据 1AH 由 I/O 缓冲器经内部总线写入 06H 号存储单元，如图 1.10 所示。

2．存储器的分类

按数据的读写方式，半导体存储器可分为两大类，即随机读写存储器(Random Access Memory，RAM)和只读存储器(Read Only Memory，ROM)。

随机读写存储器中的信息 CPU 既可读出，也可改写，用于存放将要被 CPU 执行的用户程序、数据以及部分系统程序。断电后，其中存放的所有信息将丢失。

只读存储器中的信息只能被 CPU 读取，而不能由 CPU 任意地写入。断电后，其中的信息不会丢失。它用于存放永久性的程序和数据，如系统引导程序、监控程序以及操作系统中的基本输入输出管理程序(BIOS)等。

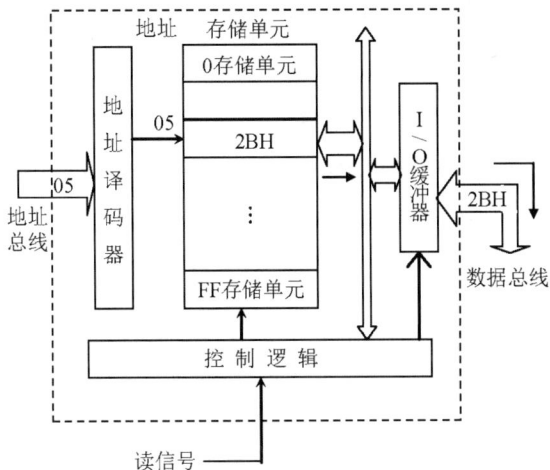

图 1.9　存储器读操作示意　　　　　　　　图 1.10　存储器写操作示意

1.2.5　输入/输出设备及接口电路

输入/输出设备是微型计算机的重要组成部分。外部设备是多种多样的，其工作原理不同，有机械式、电子式、机电式、电磁式或其他形式；传送信息类型多样，有数字量、模拟量、开关量或脉冲量；传送速度差别极大，有秒级的，也有微秒级的；传送方式不同，有串行传送、并行传送；编码方式也不尽相同，有二进制、BCD 码、ASCII 码等，因此 CPU 与外部设备的信息交换是比较复杂的问题。

在微型计算机中，CPU 与外部设备的信息交换是通过输入/输出接口实现的，不仅包含硬件部件——输入/输出接口电路，也包含软件部分——驱动程序，两者相互配合，缺一不可。接口电路是实现 CPU 与外部设备相连的硬件电路，驱动程序是在硬件基础上编制的访问硬件接口电路，实现外部设备与 CPU 之间进行数据传送的程序。外部设备通过接口电路把信息传送给微处理器进行处理，微处理器将处理完的信息通过接口电路传送给外部设备。

1．接口电路的功能

由于计算机的外部设备品种繁多，CPU 在与 I/O 设备进行数据交换时存在速度不匹配、时序不匹配、信息格式不匹配、信息类型不匹配等问题，因此，CPU 与外部设备之间的数据交换必须通过接口来完成，接口通常实现以下功能。

(1) 数据的寄存和缓冲功能。

外部设备的工作速度都要比 CPU 慢，为了适应 CPU 与外部设备之间的速度差异，接口通常包含一些缓冲器和锁存器，使之成为数据交换的中转站。在输入时，输入设备先将输入数据送到缓冲器暂存，当 CPU 选通该输入接口时，CPU 再从缓冲器中读取输入的数据。在输出时，CPU 先将输出数据送到接口的锁存器锁存，再通过接口的锁存器送到输出设备进行处理。这样就解决了 CPU 与外部设备的速度匹配问题。

(2) 信号转换功能。

计算机只能识别 TTL 电平(0～0.4V 为"0"，2.4～5.0V 为"1")或 CMOS 电平(0～

1.7V 为"0"，3.3～5.0V 为"1")，而外部设备处理的信号多种多样，它们在逻辑关系、电平匹配上可能和 TTL 电平(CMOS 电平)不一致，有些外部设备还处理的是串行信号、模拟信号等，因此需要接口电路把它们转换成计算机能够识别的电平信号。

(3) 设备选择功能。

一个微机系统中，通常会有多个外部设备，而在任何时候只能有一个外部设备与 CPU 进行数据交换。这就需要接口电路中有相应的译码电路，译码选定不同的外部设备，只有被选定的外部设备才能与 CPU 进行数据交换或通信。

(4) 外部设备的控制和监测功能。

接口电路能够接收 CPU 送来的命令字或控制信号，实施对外部设备的控制与管理。外部设备的工作状况则以状态字或应答信号通过接口电路返回给 CPU，通过"握手联络"的过程来保证 CPU 与外部设备输入/输出操作的同步。

(5) 中断管理功能。

在一些实时性要求较高的微机应用系统中，为了满足实时性以及主机与外部设备并行工作的要求，需要采用中断传送的方式；这就要求相应的接口电路有产生中断请求以及中断管理的能力。

(6) 可编程功能。

现在的接口芯片大多数都是可编程的，均有多种工作方式供用户选择，在不改变硬件的情况下，只需修改程序就可以改变接口的工作方式，大大增加了接口的灵活性和可扩充性，使接口向智能化方向发展。

2. I/O 接口电路的寄存器结构

CPU 与外部设备之间通过接口电路传送的信息通常包括 3 类，即数据信息、状态信息和控制信息，这 3 类信息是通过接口电路中的端口寄存器存放的。根据这 3 类信息可以把接口电路的基本结构分成 3 个部分，即数据口寄存器、状态口寄存器和控制口寄存器，如图 1.11 所示。其中，数据口寄存器存放数据信息，CPU 给外部设备传送数据，实际上是把数据送到接口中的数据口寄存器，外部设备把数据送到 CPU，实际上是外部设备把数据存放在数据口寄存器，然后 CPU 来读取；状态口寄存器存放外部设备的状态信息，外部设备有什么状态，就会通过状态口寄存器的相应位记录下来，CPU 通过读取状态口寄存器就可以了解外部设备的状态；控制口寄存器存放 CPU 送给外部设备的控制命令，外部设备根据控制口寄存器的内容可实现相应的操作。CPU 与外部设备通过接口电路连接，一般所说的访问外部设备，实际上就是访问外部设备的相应接口电路，而接口电路是通过它内部的接口寄存器进行数据传输和控制。

3. 外部设备通过接口电路与 CPU 之间的数据传送方式

外部设备通过接口电路与 CPU 之间的数据传送方式一般有无条件传送方式、查询传送方式和中断传送方式几种。

1) 无条件传送方式

无条件传送方式是指 CPU 直接和外部设备之间进行数据传送。在这种方式下，数据传送之前 CPU 不对外部设备的工作状态作任何检测，默认外部设备始终处于"就绪"状态，只要 CPU 需要，随时进行输入或输出操作。无条件传送方式是一种最简单的程序控制传送方式，它适用于外部控制过程的各种动作时间是固定的且是已知的场合。

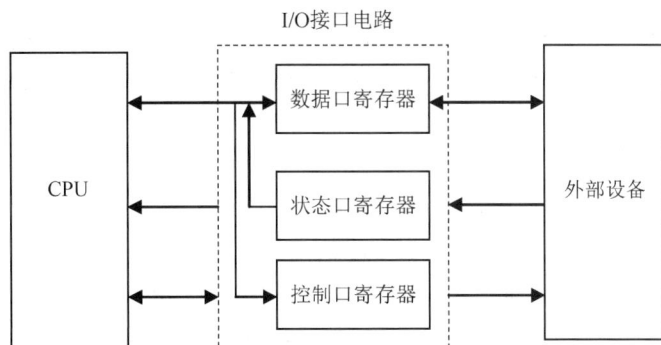

图 1.11 I/O 接口电路的寄存器结构

2) 查询传送方式

查询传送方式又称为条件传送方式，是指 CPU 通过查询外部设备的状态决定是否进行数据传输的方式。在这种方式下，CPU 在数据传送之前通过读取接口电路中的状态寄存器对外部设备的状态进行查询，当输入设备处于已准备好状态或输出设备为空闲状态时，CPU 才与外部设备进行数据交换，否则一直处于查询等待状态。

3) 中断传送方式

中断是一种使 CPU 暂停正在执行的程序而转去处理特殊事件的操作。即当外部设备的输入数据准备好，或输出设备可以接收数据时，便主动向 CPU 发出请求，请求 CPU 与它进行数据处理，CPU 接收到请求后，中断正在执行的程序，转去执行与外部设备进行数据处理的程序，服务完毕，CPU 再继续执行原来的程序。采用中断传送方式时，外部设备在数据传送准备过程中，CPU 可以同时做其他任务，不用等待，只有外部设备准备好通知 CPU 后，CPU 才暂停正在处理的任务与外部设备进行信息传送，这样就大大提高了 CPU 的效率。

1.2.6 总线

总线是计算机中各个设备或功能部件相互连接的公共信号线。在微型计算机中，有各种各样的总线。这些总线可以从不同的层次和角度进行分类。

1. 按总线在微机结构中所处的位置不同分类

按总线在微机结构中所处的位置不同，可把总线分为以下 4 类。

(1) 片内总线。CPU 芯片内部的寄存器、算术逻辑单元(ALU)与控制部件等功能单元电路之间传输数据所用的总线。

(2) 片级总线。也称芯片总线、内部总线，是微机内部 CPU 与各外部设备芯片之间的总线，用于芯片级的互连。

(3) 系统总线。也称板级总线，是微机中各插件板与系统板之间进行连接和传输信息的一组信号线，用于插件板级的互连。

(4) 外部总线。也称通信总线，是两个计算机之间或计算机与外部设备之间进行通信的一组信号线，用于设备级的互连。

2. 按总线功能不同分类

按总线功能不同，总线可分为 3 类，即数据总线(Date Bus，DB)、地址总线(Address Bus，AB)和控制总线(Control Bus，CB)。

(1) 数据总线(DB)。数据总线传送的信息是数据，用于在 CPU 与存储器或外部设备接口电路之间的数据传输，双向，既可以把数据从 CPU 传送至存储器或接口电路，也可以把数据从存储器或接口电路传送至 CPU，数据总线的多少决定了一次能够传送数据的位数。16 位机的数据总线是 16 条，32 位机的数据总线是 32 条。

(2) 地址总线(AB)。地址总线传送的信息是地址，单向输出，用于 CPU 访问存储器或接口电路时输出要访问的存储单元或接口电路端口寄存器的地址。地址线的多少决定了存储器或端口寄存器的地址范围。例如，地址总线有 20 条($A_{19} \sim A_0$)，存储器或端口寄存器的地址范围为 00000H～FFFFFH，可以访问 $2^{20} = 1M$ 个存储单元或端口寄存器。

(3) 控制总线(CB)。控制总线用于传送各种状态控制信号，协调系统中各部件的操作，有的是 CPU 送给存储器或接口电路，有的是存储器或接口电路送给 CPU。

1.2.7　微型计算机的工作过程

冯·诺依曼型计算机工作原理的核心是"存储程序"和"程序控制"，即事先把程序装载到计算机的存储器中，当启动运行后，计算机便会按照程序的要求自动进行工作。

在介绍微型计算机的工作过程前，先了解一下计算机的指令和指令系统。指令是指计算机完成一个基本操作的命令。指令系统是一台计算机所能处理的全部指令的集合。不同的计算机其内部结构不同，指令系统也不一样。

在一条指令一般包括两个部分，即操作码和操作数。操作码是指令中指明指令功能的编码，它告诉计算机需要执行什么操作、完成什么功能；操作数是指令中为指令提供操作的数据或地址的编码。

为了说明微型计算机的工作过程，下面以一个简单的例子来介绍微型计算机的工作过程。例如，计算 3+5=? 虽然这是一个非常简单的加法运算，但是，计算机却无法理解。用计算机来处理时，人们必须要先编写一段程序，以计算机能够理解的语言告诉它如何一步一步地去做，直到每一个细节都详尽无误，计算机才能正确地理解与执行。在计算机内部只能识别二进制编码形式的机器语言指令，如用汇编语言或高级语言编写程序，还需要汇编或翻译(编译或解释)成为机器语言才能被计算机运行。程序编写好后送入存储器中，执行程序就能实现了。

这里假设用汇编语言编程来处理，在执行程序之前需要做好以下几项工作。

(1) 用汇编指令助记符编写汇编语言源程序。

(2) 用汇编工具将汇编源程序汇编成机器语言目标程序。

(3) 将数据和程序通过输入设备送入存储器中存放。

假设上面例子的汇编语言源程序和机器语言目标程序如下：

```
汇编语言        机器语言        功能
MOV A, #03H     74 03H          ;把 03H 送入累加器 A
ADD A, #05H     24 05H          ;05H 与累加器 A 中内容相加，结果存入 A
SJMP $          80 FEH          ;死循环，转移到本身，程序不再往下执行
```

编译好的机器语言目标程序有 6 个字节，假设存放于存储器地址从 00H 开始的单元处。

1．执行第一条指令的过程

给程序计数器 PC 赋予第一条指令的地址 00H，进入该指令的执行阶段。指令的执行分为两步，即取指令和执行指令。具体操作过程如下。

1)　取第一条指令(见图 1.12)

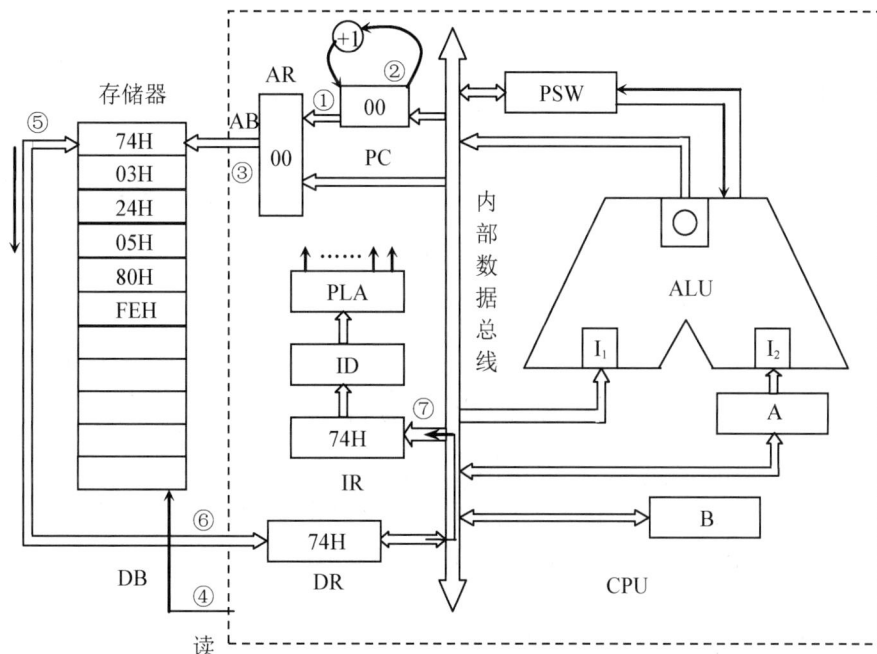

图 1.12　取第一条指令的操作示意

(1)　当前程序计数器 PC 内容(00H)送往地址寄存器 AR。

(2)　PC 自动加 1，等于 01H，指向下一个存储器单元。这里指向第一条指令的操作数。

(3)　地址寄存器 AR 的内容 00H 通过地址总线 AB 送至存储器，经地址译码器译码选中相应的 00H 单元。

(4)　CPU 发出存储器"读"命令。

(5)　在读命令的控制下，选中的 00H 存储单元中的内容 74H 被读至数据总线 DB 上。

(6)　读出的内容经数据总线 DB 送至数据寄存器 DR。

(7)　指令译码。因为取出来的是指令的操作码，所以数据寄存器 DR 的内容被送至指令寄存器 IR 中，然后再送至指令译码器 ID，译码后由控制器发出执行这条指令的各种控制命令。

2)　执行第一条指令

当指令译码器 ID 对操作码 74H 译码后，CPU 就知道这是一条把下一个存储单元的数据(操作数)送至累加器 A 的指令，所以，执行该指令就把下一个存储器单元中的数据取出来送至累加器 A，如图 1.13 所示，其操作过程如下。

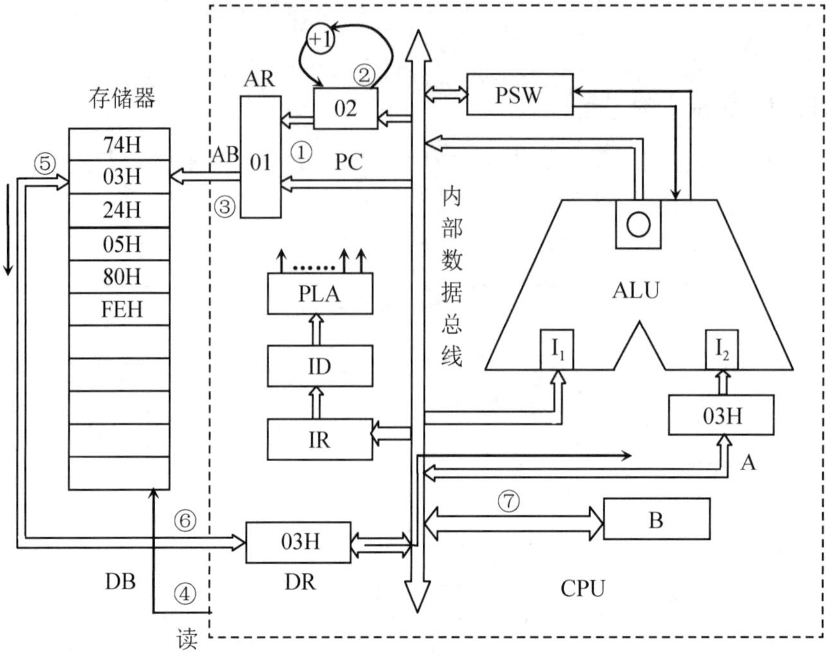

图 1.13 执行第一条指令的操作示意

(1) 将当前程序计数器 PC 的内容 01H 送至地址寄存器 AR。

(2) PC 自动加 1,等于 02H,这里指向下一条指令,为取下一条指令做好准备。

(3) 地址寄存器 AR 的内容 01H 通过地址总线 AB 送至存储器,经地址译码器译码后选中存储器 01H 单元。

(4) CPU 发出存储器"读"命令。

(5) 在读命令的控制下,所选中的 01H 存储单元中的内容 03H 被读至数据总线 DB 上。

(6) 读出的内容经数据总线 DB 送至数据寄存器 DR。

(7) 因为经过译码已经知道本次读出的内容送到累加器 A,所以数据寄存器 DR 的内容 03H 通过内部数据总线送至累加器 A。此时第一条指令执行完毕,操作数 03H 被送到累加器 A 中。

2. 执行第二条指令的过程

第一条指令执行完毕以后,程序计数器 PC 的值为 02H,指向第二条指令在存储器中的首地址,计算机再次重复取指令和执行指令,就进入第二条指令的执行过程。

1) 取第二条指令

这个过程与取第一条指令的过程相似,这里不再重复。取第二条指令后程序计数器 PC 中的内容为 03H。

2) 执行第二条指令

当第二条指令的操作码 24H 取出送至指令译码器 ID 译码后,CPU 就知道这是一条加法指令,功能是把下一个存储单元的内容与累加器 A 中的内容相加,加得的结果再送回累加器 A。所以,执行该指令就把下一个存储单元中的数据取出来送至 ALU 的一端,累加器 A 的内容送至 ALU 的另一端，相加后经 ALU 送回累加器 A 中，如图 1.14 所示，其操作过程如下。

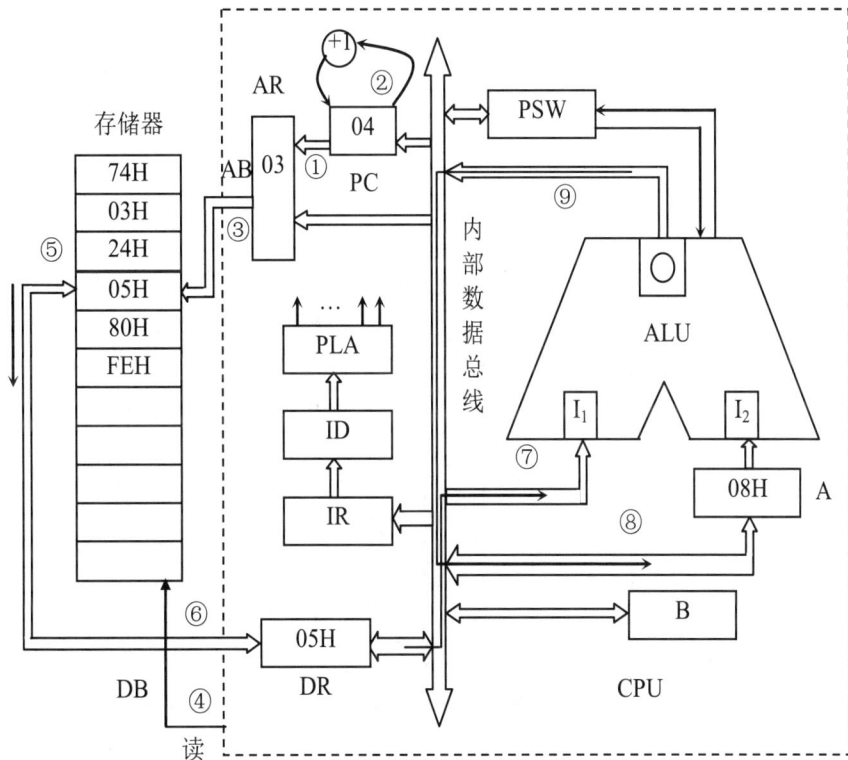

图 1.14　执行第二条指令的操作示意

(1)　将当前程序计数器 PC 的内容 03H 送至地址寄存器 AR。

(2)　PC 自动加 1，等于 04H，指向下一条指令，为取下一条指令做好准备。

(3)　AR 通过地址总线把地址 03H 送至存储器，经过译码，选中相应的单元。

(4)　CPU 发出存储器"读"命令。

(5)　在读命令的控制下，所选中的 03H 存储单元中的内容 05H 被读至数据总线 DB 上。

(6)　读出的内容经数据总线 DB 送至数据寄存器 DR。

(7)　数据寄存器 DR 的内容通过内部数据总线送至 ALU 的一个输入端。

(8)　累加器 A 中的内容 03H 送至 ALU 的另一个输入端，在 ALU 中执行加法操作。

(9)　相加的结果 08H 由 ALU 输出经内部数据总线送回累加器 A 中。

3．执行第三条指令的过程

第二条指令执行结束后，程序计数器 PC 的值为 04H，指向第三条指令在存储器中的首地址，计算机再次重复取指令和执行指令，进入第三条指令的执行过程。

1)　取第三条指令

这个过程与取第一条指令的过程相似，这里不再重复，取第三条指令后程序计数器 PC 的内容为 05H。

2) 执行第三条指令

当第三条指令的操作码 80H 取出送指令译码器 ID 译码后，CPU 就知道这是一条无条件相对转移指令，功能是把下一个存储单元的内容与当前程序计数器 PC 中的内容相加，加得的结果送回当前程序计数器 PC。所以，执行该指令就把下一个存储单元中的数据取出来送至 ALU 的一端，PC 的内容送至 ALU 的另一端，相加后经 ALU 送回 PC 中，如图 1.15 所示，其操作过程如下。

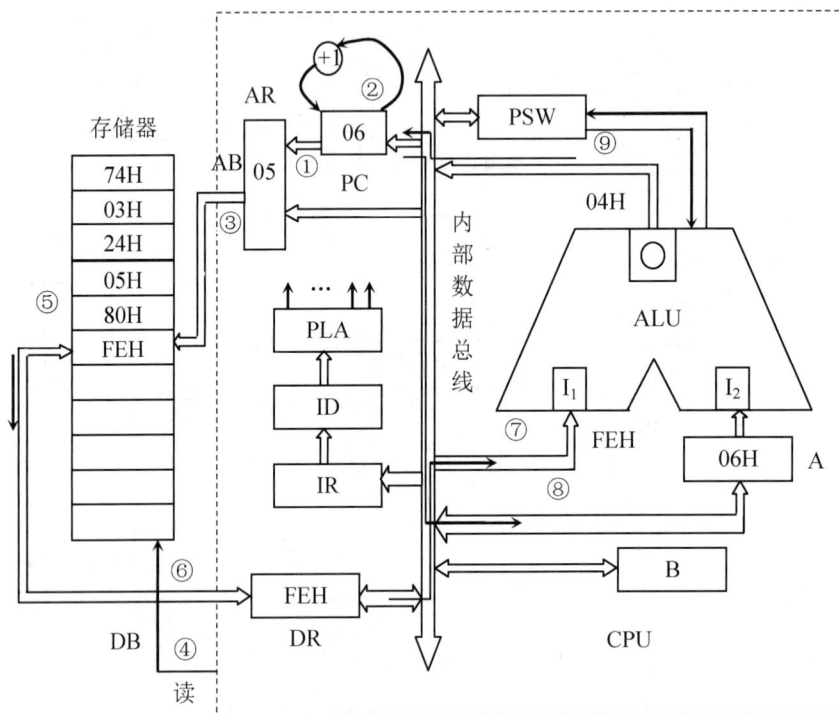

图 1.15 执行第三条指令的操作示意图

(1) 将当前程序计数器 PC 的内容 05H 送至地址寄存器 AR。

(2) PC 自动加 1，等于 06H，这里指向下一条指令，为取下一条指令做好准备。

(3) AR 通过地址总线把地址 05H 送至存储器，经过译码，选中相应的单元。

(4) CPU 发出存储器"读"命令。

(5) 在读命令的控制下，所选中的 05H 存储单元中的内容 FEH 被读至数据总线 DB 上。

(6) 读出的内容经数据总线 DB 送至数据寄存器 DR。

(7) 数据寄存器 DR 的内容通过内部数据总线送至 ALU 的一个输入端。

(8) PC 中的内容 06H 送至 ALU 的另一个输入端，在 ALU 中执行加法操作。

(9) 相加的结果 04H 由 ALU 输出至 PC 中。

第 3 条指令执行后，PC 的值等于 04H，因此后面将一直重复执行第 3 条指令。

综上所述，计算机的工作过程就是取指令、执行指令的过程，用计算机解决问题，应先根据问题用计算机语言编写出相应的程序，程序再通过输入设备送至存储器，最后通过存储器和 CPU 之间的交互运行程序来实现。

1.3 单片机概述

单片机是微型计算机的一个重要分支，具有体积小、重量轻、抗干扰能力强、对环境要求不高、价格低廉、可靠性高和灵活性好等优点，所以被广泛应用于工业控制、智能仪器仪表、机电一体化产品和家用电器等领域。

1.3.1 单片机的概念

单片机是把微型计算机中的微处理器、存储器、I/O 设备与接口、定时/计数器、串行接口、中断系统等电路集成到一块集成电路芯片上形成的微型计算机。因而被称为单片微型计算机(Single Chip Microcomputer)，简称为单片机。单片机属于微型计算机的一种，工作的基本原理与微型计算机相同，但具体结构和处理方法不同。它集成了通用微型计算机中的基本组成部分，通常用于测控领域，增加了具有实时测控功能的一些部件。

单片机是应测控领域的需求而诞生的，用于实现各种测试和控制。因此，国际上通常把单片机称为嵌入式控制器(Embedded Micro Controller Unit，EMCU)或微控制器(Micro Controller Unit，MCU)。而在我国，大部分工程技术人员还是习惯使用"单片机"这一名称。

单片机按照用途可分为通用型单片机和专用型单片机两大类。

(1) 通用型单片机的内部资源丰富，其性能全面，适应能力强。用户可以根据需要设计各种不同的应用系统。

(2) 专用型单片机是针对各种特殊场合专门设计的芯片。这种单片机的针对性强，是根据需要来设计部件。因此，它能实现系统的最简化和资源的最优化，其可靠性高、成本低，在应用中有很明显的优势。

通常教材介绍的是通用型单片机，专用型单片机的基本结构和工作原理都是以通用型单片机为基础的。

1.3.2 单片机的发展

自 1971 年 Intel 公司制造出世界上第一块微处理器芯片 4004 不久后就出现了单片微型计算机，经过二三十年，单片机得到了飞速发展，在发展过程中，单片机先后经历了 4 位机、8 位机、16 位机、32 位机几个有代表性的发展阶段。

1.4 位单片机

自 1975 年美国得克萨斯仪器公司首次推出 4 位单片机 TMS-1000 后，各个计算机生产厂商相继推出 4 位单片机。4 位单片机的主要生产国是日本，如 Sharp 公司的 SM 系列、东芝公司的 TLCS 系列、NEC 公司的 Ucom75XX 系列等。国内已能生产 COP400 系列单片机。

4 位单片机的特点是价格便宜，主要用于控制洗衣机、微波炉等家用电器及高档电子玩具。

2. 8 位单片机

1976 年 9 月,美国 Intel 公司首先推出 MCS-48 系列 8 位单片机,使单片机的发展进入了一个新的阶段。随后各个计算机公司先后推出各自的 8 位单片机,如仙童公司(Fairchild)的 F8 系列、摩托罗拉公司(Motorola)的 6801 系列、Zilog 公司的 Z8 系列和 NEC 公司的μPD78XX 系列。

1978 年以前各厂家生产的 8 位单片机,由于集成度的限制,一般都没有串行接口,只提供小范围的寻址空间(小于 8KB),性能相对较低,称为低档 8 位单片机,如 Intel 公司的 MCS-48 系列和仙童公司的 F8 系列。

1978 年以后,随着集成电路制造水平的不断提高,出现了一些高性能的 8 位单片机,它们的寻址能力达到了 64KB,片内集成了 4~8KB 的 ROM,片内除了有并行 I/O 接口外,还有串行 I/O 接口,甚至有些还集成了 A/D 转换器。这类单片机称为高档 8 位单片机,如 Intel 公司的 MCS-51 系列、Motorola 公司的 6801 系列、Zilog 公司的 Z8 系列和 NEC 公司的μPD78XX 系列。

8 位单片机由于功能强、价格低廉、品种齐全,被广泛用于工业控制、智能接口、仪器仪表等领域。特别是高档 8 位单片机,现在很多地方都还在使用。

3. 16 位单片机

1983 年以后,集成电路的集成度可达到十几万只管/片,出现了 16 位单片机。16 位单片机把单片机性能又推向了一个新的阶段。其内部集成多个 CPU、8KB 以上的存储器、多个并行接口、多个串行接口等,有的还集成高速输入/输出接口、脉冲宽度调制输出、特殊用途的监视定时器等电路,如 Intel 公司的 MCS-96 系列、美国国家半导体公司的 HPC16040 系列和 NEC 公司的 783XX 系列。

16 位单片机常常用于高速复杂的控制系统。

4. 32 位单片机

近年来,各个计算机厂家已经推出更高性能的 32 位单片机,能够处理更复杂的数据和算法,主要用于自动驾驶、无人机、机器人控制系统等。

单片机自诞生以来,其位数从 4 位发展到 8 位、16 位、32 位,生产和研制的厂家在全世界已经有上百家,包括多个系列,上千种型号,各种机型在现实生活中都有所使用。

1.3.3 单片机的应用

单片机由于具有体积小、功耗低、易于产品化、面向控制、抗干扰能力强以及适用温度范围宽,在多个领域得到广泛应用。

1. 工业自动化控制

在自动化技术中,单片机广泛应用在各种过程控制、数据采集系统、测控技术等方面,如数控机床、自动生产线控制、电机控制和温度控制。新一代机电一体化处处都离不开单片机。

2. 智能仪器仪表

单片机技术在仪器仪表中的运用,使得原有的测量仪器向数字化、智能化、多功能化和综合化的方向发展，大大提高了仪器仪表的精度和准确度，减小了体积，使其易于携带，并且能够集测量、处理、控制功能于一体，从而使测量技术发生了根本性的变化。

3. 家用电器

目前家用电器的一个重要发展趋势是不断提高其智能化程度，如电视机、录像机、电冰箱、洗衣机、电风扇和空调等家用电器中都用到单片机或专用型单片机集成电路控制器。单片机的使用，提高了家用电器的功能，使其操作起来更加方便，故障率更低，而且成本更低廉。

4. 消费电子与玩具

在消费电子和玩具领域，单片机有着广泛的应用，从遥控器、电动玩具到智能音响、游戏机等，都采用单片机作为控制单元。单片机通过执行相应程序实现设备的各种功能，通过与用户的交互提高用户体验。

5. 计算机外部设备和智能接口

在计算机系统中，很多外部设备都用到单片机，如打印机、键盘、磁盘、绘图仪等。通过单片机对这些外部设备进行管理，既可减小主机的负担，也可提高计算机整体的工作效率。

6. 医疗设备

在医疗领域，单片机被用于各种医疗设备和监控系统中。例如，血压计、心电图机、血糖仪等医疗设备都用到单片机来采集患者生理数据，并通过算法进行分析处理。此外，单片机还能用于医疗机器人、手术辅助设备等，提高了医疗服务的智能化水平。

7. 汽车电子

随着汽车电子技术的不断发展，单片机在汽车电子系统中的应用也越来越广泛。从发动机控制、灯光控制、电子制动到车身控制及安全系统等，都采用了单片机作为控制单元，单片机通过接收传感器信号，执行相应的控制命令，实现对汽车各项功能的精确控制。

1.3.4　单片机的主要系列及品种

单片机自诞生以来，生产和研制的厂家在全世界已经有上百家，包括多个系列，上千种型号。按处理器内核架构，单片机主要分为四大系列，即 51 系列、PIC 系列、AVR 系列和 ARM 系列。

1. 51 系列

51 系列是一种经典的 8 位内核架构，最初由 Intel 公司在 20 世纪 80 年代推出，80 年代中期，由于 Intel 公司将重点放在通用微型计算机及其产品开发上，因此后来 Intel 公司将 51 内核的使用权以专利互换或出让给世界许多著名 IC 制造厂商，如 Atmel、STC、SST、Silicon Labs、华邦、Philips、NEC 等。在保持与 51 系列单片机兼容的基础上，这些公司根据自身的特点，扩展了针对满足不同应用场景需求的外围电路，如满足模拟量输入的 A/D、满足伺服驱动的 PWM、满足高速输入/输出控制的 HSI/HSO、满足串行扩展总线的 I^2C、保证程序可靠运行的 WDT 以及引入使用方便且价格低廉的 Flash ROM 等，开发出上百种功能各异的新品种。这些厂家生产的兼容机均采用 C51 内核，指令系统相同，因此，人们习惯上把这些兼容机称为 51 系列单片机。现在 51 系列单片机由很多厂家和公司生产，主要产品和系列如下。

1) Intel 公司的 MCS-51 系列单片机

MCS-51 系列单片机是美国 Intel 公司在 1980 年推出的高性能 8 位单片机，包含 51 和 52 两个子系列。

(1) 51 子系列，有 8031、8051、8751 这 3 种机型，指令系统与芯片引脚完全兼容，内部都集成一个 8 位 CPU、128B 的片内数据存储器、4 个 8 位的并行 I/O 接口(P0、P1、P2 和 P3)、两个 16 位定时/计数器、1 个全双工的串行 I/O 接口、两个优先级别的 5 个中断源、21B 的特殊功能寄存器。仅片内程序存储器有所不同，8031 芯片不带 ROM，8051 芯片带 4KB 的 ROM，8751 芯片带 4KB 的 EPROM。

(2) 52 子系列，有 8032、8052、8752 这 3 种机型。52 子系列与 51 子系列大部分相同，不同之处在于：片内数据存储器增至 256B；8032 芯片不带 ROM，8052 芯片带 8KB 的 ROM，8752 芯片带 8KB 的 EPROM；有 3 个 16 位定时/计数器，6 个中断源。

51 系列单片机采用两种半导体工艺生产，包括 HMOS 工艺和 CHMOS 工艺。HMOS 为高速度、高密度、短沟道 MOS 工艺。CHMOS 为互补金属氧化物 HMOS 工艺，是 CMOS 工艺和 HMOS 工艺的结合，除了保持 HMOS 高速度、高密度的特点外，还具有 CMOS 低功耗的特点，它所消耗的电流比 HMOS 器件少很多。采用 CHMOS 工艺的器件在编号时用一个 C 来加以区别，如 80C31、80C51 等。

2) Atmel 公司的 51 系列单片机

Atmel 公司是美国 20 世纪 80 年代中期成立并发展起来的半导体公司，该公司的技术优势是 Flash 存储器技术。1994 年，Atmel 公司以 E^2PROM 技术与 Intel 公司的 80C51 内核技术的使用权进行交换，将自身的 Flash 存储器技术与 80C51 内核技术相结合，推出了带有 Flash 存储器的 AT89C5X、AT89S5X 系列单片机。

AT89C5X 系列单片机与 MCS-51 单片机完全兼容，代表产品为 AT89C51 和 AT89C52。除了具有 MCS-51/52 系列的特点外，AT89C51/AT89C52 片内还集成了 4KB/8KB Flash 闪速存储器，工作频率可达 24MHz。同时，可降至 0Hz 的静态逻辑操作。

AT89S5X 系列是在 AT89C5X 系列之后推出的新机型，代表产品为 AT89S51 和 AT89S52。在继承了 AT89C5X 系列的所有软硬件资源的前提下，作了以下方面的改进：片内集成双数据指针(DPTR)，增加了看门狗定时器(WDT)、在系统编程(ISP，也称在线编程)以及串行外设接口(SPI)功能，工作频率上限提高到 33MHz。目前，AT89S5X 系列在实际中得到了广泛应用。

Atmel 公司的 AT89C5X/AT89S5X 系列单片机主要产品特性如表 1.3 所示。

其中 AT89C1051、AT89C2051、AT89C4051、AT89S2051、AT89S4051 为精简机型，均为 20 引脚，其内部资源少，体积小，价格低，工作电压更低，通常应用于那些要求不高的场合。AT89C52、AT89C55、AT89S52、AT89S53 是相应的高端机型，它提高了片内程序存储器和片内数据存储器的容量，主要为那些需要大容量程序存储器和数据存储器的用户提供选择的方案。

表 1.3　Atmel 公司 AT89C5X/ST89S5X 系列单片机的主要产品

型号	片内 Flash 存储器/KB	片内数据存储器/B	工作频率 /MHz	I/O 口线/位	UART /个	定时/计数器 /个	中断源 /个	WDT	SPI	工作电压/V	引脚数/个
AT89C1051	1	64	24	15	1	2	3	无	无	2.7～6.0	20
AT89C2051	2	128	24	15	1	2	5	无	无	2.7～6.0	20
AT89C4051	4	128	24	15	1	2	5	无	无	2.7～6.0	20
AT89C51	4	128	24	32	1	2	5	无	无	4.0～6.0	40
AT89C52	8	256	24	32	1	3	6	无	无	4.0～6.0	40
AT89C55	20	256	33	32	1	3	6	1	无	4.0～6.0	40
AT89S2051	2	128	24	15	1	2	5	无	无	2.7～6.0	20
AT89S4051	4	128	24	15	1	2	5	无	无	2.7～6.0	20
AT89S51	4	128	33	32	1	2	6	1	无	4.0～6.0	40
AT89S52	8	256	33	32	1	3	7	1	无	4.0～6.0	40
AT89S53	12	256	24	32	1	3	7	无	无	4.0～6.0	40

3)　STC 公司的 51 系列单片机

STC 是深圳宏晶科技有限公司生产的一系列增强型 8051 单片机的型号前缀。宏晶科技有限公司是中国单片机技术的领航者，致力于高性能单片机的设计和制造。具有自主知识产权，处于国际领先地位。

宏晶科技有限公司生产的单片机以 8051 为内核，其指令代码完全兼容传统的 51 单片机。主要包含 STC10/11/12/15/89/90 等系列。内部集成多种功能部件，不同系列各不相同。这些系列的主要功能和特点如下：内部集成高精度 RC 时钟电路，可选 12 时钟/机器周期、6 时钟/机器周期或 1 时钟/机器周期，工作速度是传统 51 单片机的 8～12 倍；内部集成 MAX810 专用复位电路，复位可靠；集成 8/16/24/32/40/48/56/60/61KB 的 Flash 程序存储器，擦写次数达 10 万次以上；片内集成最大 2048 B 的数据存储器；4 种模式通用 I/O 接口；最多 6 个 16 位定时器，3 个 16 位可重载定时器(T0、T1、T2)，可实现时钟输出；两个完全独立的高速异步串行通信接口(UART)；多通道捕获/比较单元(CCP/PCA/PWM)输出，可用来实现多路 DAC、定时器或外部中断；高速 10 位 ADC，速度可达每秒 30 万次；内部带硬件看门狗(WDT)；集成一个 SPI 同步高速串行通信接口；内部带 ISP/IAP(在系统编程/在应用编程)，无须编程器/仿真器，可远程升级；宽工作电压(2.4～5.5V)，宽温度范围(-40℃～+85℃)。

STC 系列单片机根据工业标准设计，具有低功耗、宽工作电压、高抗静电功能、超强抗干扰、超级加密功能和超低价格的特点，深受广大单片机应用者的喜爱，在国内有很高的市场占有率。

4)　SST 公司的 51 系列单片机

美国 SST 公司推出的高可靠、小扇区结构的 SST89 系列单片机，采用 51 内核。所有产品均带 IAP(在应用可编程)和 ISP(在系统可编程)功能，不占用用户资源，通过串行接口即可实现系统的仿真和编程，无须专用仿真开发设备，3～5V 工作电压，价格低，在市场竞争中占有较强的优势。

SST89 系列的 Flash 存储器使用 SST 的专利技术，擦写次数可达 1 万次以上，程序保存时间可达 100 年。片内 Flash 存储器分为两个独立的程序存储块。主存储块大小为 64KB/32KB，从存储块大小为 8KB。从存储块 8KB 可以映射到 64KB/32KB 地址空间的最低位位置，也可被程序计数器隐藏，映射到数据空间，作为一个独立的 E^2PROM 数据存储器使用。

SST 单片机有一个比较好的地方在于 SoftICE 在线仿真功能，只需占用串口即可实现实时在线仿真功能，同时还可以实现 ISP 在线编程功能。SST 公司为部分 SST89 系列单片机提供了仿真监控程序，将仿真监控程序固化到单片机内部，从存储块中就可以实现仿真功能，因此用一枚 SST89 系列单片机加上串口电平转换电路就可以做成一个 51 系列单片机的仿真器。

5) Silicon Labs 公司的 51 系列单片机

Silicon Labs 公司推出了 C8051F 系列单片机，基于增强的 CIP-51 内核，其指令集与 MCS-51 完全兼容，具有标准 8051 的组织架构，可以使用标准的 803x/805x 汇编器和编译器进行软件开发。CIP-51 采用流水线结构，70%的指令执行时间为 1 或 2 个系统时钟周期，是标准 8051 指令执行速度的 12 倍；其峰值执行速度可达 100MIPS(C8051F120 等)，是目前世界上速度较快的 8 位单片机。

6) 华邦公司的 51 系列单片机

华邦(Winbond)公司是一家国际上有较高声誉的半导体公司，其生产的 W77 系列、W78 系列单片机既与 51 系列单片机兼容，又独具特色。它对 51 系列单片机的时序进行了改进，每个指令周期只需要 4 个时钟周期，速度提高了 3 倍，工作频率最高可达 40MHz。

W78 系列为基本型，W77 系列为增强型，片内增加了看门狗(Watch Dog)、两组 UART 串口、两组 DPTR 数据指针、ISP(在线编程)、集成 USB 接口以及语音处理等功能。

2. PIC 系列

PIC 系列单片机是美国 Microchip 公司开发的单片机，有多种机型，其 8 位单片机主要有 PIC10、PIC12、PIC16、PIC18 几个系列。与 51 系列单片机相比，主要在以下几个方面不同。

(1) 总线结构。51 系列的总线结构是冯·诺依曼型，计算机在同一个存储空间取指令和数据，两者不能同时进行；而 PIC 的总线结构是哈佛结构，指令和数据空间是完全分开的，一个用于指令，另一个用于数据，由于可以对程序和数据同时进行访问，因此提高了数据吞吐率。正因为在 PIC 系列单片机中采用了哈佛双总线结构，所以与常见的微控制器不同的是程序总线和数据总线可以采用不同的宽度。数据总线都是 8 位的，但指令总线分别为 12 位、14 位和 16 位。

(2) 流水线结构。51 系列单片机的取指和执行采用单指令流水线结构，即取一条指令，执行完后再取下一条指令；而 PIC 的取指和执行采用双指令流水线结构，当一条指令被执行时，允许下一条指令同时被取出，这样就实现了单周期指令。

(3) 寄存器组。PIC 的所有寄存器，包括 I/O 口、定时器和程序计数器等都采用 RAM 结构形式，而且都只需要一个指令周期就可以完成访问和操作；而 51 系列单片机需要两个或两个以上的周期才能改变寄存器的内容。

3. AVR 系列

AVR 单片机是 1997 年由 Atmel 公司研发的增强型内置 Flash 的 RISC(Reduced Instruction Set CPU)精简指令集高速 8 位单片机。其指令简单、宽度固定、指令周期短，具备 1MIPS/MHz(百万条指令每秒/兆赫兹)的高速处理能力。可以广泛应用于计算机外部设备、工业实时控制、仪器仪表、通信设备及家用电器等各个领域。

早期单片机主要由于工艺及设计水平低、功耗高和抗干扰性能差等原因，所以采取稳妥方案，即采用较高的分频系数对时钟分频，使指令周期长、执行速度慢。以后的 CMOS 单片机虽然采用提高时钟频率和缩小分频系数等措施，但这种状况并未被彻底改观(MCS-51 以及 MCS-51 兼容)。此间虽有某些精简指令集单片机(RISC)问世，但依然沿袭对时钟分频的做法。

AVR 单片机的推出，彻底打破了这种旧的设计格局，废除了机器周期，抛弃复杂指令计算机(CISC)追求指令完备的做法；采用精简指令集，以字作为指令长度单位，将操作数与操作码安排在一字之中，取指周期短，又可预取指令，实现流水作业，故可高速执行指令。

AVR 单片机具有以下特点。

(1) AVR 单片机硬件结构采取 8 位机与 16 位机的折中策略，即采用局部寄存器堆(32 个寄存器文件)和单体高速输入/输出的方案(即输入捕获寄存器、输出比较匹配寄存器及相应控制逻辑)，提高了指令执行速度(1MIPS/MHz)，克服了瓶颈现象，增强了功能；同时又减少了对外部设备管理的开销，相对简化了硬件结构，降低了成本。故 AVR 单片机在软/硬件开销、速度、性能和成本诸多方面取得了优化平衡。

(2) AVR 单片机内嵌高质量的 Flash 程序存储器，擦写方便，支持 ISP 和 IAP，便于产品的调试、开发、生产、更新。内嵌长寿命的 E^2PROM 可长期保存关键数据，避免了断电丢失。片内大容量的 RAM 不仅能满足一般场合的使用，同时也可更有效地支持使用高级语言开发系统程序，并可像 MCS-51 单片机那样扩展外部 RAM。

(3) AVR 单片机的 I/O 线全部可单独设定为输入/输出，可上拉电阻输入/输出，可高阻输入，其驱动能力强，功能强大，使用灵活。

(4) AVR 单片机片内具备多种独立的时钟分频器，分别供 UART、I^2C、SPI 使用。其中与 8/16 位定时器配合的具有多达 10 位的预分频器，可通过软件设定分频系数，提供多种档次的定时时间。

(5) AVR 单片机包含丰富的外部设备。独特的定时/计数器，可生成占空比可变、频率可变、相位可变的 PWM 波；增强型的高速同步/异步串口，具有硬件产生校验码、硬件检测和校验侦错、两级接收缓冲、波特率自动调整定位、屏蔽数据帧等功能，其通信可靠，便于组成分布式网络和实现多机通信系统的复杂应用；高速硬件串行接口 TWI、SPI，TWI 与 I^2C 接口兼容，具备 ACK 信号硬件发送与识别、地址识别、总线仲裁等功能，能实现主/从机全部 4 种组合的多机通信，SPI 支持主/从机等 4 种组合的多机通信；支持多个复位源(自动上下电复位、外部复位、看门狗复位、BOD 复位)，可设置的启动后延时运行程序，增强了嵌入式系统的可靠性。

(6) 低功耗。AVR 单片机一般有多种省电休眠模式，且可宽电压运行(2.7~5V)，抗干扰能力强，可降低一般 8 位机中的软件抗干扰设计工作量和硬件的使用量。

AVR 单片机系列齐全，有 3 个档次，可适用于各种不同场合的要求。

① 低档 Tiny 系列：主要有 Tiny11/12/13/15/26/28 等。

② 中档 AT90S 系列：主要有 AT90S1200/2313/8515/8535 等(正在淘汰或转型到 Mega 中)。

③ 高档 ATmega：主要有 ATmega8/16/32/64/128(存储容量为 8/16/32/64/128KB)以及 ATmega8515/8535 等。

4. ARM 系列

ARM 单片机是以 ARM 处理器为核心的一种单片微型计算机，是近年来随着电子设备智能化和网络化程度不断提高而出现的新兴产物。ARM 是一家微处理器设计公司的名称，ARM 既不生产芯片也不销售芯片，是专业从事技术研发和授权转让的公司，世界知名的半导体电子公司都与 ARM 建立了合作伙伴关系。ARM 单片机以其低功耗和高性价比的优势逐渐步入高端市场，成为时下的主流产品。

ARM 系列单片机的主要特点如下。

(1) 简化的指令集，采用精简指令集设计理念，其指令简洁，执行速度快，可靠性高，能高效使用硬件资源。

(2) 可扩展性强，可根据需求进行扩展，从 8 位到 64 位都有不同的版本，支持不同的数据类型和精度，支持多核处理器。

(3) 低功耗，ARM 架构具有低功耗特点，适用于电池供电的移动设备和嵌入式系统。

(4) 有丰富的软件和硬件开发工具，便于开发。

目前，应用较多的 ARM 产品主要有 6 个系统，包括 ARM7、ARM9、ARM9E、ARM10、SecureCore 和最新的 ARM11。

在这几种系列中，51 系列单片机最经典、最具代表性，出现时间也最早，虽然只是 8 位的单片机，但经过世界上很多公司的进一步开发和发展，功能也非常强大，其结构简单、原理清晰、资料非常齐全，在单片机和微型计算机教学中广泛使用，本书就用 51 系列单片机来介绍单片机原理与应用。另外，由于各个厂家和公司的 51 系列单片机都采用 Intel 公司的 51 内核，指令系统和使用方法完全相同，因此本书后面章节还是用 Intel 公司的 MCS-51 系列介绍 51 单片机结构和原理。

习　题

1.1　给出下列有符号数的原码、反码和补码(假设计算机字长为 8 位)。

+53　　　−88　　　−7　　　+104

1.2　指明下列字符在计算机内部的表示形式。

AsENdfJFmdsv120

1.3　什么是微型计算机? 它由几个部分组成?

1.4　程序状态字寄存器 PSW 一般有哪些标志?

1.5　简述程序计数器 PC 的功能和作用。

1.6 半导体存储器一般分为几种？各有什么特点？

1.7 外部设备与 CPU 之间的数据传送方式常见的有几种？各有什么特点？

1.8 何谓总线？总线按功能可分为哪几种？

1.9 什么是单片机？

微课资源

扫一扫，获取本章相关微课视频。

1.1 信息在计算机中
的表示

1.2.1-1.2.6 微型计算
机的发展

1.2.7-1.3 微型计算机
工作过程

第2章

单片机基本原理

【学习目标】

(1) 了解51系列单片机的基本特点和组成。

(2) 掌握51系列单片机的内部结构、中央处理器中的寄存器、存储器结构和组织。

(3) 熟悉51系列单片机外部引脚和片外总线。

(4) 了解51系列单片机的工作方式和基本时序。

【本章知识导图】

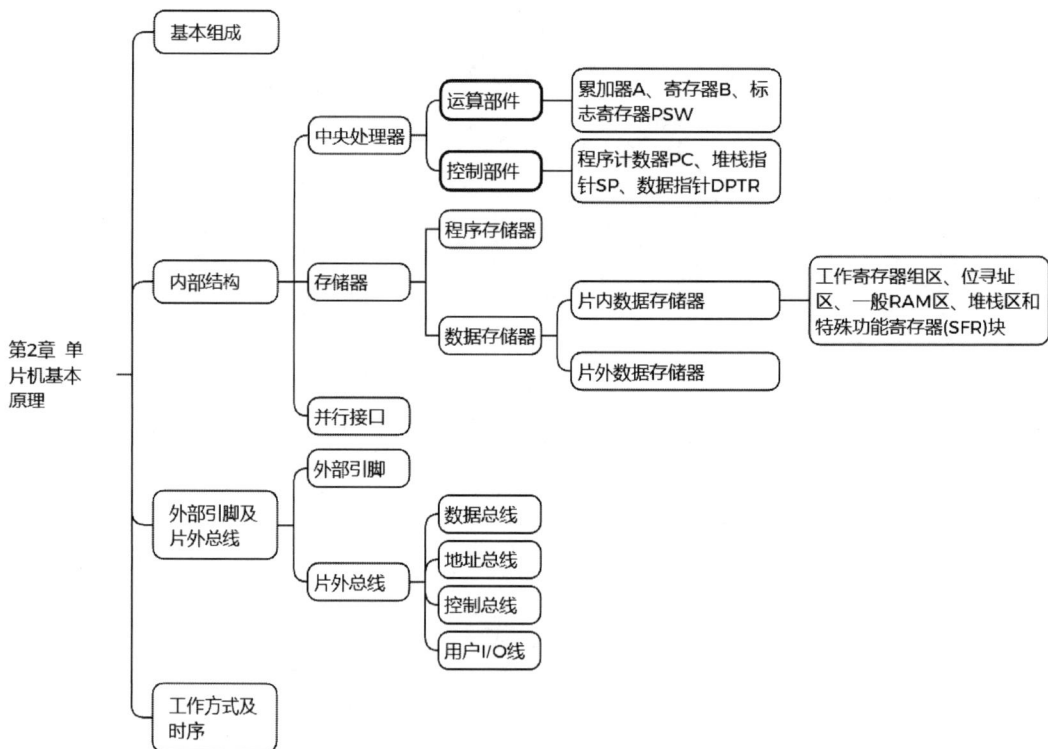

```
                              ┌─ 基本组成
                              │
                              │              ┌─ 中央处理器 ─┬─ 运算部件 ── 累加器A、寄存器B、标
                              │              │            │              志寄存器PSW
                              │              │            │
                              │              │            └─ 控制部件 ── 程序计数器PC、堆栈指
                              │              │                           针SP、数据指针DPTR
                              │              │
                              │              │              ┌─ 程序存储器
                              ├─ 内部结构 ──┼─ 存储器 ────┤                                 工作寄存器组区、位寻址
                              │              │            │              ┌─ 片内数据存储器 ── 区、一般RAM区、堆栈区和
第2章 单                      │              │            └─ 数据存储器 ─┤              特殊功能寄存器(SFR)块
片机基本 ─────────────────────┤              │                           └─ 片外数据存储器
原理                          │              └─ 并行接口
                              │
                              │              ┌─ 外部引脚
                              │              │
                              ├─ 外部引脚及 ─┤              ┌─ 数据总线
                              │  片外总线    │              │
                              │              └─ 片外总线 ──┤─ 地址总线
                              │                           │
                              │                           ├─ 控制总线
                              │                           │
                              │                           └─ 用户I/O线
                              │
                              └─ 工作方式及
                                 时序
```

本章将用 Intel 公司的 MCS-51 系列介绍 51 系列单片机结构和原理，考虑到现在实际中通常使用 Atmel 公司的 AT89S5X 系列，因此会对 AT89S5X 系列特有的部分进行专门介绍。

2.1　51 系列单片机概述

MCS-51 系列单片机是美国 Intel 公司在 1980 年推出的高性能 8 位单片机，它包含 51 和 52 两个子系列。

对于 51 子系列，主要有 8031、8051、8751 这 3 种机型，它们的指令系统与芯片引脚完全兼容，仅片内程序存储器有所不同，8031 芯片不带 ROM，8051 芯片带 4KB 的 ROM，8751 芯片带 4KB 的 EPROM。51 子系列单片机的主要特点如下。

(1) 8 位 CPU。片内带振荡器，频率范围为 1.2～12MHz。

(2) 片内带 128B 的数据存储器，片外最多可扩展 64KB 的数据存储器。

(3) 片内带 4KB 的程序存储器，片外最多可扩展 64KB 的程序存储器。

(4) 128 个用户位寻址空间。

(5) 21 个字节特殊功能寄存器。

(6) 4 个 8 位的并行 I/O 接口，即 P0、P1、P2、P3。

(7) 两个 16 位定时/计数器，两个优先级别的 5 个中断源。

(8) 1 个全双工的串行接口，可多机通信。

(9) 111 条指令，含乘法指令和除法指令。

(10) 片内采用单总线结构。

(11) 有较强的位处理能力。

(12) 采用单一+5V 电源。

对于 52 子系列，有 8032、8052、8752 这 3 种机型。52 子系列与 51 子系列相比，大部分相同，不同之处在于：片内数据存储器增至 256B；8032 芯片不带 ROM，8052 芯片带 8KB 的 ROM，8752 芯片带 8KB 的 EPROM；有 3 个 16 位定时/计数器；6 个中断源。本书以 51 子系列的 8051 为例来介绍 51 单片机的基本原理。

2.2　51 系列单片机的结构原理

2.2.1　51 系列单片机的基本组成

虽然 51 系列单片机的芯片有多种类型，但它们的基本结构相同。51 系列单片机的基本结构如图 2.1 所示。

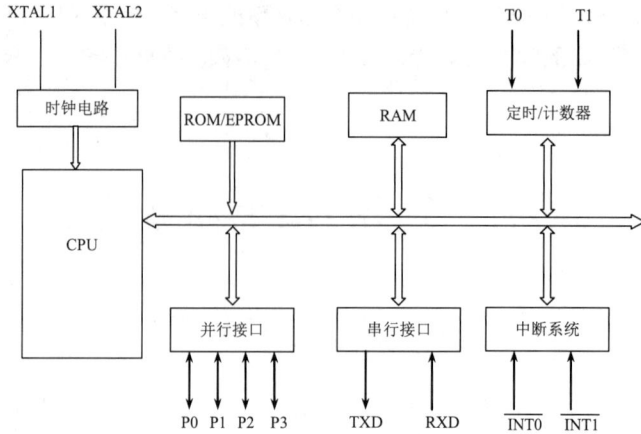

图 2.1　51 系列单片机的基本结构

2.2.2　51 系列单片机的内部结构

51 系列单片机的内部结构如图 2.2 所示。

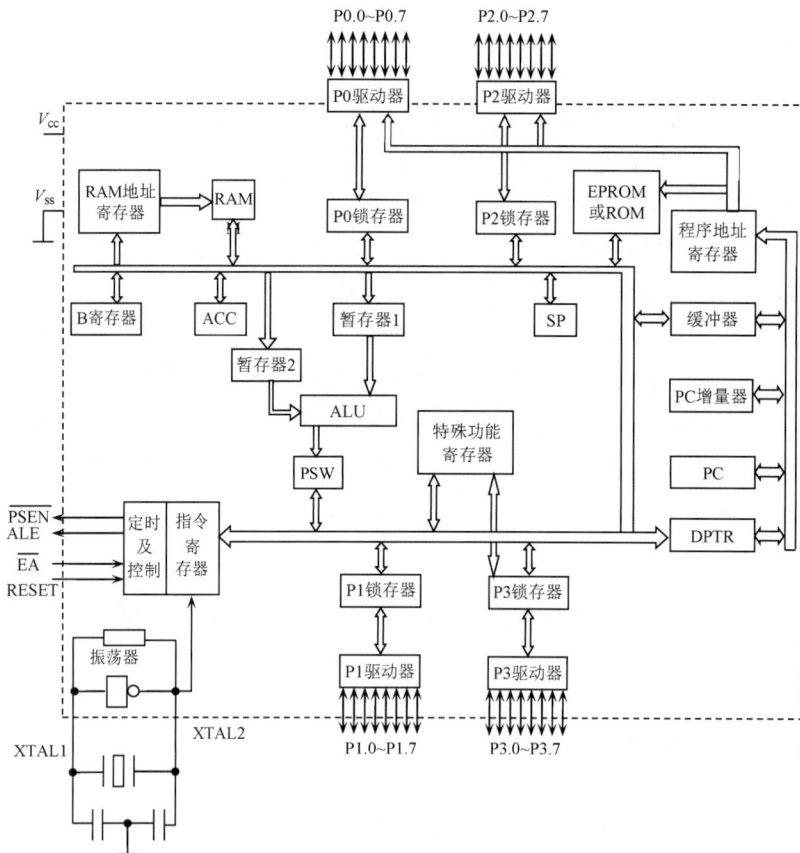

图 2.2　51 系列单片机的内部结构

由图 2.2 可以看到，它集成了中央处理器(CPU)、存储器系统(RAM 和 ROM)、定时/计数器、并行接口、串行接口、中断系统及一些特殊功能寄存器(SFR)，通过内部总线紧密地联系在一起。它的总体结构是 CPU 加外围功能部件的总线结构，功能部件的控制采用特殊功能寄存器方式，使用方便。内部集成了时钟电路，只需外接石英晶体就可形成时钟。另外注意，8031 和 8032 内部没有集成 ROM。

2.2.3 51 系列单片机的中央处理器

51 系列单片机的中央处理器(CPU)包含运算部件和控制部件两部分。

1. 运算部件

运算部件以算术逻辑运算单元(ALU)为核心，包含累加器(ACC)、B 寄存器、暂存器、标志寄存器(PSW)等部件，能实现算术运算、逻辑运算、位运算、数据传输等功能。

ALU 是一个 8 位运算器，它不仅可以完成 8 位二进制数加、减、乘、除等基本的算术运算，还可以完成 8 位二进制数逻辑与、或、异或、循环移位、求补、清零等逻辑运算，并且具有数据传输、程序转移等功能。ALU 还有一个一般微型计算机没有的位运算器，可以对一位二进制数进行置位、清零、求反、测试转移及位逻辑与、或等处理，这对于控制方面很有用。

累加器(ACC，简称为 A)为一个 8 位的寄存器，是 CPU 中使用最频繁的寄存器。ALU 进行运算时，绝大多数数据都来自 ACC，运算结果也通常送回 ACC。在 51 指令系统中，绝大多数指令中都要求 ACC 参与处理，在堆栈操作指令和位指令中，累加器名需用全称 ACC，在其他指令中累加器名用 A。

寄存器 B 称为辅助寄存器，它是为乘法和除法指令而设置的。在进行乘法运算时，累加器 A 和寄存器 B 在乘法运算前存放乘数和被乘数，运算完后，通过寄存器 B 和累加器 A 存放结果。在除法运算前，累加器 A 和寄存器 B 存入被除数和除数，运算完后用于存放商和余数。

PSW 是一个 8 位的寄存器，其中 4 位状态标志，用于保存指令执行结果的状态，以供程序查询和判别；1 位用户标志；2 位控制标志。其各位的情况如图 2.3 所示。

D7	D6	D5	D4	D3	D2	D1	D0
CY	AC	F0	RS1	RS0	OV	—	P

图 2.3 PSW 的格式

CY(PSW.7)：进位或借位标志。执行算术运算和逻辑运算指令时，用于记录最高位向前面的进位或借位。8 位加法运算时，若运算结果的最高位 D7 有进位，则 CY 置 1，否则 CY 清零。8 位减法运算时，若被减数比减数小，不够减，需借位，则 CY 置 1，否则 CY 清零。另外，在 51 系列单片机中，该位也可作为位运算器，完成各种位处理。

AC(PSW.6)：辅助进位或借位标志。用于记录在进行加法和减法运算时，低 4 位向高 4 位是否有进位或借位。当有进位或借位时，AC 置 1，否则 AC 清零。

F0(PSW.5)：用户标志位。是系统预留给用户自己定义的标志位，可以用软件使它置 1 或清零。在编程时，也可以通过软件测试 F0 以控制程序的流向。

RS1、RS0(PSW.4、PSW.3)：寄存器组选择位，用软件置 1 或清零。在 51 系列单片机中，为弥补 CPU 寄存器的不足，在片内数据存储器中用了 32B 作寄存器使用，这 32B 分成 4 组，每组 8 个，用寄存器 R0~R7 表示，这两位用于从 4 组工作寄存器中选定当前的工作寄存器组，选择情况如表 2.1 所示(注：数字后面有 H 后缀时，表示其为十六进制)。

表 2.1 RS1 和 RS0 工作寄存器组的选择

RS1	RS0	工作寄存器组
0	0	0 组(00H~07H)
0	1	1 组(08H~0FH)
1	0	2 组(10H~17H)
1	1	3 组(18H~1FH)

OV(PSW.2)：溢出标志位。在加法或减法运算时，如运算结果超出 8 位二进制有符号数的范围，则 OV 置 1，标志溢出，否则 OV 清零。

P(PSW.0)：偶标志位。用于记录指令执行后累加器 A 中 1 的个数的奇偶性。若累加器 A 中 1 的个数为奇数，则 P 置 1；若累加器 A 中 1 的个数为偶数，则 P 清零。

其中 PSW.1 未定义，可供用户使用。

【例 2.1】试分析下面指令执行后，累加器 A，标志位 CY、AC、OV、P 的值。

```
MOV A,#67H
ADD A,#58H
```

分析：第一条指令执行时把立即数 67H 送入累加器 A；第二条指令执行时把累加器 A 中的立即数 67H 与立即数 58H 相加，结果回送到累加器 A 中。加法运算过程如下：

$$67H=01100111B \qquad 58H=01011000B$$

$$
\begin{array}{r}
0110 \quad 0111B \\
+ \quad 0101 \quad 1000B \\
\hline
1011 \quad 1111 = 0BFH
\end{array}
$$

则执行后累加器 A 中的值为 0BFH，由相加过程得 CY=0、AC=0、OV=1、P=1。

2. 控制部件

控制部件是单片机的控制中心，它包括程序计数器(PC)、堆栈指针(SP)、数据指针(DPTR)、定时和控制电路、指令寄存器、指令译码器以及信息传送控制部件等。

PC 是一个 16 位的寄存器，它存放下一条要执行的指令地址。在 51 系列单片机中，由 PC 控制着程序的执行顺序。在程序执行时，由控制器控制从 PC 指向的 64KB 程序存储器中取出当前执行的指令送往执行部件执行，在取出的同时，程序计数器 PC 会自动调整(加上当前指令的字节数)以指向下一条指令，以便程序能自动往后执行。当程序发生转移时，就必须把新的指令地址(目标地址)装入程序计数器 PC，这通常由控制转移指令来实现。

SP 指针用来控制堆栈段内容的入栈(输入)和出栈(输出)，在 51 系列单片机中，SP 指针始终指向栈顶位置。

DPTR 指针也是一个 16 位的寄存器，在 51 系列单片机中，通常用 DPTR 指针实现对片外数据存储器 64KB 空间的访问。要访问哪个单元，就把相应单元地址存放在 DPTR，然后通过 DPTR 寄存器间接寻址进行访问。

控制部件以振荡信号为基准产生 CPU 工作的时序信号，先从程序存储器 ROM 中取出指令到指令寄存器，然后在指令译码器中对指令进行译码，产生执行指令所需的各种控制信号送到单片机内部的各功能部件，指挥各功能部件产生相应的操作，完成对应的功能。

3. AT89S5X 单片机的双数据指针和辅助寄存器

在 AT89S5X 单片机中央处理器中，数据指针寄存器实际有两个，即 DPTR0 和 DPTR1，另外，配合着数据指针寄存器和其他方面相关管理的还有两个辅助寄存器，即 AUXR 和 AUXR1。

为了方便访问数据寄存器，AT89S5X 单片机设置了双数据指针寄存器 DPTR0 和 DPTR1。其中 DPTR0 为 51 系列单片机原有的数据指针，DPTR1 为新增加的数据指针。它们仍然通过名称 DPTR 使用，使用时通过辅助寄存器 AUXR1 的 DPS 位进行选择，如图 2.4 所示。

	D7	D6	D5	D4	D3	D2	D1	D0
A2H	–	–	–	–	–	–	–	DPS

图 2.4　AUXR1 的格式

其中：DPS=0，选择数据寄存器 DPTR0；DPS=1，选择数据寄存器 DPTR1；默认 DPS=0。

对于辅助寄存器 AUXR，其格式如图 2.5 所示。

	D7	D6	D5	D4	D3	D2	D1	D0
8EH	–	–	–	WDIDLE	DISRTO	–	–	DISALE

图 2.5　AUXR 的格式

其中，DISALE 为 ALE 的禁止/允许位。DISALE=0，ALE 信号有效，发送 ALE 脉冲；DISALE=1，ALE 信号仅在 CPU 访问外部存储器时有效，不访问外部存储器时，ALE 引脚不输出信号，这样既可以减少对外部电路的干扰，又可降低功耗。

DISRTO 为允许/禁止看门狗定时器(WDT)溢出时输出复位信号。DISRTO=0，WDT 溢出时，允许向 RST 引脚输出一个高电平脉冲，使单片机复位。DISRTO =1，禁止。

WDIDLE 为 WDT 在空闲模式下的禁止/允许位。WDIDLE=0，允许 WDT 在空闲模式下计数；WDIDLE=1，禁止。

复位时，AUXR 寄存器值为 0。

2.2.4　51 系列单片机的存储器

1. 51 系列单片机的存储器结构

在计算机对信息进行处理时，根据处理过程中的作用，可以把信息分成两个部分，即程序代码和数据。程序代码和数据都存放在计算机的存储器中，根据程序代码和数据在存储器中的存放位置情况，可把计算机的存储器分成两种结构，即普林斯顿结构和哈佛结构。

1)　存储器的普林斯顿结构

普林斯顿结构又称为冯·诺依曼结构，它将程序代码和数据存放在一个存储器中，通过同一组总线访问，程序代码和数据存放在存储器的不同地址段，存放程序代码的段称为程序段(或代码段)，存放数据的段称为数据段。普林斯顿结构的计算机由微处理器、内部存储器、外部存储器和输入/输出设备等组成，其结构如图 2.6 所示。

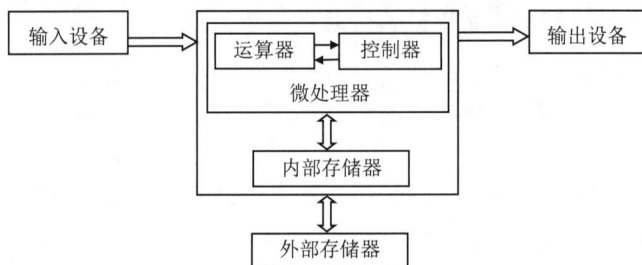

图 2.6　普林斯顿结构

通用微型计算机一般采用普林斯顿结构，这个存储器就是通用微型计算机的内部存储器，简称内存，通常由随机存储器(RAM)构造。微处理器和内部存储器一起构成主机，内部存储器和微处理器之间通过总线连接，内部存储器中存放的程序代码和数据轮流通过总线进行传送。在主机之外还有外部存储器(在计算机系统结构中，外部存储器属于输入/输出设备)。在通用微型计算机系统中，应用软件的多样性使计算机要不断变化所执行的代码，程序代码和数据平时存放在外部存储器中，可以长期保存，当要执行某个应用软件时，该应用软件的程序代码和数据就被装载到内部存储器，在内部存储器和微处理器之间处理，实现相应的任务。因此，通用微型计算机需要频繁地将程序代码和数据从外部存储器加载到内部存储器。

在这种结构下，程序代码和数据存储在同一个存储器中，用统一的总线编址和访问，可以最大限度地利用总线资源。但是，这种共享同一总线的结构，程序代码和数据资料只能分时传送，使数据资料的传输成为限制计算机性能的瓶颈，影响了计算机处理速度的提高。特别是在需要传送大量数据资料的时候，由于程序代码和数据都通过同一总线传送，微处理器将会在数据资料输入或输出内部存储器时闲置，这样非常不利于提高微处理器运行程序代码的速度。

2)　存储器的哈佛结构

哈佛结构将程序代码和数据存放在不同的存储器中，存放程序代码的存储器称为程序存储器，存放数据的存储器称为数据存储器，通过各自的总线编址和访问，它是一种并行体系结构。哈佛结构的计算机由微处理器、程序存储器、数据存储器和输入/输出设备等组成，其结构如图 2.7 所示。

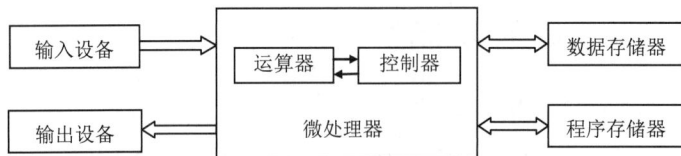

图 2.7　哈佛结构

在哈佛结构中，微处理器可通过两条总线同时执行指令代码和传输数据，从而提供了较大的存储器带宽，解决了普林斯顿结构数据传输成为限制计算机性能瓶颈的问题。但是，由于程序代码和数据用不同的存储器存储，通过不同的方法访问，因此，采用哈佛结构的计算机结构相对更复杂。

另外，相对于普林斯顿结构，哈佛结构更适合于那些程序需要固化、任务相对简单的控制系统，这时，程序存储器由只读存储器构造，数据存储器由随机存储器构造，系统可靠性更高。

51系列单片机存储器采用哈佛结构，分成程序存储器和数据存储器。程序存储器由只读存储器构造，因此一般又简称ROM；数据存储器由随机存储器构造，因此一般又简称RAM。程序存储器存放程序、固定常数和数据表格，数据存储器用作工作区及存放数据，两者完全分开。程序存储器和数据存储器有各自的寻址空间、寻址方式和操作命令。

2. 程序存储器

1) 程序存储器的编址与访问

程序存储器用于存放单片机工作时的程序，单片机工作时先由用户编制好程序和表格常数，将其存放到程序存储器中，然后在程序计数器PC的控制下，依次从程序存储器中取出指令送到CPU中执行，实现相应的功能。51系列单片机的程序计数器PC为16位，程序存储器地址空间为64KB。

51系列单片机的程序存储器(ROM)，从物理结构上有片内和片外之分，不同的芯片，片内程序存储器情况不一样。51系列单片机使用时必须要用程序存储器存放执行的程序，对于内部没有程序存储器的芯片，工作时只能用只读存储器芯片扩展外部程序存储器；对于内部带有程序存储器的芯片，根据使用情况，外部可以扩展也可以不扩展，但内部和外部共用64KB的存储空间。51系列单片机的程序存储器如图2.8所示，其中，8031和8032内部没有程序存储器，只能从外部扩展，可扩展64KB，地址范围为0000H～FFFFH；8051和8751内部有4KB程序存储器，地址范围为0000H～0FFFH；8052和8752内部有8KB程序存储器，地址范围为0000H～1FFFH，它们外部也可扩展，最多可扩展64KB，但扩展的外部程序存储器低端部分和片内程序存储器地址空间重叠，总空间还是64KB。

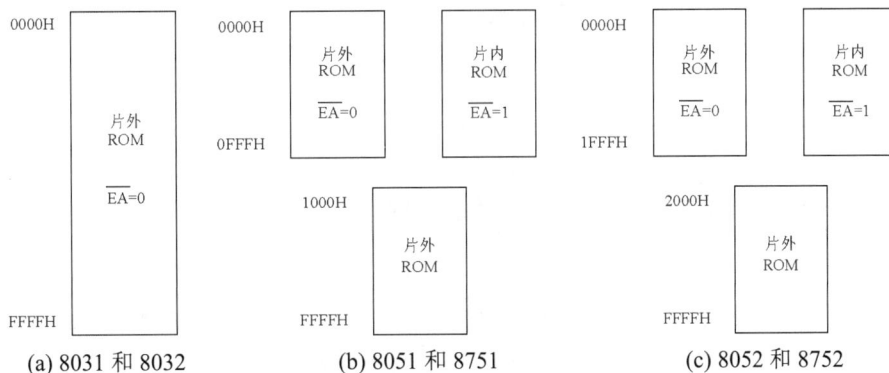

图2.8 51系列单片机的程序存储器

由于51系列单片机程序存储器的低地址空间存在片内和片外之分，执行指令时，对于低端地址，是从片内程序存储器取还是从片外程序存储器取呢？51系列单片机是通过芯片上的一个引脚$\overline{EA}$(片外程序存储器选用端)连接的高低电平来区分。$\overline{EA}$接低电平，则从片外程序存储器取指令；$\overline{EA}$接高电平，则从片内程序存储器取指令。对于8031和8032芯片，$\overline{EA}$只能保持低电平，指令只能从片外程序存储器取得。

当然，在实际使用时，工作的程序往往只能全部放在片内程序存储器或片外程序存储器(不能一部分放在片内,另一部分放在片外)。因此,当选用片内程序存储器的 51 系列单片机芯片时,一般把所有程序存放在片内程序存储器中,如果程序较大,集成 4KB 的 8051 不够用,可以选择集成 8KB 的 8052,如果 8KB 也不够呢? 51 系列单片机厂家已经给用户考虑到这个情况,现在,很多 51 系列单片机厂家已经生产了内部集成 16KB、24KB、32KB 等更大容量的片内程序存储器芯片供用户选择。

程序存储器主要用于存放单片机工作时执行的程序,在单片机工作时使用。另外,程序存储器可存放表格数据,在使用时可通过专门的查表指令"MOVC A, @A+DPTR"或"MOVC A, @A+PC"取出。

2) 程序存储器的 7 个特殊地址

对于 51 系列单片机程序存储器的 64KB 存储空间,使用时有 7 个特殊的地址,具体情况如表 2.2 所示。第一个是 0000H,它是系统的复位地址,51 系列单片机复位后,PC 的值为 0000H,复位后从 0000H 单元开始执行程序,由于后面几个地址的原因,用户程序一般不直接从 0000H 单元开始存放,而是存放于后面,通过在 0000H 单元存放一条绝对转移指令转到后面的用户程序。后面为 6 个中断源的入口地址,51 系列单片机中断响应后,系统会自动转移到相应中断入口地址去执行程序。在表 2.2 中,6 个中断的入口地址之间仅隔 8 个单元,用于存放中断服务程序往往不够用,这里通常存放一条绝对转移指令,转到真正的中断服务程序,真正的中断服务程序存放到后面。

表 2.2 程序存储器的 7 个特殊地址

地 址	特 点
0000H	复位地址
0003H	外部中断 0 中断入口地址
000BH	定时/计数器 0 中断入口地址
0013H	外部中断 1 中断入口地址
001BH	定时/计数器 1 中断入口地址
0023H	串行口中断入口地址
002BH	定时/计数器 2 中断入口地址(仅 52 子系列有)

6 个中断入口地址之后是用户程序区,用户可以把用户程序存放在用户程序区的任一位置,一般把用户程序存放在从 0100H 开始的区域。

3. 数据存储器

数据存储器在单片机中用于存取程序执行时所需的数据,它从物理结构上分为片内数据存储器和片外数据存储器。这两个部分在编址和访问方式上各不相同,其中片内数据存储器又可分成多个部分,采用多种方式访问。

1) 片内数据存储器

51 系列单片机的片内数据存储器可分为片内随机存储块和特殊功能寄存器(SFR)块。对于 51 子系列,片内随机存储块有 128B,编址为 00H~7FH;特殊功能寄存器块也占 128B,编址为 80H~FFH;两者连续不重叠。对于 52 子系列,片内随机存储块有 256B,编址为 00H~0FFH;特殊功能寄存器块也有 128B,编址为 80H~FFH;特殊功能寄存器块与片内随机存储块的后 128B 编址重叠,访问时通过不同的指令来区分。片内随机存储块按功能又可以分成工作寄存器组区、位寻址区、一般 RAM 区和堆栈区几个部分。具体分配情况如图 2.9 所示。

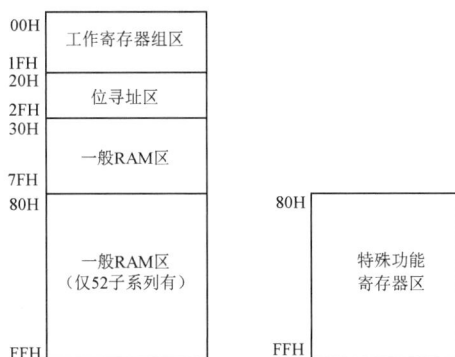

图 2.9　片内数据存储器的分配情况

(1) 工作寄存器组区。

00H～1FH 单元为工作寄存器组区，共 32 B。工作寄存器也称为通用寄存器，用于临时寄存 8 位信息。工作寄存器共有 4 组，称为 0 组、1 组、2 组和 3 组。每组 8 个寄存器，依次用 R0～R7 表示和使用。也就是说，R0 可能表示 0 组的第一个寄存器(地址为 00H)，也可能表示 1 组的第一个寄存器(地址为 08H)，还可能表示 2 组、3 组的第一个寄存器(地址分别为 10H 和 18H)。使用哪一组当中的寄存器由程序状态寄存器 PSW 中的 RS0 和 RS1 两位来决定。对应关系见表 2.1。

(2) 位寻址区。

20H～2FH 为位寻址区，共 16 B，128 位。这 128 位每位都可以按位操作使用，并且每一位都有唯一的直接位地址，位地址范围为 00H～7FH，其具体情况如表 2.3 所示。

表 2.3　位寻址区地址表(地址用十六进制数表示)

字节单元地址	D7	D6	D5	D4	D3	D2	D1	D0
20H	07	06	05	04	03	02	01	00
21H	0F	0E	0D	0C	0B	0A	09	08
22H	17	16	15	14	13	12	11	10
23H	1F	1E	1D	1C	1B	1A	19	18
24H	27	26	25	24	23	22	21	20
25H	2F	2E	2D	2C	2B	2A	29	28
26H	37	36	35	34	33	32	31	30
27H	3F	3E	3D	3C	3B	3A	39	38
28H	47	46	45	44	43	42	41	40
29H	4F	4E	4D	4C	4B	4A	49	48
2AH	57	56	55	54	53	52	51	50
2BH	5F	5E	5D	5C	5B	5A	59	58
2CH	67	66	65	64	63	62	61	60
2DH	6F	6E	6D	6C	6B	6A	69	68
2EH	77	76	75	74	73	72	71	70
2FH	7F	7E	7D	7C	7B	7A	79	78

(3) 一般 RAM 区。

30H～7FH 是一般 RAM 区，也称为用户 RAM 区，共 80 B，对于 52 子系列，一般 RAM 区的范围是从 30H～FFH 单元，用户一般通过指定字节地址来使用。另外，对于前两区中未用的单元也可将其作为用户 RAM 单元使用。一般 RAM 区的存储器单元通过直接寻址或寄存器间接寻址按字节方式使用。

(4) 堆栈区与堆栈指针。

堆栈是在存储器中按"先入后出、后入先出"的原则进行管理的一段存储区域，通过堆栈指针 SP 管理。堆栈主要是为子程序调用和中断调用而设立的，主要用于保护断点地址和保护现场状态。无论是子程序调用还是中断调用，调用完后都要返回调用位置，因此调用时，应先把当前的断点地址送入堆栈保存，方便以后返回时使用。对于嵌套调用，先调用的后返回，后调用的先返回，因此用堆栈就可实现。

堆栈有入栈和出栈两种操作，入栈时先改变堆栈指针 SP，再送入数据，出栈时先送出数据，再改变堆栈指针 SP。根据入栈方向，堆栈一般分为两种，即向上生长型和向下生长型。向上生长型堆栈在入栈时 SP 指针先加 1，指向下一个高地址单元，再把数据送入当前 SP 指针指向的单元，出栈时先把 SP 指针指向单元的数据送出，再把 SP 指针减 1，数据是向高地址单元存储的，如图 2.10 所示。

向下生长型堆栈在入栈时 SP 指针先减 1，指向下一个低地址单元，再把数据送入当前 SP 指针指向的单元，出栈时先把 SP 指针指向单元的数据送出，再把 SP 指针加 1，数据是向低地址单元存储的，如图 2.11 所示。

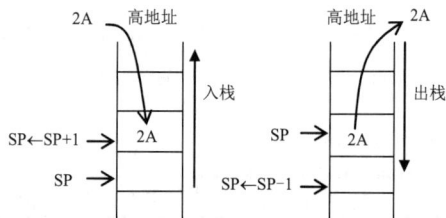

图 2.10　向上生长型堆栈　　　　图 2.11　向下生长型堆栈

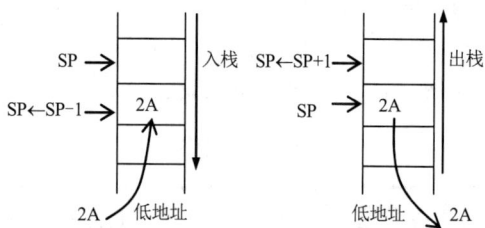

51 系列单片机堆栈是向上生长型，位于片内随机存储块中，堆栈指针 SP 为 8 位，入栈和出栈数据是以字节为单位的。复位时，SP 的初值为 07H，因此复位时堆栈实际上是从 08H 开始。当然在实际使用时，堆栈最好避开使用的工作寄存器、位寻址区等，在 51 系列单片机中可以通过给堆栈指针 SP 赋值的方式来改变堆栈的初始位置。

(5) 特殊功能寄存器。

特殊功能寄存器(SFR)也称为专用寄存器，专门用于控制、管理片内算术逻辑部件、并行接口、串行接口、定时/计数器、中断系统等功能模块的工作。用户在编程时可以给其设定值，但不能作为他用。SFR 分布在 80H～FFH 的地址空间内，与片内随机存储块统一编址。除程序计数器 PC 外，51 子系列有 18 个特殊功能寄存器，其中 3 个为双字节，共占用 21 B；52 子系列有 21 个特殊功能寄存器，其中 5 个为双字节，共占用 26 B。它们的分配情况如下。

① CPU 专用寄存器：累加器 A(E0H)，寄存器 B(F0H)，程序状态寄存器 PSW(D0H)，堆栈指针 SP(81H)，数据指针 DPTR(82H、83H)。

② 并行接口：P0～P3(80H、90H、A0H、B0H)。

③ 串行接口：串口控制寄存器 SCON(98H)，串口数据缓冲器 SBUF(99H)，电源控制寄存器 PCON(87H)。

④ 定时/计数器：方式寄存器 TMOD(89H)，控制寄存器 TCON(88H)，初值寄存器 TH0、TL0(8CH、8AH) / TH1、TL1(8DH、8BH)。

⑤ 中断系统：中断允许寄存器 IE(A8H)，中断优先级寄存器 IP(B8H)。

⑥ 定时/计数器 2 相关寄存器：定时/计数器 2 控制寄存器 T2CON(C8H)，定时/计数器 2 自动重装载寄存器 RLDL、RLDH(CAH、CBH)，定时/计数器 2 初值寄存器 TH2、TL2(CDH、CCH)(仅 52 子系列有)。

特殊功能寄存器的名称、符号及地址如表 2.4 所示。

表 2.4　特殊功能寄存器

名　称	符号	地址	位地址与位名称							
			D7	D6	D5	D4	D3	D2	D1	D0
P0 口	P0	80H	87	86	85	84	83	82	81	80
堆栈指针	SP	81H	—	—	—	—	—	—	—	—
数据指针低字节	DPL	82H	—	—	—	—	—	—	—	—
数据指针高字节	DPH	83H	—	—	—	—	—	—	—	—
电源控制	PCON	87H	SMOD				GF1	GF0	PD	IDL
定时/计数器控制	TCON	88H	TF1 8F	TR1 8E	TF0 8D	TR0 8C	IE1 8B	IT1 8A	IE0 89	IT0 88
定时/计数器方式	TMOD	89H	GATE	C/T	M1	M0	GATE	C/T	M1	M0
定时/计数器 0 低字节	TL0	8AH	—	—	—	—	—	—	—	—
定时/计数器 0 高字节	TH0	8CH	—	—	—	—	—	—	—	—
定时/计数器 1 低字节	TL1	8BH	—	—	—	—	—	—	—	—
定时/计数器 1 高字节	TH1	8DH	—	—	—	—	—	—	—	—
P1 口	P1	90H	97	96	95	94	93	92	91	90
串行口控制	SCON	98H	SM0 9F	SM1 9E	SM2 9D	REN 9C	TB8 9B	RB8 9A	TI 99	RI 98
串行口数据	SBUF	99H	—	—	—	—	—	—	—	—
P2 口	P2	A0H	A7	A6	A5	A4	A3	A2	A1	A0
中断允许控制	IE	A8H	EA AF	—	ET2 AD	ES AC	ET1 AB	EX1 AA	ET0 A9	EX0 A8
P3 口	P3	B0H	B7	B6	B5	B4	B3	B2	B1	B0
中断优先级控制	IP	B8H	—	—	PT2 BD	PS BC	PT1 BB	PX1 BA	PT0 B9	PX0 B8
定时/计数器 2 控制	T2CON	C8H	TF2 CF	EXF2 CE	RCLK CD	TCLK CC	EXEN2 CB	TR2 CA	C/T2 C9	CP/RL2 C8
定时/计数器 2 重装载低字节	RLDL	CAH	—	—	—	—	—	—	—	—
定时/计数器 2 重装载高字节	RLDH	CBH	—	—	—	—	—	—	—	—
定时/计数器 2 低字节	TL2	CCH	—	—	—	—	—	—	—	—
定时/计数器 2 高字节	TH2	CDH	—	—	—	—	—	—	—	—
程序状态寄存器	PSW	D0H	C D7	AC D6	F0 D5	RS1 D4	RS0 D3	OV D2	D1	P D0
累加器	A	E0H	E7	E6	E5	E4	E3	E2	E1	E0
寄存器 B	B	F0H	F7	F6	F5	F4	F3	F2	F1	F0

在表 2.4 中，带有位名称或位地址的特殊功能寄存器，既可以按字节方式处理，也可以按位方式处理。

💡 **注意：** 在 80H～FFH 地址范围，仅有 21 个(51 子系列)或 26 个(52 子系列)字节作为特殊功能寄存器，即它们是有定义的。其余字节无定义，用户不能访问这些字节，如访问这些字节，将得到一个不确定的值。

对于片内数据存储器的各个部分，它们在编址时是统一编址的。因此在访问它们时，可按各自特有的方法访问，也可按统一的方法访问。

2) 片外数据存储器

51 系列单片机片内有 128 B 或 256 B 的数据存储器。当数据存储器不够时，可扩展外部数据存储器，扩展的外部数据存储器最多为 64KB，地址范围为 0000H～FFFFH。通过 DPTR 作指针间接方式访问，对于低端的 256 B，可用两位十六进制地址编址，地址范围为 00H～FFH，可通过 R0 和 R1 间接方式访问。另外，扩展的外部设备占用片外数据存储器的空间，通过用访问片外数据存储器的方法进行访问。

必须说明，①64KB 的程序存储器和 64KB 的片外数据存储器的地址空间都为 0000H～FFFFH，地址空间是重叠的，它们如何区分呢？51 系列单片机是通过不同的信号来对片外数据存储器和程序存储器进行读写的，片外数据存储器的读、写通过 $\overline{RD}$ 和 $\overline{WR}$ 信号来控制。而程序存储器的读通过 $\overline{PSEN}$ 信号控制，同时两者通过用不同的指令来实现访问，片外数据存储器用 MOVX 指令访问，程序存储器用 MOVC 指令访问。②片内数据存储器和片外数据存储器的低 256 B 的地址空间是重叠的，它们如何区分呢？片内数据存储器和片外数据存储器的低 256 B 通过不同的指令访问，片内数据存储器用 MOV 指令访问，片外数据存储器用 MOVX 指令访问。因此在访问时不会产生混乱。

2.2.5 51 系列单片机的输入/输出接口

MCS-51 单片机的片内集成了并行接口、定时/计数器接口、串行接口以及中断系统，由于定时/计数器、串行接口以及中断系统比较复杂，因此本书把它们放在后面专门介绍，这里只介绍并行接口的情况。

51 系列单片机有 4 个 8 位的并行接口，即 P0、P1、P2 和 P3，它们是特殊功能寄存器中的 4 个。这 4 个接口，既可以作为输入也可以作为输出，既可按 8 位处理也可按位方式使用。输出时具有锁存能力，输入时具有缓冲功能。每个接口的具体功能有所不同。下面分别介绍。

1. P0 口

P0 口是一个三态双向口，可作为地址/数据分时复用接口，也可作为通用的输入/输出接口。P0 由一个输出锁存器、两个三态缓冲器、输出驱动电路和输出控制电路组成，它的一位结构如图 2.12 所示。

当控制信号为高电平"1"，P0 口作为地址/数据分时复用总线用时，可分为两种情况：一种是从 P0 口输出地址或数据；另一种是从 P0 口输入数据。控制信号为高电平"1"，使转换开关 MUX 把反相器 4 的输出端与 VT$_1$ 接通，同时把与门 3 打开。如果从 P0 口输出地址或数据信号，当地址或数据为"1"时，经反相器 4 使 VT$_1$ 截止，而经与门

3 使 VT_2 导通，P0.X 引脚上出现相应的高电平 "1"；当地址或数据为 "0" 时，经反相器 4 使 VT_1 导通而 VT_2 截止，引脚上出现相应的低电平 "0"，这样就将地址/数据的信号输出。如果从 P0 口输入数据，输入数据从引脚下方的三态输入缓冲器进入内部总线。

当控制信号为低电平 "0"，P0 口作为通用输入/输出接口使用时，控制信号为 "0"，转换开关 MUX 把输出级与锁存器 $\overline{Q}$ 端接通，在 CPU 向端口输出数据时，因与门 3 输出为 "0"，使 VT_2 截止，此时，输出级是漏极开路电路。当写入脉冲加在锁存器时钟端 CLK 上时，与内部总线相连的 D 端数据取反后出现在 $\overline{Q}$ 端，又经输出 VT_1 反相，在 P0 引脚上出现的数据正好是内部总线的数据。当要从 P0 口输入数据时，引脚信号仍经输入缓冲器进入内部总线。

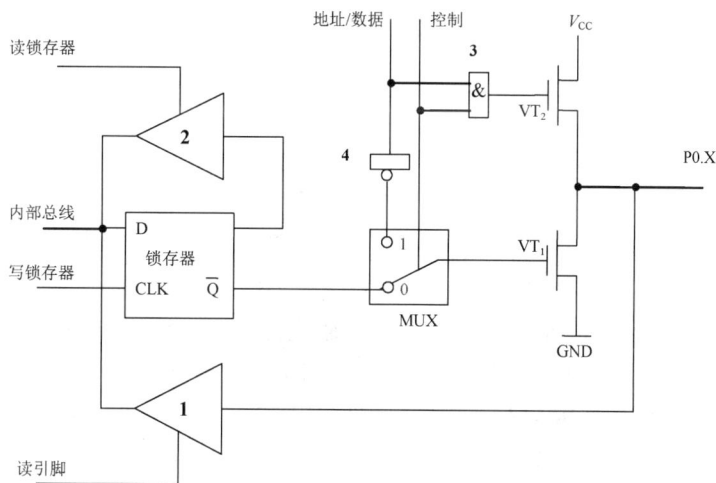

图 2.12　P0 口的一位结构

但当 P0 口作为通用输入/输出接口时，应注意以下两点。

(1) 在输出数据时，由于 VT_2 截止，输出级是漏极开路电路，要使 "1" 信号正常输出，必须外接上拉电阻。

(2) P0 口作为通用输入/输出接口输入使用时，在输入数据前，应先向 P0 口写入 "1"，此时锁存器的 $\overline{Q}$ 端为 "0"，使输出级的两个场效应管 VT_1、VT_2 均截止，引脚处于悬浮状态，才可作高阻输入。因为，从 P0 口引脚输入数据时，VT_2 一直处于截止状态，引脚上的外部信号既加在三态缓冲器 1 的输入端，又加在 VT_1 的漏极。假定在此之前曾经输出数据 "0"，则 VT_1 是导通的，这样引脚上的电位就始终被钳位在低电平，使输入高电平无法读入。因此，在输入数据时，应人为地先向 P0 口写入 "1"，使 VT_1、VT_2 均截止，方可高阻输入。

另外，P0 口的输出级具有驱动 8 个 LSTTL 负载的能力，输出电流不大于 $800\mu A$。

2. P1 口

P1 口是准双向口，它只能作为通用输入/输出接口使用。P1 口的结构与 P0 口不同，它的输出只由一个场效应管 VT_1 与内部上拉电阻组成，如图 2.13 所示。其输入/输出原理特性与 P0 口作为通用输入/输出接口使用时一样，当其输出时，可以提供电流负载，不必像 P0 口那样需要外接上拉电阻。P1 口具有驱动 4 个 LSTTL 负载的能力。

3. P2 口

P2 口也是准双向口,它有两个用途,即通用输入/输出接口和高 8 位地址线。它的一位结构如图 2.14 所示,与 P1 口相比,它只在输出驱动电路上比 P1 口多了一个模拟转换开关 MUX 和反相器 3。

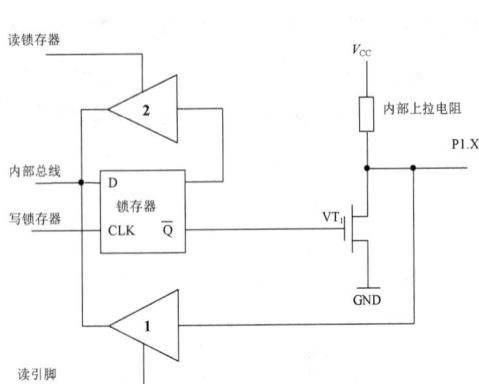

图 2.13　P1 口的一位结构　　　　图 2.14　P2 口的一位结构

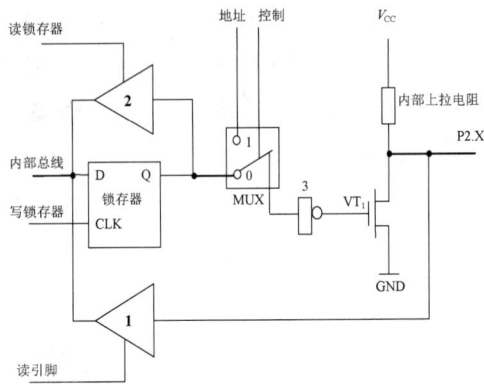

当控制信号为高电平"1"时,转换开关接上方,P2 口用作高 8 位地址总线使用,访问片外存储器的高 8 位地址 A8～A15 由 P2 口输出。如系统扩展了 ROM,由于单片机工作时一直不断地取指令,因此 P2 口将不断地送出高 8 位地址,P2 口将不能作为通用 I/O接口使用。如系统仅仅扩展 RAM,这时分几种情况:当片外 RAM 容量不超过 256 B,在访问 RAM 时,只需 P0 口送出低 8 位地址即可,P2 口仍可作为通用输入/输出接口使用;当片外 RAM 容量大于 256 B 时,需要 P2 口提供高 8 位地址,这时 P2 口就不能作为通用输入/输出接口使用。

当控制信号为低电平"0"时,转换开关接下方,P2 口用作准双向通用输入/输出接口,控制信号使转换开关接下方,其工作原理与 P1 口相同,只是 P1 口输出端由锁存器 $\overline{Q}$ 端接 VT_1,而 P2 口是由锁存器 Q 端经反相器 3 接 VT_1。此外,P2 口也具有输入、输出、端口操作 3 种工作方式,负载能力也与 P1 口相同。

4. P3 口

P3 口的一位结构如图 2.15 所示。它的输出驱动由与非门 3、VT_1 组成,输入比 P0口、P1 口、P2 口多了一个缓冲器 4。P3 口除了作为准双向通用输入/输出接口使用外,它的每一根线还具有第二种功能,如表 2.5 所示。

当 P3 口作为通用输入/输出接口时,第二功能输出线为高电平,与非门 3 的输出取决于锁存器的状态。这时,P3 口是一个准双向口,其工作原理、负载能力与 P1 口、P2 口相同。

当 P3 口作为第二功能使用时,锁存器的 Q 输出端必须为高电平,否则 VT_1 管导通,引脚将被钳位在低电平,无法实现第二功能。当锁存器 Q 端为高电平,P3 口的状态取决于第二功能输出线的状态。单片机复位时,锁存器的输出端为高电平。P3 口第二功能中输入信号 RXD、$\overline{INT0}$、$\overline{INT1}$、T0、T1 经缓冲器 4 输入,可直接进入芯片内部。

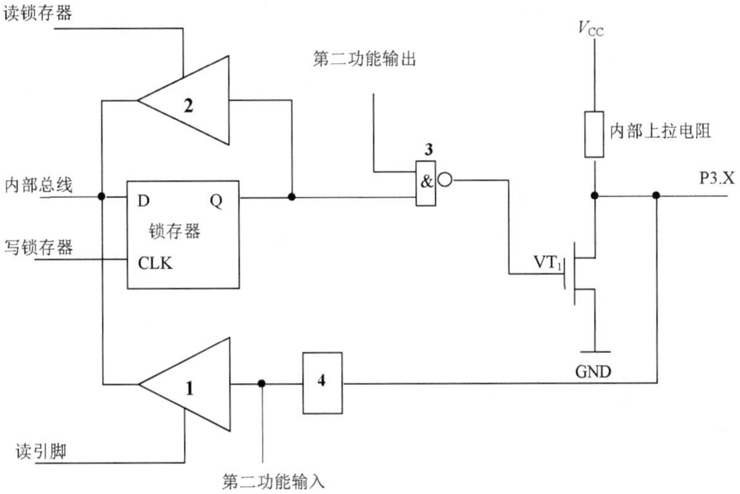

图 2.15   P3 口的一位结构

表 2.5   P3 口的第二功能

P3 口的引脚	第二功能
P3.0	RXD：串行口输入端
P3.1	TXD：串行口输出端
P3.2	$\overline{INT0}$：外部中断 0 请求输入端，低电平有效
P3.3	$\overline{INT1}$：外部中断 1 请求输入端，低电平有效
P3.4	T0：定时/计数器 0 外部计数脉冲输入端
P3.5	T1：定时/计数器 1 外部计数脉冲输入端
P3.6	$\overline{WR}$：外部数据存储器写信号，低电平有效
P3.7	$\overline{RD}$：外部数据存储器读信号，低电平有效

2.3   51 系列单片机的外部引脚及片外总线

在 51 系列单片机中，各种芯片的引脚是互相兼容的，它们的引脚情况基本相同，不同芯片之间的引脚功能只是略有差异。

2.3.1   外部引脚

51 系列单片机有 40 个引脚，用 HMOS 工艺制造的芯片采用双列直插式封装，如图 2.16(a)所示。低功耗、采用 CHMOS 工艺制造的机型(在型号中间加一个 "C" 作为识别，如 80C31、80C51 等)，也有采用方形封装结构的。

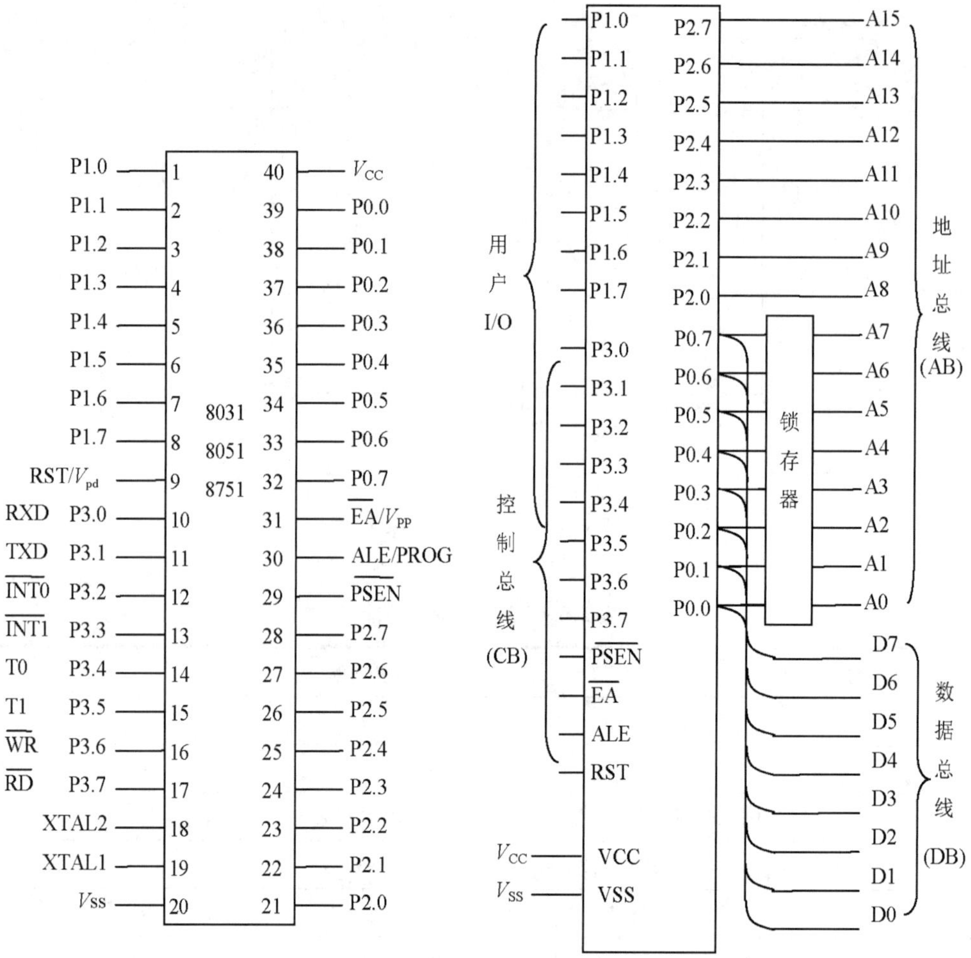

(a) 引脚   (b) 外部总线

图 2.16   51 系列单片机引脚与外部总线结构

现将各引脚分别说明如下。

1. 主电源引脚

V_{CC}(40 引脚)：接+5V 电源正端。

V_{SS}(20 引脚)：接地。

2. 输入输出引脚

1)   P0 口(39～32 引脚)

P0.0～P0.7 统称为 P0 口。在不接片外存储器且不扩展 I/O 接口时，作为准双向 I/O 接口使用。在接有片外存储器或扩展 I/O 接口时，P0 口分时复用为低 8 位地址总线和双向数据总线。

2)   P1 口(1～8 引脚)

P1.0～P1.7 统称为 P1 口，可作为准双向 I/O 接口使用。对于 52 子系列，P1.0 与 P1.1 还有第二功能：P1.0 可用作定时/计数器 2 的计数脉冲输入端 T2，P1.1 可用作定时/计数器 2 的外部控制端 T2EX。

3)　P2 口(21～28 引脚)

P2.0～P2.7 统称为 P2 口，一般可作为准双向 I/O 接口使用；在接有片外存储器或扩展 I/O 接口且寻址范围超过 256 B 时，P2 口用作高 8 位地址总线。

4)　P3 口(10～17 引脚)

P3.0～P3.7 统称为 P3 口。除作为准双向 I/O 接口使用外，每一位还具有独立的第二功能。P3 口的第二功能见表 2.5。

3. 外接晶体引脚

XTAL1、XTAL2(19、18 引脚)：当使用单片机内部振荡电路时，这两个引脚用来外接石英晶体和微调电容，如图 2.17(a)所示。在单片机内部，它们是一个反相放大器的输入输出端，这个放大器构成了片内振荡器。当采用外部时钟时，对于 HMOS 单片机，XTAL1 引脚接地，XTAL2 接片外振荡脉冲输入(带上拉电阻)，如图 2.17(b)所示；对于 CHMOS 单片机，XTAL2 引脚接地，XTAL1 接片外振荡脉冲输入(带上拉电阻)，如图 2.17(c) 所示。

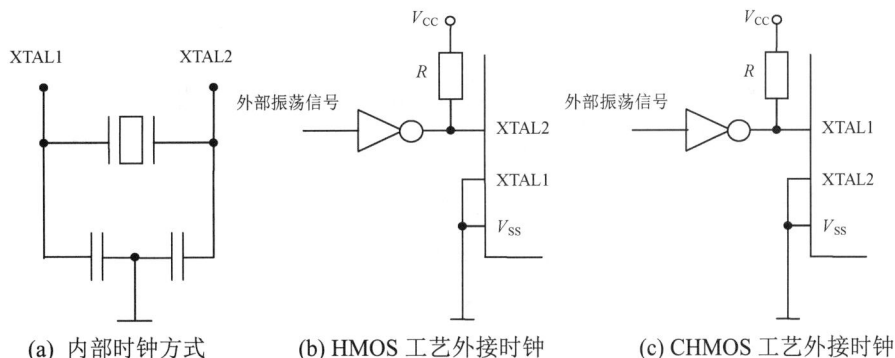

(a) 内部时钟方式　　　　(b) HMOS 工艺外接时钟　　　　(c) CHMOS 工艺外接时钟

图 2.17　时钟电路

4. 控制线

1)　ALE/PROG(30 引脚)

地址锁存信号输出端。ALE 在每个机器周期内输出两个脉冲。在访问片外程序存储器期间，下降沿用于控制锁存 P0 输出的低 8 位地址；在不访问片外程序存储器期间，可作为对外输出的时钟脉冲或用于定时目的。但要注意，在访问片外数据存储器期间，ALE 脉冲会跳空一个，此时作为时钟输出就不妥了。

对于片内含有 EPROM 的机型，在编程期间，该引脚用作编程脉冲 PROG 的输入端。

2)　$\overline{\text{PSEN}}$ (29 引脚)

片外程序存储器读选通信号输出端，低电平有效。在从外部程序存储器读取指令或常数期间，每个机器周期该信号有效两次，通过数据总线 P0 口读回指令或常数。在访问片外数据存储器期间，$\overline{\text{PSEN}}$ 信号不出现。

3)　RST/V_{pd}(9 引脚)

RST 即为 RESET，V_{pd} 为备用电源。该引脚为单片机的上电复位和掉电保护端。当单片机振荡器工作时，该引脚上出现持续两个机器周期的高电平，就可实现复位操作，使单片机回到初始状态。上电时，考虑到振荡器有一定的起振时间，其他电路也要有一定的稳定时间，该引脚上高电平必须持续 10ms 以上才能保证有效复位。

该引脚可接备用电源，当 V_{CC} 发生故障，降低到低电平规定值或掉电时，该备用电源为内部 RAM 供电，以保证 RAM 中的数据不丢失。

4) $\overline{EA}/V_{PP}$(31 引脚)

$\overline{EA}$ 为片外程序存储器选用端。该引脚为低电平时，选用片外程序存储器，高电平或悬空时选用片内程序存储器。

对于片内含有 EPROM 的机型，在编程期间，此引脚用作 21V 编程电源 V_{PP} 的输入端。

2.3.2 片外总线结构

单片机的引脚除了电源线、复位线、时钟输入以及用户 I/O 接口外，其余的引脚都是为了实现系统扩展而设置的。这些引脚构成了片外地址总线、数据总线和控制总线三总线形式，见图 2.16(b)。

1. 地址总线

地址总线的宽度为 16 位，寻址范围为 64KB。由 P0 口经地址锁存器提供低 8 位(A7～A0)，P2 口提供高 8 位(A15～A8)而形成。可对片外程序存储器和片外数据存储器寻址。

2. 数据总线

数据总线的宽度为 8 位，由 P0 口直接提供。

3. 控制总线

控制总线由第二功能状态下的 P3 口和 4 根独立的控制线 RST、ALE、$\overline{EA}$ 和 $\overline{PSEN}$ 组成。

2.4 51 系列单片机的工作方式

51 系列单片机的工作方式有多种，这里介绍复位方式、程序执行方式、单步执行方式、AT89S5X 单片机的空闲和掉电方式以及 AT89S5X 单片机的 ISP 编程方式。

2.4.1 复位方式

计算机在启动运行时都需要复位，复位是使 CPU 和内部其他部件处于一个确定的初始状态，从这个状态开始工作。

51 系列单片机有一个复位引脚 RST，高电平有效。在时钟电路工作以后，当外部电路使 RST 端出现两个机器周期(24 个时钟周期)以上的高电平时，系统内部复位。复位有两种方式，即上电复位和按钮复位，如图 2.18 所示。

只要 RST 保持高电平，51 系列单片机将循环复位。复位期间，ALE、$\overline{PSEN}$ 输出高电平。RST 从高电平变为低电平后，PC 指针变为 0000H，使单片机从程序存储器地址为

0000H 的单元开始执行程序。复位后，内部寄存器的初始内容如表 2.6 所示。当单片机执行程序出错或进入死循环时，也可按复位按钮重新启动。

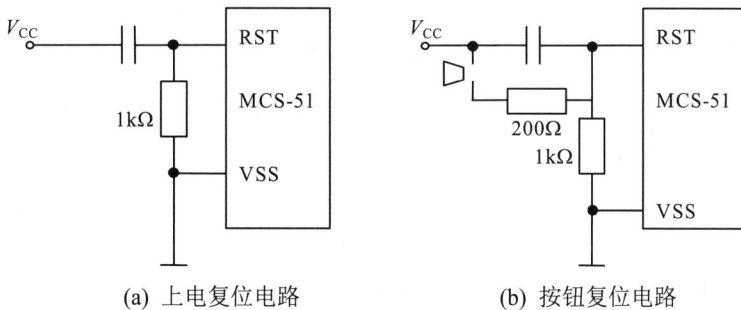

(a) 上电复位电路　　　　　　　　　(b) 按钮复位电路

图 2.18　51 系列单片机复位电路

表 2.6　复位后内部寄存器的内容

特殊功能寄存器	初始内容	特殊功能寄存器	初始内容
A	00H	TCON	00H
PC	0000H	TL0	00H
B	00H	TH0	00H
PSW	00H	TL1	00H
SP	07H	TH1	00H
DPTR	0000H	SCON	00H
P0～P3	FFH	SBUF	XXXXXXXXB
IP	XX000000B	PCON	0XXX0000B
IE	0X000000B	TMOD	00H

2.4.2　程序执行方式

　　程序执行方式是单片机的基本工作方式，也是单片机最主要的工作方式，单片机在实现用户功能时通常采用这种方式。单片机执行的程序放置在程序存储器中，既可以是片内 ROM，也可以是片外 ROM。由于系统复位后，PC 指针总是指向 0000H，程序总是从 0000H 开始执行，而从 0003H 到 0032H 又是中断服务程序区，因此，用户程序都放置在中断服务区后面，在 0000H 处放置一条长转移指令转移到用户程序。

2.4.3　单步执行方式

　　单步执行是指在外部单步脉冲的作用下，使单片机一个单步脉冲执行一条指令后就暂停下来，再一个单步脉冲执行一条指令后又暂停下来。单步执行方式通常用于调试程序、跟踪程序执行和了解程序执行过程。

　　在一般的微型计算机中，单步执行由单步执行中断完成，而单片机没有单步执行中断，51 系列单片机的单步执行是利用中断系统完成的。中断系统规定，从中断服务程序中返回之后，至少要再执行一条指令，才能重新进入中断。这样，将外部脉冲加到$\overline{\text{INT0}}$引脚，平时让它为低电平，通过编程规定$\overline{\text{INT0}}$为电平触发。那么，不来脉冲时$\overline{\text{INT0}}$总处于响应中断的状态。

在$\overline{\text{INT0}}$的中断服务程序中安排以下指令：

```
PAUSE0:JNB  P3.2,PAUSE0      ;若INT0=0,不往下执行
PAUSE1:JB   P3.2,PAUSE1      ;若INT0=1,不往下执行
RETI                         ;返回主程序执行下一条指令
```

当$\overline{\text{INT0}}$没有外部脉冲时，$\overline{\text{INT0}}$保持低电平，向 CPU 申请中断，执行中断服务程序。在中断服务程序中，第一条指令在$\overline{\text{INT0}}$为低电平时循环，不返回主程序。当通过一个按钮向$\overline{\text{INT0}}$端发送一个正脉冲时，中断服务程序的第一条指令结束循环，执行第二条指令，在高电平期间，第二条指令又循环，高电平结束，$\overline{\text{INT0}}$回到低电平，第二条指令结束循环，执行第三条指令，中断返回，返回到主程序，由于这时$\overline{\text{INT0}}$又为低电平，请求中断，而中断系统规定，从中断服务程序中返回之后，至少要再执行一条指令，才能重新进入中断。因此，当执行主程序的一条指令后，响应中断，进入中断服务程序，又在中断服务程序中暂停下来。这样，总体看来，按一次按钮，$\overline{\text{INT0}}$端产生一次高脉冲，主程序执行一条指令，实现单步执行。

2.4.4　AT89S5X 单片机的空闲和掉电方式

单片机经常用在野外、井下、空中、无人值守的监测站等供电艰苦的场合，或处于长期运行的监测系统中，要求系统的功耗很小。因此，现在的单片机一般都设计了低功耗节电方式以满足这样的要求。

AT89S5X 单片机有两种低功耗节电模式，即空闲工作方式和掉电工作方式。

1. 空闲工作方式

空闲工作方式是 CPU 通过执行指令使自身进入睡眠状态，即 CPU 停止工作(实际是关断送给 CPU 的时钟信号)，而片内外的功能部件仍然继续工作，内部 RAM、SFR、PC、SP、PSW、P0～P3 端口等都保持进入空闲工作方式前的状态不变。

空闲工作方式的进入是 CPU 通过执行指令把电源控制寄存器 PCON 中的 IDL 位置 1 实现，该寄存器的字节地址为 87H，不能按位方式使用。PCON 的格式如图 2.19 所示。

	D7	D6	D5	D4	D3	D2	D1	D0
87H	SMOD	—	—	—	GF1	GF0	PD	IDL

图 2.19　电源控制寄存器 PCON 的格式

其中，各位说明如下。

SMOD(PCON.7)：波特率加倍位。SMOD=1，当串行口工作于方式 1、2、3 时，波特率加倍。

GF1、GF0：通用标志位。

PD(PCON.1)：掉电方式位。当 PD=1 时，进入掉电方式。

IDL(PCON.0)：空闲方式位。当 IDL=1 时，进入空闲方式。

复位时 PCON 的值为 0XXX0000B，单片机处于正常运行方式。

空闲工作方式的退出有两种方法：一种是响应中断；另一种是硬件复位。

在空闲工作方式下，若有任一中断请求被允许，IDL 位将被硬件自动清零，从而退出空闲工作方式。CPU 响应中断后，执行中断服务程序，中断返回后将从设置空闲工作方式指令的下一条指令继续执行程序。

当硬件复位退出空闲工作方式时，在复位逻辑电路发挥控制作用前，有长达两个机器周期的时间，单片机要从断点处(IDL 位置 1 指令的下一条指令)继续执行程序。在这期间，片内硬件阻止 CPU 对片内 RAM 的访问，但不阻止对外部 RAM 和 I/O 口的访问。为了避免在硬件复位退出空闲方式时出现对外部 RAM 和 I/O 口不希望的访问。在进入空闲方式时，紧随 IDL 位置 1 指令后的不应该是写入外部 RAM 或 I/O 口的指令。

2. 掉电工作方式

当用指令把 PCON 寄存器的 PD 位置 1 时，进入掉电工作方式。振荡器和片内的功能部件都停止工作，芯片的 V_{CC} 可由备用电源供电。内部 RAM 和 SFR 等都保持进入掉电工作方式前的状态不变。

掉电工作方式的退出也有两种：一种是硬件复位；另一种是外部中断。

当 V_{CC} 恢复到正常工作水平时，只要硬件复位信号维持 10ms，便可退出掉电方式，复位时会重新初始化 SFR 和 PC，但不改变片内 RAM 的内容。

在掉电方式下，当 V_{CC} 恢复到正常工作水平时，如果有任一允许的外部中断请求，PD 位将被片内硬件自动清零，从而退出掉电方式。CPU 响应中断后，执行中断服务程序，返回后将从设置掉电工作方式指令的下一条指令继续执行程序。

2.4.5 AT89S5X 单片机的 ISP 编程方式

AT89S5X 系列单片机是 Atmel 公司开发的新型的 51 系列单片机，片内集成 Flash 存储器，可通过 ISP 方式在系统编程，而且编程电压为 4～5V 即可。在我们日常生活中使用非常广泛。

1. AT89S5X 单片机 Flash 存储器编程概述

AT89S51/52 片内集成 4KB/8KB Flash 程序存储器，支持 ISP 编程，有串行和并行两种编程模式，通用编程器一般采用并行模式，而 ISP 采用串行编程模式。在编程过程中一般同时完成擦除、写入、校验和加密工作。

出厂时 Flash 存储器处于全部空白状态(各单元均为 FFH)，可直接进行编程，若不全为空白状态(单元中有不是 FFH)，应首先将芯片擦除，才可编程写入程序。AT89S5X 的 Flash 存储器可循环擦除/写入 10000 次，程序和数据可保存 10 年以上，程序和数据具有 3 级加密保护。

Flash 存储器编程可用通用编程器并行方式编程，也可以 ISP 串行方式编程。ISP 是指可以直接对应用系统电路板上的 AT89S51 芯片写入程序，完成编程，整个过程不需要从电路板上取下芯片。已编程的芯片也可用 ISP 方式擦除和再次编程。ISP 下载编程器可以自已制作，也可在电子市场上购买，价格很便宜。ISP 下载编程器与单片机一端连接的端口通常采用 Atmel 公司提供的接口标准，即 10 芯的 IDC 接口，通过 IDC 接口和 AT89S51 单片机的对应引脚相连。ISP 下载方式使用非常方便，成本很低，已经是现在的主流下载方式。

2. AT89S5X 单片机 Flash 存储器加密

AT89S5X 的 Flash 存储器具有 3 个可编程的加密位，即 LB1、LB2、LB3，3 级加密保护。可实现 3 个不同级别的加密。3 个加密位的状态可以是编程(P)或不可编程(U)。提供的 3 个级别的加密保护功能如表 2.7 所示，加密时必须按照加密顺序逐级进行。

表 2.7 加密位的 3 级加密保护功能

类型	程序加密位			加密保护功能	加密顺序
	LB1	LB2	LB3		
1	U	U	U	无程序加密保护	1
2	P	U	U	禁止读片内 Flash 存储器，禁止编程，复位时 EA 被采样锁存	2
3	P	P	U	与类型 2 相同，并同时禁止程序校验	3
4	P	P	P	与类型 3 相同，并同时禁止执行片内的程序	4

当加密位 LB1 被编程时，在复位期间，$\overline{EA}$ 引脚的逻辑电平被采样并锁存，如果单片机上电后一直没有复位，则锁存的初始值是一个随机数，这个随机数会一直保存到真正复位为止。为了使单片机能正常工作，被锁存的 $\overline{EA}$ 引脚电平值必须与该引脚当前的逻辑电平一致。此外，加密位只能通过整片擦除的方法随数据一起清除。

3. AT89S5X 单片机 ISP 接口

AT89S5X 单片机 ISP 接口包含 MOSI(串行数据输入线，P1.5 引脚)、MISO(串行数据输出线，P1.6 引脚)和 SCK(串行时钟线，P1.7 引脚)3 根线，同时需要将 RST 接 V_{CC}。串行 ISP 下载线 IDC 接口如图 2.20 所示。

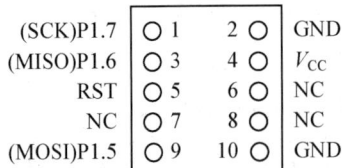

(SCK)P1.7	○ 1	2 ○	GND
(MISO)P1.6	○ 3	4 ○	V_{CC}
RST	○ 5	6 ○	NC
NC	○ 7	8 ○	NC
(MOSI)P1.5	○ 9	10 ○	GND

图 2.20 AT89S5X ISP 下载线 IDC 接口

图 2.20 中，1 端口接 AT89S5X 单片机 P1.7 引脚，作为 SCK；3 端口接 AT89S5X 单片机 P1.6 引脚，作为 MISO；5 端口接 RST；9 端口接 AT89S5X 单片机 P1.5 引脚，作为 MOSI；4 端口接 V_{CC}；2、10 端口接 GND；6、7、8 端口悬空。

4. AT89S5X 单片机 ISP 编程

AT89S5X 单片机用编程指令通过串行 ISP 接口编程。串行编程指令是 4 字节格式，具体如表 2.8(表中的 x 表示二进制数 0 或 1)所示。

表 2.8 AT89S5X 单片机编程指令表

指 令	指令格式				操作说明
	Byte1	Byte2	Byte3	Byte4	
编程使能	1010 1100	0101 0011	xxxx xxxx	xxxx xxxx	当 RST 为高电平时，打开串行编程，在 MISO 输出 0110 1001
芯片擦除	1010 1100	100x xxxx	xxxx xxxx	xxxx xxxx	擦除 Flash 存储器阵列
读数据(字节方式)	0010 0000	xxxx A11～A8	A7～A4 A3～A0	D7～D4 D3～D0	字节方式读存储器数据，可用作程序校验
写数据(字节方式)	0100 0000	xxxx A11～A8	A7～A4 A3～A0	D7～D4 D3～D0	字节方式写入存储器数据
写加密位	1010 1100	1110 00B1B2	xxxx xxxx	xxxx xxxx	写加密位，具体写法参见表 2.7
读加密位	0010 0100	xxxx xxxx	xxxx xxxx	xxxLB3 LB2LB1xx	读当前加密位状态，如已编程加密位，则返回 1
读签名字节	0010 1000	xxxA5 A4～A1	A0xxx xxx0	Signature Byte	读签名字节
读数据(页方式)	0011 0000	xxxx A11～A8	Byte0	Byte1… Byte255	页方式读存储器数据(256B)，可用来程序校验
写数据(页方式)	0101 0000	xxxx A11～A8	Byte0	Byte1… Byte255	页方式写入存储器数据(256B)

对表 2.8 的说明如下。

(1) 芯片擦除：通过擦除指令进行，将存储器单元全写为 FFH，擦除周期大约为 500ms。

(2) 程序校验：如果加密位 LB1、LB2 没有进行编程，则代码数据可通过读数据指令读回写入的数据，各加密位也可以通过读加密位指令读回，进行校验。

(3) 写加密位：对应指令中 B1B2 的取值组合有 4 种方式，见表 2.7，加密时须按照类型 1、类型 2、类型 3 和类型 4 的顺序逐一进行加密操作。

2.5 51 系列单片机的时序

时序就是在执行指令过程中，CPU 产生的各种控制信号在时间上的相互关系。每执行一条指令，CPU 的控制器都产生一系列特定的控制信号，不同的指令产生的控制信号不一样。

CPU 发出的控制信号有两类：一类是用于计算机内部的，这类信号很多，但用户不能直接接触此类信号，故这里不作介绍；另一类信号是通过控制总线送到片外的，这部分信号是计算机使用者所关心的，下面主要介绍这类信号的时序。

2.5.1 时钟周期、机器周期和指令周期

(1) 时钟周期(振荡周期)。单片机内部时钟电路产生(或外部时钟电路送入)的信号周

期，单片机的时序信号是以时钟周期信号为基础形成的，在其基础上形成了机器周期、指令周期和各种时序信号。

(2) 机器周期。机器周期是单片机的基本操作周期，每个机器周期包含 S1、S2、…、S6 共 6 个状态，每个状态包含两拍(P1 和 P2)，每一拍为一个时钟周期(振荡周期)。因此，一个机器周期包含 12 个时钟周期。依次可表示为 S1P1、S1P2、S2P1、S2P2、…、S6P1、S6P2，如图 2.21(a)所示。

(3) 指令周期。计算机从取一条指令开始，到执行完该指令所需要的时间称为指令周期。不同的指令其长度不同，指令周期也不一样。但指令周期以机器周期为单位。51 系列单片机指令根据指令长度和指令周期可分为单字节单周期指令、单字节双周期指令、双字节单周期指令、双字节双周期指令、三字节双周期指令及一字节四周期指令。

每一个机器周期 ALE 信号固定地出现两次，分别在 S1P2 和 S4P2 时钟周期，每出现一次 ALE 信号，CPU 就进行一次取指令的操作，不同的指令，其指令长度和机器周期数不同，所以具体的取指操作也有所不同。它们的典型时序如图 2.21(b)~(d)所示。

图 2.21(b)所示为单字节单周期指令，图 2.21(c)所示为双字节单周期指令。单字节指令和双字节指令都在 S1P2 期间由 CPU 取指，将指令码读入指令寄存器，同时程序计数器 PC 加 1。在 S4P2 期间再读出一个字节，对于单字节指令，读出的是下一条指令，故读后丢弃不用，程序计数器 PC 也不加 1；对于双字节指令，读出第二个字节后，送给当前指令使用，并使程序计数器 PC 加 1。两种指令都在 S6P2 时钟周期结束时完成操作。

图 2.21(d)所示为单字节双周期指令，两个机器周期中发生了 4 次读操作码的操作，第一次读出为操作码，读出后程序计数器 PC 加 1，后 3 次读取操作都无效，自然丢失，程序计数器 PC 也不会改变。

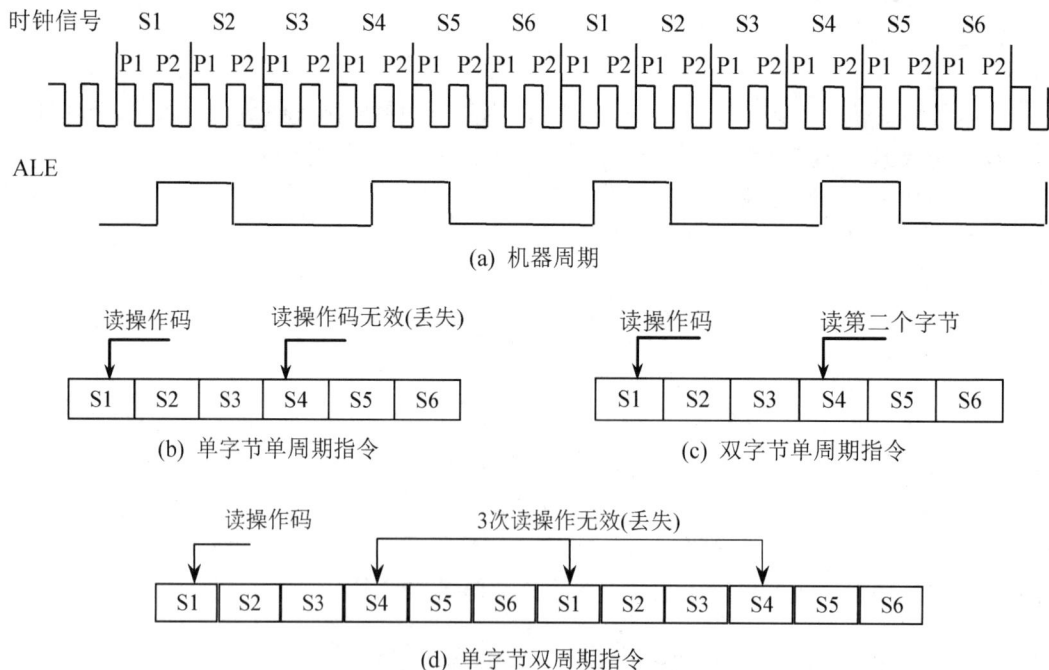

(a) 机器周期

(b) 单字节单周期指令

(c) 双字节单周期指令

(d) 单字节双周期指令

图 2.21 MCS-51 单片机的指令周期

2.5.2　访问外部 ROM 的时序

如果指令是从外部 ROM 中读取，除了 ALE 信号之外，控制信号还有 $\overline{PSEN}$，此外，还要用到 P0 口和 P2 口，P0 口分时用作低 8 位地址总线和数据总线，P2 口用作高 8 位地址总线。相应的时序如图 2.22 所示。其过程如下。

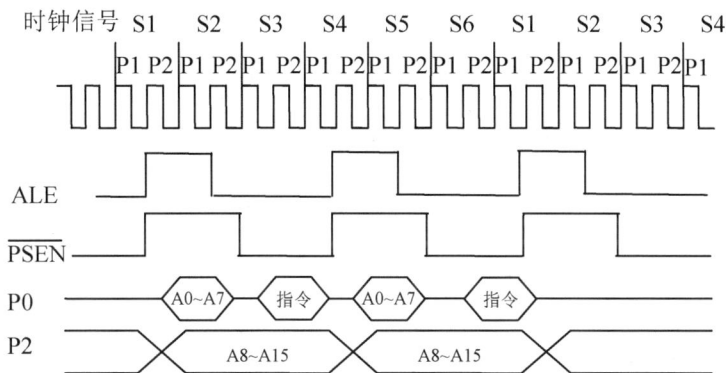

图 2.22　访问外部 ROM 的时序

(1)　在 S1P2 时刻 ALE 信号有效。

(2)　在 P0 口送出 ROM 地址低 8 位，在 P2 口送出 ROM 地址高 8 位。A0～A7 只持续到 S2P2 结束，故在外部要用锁存器加以锁存，用 ALE 作为锁存信号。A8～A15 在整个读指令过程中都有效，不必再接锁存器。到 S2P2 前 ALE 失效。

(3)　在 S3P1 时刻，$\overline{PSEN}$ 开始低电平有效，用它来选通外部 ROM 的使能端，所选中 ROM 单元的内容，即指令，从 P0 口读入到 CPU，然后 $\overline{PSEN}$ 失效。

(4)　在 S4P2 时刻后开始第二次读入，过程与第一次相同。

2.5.3　访问外部 RAM 的时序

另一种需要注意的时序就是访问外部数据 RAM 的时序，这里包括从 RAM 中读和写两种时序，但基本过程是相同的。这时所用的控制信号有 ALE、$\overline{PSEN}$ 和 $\overline{RD}$ (读)/$\overline{WR}$ (写)。P0 口和 P2 口仍然要用，在取指阶段用来传送 ROM 地址和指令，而在执行阶段，传送 RAM 地址和读写的数据。如图 2.23 所示是访问外部数据 RAM 的时序。

读外部 RAM 的过程如下。

(1)　在第一次 ALE 有效到第二次 ALE 有效之间的过程，是和读外部程序 ROM 过程一样的，即 P0 口送出 ROM 单元低 8 位地址，P2 口送出高 8 位地址，然后在 $\overline{PSEN}$ 有效后读入 ROM 单元的内容。

(2)　第二次 ALE 有效后，P0 口送出 RAM 单元的低 8 位地址，P2 口送出 RAM 单元的高 8 位地址。

(3)　第二个机器周期的第一次 ALE 信号不再出现，$\overline{PSEN}$ 此时也保持高电位(无效)，而在第二个机器周期的 S1P1 时 $\overline{RD}$ 读信号开始有效，可用来选通 RAM 芯片，然后从 P0 口读出 RAM 单元的数据。

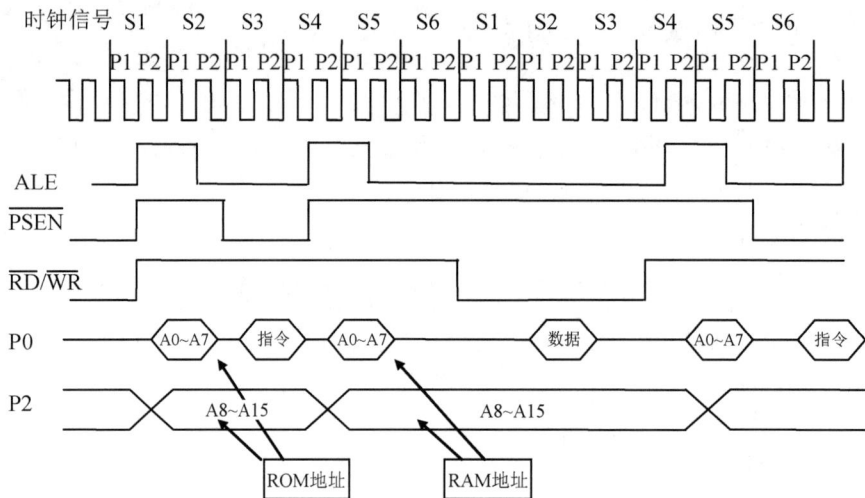

图 2.23 访问外部 RAM 数据的时序

(4) 第二个机器周期中，第二次 ALE 信号仍然出现，也进行一次外部 ROM 的读操作，但这属于无效操作。若是对外部 RAM 进行写操作，则应用 $\overline{WR}$ 写信号来选通 RAM 芯片，其余的过程与读操作是相似的。

在对外部 RAM 进行读写时，ALE 信号也是用于对外部的地址锁存器进行选通。但这时的 ALE 信号在出现两次之后，将停发一次，呈现非周期性，因而不能用作其他外设的定时信号。

习　　题

2.1　51 系列单片机由哪几个部分组成？

2.2　51 系列单片机的标志寄存器有多少位？各位的含义是什么？

2.3　简述 AT89S5X 单片机的数据指针寄存器情况。

2.4　存储器的普林斯顿结构和哈佛结构有什么区别？

2.5　在 8051 的存储器结构中，内部数据存储器可分为几个区域？各有什么特点？

2.6　什么是堆栈？说明 51 系列单片机的堆栈处理过程。

2.7　简述内部 RAM 的工作寄存器组情况，系统默认是第几组？

2.8　51 系列单片机的程序存储器 64KB 空间在使用时有哪几个特殊地址？

2.9　51 系列单片机有多少根 I/O 线？它们和单片机的外部总线有什么关系？

2.10　简述 51 系列单片机 P3 口第二功能的作用。

2.11　简述 $\overline{PSEN}$、$\overline{EA}$、RST 和 ALE 引脚的功能。

2.12　什么是机器周期？什么是指令周期？51 系列单片机的一个机器周期包括多少个时钟周期？

2.13　复位的作用是什么？51 系列单片机复位有几种方式？复位后 PC、SP 的值是多少？

高等院校计算机教育系列教材

2.14　简述 AT89S5X 单片机 ISP 编程下载方法。

2.15　时钟周期的频率为 6MHz，机器周期和 ALE 信号的频率为多少？

微课资源

扫一扫，获取本章相关微课视频。

| 2.2.1-2　单片机基本组成及内部结构 | 2.2.3　单片机中央处理器(1-3) | 2.2.3-4　中央处理器(4)及存储器结构 | 2.2.4　单片机的存储器 | 2.2.4　堆栈及特殊功能寄存器 |

| 2.2.5　输入输出P0-P2 | 2.2.5　输入输出P3+2.3+2.4.1 | 2.4.2-2.5.2　程序执行方式及时序 | 2.5.3　访问外部RAM 的时序 |

第3章

单片机汇编程序设计

【学习目标】

(1) 了解指令及指令系统，51系列单片机汇编指令格式。

(2) 掌握51系列单片机的寻址方式。

(3) 熟悉51系列单片机指令系统和常见的汇编程序。

【本章知识导图】

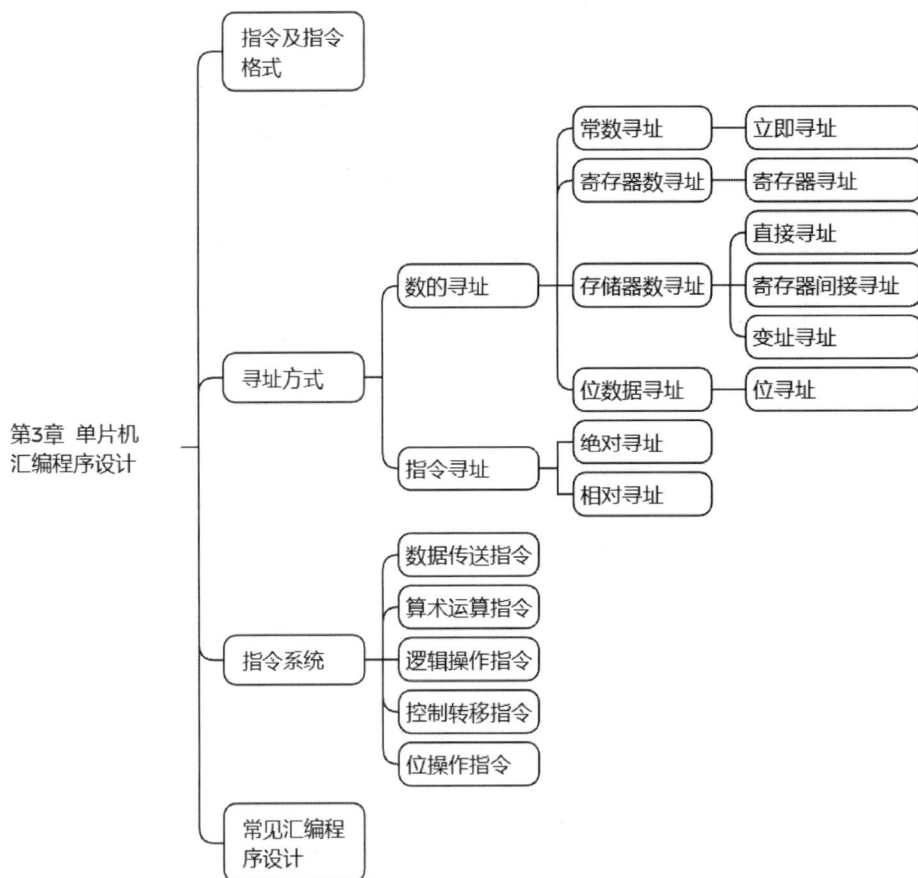

汇编语言是机器语言的符号表示，是最接近硬件的语言。以前 51 系列单片机应用系统大多数都是通过汇编语言开发。

3.1　51 系列单片机汇编指令格式及标识

指令是使计算机完成基本操作的命令。众所周知，计算机工作时是通过执行程序来解决问题的，而程序是由一条条指令按一定的顺序组成的，计算机内部只能直接识别二进制代码指令。以二进制代码指令形成的计算机语言，称为机器语言。机器语言不便被人们识别、记忆、理解和使用。为便于人们识别、记忆、理解和使用，给每条机器语言指令赋予一个助记符号，这就形成了汇编语言。汇编语言指令是机器语言指令的符号化，它和机器语言指令一一对应。机器语言和汇编语言与计算机硬件密切相关，不同类型的计算机，它们的机器语言和汇编语言指令不一样。

一种计算机能够执行的全部指令的集合，称为这种计算机的指令系统。单片机的指令系统与微型计算机的指令系统不同。51 系列单片机指令系统共有 111 条指令，42 种指令助记符，其中有 49 条单字节指令、45 条双字节指令和 17 条三字节指令；有 64 条为单机器周期指令，45 条为双机器周期指令，只有乘、除法两条指令为四机器周期指令。在存储空间利用和运算速度方面，具有较高效率。

3.1.1　汇编指令格式

不同的指令完成不同的操作，实现不同的功能，具体格式也不一样。但从总体来说，每条指令通常由操作码和操作数两部分组成。操作码表示计算机执行该指令将进行何种操作，操作数表示参加操作的数或操作数所在的地址。51 系列单片机汇编语言指令基本格式如下：

［标号：］操作码助记符　［目的操作数］［，源操作数］　　［；注释］

说明如下。

(1) 操作码助记符：表明指令的功能，不同的指令有不同的指令助记符，它一般用说明其功能的英文单词的缩写形式表示。

(2) 操作数：用于给指令的操作提供数据、数据地址或指令地址，操作数往往用相应的寻址方式指明。不同的指令，指令中的操作数不一样。51 系列单片机指令系统的指令按操作数的多少可分为无操作数、单操作数、双操作数和三操作数 4 种情况。无操作数指令是指指令中不需要操作数或操作数采用隐含形式指明。例如，RET 指令，它的功能是返回调用子程序的指令的下一条指令位置，指令中不需要操作数。单操作数指令是指指令中只需提供一个操作数或操作数地址。例如，INC A 指令，其功能是对累加器 A 中的内容加1，该指令中只需一个操作数。双操作数指令是指指令中需要两个操作数，这种指令在 51 系列单片机系统中最多，通常第一个操作数为目的操作数，接收数据，第二个操作数为源操作数，提供数据。例如，MOV A, #21H，其功能是将源操作数——立即数#21H 传送到目的操作数累加器 A 中。三操作数指令在 51 系列单片机中只有一条，即 CJNE 比较转移指令。

(3) 标号：是该指令的符号地址，后面需带冒号。它主要为转移指令提供转移的目的地址。

(4) 注释：是对该指令的解释，前面需带分号。它们是编程者根据需要加上去的，用于对指令进行说明。对于指令本身功能而言没有影响。

3.1.2 指令中用到的标识符

为便于后面的学习，在这里先对指令中用到的一些符号的约定意义加以说明。

(1) Ri 和 Rn：表示当前工作寄存器区中的工作寄存器，i 取 0 或 1，表示 R0 或 R1。n 取 0～7，表示 R0～R7。

(2) #data：表示包含在指令中的 8 位立即数。

(3) #data16：表示包含在指令中的 16 位立即数。

(4) rel：以补码形式表示的 8 位相对偏移量，范围为-128～127，主要用在相对寻址的指令中。

(5) addr16 和 addr11：分别表示 16 位直接地址和 11 位直接地址。

(6) direct：表示直接寻址的地址。

(7) bit：表示可按位寻址的直接位地址。

(8) (X)：表示 X 单元中的内容。

(9) / 和→符号："/"表示对该位操作数取反，但不影响该位的原值；"→"表示操作方向，将箭尾一方的内容送入箭头所指一方的单元中去。

3.2 51 系列单片机指令的寻址方式

寻址方式就是指操作数或操作数地址的寻找方式。对于两操作数指令，源操作数和目的操作数都存在寻址方式的问题。若不特别声明，后面提到的寻址方式均指源操作数的寻址方式。51 系列单片机的寻址方式按操作数的类型，可分为数的寻址和指令寻址。数的寻址根据数的种类有常数寻址(立即寻址)、寄存器数寻址(寄存器寻址)、存储器数寻址(直接寻址方式、寄存器间接寻址方式、变址寻址方式)和位数据寻址(位寻址)。指令的寻址用于确定程序转移的目标地址，根据目标地址的提供方式分为绝对寻址和相对寻址两种。不同的寻址方式其格式不同，处理的数据也不一样。

3.2.1 常数寻址(立即寻址)

操作数是常数，使用时直接出现在指令中，紧跟在操作码的后面，作为指令的一部分，与操作码一起存放在程序存储器中，可以立即得到并执行，不需要经过其他途径去寻找。常数又称为立即数，故又称为立即寻址。在 51 系列单片机汇编指令中，立即数前面以 "#" 符号作前缀。在程序中通常用于给寄存器或存储器单元赋初值，例如：

```
MOV A,#20H
```

其功能是把立即数 20H 送至累加器 A，其中源操作数 20H 就是立即数。指令执行后累加器 A 中的内容为 20H。

3.2.2 寄存器数寻址(寄存器寻址)

操作数在寄存器中，使用时在指令中直接提供寄存器的名称，这种寻址方式称为寄存器寻址。在 51 系列单片机系统中，这种寻址方式针对的寄存器只能是 R0～R7 这 8 个通用寄存器和部分特殊功能寄存器(如累加器 A、寄存器 B、数据指针寄存器 DPTR 等)。在汇编指令中，寄存器寻址是指在指令中直接提供寄存器的名称，如 R0、R1、A、DPTR等。例如：

```
MOV  A,R0
```

其功能是把 R0 寄存器中的数送至累加器 A。在指令中，源操作数 R0 为寄存器寻址，传送的对象为 R0 中的数据。如指令执行前 R0 中的内容为 20H，则指令执行后累加器 A中的内容为 20H。

3.2.3 存储器数寻址

存储器数寻址操作的数据存放在存储器单元中，通过存储器单元地址对存储器单元进行访问。根据存储器单元地址的提供方式，存储器数的寻址方式有直接寻址、寄存器间接寻址和变址寻址三种。

1. 直接寻址

直接寻址是在指令中直接提供存储器单元的地址。在 51 系列单片机中，这种寻址方式针对的是片内数据存储器和特殊功能寄存器。在 51 系列单片机汇编指令中，直接以地址数的形式提供存储器单元的地址。例如：

```
MOV  A,20H
```

其功能是把片内数据存储器 20H 单元的内容送入累加器 A。如果指令执行前片内数据存储器 20H 单元的内容为 30H，则指令执行后累加器 A 的内容为 30H。指令中 20H 是地址数，它是片内数据存储单元的地址。在 51 系列单片机汇编指令中，若数据前面不加"#"则表示该数据是存储单元地址而不是常数，常数前面要加符号"#"。

对于特殊功能寄存器，在指令中使用时往往通过特殊功能寄存器的名称使用，而特殊功能寄存器的名称实际上是特殊功能寄存器单元的符号地址，因此属于直接寻址方式。例如：

```
MOV  A,P0
```

其功能是把 P0 口的内容送入累加器 A。P0 是特殊功能寄存器 P0 口的符号地址，该指令在翻译成机器码时，P0 就转换成直接地址 80H。

2. 寄存器间接寻址

寄存器间接寻址是指存储器单元的地址存放在寄存器中，在指令中通过提供寄存器来访问对应的存储单元。形式为"@寄存器名"。例如：

```
MOV  A,@R1
```

该指令的功能是将以工作寄存器 R1 中的内容为地址的片内 RAM 单元的数据传送到累加器 A 中。指令的源操作数是寄存器间接寻址。若 R1 中的内容为 80H，片内 RAM 80H 地址单元的内容为 20H，则执行该指令后，累加器 A 的内容为 20H。寄存器间接寻址示意如图 3.1 所示。

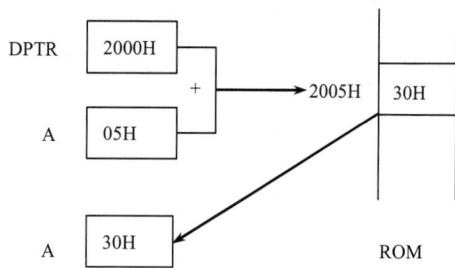

在 51 系列单片机中，寄存器间接寻址用到的寄存器只能是通用寄存器 R0、R1 和数据指针寄存器 DPTR，它能访问片内数据存储器和片外数据存储器中的数据。对于片内数据存储器，只能用 R0 和 R1 作为指针间接访问；对于片外数据存储器，可以用 DPTR 作为指针间接访问整个 64KB 空间，也可以用 R0 或 R1 作为指针间接访问低端的 256 B 单元。用 R0 和 R1 既可对片内 RAM 间接访问，也可对片外 RAM 低端 256 B 间接访问，那么如何区分呢？它们之间用指令来区分，片内 RAM 访问用 MOV 指令，片外 RAM 访问用 MOVX 指令。

3. 变址寻址

变址寻址是指存储器单元的地址由基址寄存器中存放的内容加上变址寄存器中存放的内容得到。在 51 系列单片机指令系统中，基址寄存器可以是数据指针寄存器 DPTR 或程序计数器 PC，变址寄存器只能是累加器 A，两者的内容相加得到存储单元的地址，所访问的存储器为程序存储器。这种寻址方式通常用于访问程序存储器中的表格型数据，表首单元的地址为基址，放于基址寄存器，访问的单元相对于表首的位移量为变址，放于变址寄存器，因此称为变址寻址或基址变址寻址。例如：

```
MOVC  A,@ A+DPTR
```

其功能是将数据指针寄存器 DPTR 中的内容和累加器 A 中的内容相加作为程序存储器的地址，从对应的单元中取出内容送到累加器 A 中。指令中，源操作数的寻址方式为变址寻址，设指令执行前数据指针寄存器 DPTR 的值为 2000H，累加器 A 的值为 05H，程序存储器 2005H 单元的内容为 30H，则指令执行后，累加器 A 中的内容为 30H。变址寻址示意如图 3.2 所示。

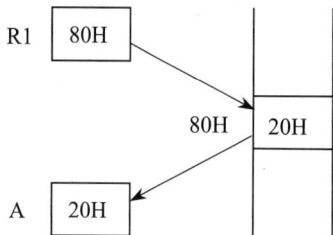

图 3.1　寄存器间接寻址示意　　　　图 3.2　变址寻址示意

变址寻址可以用数据指针寄存器 DPTR 作为基址寄存器，也可以用程序计数器 PC 作为基址寄存器，当使用程序计数器 PC 时，由于 PC 用于控制程序的执行，在程序执行过程中用户不能随意改变，它始终是指向下一条指令的地址，因而就不能直接把基址放在 PC 中。那么基址如何得到呢？基址值可以通过当前的 PC 值加上一个相对于表首位置的差值得到。这个差值不能加到 PC 中，可以通过加到累加器 A 中来实现。

3.2.4 位数据寻址(位寻址)

在 51 系列单片机中,有一个独立的位处理器,能够进行各种位运算,位运算的操作对象是可以通过提供位地址来访问的位。这种寻址方式称为位寻址。

在 51 系列单片机指令系统中,位地址的提供方式有以下几种。

(1) 直接位地址(00H~FFH),如 20H。

(2) 字节地址带位号,如 20H.3 表示 20H 单元的第 3 位。

(3) 特殊功能寄存器名带位号,如 P0.1 表示 P0 口的第 1 位。

(4) 位符号地址,如 TR0 是定时/计数器 T0 的启动位。

3.2.5 指令寻址

指令寻址用在控制转移指令中。其功能是得到转移的目的位置的地址。因此,操作数用于提供目的位置的地址。在 51 系列单片机指令系统中,目的位置的地址可以通过两种方法得到,分别对应两种寻址方式。

1. 绝对寻址

绝对寻址是在指令的操作数中直接提供目的位置的地址或地址的一部分。在 51 系列单片机指令系统中,长转移和长调用提供目的位置的完整 16 位地址,而绝对转移和绝对调用则只提供目的位置的 16 位地址的低 11 位,它们都是绝对寻址。

2. 相对寻址

相对寻址是以当前程序计数器 PC 值加上指令中给出的偏移量 rel 得到目的位置的地址。在 51 系列单片机指令系统中,相对转移指令操作数的寻址方式是相对寻址。

在使用相对寻址时要注意以下两点。

(1) 当前 PC 值是指转移指令执行时的 PC 值,它等于转移指令的地址加上转移指令的字节数。实际上是转移指令的下一条指令的地址。例如,若转移指令的地址为 2010H,转移指令的长度为两个字节,则转移指令执行时的 PC 值为 2012H。

(2) 偏移量 rel 是 8 位有符号数,以补码表示,其取值范围为-128~+127。当为负数时向前转移,当为正数时向后转移。

相对寻址的目的地址为

$$目的地址 = 当前 PC 值+偏移量(rel) = 转移指令的地址 + 转移指令的字节数 + rel$$

3.3 51 系列单片机的指令系统

51 系列单片机指令系统功能强、指令短、执行快。从功能上可分成五大类,包括数据传送指令、算术运算指令、逻辑操作指令、控制转移指令和位操作指令。

3.3.1 数据传送指令

数据传送指令用于实现数据在不同存储区域之间的传输,一般是把源操作数(第 2 个操作数)传送到目的操作数(第 1 个操作数)。它是指令系统中数量最多、使用最频繁的一类指令。共 29 条，涉及 8 个助记符，即 MOV、MOVX、MOVC、XCH、XCHD、SWAP、PUSH 和 POP。分为 5 组，包括片内数据存储器传送指令、片外数据存储器传送指令、程序存储器传送指令、数据交换指令和堆栈操作指令，如表 3.1 所示。

表 3.1 数据传送指令

分 组	格 式	功 能	说 明
片内数据存储器传送指令	MOV A,#data	A← #data	以 A 为目的操作数
	MOV A,Rn	A← Rn	
	MOV A,direct	A←(direct)	
	MOV A,@Ri	A←(Ri)	
	MOV Rn,A	Rn ← A	以 Rn 为目的操作数
	MOV Rn,direct	Rn ←(direct)	
	MOV Rn,#data	Rn ← #data	
	MOV direct,A	(direct) ← A	以直接地址 direct 为目的操作数
	MOV direct,Rn	(direct) ←Rn	
	MOV direct,direct	(direct) ←(direct)	
	MOV direct,@Ri	(direct) ←(Ri)	
	MOV direct,#data	(direct) ← #data	
	MOV @Ri,A	(Ri) ← A	以间接地址@Ri 为目的操作数
	MOV @Ri,direct	(Ri)←(direct)	
	MOV @Ri,#data	(Ri)←#data	
	MOV DPTR,#data16	DPTR←#data16	以 DPTR 为目的操作数
片外数据存储器传送指令	MOVX A,@Ri	A ←(Ri)	把片外数据存储器的内容读到 A
	MOVX A,@DPTR	A ←(DPTR)	
	MOVX @Ri,A	(Ri)← A	把 A 的内容写到片外数据存储器
	MOVX @DPTR,A	(DPTR)← A	
程序存储器传送指令	MOVC A,@A+DPTR	A ←(A+DPTR)	把程序存储器的内容读到 A
	MOVC A,@A+PC	A ←(A+PC)	
数据交换指令	XCH A,Rn	A<=> Rn	实现 A 与 Rn、(direct)、(Ri)之间的字节交换
	XCH A,direct	A<=>(direct)	
	XCH A,@Ri	A<=>(Ri)	
	XCHD A,@Ri	$A_{0\sim3}$<=>$(Ri)_{0\sim3}$	实现 A 的低 4 位与(Ri)的低 4 位交换
	SWAP A	$A_{0\sim3}$<=>$A_{4\sim7}$	SWAP A 实现累加器 A 的高 4 位与低 4 位互换
堆栈操作指令	PUSH direct	SP←SP+1 (SP)←(direct)	PUSH 入栈
	POP direct	(direct)←(SP) SP ← SP-1	POP 出栈

说明如下。

(1) 数据传送指令不影响标志位。

(2) 源操作数和目的操作数中的 Rn 和@Ri 不能相互配对。如不允许有"MOV Rn,Rn"和"MOV @Ri, Rn"这样的指令。如果涉及相应处理，可通过累加器 A 中间处理。

(3) 片外数据存储器、程序存储器都只能通过累加器 A 传送，程序存储器只能读，不能写。

(4) 堆栈操作指令通常用来保存和恢复数据，如果是多个数据的保存和恢复，要先入栈的数据后出栈恢复，后入栈的数据先出栈恢复。

【例 3.1】将片内数据存储器 30H 单元内容送片外数据存储器 1000H 单元。

程序段如下：

```
MOV  A,30H
MOV  DPTR,#1000H
MOVX @DPTR, A
```

【例 3.2】若入栈保存时入栈的顺序为：

```
PUSH   A
PUSH   B
```

则出栈的顺序为：

```
POP  B
POP  A
```

3.3.2　算术运算指令

算术运算指令实现加、减、乘、除运算。共 24 条，涉及 8 个助记符，即 ADD、ADDC、INC、SUBB、DEC、MUL、DIV 和 DA。分为 5 组，即加法指令、减法指令、乘法指令、除法指令和十进制调整指令，如表 3.2 所示。

表 3.2　算术运算指令

分　组	格　式	功　能	说　明
加法指令	ADD　A,Rn	A← A + Rn	一般的加法指令：累加器 A 和第 2 个操作数相加，结果送回 A
	ADD　A,direct	A← A +(direct)	
	ADD　A,@Ri	A← A +(Ri)	
	ADD　A,#data	A← A + #data	
	ADDC　A,Rn	A← A + Rn + C	带进位加法指令：累加器 A 和第 2 个操作数相加，再加进位，结果送回 A
	ADDC　A,direct	A← A +(direct)+ C	
	ADDC　A,@Ri	A← A +(Ri)+ C	
	ADDC　A,#data	A← A + #data + C	
	INC　A	A← A + 1	加 1 指令
	INC　Rn	Rn← Rn + 1	
	INC　direct	(direct)←(direct)+1	
	INC　@Ri	(Ri)←(Ri)+ 1	
	INC　DPTR	DPTR← DPTR + 1	
减法指令	SUBB　A,Rn	A← A − Rn − C	带借位减法指令：累加器 A 和第 2 个操作数相减，再减借位，结果送回 A
	SUBB　A,direct	A← A − (direct) − C	
	SUBB　A,@Ri	A← A − (Ri) − C	
	SUBB　A,#data	A← A − #data − C	
	DEC　A	A← A − 1	减 1 指令
	DEC　Rn	Rn← Rn − 1	
	DEC　direct	(direct)← (direct) − 1	
	DEC　@Ri	(Ri)←(Ri) − 1	
乘法指令	MUL　AB	A←A×B 积低 8 位 B←A×B 积高 8 位	A 和 B 中两个 8 位无符号数相乘，结果送 B 和 A
除法指令	DIV　AB	A←A÷B 的 8 位商 B←A÷B 的 8 位余数	A 和 B 中两个 8 位无符号数相除，结果送 B 和 A
十进制调整指令	DA　A	对 A 中的结果按 BCD 码调整	

说明如下。

(1) 算术运算指令执行会影响标志位。其中：ADD、ADDC 和 SUBB 指令要影响 CY、AC、OV 和 P 标志位，INC 和 DEC 只影响 P 标志位；MUL 指令执行后 CY 复位，当积大于 255 时，OV 为 1，否则 OV 为 0；DIV 指令执行后，一般情况下 CY 和 OV 都清零，而当 B 寄存器中的除数为 0 时，CY 和 OV 置 1。

(2) 51 系列单片机只有带借位减法，没有一般减法，一般减法可通过带借位减法实现，只需要执行带借位减法前先把借位清零即可。

(3) 51 系列单片机的乘法和除法指令都只有一条，针对的只能是无符号数。

(4) 十进制调整指令只有一条，即"DA A"，只能用在 ADD 或 ADDC 指令的后面，用来对两个二位压缩的 BCD 码数通过用 ADD 或 ADDC 指令相加后存于累加器 A 中的结果进行调整，以获得正确的十进制结果。

它的调整过程如下。

① 若累加器 A 的低 4 位为十六进制的 A～F 或辅助进位标志 AC 为 1，则累加器 A 中的内容加 06H 调整。

② 若累加器 A 的高 4 位为十六进制的 A～F 或进位标志 CY 为 1，则累加器 A 中的内容加 60H 调整。

【例 3.3】计算 R5R4← R3R2 + R1R0。

程序段如下：

```
MOV  A,R2
ADD  A,R0
MOV  R4,A
MOV  A,R3
ADDC A,R1
MOV  R5,A
```

【例 3.4】计算 R3R2← R1 × R0。

程序段如下：

```
MOV  A,R1
MOV  B,R0
MUL  AB
MOV  R2,A
MOV  R3,B
```

3.3.3 逻辑操作指令

逻辑操作指令对操作数按逻辑量处理。共 24 条指令，涉及 9 个助记符，包括 ANL、ORL、XRL、CLR、CPL、RL、RR、RLC 和 RRC。分为 5 组，即逻辑与、逻辑或、逻辑异或、逻辑清零和求反以及循环移位指令，如表 3.3 所示。

表 3.3　逻辑操作指令

分　组	格　式	功　能	说　明
逻辑与指令	ANL　A,Rn	A← A ∧ Rn	A 中的数据与第 2 个操作数的数据按位进行逻辑与运算，结果送回 A 中
	ANL　A,direct	A← A ∧ (direct)	
	ANL　A,@Ri	A← A ∧ (Ri)	
	ANL　A,#data	A← A ∧ data	
	ANL　direct,A	(direct)←(direct)∧A	
	ANL　direct, #data	(direct)←(direct)∧ data	

续表

分　组	格　式	功　能	说　明
逻辑或指令	ORL　A,Rn	A← A ∨ Rn	A 中的数据与第 2 个操作数的数据按位进行逻辑或运算，结果送回 A 中
	ORL　A,direct	A← A ∨ (direct)	
	ORL　A,@Ri	A← A ∨ (Ri)	
	ORL　A,#data	A← A ∨ data	
	ORL　direct,A	(direct)←(direct)∨A	
	ORL　direct,#data	(direct) ← (direct) ∨ data	
逻辑异或指令	XRL　A,Rn	A← A ∀ Rn	A 中的数据和第 2 个操作数的数据按位进行逻辑异或运算，结果送回 A 中
	XRL　A,direct	A← A ∀ (direct)	
	XRL　A,@Ri	A← A ∀ (Ri)	
	XRL　A,#data	A← A ∀ data	
	XRL　direct,A	(direct)←(direct)∀A	
	XRL　direct,#data	(direct)←(direct) ∀ data	
逻辑清零和求反指令	CLR　A	A← 0	将累加器 A 清零
	CPL　A	A← /A	将累加器 A 取反
循环移位指令	RL　A	累加器 A 循环左移	
	RR　A	累加器 A 循环右移	
	RLC　A	带进位标志 CY 的循环左移	
	RRC　A	带进位标志 CY 的循环右移	

说明如下。

(1) 逻辑与通常用于实现对指定位清零，其余位不变；逻辑或通常用于实现对指定位置 1，其余位不变；逻辑异或通常用于实现指定位取反，其余位不变。

(2) 循环移位指令通常用于把一个字节各位依次取出使用。

【例 3.5】写出完成下列功能的指令段。

(1) 对累加器 A 中的 1、3、5 位清零，其余位不变，程序如下：

```
ANL A,#11010101B
```

(2) 对累加器 A 中的 2、4、6 位置 1，其余位不变，程序如下：

```
ORL A,#01010100B
```

(3) 对累加器 A 中的 0、1 位取反，其余位不变，程序如下：

```
XRL A,#00000011B
```

3.3.4　控制转移指令

控制转移指令用于改变程序执行的顺序，实现循环结构和分支结构。共 17 条，涉及 12 个助记符，包括 LJMP、AJMP、SJMP、JMP、JZ、JNZ、CJNE、DJNZ、LCALL、ACALL、RET 和 RETI。分为 4 组，即无条件转移指令、条件转移指令、子程序调用指令及返回指令，如表 3.4 所示。

表 3.4　控制转移指令

分　组	格　式	功　能	说　明
无条件转移指令	LJMP　addr16	PC ← addr16	长转移指令
	AJMP　addr11	$PC_{10\sim0}$ ← addr11	绝对转移指令
	SJMP　rel	PC ← PC + 2 + rel	相对转移指令
	JMP　@A+DPTR	PC ← A + DPTR	间接转移指令
条件转移指令	JZ　rel	若 A=0，则 PC ← PC + 2 + rel	累加器 A 判零条件转移指令
	JNZ　rel	若 A≠0，则 PC ← PC + 2 + rel	
	CJNE　A,#data,rel	若第 1 个操作数等于第 2 个操作数，则 PC ← PC + 3，不转移，继续执行；	比较转移指令
	CJNE　Rn,#data,rel	若第 1 个操作数大于第 2 个操作数，则 C=0，PC ← PC + 3 + rel，转移；	
	CJNE　@Ri,#data,rel		
	CJNE　A,direct,rel	若第 1 个操作数小于第 2 个操作数，则 C=1，PC ← PC + 3 + rel，转移	
	DJNZ　Rn,rel	先将第 1 个操作数中的内容减 1，再判断内容是否等于零，若不为零，则转移	减 1 不为零转移指令
	DJNZ　direct,rel		
子程序调用指令	LCALL　addr16	PC←PC+3 SP←SP+1 (SP)←$PC_{7\sim0}$ SP←SP+1 (SP)←$PC_{15\sim8}$ PC←addr16	长调用指令
	ACALL　addr11	PC←PC+2 SP←SP+1 (SP)←$PC_{7\sim0}$ SP←SP+1 (SP)←$PC_{15\sim8}$ $PC_{10\sim0}$←addr11	绝对调用指令
返回指令	RET	$PC_{15\sim8}$ ←(SP) SP←SP-1 $PC_{7\sim0}$ ←(SP) SP←SP-1	子程序返回指令
	RETI	$PC_{15\sim8}$ ←(SP) SP←SP-1 $PC_{7\sim0}$ ←(SP) SP←SP-1 中断优先级触发位清零	中断返回指令

说明如下。

(1) 无条件转移指令，指令执行后，程序将无条件地转移到指令指定的地方。条件转移指令，当条件满足时，程序转移到指定位置，当条件不满足时，程序将继续顺次执行。

(2) LJMP 和 AJMP 是绝对转移，其他都是相对转移。LJMP 可实现程序存储器 64KB 空间范围内转移，AJMP 实现当前位置 2KB 空间内转移，相对转移范围为-128～+127 字节。

(3) 子程序调用指令转移前会先将当前的 PC 值(即下一条指令的地址)入栈保存。RET(RETI)放在子程序(中断服务子程序)的最后位置，用来返回主程序的断点位置，RETI

和 RET 基本操作相同，只是 RETI 在返回主程序前要先将对应的中断优先级触发寄存器位清零。

(4) 对于 SJMP 指令，在单片机汇编程序设计中，通常在最后位置放一条 "HERE: SJMP HERE"(或 SJMP $)，转移到指令自己本身，进入等待状态，使程序不再向后执行，以避免执行后面的内容而出错。

(5) "JMP @A+DPTR" 是 51 系列单片机中唯一一条间接转移指令，这条指令一般和一个无条件转移指令表一起实现多分支转移程序，因而又称为多分支转移指令。

(6) 累加器 A 判零条件转移指令和比较转移指令通常用来实现分支结构，减 1 不为零转移指令通常用来实现循环结构。

【例 3.6】把片外 RAM 的 30H 单元开始的数据块传送到片内 RAM 的 40H 开始的位置，直到出现 0 为止。

处理思想：片内、片外数据传送以累加器 A 过渡。每次传送一个字节，通过循环处理，直至处理到传送的内容为 0 结束。

程序代码如下：

```
     MOV   R0,#30H
     MOV   R1,#40H
LOOP:MOVX  A,@R0
     MOV   @R1,A
     INC   R1
     INC   R0
     CJNE  @R0,#0,LOOP
     SJMP  $
```

3.3.5 位操作指令

51 系列单片机中有一个位运算器 C(实际为进位标志 CY)，可以进行位处理，这对于控制系统很重要。位操作指令有 17 条，涉及 11 个助记符，包括 MOV、CLR、SETB、CPL、ANL、ORL、JC、JNC、JB、JNB 和 JBC。分 3 组，即位传送、位逻辑运算和位控制转移指令，如表 3.5 所示。

表 3.5 位操作指令

分 组	格 式	功 能	说 明
位传送指令	MOV C, bit	C←(bit)	位运算器 C 与一般位之间的相互传送
	MOV bit, C	(bit)←C	
位逻辑运算指令	CLR C	C←0	位清 0
	CLR bit	(bit)←0	
	SETB C	C←1	位置 1
	SETB bit	(bit)←1	
	CPL C	C←/C	位取反
	CPL bit	(bit)←/(bit)	
	ANL C,bit	C←C∧(bit)	位与
	ANL C,/bit	C←C∧/(bit)	
	ORL C,bit	C←C∨(bit)	位或
	ORL C,/bit	C←C∨/(bit)	

分　组	格　式	功　能	说　明
位控制转移指令	JC　rel	若 C=1，则转移，PC←PC+2+rel;	以 C 为条件的位转移指令
	JNC　rel	若 C=0，则转移，PC←PC+2+rel;	
	JB　bit,rel	若(bit)=1，则转移，PC←PC+3+rel;	以 bit 为条件的位转移指令
	JNB　bit,rel	若(bit)=0，则转移，PC←PC+3+rel;	
	JBC　bit,rel	若(bit)=1，则转移，PC←PC+3+rel，且(bit)←0	
空操作指令	NOP	PC　←　PC+1	

说明如下。

(1) 位传送必须有位运算器 C 参与，不能直接实现两位之间的传送。

(2) 位逻辑运算指令通常用来实现各种逻辑操作或控制功能。

(3) 位转移指令通常用于根据位状态进行程序分支判断。

(4) 空操作指令执行时，不做任何操作，但要消耗一个机器周期时间，常用它来构造延时程序。

【例 3.7】利用位逻辑运算指令编程实现图 3.3 所示硬件逻辑电路的功能。

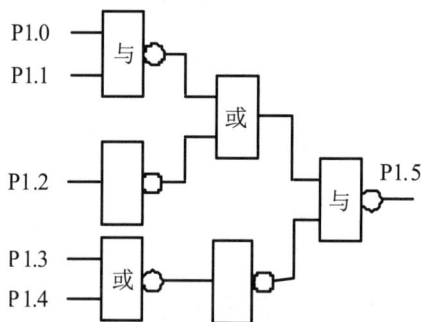

图 3.3　硬件电路图

程序代码如下：

```
MOV  C,P1.0
ANL  C,P1.1
CPL  C
ORL  C,/P1.2
MOV  F0,C
MOV  C,P1.3
ORL  C,P1.4
ANL  C,F0
CPL  C
MOV  P1.5,C
SJMP  $
```

【例 3.8】下面是延时 1ms 的程序，设系统时钟频率为 12MHz：

```
DEL10ms: MOV  R6,#2           ;1 个机器周期
DEL1:    MOV  R7,#248         ;1 个机器周期
         DJNZ R7,$            ;2 个机器周期
```

```
DJNZ  R6,DEL1          ;2 个机器周期
RET                    ;2 个机器周期
```

系统时钟频率为 12MHz，则机器周期为 1μs。延时时间计算如下：

$$T=[2+2\times(248\times2+1+2)+1]\times1\mu s=1.001ms$$

3.4 51 系列单片机汇编程序设计

用汇编语言编写的程序称为汇编语言源程序，汇编语言源程序要通过汇编工具翻译成机器语言才能送往计算机执行。汇编语言源程序中指令可分成两类：一类就是前面指令系统中介绍的指令，它们在汇编工具汇编时能够产生相应的指令代码；另一类在汇编工具汇编时不会产生代码，只是对汇编语言源程序汇编过程进行相应的控制和说明，这一类指令称为伪指令，它放在汇编语言源程序中用于指示汇编程序如何对源程序进行汇编。

3.4.1 51 系列单片机汇编程序常用伪指令

伪指令通常在汇编语言源程序中用于定义数据、分配存储空间、控制程序的输入/输出等。51 系列单片机汇编语言源程序常用的伪指令有以下几条。

1. ORG(起始地址定义伪指令)

格式： `ORG  地址(十六进制表示)`

这条伪指令放在一段源程序或数据的前面，汇编时用于指明程序或数据从程序存储空间的哪个位置开始存放。ORG 伪指令后的地址是程序或数据的起始地址。

2. DB(字节数据定义伪指令)

格式： `[标号：] DB 项或项表`

DB 伪指令用于定义字节数据，可以定义一个字节，也可定义多个字节。定义多个字节时，两两之间用逗号分隔，定义的多个字节在存储器中是连续存放的。定义的字节可以是一般常数，也可以为字符，还可以是字符串。字符和字符串以引号括起来，字符数据在存储器中以 ASCII 码形式存放。

在定义时前面可以带标号，定义的标号在程序中是起始单元的地址。

3. DW(字数据定义伪指令)

格式： `[标号：] DW 项或项表`

这条指令与 DB 指令相似，但用于定义字数据。项或项表所定义的一个字在存储器中占两个字节。汇编时，机器自动按高字节在前、低字节在后存放，即高字节存放在低地址单元，低字节存放在高地址单元。

4. DS(保留字节单元伪指令)

格式： `[标号：] DS 数值表达式`

该伪指令用于在存储器中保留一定数量的字节单元。保留存储空间主要是为了以后存放数据。保留的字节单元数由表达式的值决定。

5. EQU(赋值定义伪指令)

格式：`符号 EQU 项`

该伪指令的功能是将指令中项的值赋予 EQU 前面的符号。项可以是常数、地址标号或表达式。可以通过该符号使用相应的项。

用 EQU 伪指令对某标号赋值后，该符号的值在整个程序中不能再改变。

6. DATA(片内 RAM 地址定义伪指令)

格式：`符号 DATA 直接字节地址`

该伪指令用于给片内 RAM 字节单元地址赋予 DATA 前面的符号，符号以字母开头，同一单元地址可以赋予多个符号。赋值后可用该符号代替 DATA 后面的片内 RAM 字节单元地址。

7. XDATA(片外 RAM 地址定义伪指令)

格式：`符号 XDATA 直接字节地址`

该伪指令与 DATA 伪指令基本相同，只是它针对的是片外 RAM 字节单元。

8. bit(位地址定义伪指令)

格式：`符号 bit 位地址`

该伪指令用于给位地址赋予符号，经赋值后可用该符号代替 bit 后面的位地址。

9. END(汇编结束伪指令)

格式：`END`

该指令放在程序的最后位置，用于指明汇编语言源程序的结束位置。当汇编程序汇编到 END 伪指令时，汇编结束。END 后面的指令，汇编程序都不予处理。一个源程序只能有一个 END 命令，否则就有一部分指令不能被汇编。

3.4.2　51 系列单片机汇编程序举例

汇编语言进行程序设计的过程和用高级语言设计程序有相似之处，其设计过程大致可分为以下几个步骤。

(1) 明确课题的具体内容。明确程序功能、运算精度、执行速度等方面要求。

(2) 把复杂问题分解为若干个模块，确定各模块的处理方法，画出程序流程图(简单问题可以不画)。对复杂问题可分别画出分模块流程图和总的流程图。

(3) 存储器资源分配。如各程序段的存放地址、数据区地址、工作单元分配等。

(4) 编制程序。根据程序流程图精心选择合适的指令和寻址方式来编制源程序。

(5) 对程序进行汇编、调试和修改。将编制好的源程序进行汇编，检查修改程序中的错误，执行目标程序，对程序运行结果进行分析，直至正确为止。

另外，用汇编语言进行程序设计时，对于程序、数据在存储器的存放位置，工作寄存器、片内数据存储单元、堆栈空间等都要由编程者自己安排。编写时要重点注意。

【例 3.9】多字节无符号数加法。把片内 RAM 30H 单元和 40H 单元开始的两个 16 字节的无符号数相加，结果放在 30H 单元开始的位置处(设结果不溢出)。

编程思想：用 R0 作为指针指向 30H 单元，用 R1 作为指针指向 40H 单元，用 R2 作为循环变量，初值为 16，在循环体中用 ADDC 指令把 R0 指针指向的单元与 R1 指针指向的单元相加，加得的结果放回 R0 指向的单元，改变 R0、R1 指针，指向下一个单元，循环 16 次，在第一次循环前应先将 CY 清零。程序流程图如图 3.4 所示。

程序代码如下：

```
        ORG  0000H
        LJMP MAIN

        ORG  0100H
MAIN:MOV R0,#30H
     MOV R1,#40H
     MOV R2,#16
     CLR C
LOOP:MOV A,@R0
     ADDC A, @R1
     MOV @R0,A
     INC R0
     INC R1
     DJNZ R2,LOOP
     SJMP $
     END
```

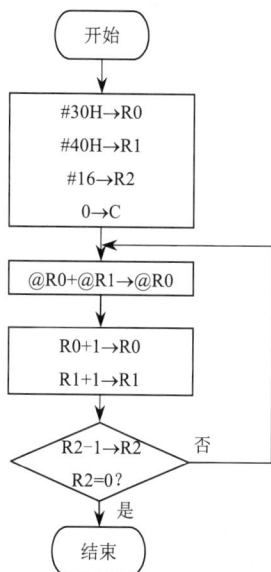

图 3.4　多字节无符号数加法流程图

【例 3.10】编程实现把放在 R2 中的一位十六进制数转换成 ASCII 码，转换结果放回 R2 中。

编程思想：一位十六进制数有 16 个符号 0～9、A、B、C、D、E、F。其中，0～9 的 ASCII 码为 30H～39H，A～F 的 ASCII 码为 41H～46H。转换时，只需判断十六进制数是在 0～9 之间还是在 A～F 之间，如在 0～9 之间，加 30H，如在 A～F 之间，加 37H，就可得到 ASCII 码。

程序代码如下：

```
        ORG  0000H
        LJMP MAIN

        ORG  0100H
MAIN:  MOV  A,R2
       CLR   C
       SUBB  A,#0AH      ;减去 0AH，判断在 0～9 之间还是 A～F 之间
       MOV   A,R2
       JC  ADD30       ;如在 0～9 之间，直接加 30H
       ADD   A,#07H      ;如在 A～F 之间，先加 07H，再加 30H
ADD30:ADD  A,#30H
       MOV  R2,A
       SJMP $
       END
```

【例 3.11】编程实现把放在 R2 中的一位十六进制数转换成 8 段式共阴极数码管显示码，转换结果放回 R2 中。

编程思想：一位十六进制数 0~9、A、B、C、D、E、F 的 8 段式共阴极数码管显示码为 3FH、06H、5BH、4FH、66H、6DH、7DH、07H、7FH、67H、77H、7CH、39H、5EH、79H、71H。由于数与显示码没有规律，因此不能通过运算得到，只能通过查表方式得到。处理时用数据定义伪指令 DB，创建一张由十六进制数 0~9、A、B、C、D、E、F 的 8 段式共阴极数码管显示码组成的表，查表时用 DPTR 指向表首，用累加器 A 存放这一位十六进制数(R2)作为位移量，通过"MOVC A，@A+DPTR"查表指令可以找到相应的显示码，然后把结果送 R2。

程序代码如下：

```
        ORG  0000H
        LJMP MAIN

        ORG  0100H
MAIN:   MOV  DPTR,#TAB       ;DPTR 指向表首地址
        MOV  A,R2            ;转换的数放于A
        MOVC A,@A+DPTR       ;查表指令转换
        MOV  R2,A
        SJMP $
TAB:    DB  3FH,06H,5BH,4FH,66H,6DH,7DH,07H
        DB  7FH,67H,77H,7CH,39H,5EH,79H,71H   ;显示码表
        END
```

习　　题

3.1　在 51 系列单片机中，寻址方式有几种？其中对片内 RAM 可以用哪几种寻址方式？对片外 RAM 可以用哪几种寻址方式？

3.2　在对片外 RAM 单元的寻址中，用 Ri 间接寻址与用 DPTR 间接寻址有什么区别？

3.3　在位处理中，位地址的表示方式有哪几种？

3.4　写出完成下列操作的指令。

(1)　R0 的内容送到 R1 中。

(2)　片内 RAM 的 30H 单元内容送到片外 RAM 的 50H 单元中。

(3)　片内 RAM 的 50H 单元内容送到片外 RAM 的 3000H 单元中。

(4)　程序存储器的 1000H 单元内容送到片内 RAM 的 50H 单元中。

3.5　已知(A)=78H，(R1)=78H，(B)=04H，CY=1，片内 RAM(78H)=0DDH，(80H)=6CH，试分别写出下列指令执行后目标单元的结果和相应标志位的值。

(1)　ADD　A，@R1

(2)　SUBB　A，#77H

(3)　MUL　AB

(4)　DIV　AB

(5)　ANL　78H，#78H

(6)　ORL　A，#0FH

(7)　XRL　80H，A

3.6　设(A)=83H，(R0)=17H，(17H)=34H，分析当执行完下面指令段后累加器 A、R0、17H 单元的内容：

```
ANL  A,#17H
ORL  17H,A
XRL  A,@R0
CPL  A
```

3.7　写出完成下列要求的指令。

(1)　将累加器 A 的低 2 位清零，其余位保持不变。

(2)　将累加器 A 的高 2 位置 1，其余位保持不变。

(3)　将累加器的高 4 位取反，其余位保持不变。

(4)　将累加器第 0 位、2 位、4 位、6 位取反，其余位保持不变。

3.8　用位处理指令实现 P1.4=P1.0∧(P1.1∨P1.2)∨/P1.3 的逻辑功能。

3.9　编程将片外 RAM 的 1000H 单元开始的 100 个字节的数据相加，结果存放于 R7R6 中。

3.10　用查表的方法实现将 R1 中的一位十六进制数转换成 ASCII 码，结果放回到 R1 中。

微课资源

扫一扫，获取本章相关微课视频。

3.1.1　汇编指令及寻址方式	3.2.3　变址寻址-数据传送指令	3.2.3　存储器数寻址-直接寻址	3.3.1　数据传送及算术运算指令
3.3.2　算术运算调整及逻辑运算指令	3.3.4　控制转移指令	3.3.5　控制转移指令(含例3-6)及位操作指令	3.3.5　例 3-7 和例 3-8
3.4.1　汇编语言程序设计(含例3-9)	3.4.2　例 3-10	3.4.2　例 3-11	

第 4 章

单片机 C 语言程序设计

【学习目标】

(1) 熟悉 C51 程序的基本结构及特点。

(2) 掌握 C51 的基本数据类型和特有数据类型。

(3) 掌握 C51 的普通变量、特殊功能寄存器变量、位变量和指针变量。

(4) 掌握 C51 中绝对地址的访问。

(5) 掌握 C51 中函数及中断函数的编写和使用。

【本章知识导图】

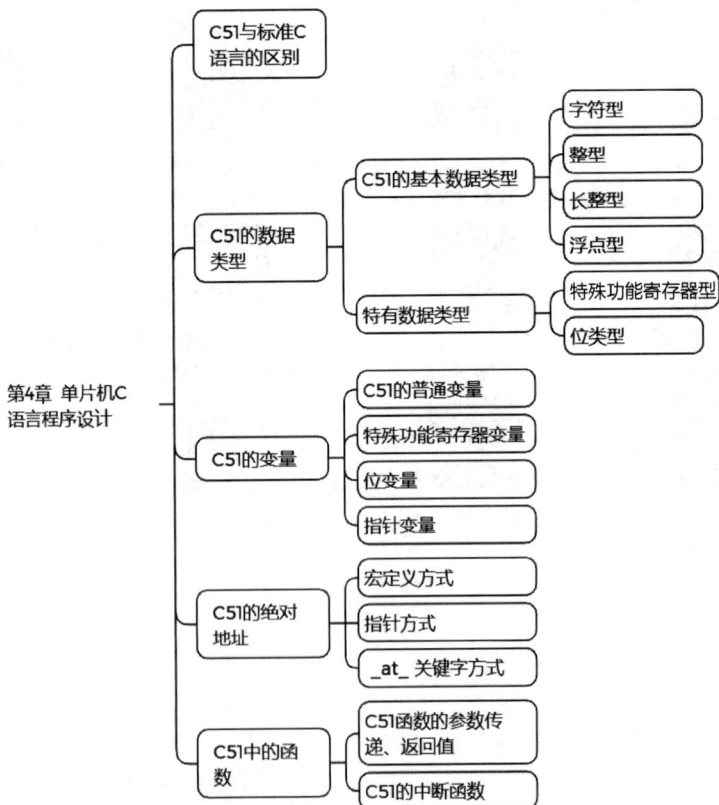

C 语言是现在单片机应用系统开发中广泛使用的程序设计语言，如今大型、复杂的单片机应用系统开发中往往都采用 C 语言来设计程序。

4.1 C51 的基础知识

C 语言是国内外普遍使用的一种程序设计语言，其功能丰富，表达能力强，使用灵活方便，应用面广，目标程序效率高，可移植性好，而且也能直接对计算机硬件进行操作，既具有高级语言的特点，也具有汇编语言的特点。以前的计算机系统软件和硬件系统设计主要是用汇编语言来编写，用汇编语言编写的程序对硬件操作很方便，编写的程序代码短，但是汇编语言使用起来很不方便，可读性和可移植性都很差，而且在编写汇编语言程序时，应用系统设计的周期长，调试和排错也比较困难。为了提高计算机应用系统和应用程序的效率，改善程序的可读性和可移植性，最好是采用高级语言来进行应用系统和应用程序设计。高级语言的种类很多，其他的高级语言虽然编程很方便，但不能对计算机硬件直接进行操作。而 C 语言既有高级语言使用方便的特点，也具有汇编语言可直接对硬件进行操作的特点，因而现在在计算机硬件系统设计中，特别是在单片机应用系统开发中，常常采用 C 语言来进行开发和设计。

C 语言作为一种非常普遍的程序设计语言，在学习单片机前一般都先学习这门课程。因而本书不打算花太多的篇幅介绍 C 语言的基本语法和程序设计方法，而把重点放在单片机 C 语言(简称"C51")与标准 C 语言的区别上。

C51 是在标准 C 语言的基础上发展起来的，总体上与标准 C 语言相同，其中，语法规则、程序结构及程序设计方法等与标准 C 语言完全相同。但标准 C 语言针对的是通用微型计算机，C51 面向的是 MCS-51 单片机，它们的硬件资源与存储器结构都不一样，而且 MCS-51 单片机相对于微型计算机而言其系统资源要贫乏得多。C51 在数据类型、变量类型、输入/输出处理、函数等方面与标准的 C 语言不一样。

C51 与标准 C 语言的区别主要体现在以下几个方面。

(1) C51 中的数据类型与标准 C 语言的数据类型有一定的区别。C51 一方面对标准 C 语言的数据类型进行了扩展，在标准 C 语言的数据类型基础上增加了对 51 系列单片机位数据访问的位类型(bit 和 sbit)和内部特殊功能寄存器访问的特殊功能寄存器型(sfr 和 sfr16)；另一方面对部分数据类型的存储格式进行改造以适应 MCS-51 单片机。

(2) C51 在变量定义和使用上与标准 C 语言不一样。一方面，C51 在标准 C 语言基础上增加了位变量与特殊功能寄存器变量；另一方面，由于 51 系列单片机的存储器结构与通用微型计算机的存储器结构不同，C51 中变量增加了存储器类型选项，以指定变量在存储器中的存放位置。

(3) 为了方便地对 51 系列单片机硬件资源进行访问，C51 在绝对地址访问上对标准 C 语言进行了扩展。除可通过指针进行绝对地址访问外，还增加了一个绝对地址访问函数库 absacc.h，在函数库中给出了一些宏定义，可通过这些宏定义进行绝对地址访问。另外，专门提供了一个关键字"_at_"，可把变量定位到某个固定的地址空间，实现绝对地址访问。

(4) C51 中函数的定义和使用与标准 C 语言也不完全相同。C51 的库函数和标准 C 语言定义的库函数不同，标准 C 语言定义的库函数针对通用微型计算机，而 C51 中的库函数是按 MCS-51 单片机来定义的。C51 中用户可定义中断函数，而标准 C 语言中用户一般不自己定义中断函数。

(5) C51 的主函数 main()内部格式与标准 C 语言也有一定的区别。标准 C 语言针对微型计算机，微型计算机首先有操作系统，其他软件都由操作系统管理，标准 C 语言编写的程序在操作系统环境下运行，最后一般要返回操作系统。而 C51 程序在 MCS-51 单片机中运行，51 系列单片机很多时候是单任务处理，也就是说整个 51 系列单片机系统只有一个程序，不存在返回。因此，C51 程序一般都是循环程序，而且是死循环，让它一直运行。如果前面没有循环，最后一般也加一条死循环语句，如"while(1);"。

下面主要通过以上几个方面对 C51 做相应的介绍。

4.2 C51 的数据类型

数据的格式通常称为数据类型。C51 的数据类型与标准 C 语言的数据类型基本相同，但又有一定的区别。C51 的基本数据类型有字符型 char、短整型 short、整型 int、长整型 long、浮点型 float 和双精度型 double，都分无符号和有符号两种情况。但 short 型与 char 型相同，double 型与 float 型相同，而且整型 int 和长整型 long 在存储器中的存储格式与标准 C 语言不一样。另外，C51 还有专门针对 51 系列单片机扩展的特殊功能寄存器型和位类型。有关 C51 的数据类型如表 4.1 所示。

表 4.1 Keil C51 编译器能够识别的基本数据类型

基本数据类型	名　　称	长　　度	取值范围
unsigned char	无符号字符型	1 B	0～255
signed char	有符号字符型	1 B	−128～+127
unsigned int	无符号整型	2 B	0～65535
signed int	有符号整型	2 B	−32768～+32767
unsigned long	无符号长整型	4 B	0～4294967295
signed long	有符号长整型	4 B	−2147483648～+2147483647
float	浮点型	4 B	$\pm1.175494\times10^{-38}$～$\pm3.402823\times10^{38}$
bit	位型	1 bit	0 或 1
sbit	特殊位型	1 bit	0 或 1
sfr	8 位特殊功能寄存器型	1 B	0～255
sfr16	16 位特殊功能寄存器型	2 B	0～65535

4.2.1 C51 的基本数据类型

1. char(字符型)

char 有 signed char 和 unsigned char 之分，默认为 signed char。它们的长度均为 1 B，用于存放一个单字节的数据。signed char 用于定义有符号字节数据，其字节的最高位为符号位，"0"表示正数，"1"表示负数，用补码表示，所能表示的数值范围是−128～

+127；unsigned char 用于定义无符号字节数据或字符，可以存放一个字节的无符号数，其所能表示的数值范围为 0～255。unsigned char 既可以用来存放无符号数，也可以存放西文字符，一个西文字符占一个字节，在计算机内部用 ASCII 码形式存放。

2. int(整型)

int 有 signed int 和 unsigned int 之分，默认为 signed int。它们的长度均为 2B，用于存放一个双字节数据。signed int 用于定义双字节有符号数，以补码表示，所能表示的数值范围为-32768～+32767。unsigned int 用于定义双字节无符号数，数值范围为 0～65535。int 整型数据在 C51 中存放格式与标准 C 语言不同，如图 4.1 所示。标准 C 语言是高字节存放在高地址单元，低字节存放在低地址单元，而 C51 中是高字节存放在低地址单元，低字节存放在高地址单元。

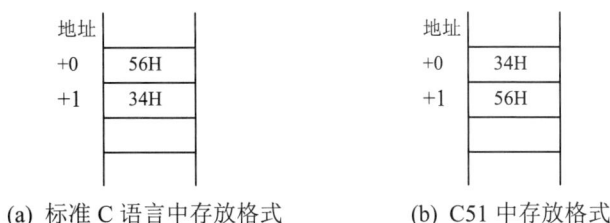

(a) 标准 C 语言中存放格式   (b) C51 中存放格式

图 4.1　int 数据 0x3456 存放格式

3. long(长整型)

long 有 signed long 和 unsigned long 之分，默认为 signed long。它们的长度均为 4 B，用于存放一个 4 B 数据。signed long 用于定义 4 B 有符号数，以补码表示，所能表示的数值范围为-2147483648～+2147483647。unsigned long 用于定义 4 B 无符号数，所能表示的数值范围为 0～4294967295。C51 中 long 长整型数据存放格式也是高字节存放在低地址单元，低字节存放在高地址单元，情况和 int 型类似。

4. float(浮点型)

float 型数据的长度为 4 B，Franklin C51 浮点数格式符合 IEEE-754 标准，包含指数和尾数两部分，最高位为符号位，"1"表示负数，"0"表示正数，其次的 8 位为阶码，最后的 23 位为尾数的有效数位，由于尾数的整数部分隐含为"1"，因此尾数的精度为 24 位。在存储器中的格式如表 4.2 所示。

表 4.2　单精度浮点数的格式

字节地址	3	2	1	0
浮点数的内容	*SEEEEEEE*	*EMMMMMMM*	*MMMMMMMM*	*MMMMMMMM*

其中，S 为符号位；E 为阶码位，共 8 位，用移码表示。阶码 E 的正常取值范围为 1～254，而对应的指数实际取值范围为-126～+127；M 为尾数的小数部分，共 23 位，尾数的整数部分始终为"1"。故一个浮点数的取值范围为 $(-1)^s \times 2^{E-127} \times (1.M)$。

例如，浮点数+124.75=+1111100.11B=+1.11110011×2^{+6}，符号位为"0"，8 位阶码 E 为+110+1111111=10000101B，23 位数值位为 11110011000000000000000B，32 位浮点表示形式为 01000010　11111001　10000000　00000000B=42F98000H，在存储器中的存放格式如

图 4.2 所示。

地址	
0	00H
+1	80H
+2	F9H
+3	42H

图 4.2 浮点数的存放格式

5. *(指针型)

指针型数据本身就是一个变量，在这个变量中存放着指向另一个数据的地址。这个指针变量要占用一定的内存单元。对不同的处理器其长度不一样，在 C51 中它的长度一般为 1~3 B。

4.2.2 C51 的特有数据类型

1. 特殊功能寄存器型

特殊功能寄存器型是 C51 扩充的数据类型，用于访问 51 系列单片机的特殊功能寄存器。它分为 sfr 和 sfr16 两种类型，其中 sfr 为字节型特殊功能寄存器类型，占一个内存单元，可以访问 MCS-51 内部的所有特殊功能寄存器；sfr16 为双字节型特殊功能寄存器类型，占两个字节单元，可以访问 51 系列单片机内部的所有两个字节的特殊功能寄存器。在 C51 中，对特殊功能寄存器的访问必须先用 sfr 或 sfr16 进行声明。

2. 位类型

位类型也是 C51 中扩充的数据类型，用于访问 51 系列单片机的可寻址的位单元。在 C51 中，支持两种位类型，即 bit 型和 sbit 型。它们在内存中都只占一个二进制位，其值可以是"1"或"0"。其中用 bit 定义的位变量在用 C51 编译器编译时，不同时间分配的位地址不一样。而用 sbit 定义的位变量必须与 51 系列单片机的一个可位寻址的位单元联系在一起，在 C51 编译器编译时，其位地址是不可变化的。

下面对有符号和无符号的使用作一点说明。在 C51 中，如果不进行负数运算，应尽可能地使用无符号数，因为它能直接被 51 系列单片机接受，有符号数虽然与无符号数占用的字节数相同，但需要进行额外的操作来测试符号位。

4.3 C51 的变量

变量是程序运行过程中其值可以改变的量。一个变量由两部分组成，即变量名和变量值。每个变量都有一个变量名，在存储器中占用一定的存储单元，变量的数据类型不同，占用的存储单元数也不一样。在存储单元中存放的内容就是变量值。

4.3.1 C51 的普通变量及定义

在 C51 系列中，普通变量使用时必须对其进行定义，定义的总体格式与标准 C 语言相同，但由于 51 系列单片机的存储器组织与通用的微型计算机不一样，51 系列单片机的存储器分片内数据存储器、片外数据存储器和程序存储器。另外还有位寻址区，不同的存储器区域其访问的方法不同，同一段存储区域又可以用多种方式访问。因而在定义变量时必须指明变量的存储器区域，以便编译系统为它分配相应的存储单元并设置访问方式。这通过在变量定义时添加数据类型修饰符来指明。C51 中变量定义格式如下：

[存储种类] 数据类型说明符 [存储器类型] 变量名 1[=初值],变量名 2[=初值]…;

1. 数据类型说明符

数据类型说明符用来指明变量的数据类型，指明变量在存储器中占用的字节数。可以是系统已有的数据类型说明符，也可以是用 typedef 或#define 定义的类型别名。

为了增强程序的可读性，允许用户为系统固有的数据类型说明符用 typedef 或#define 定义别名，格式如下：

typedef C51 固有的数据类型说明符 别名;

或

#define 别名 C51 固有的数据类型说明符;

定义别名后，就可以用别名代替数据类型说明符对变量进行定义。别名可以用大写字母，也可以用小写字母，为了区别，一般用大写字母来表示。

【例 4.1】typedef 或#define 的使用。

```
typedef unsigned int  WORD;
#define   BYTE  unsigned char
BYTE  a1=0x12;
WORD  a2=0x1234;
```

2. 变量名

变量名是 C51 为区分不同变量而取的名称。在 C51 中规定变量名可以由字母、数字和下划线 3 种字符组成，且第一个字符必须为字母或下划线。变量名有两种，即普通变量名和指针变量名。它们的区别是，指针变量名前面要带"*"符号。

3. 存储种类

存储种类是指变量在程序执行过程中的作用范围。C51 变量的存储种类与标准 C 语言一样，有 4 种，分别是自动(auto)、外部(extern)、静态(static)和寄存器(register)。

1) auto

使用 auto 定义的变量称为自动变量，其作用范围在定义它的函数体或复合语句内部。当定义它的函数体或复合语句执行时，C51 才为该变量分配内存空间，结束时占用的内存空间释放。自动变量一般分配在内存的堆栈空间中。定义变量时，如果省略存储种类，则该变量默认为自动变量。

2) extern

使用 extern 定义的变量称为外部变量。在一个函数体内，要使用一个已在该函数体外或其他程序中定义过的外部变量时，该变量在该函数体内要用 extern 说明。外部变量被定义后分配固定的内存空间，在程序整个执行期间都有效，直到程序结束才释放。

3) static

使用 static 定义的变量称为静态变量，可以分为内部静态变量和外部静态变量。在函数体内部定义的静态变量为内部静态变量，它在对应的函数体内有效，一直存在，但在函数体外不可见。这样不仅使变量在定义它的函数体外可以被保护，还可以实现当离开函数体时其值不被改变。外部静态变量是在函数体外部定义的静态变量，它在程序中一直存在，但在定义的范围之外是不可见的。例如，在多文件或多模块处理中，外部静态变量只在文件内部或模块内部有效。

4) register

使用 register 定义的变量称为寄存器变量。它定义的变量存放在 CPU 内部的寄存器中，处理速度快，但数目少。C51 编译器编译时能自动识别程序中使用频率最高的变量，并自动将其作为寄存器变量，用户无须专门声明。

4. 存储器类型

存储器类型用于指明变量所处 51 系列单片机的存储器区域与访问方式。C51 编译器的存储器类型有 data、bdata、idata、pdata、xdata 和 code 几种，如表 4.3 所示。

表 4.3　C51 的存储器类型描述

存储器类型	描　　述
data	变量位于片内 RAM 低 128B 空间，直接寻址访问，速度快
bdata	变量位于片内 RAM 的可位寻址区(20H~2FH)，允许字节和位混合访问
idata	变量位于片内 RAM 256B 空间，用 Ri 寄存器间接寻址访问
pdata	变量位于片外 RAM 低 256B 空间，用 Ri 间接访问
xdata	变量位于片外 RAM 64KB 空间，用 DPTR 间接访问
code	变量位于程序存储器 ROM 64KB 空间，基址变址寻址访问

具体描述如下。

(1) data 区。data 区为片内数据存储器低 128 B，通过直接寻址方式访问，它定义的变量访问速度最快，所以应把经常使用的变量放在 data 区，但 data 区的空间小，而且除了包含程序变量外，还包含堆栈和寄存器组，所以能存放的变量少。

(2) bdata 区。bdata 区实际是 data 区中的可位寻址区，在片内数据存储器 20H~2FH 单元，在这个区域中变量可进行位寻址，可将其定义成位变量使用。

(3) idata 区。如果是 51 系列单片机的 51 子系列，则 idata 与 data 存储区域相同，只是访问方式不同，data 为直接寻址，idata 为寄存器间接寻址。如果是 52 子系列，idata 比 data 多高 128 B。idata 区一般也用来存储使用比较频繁的变量，只是由于是寄存器间接寻址，因此速度比直接寻址慢。

(4) pdata 和 xdata 区。pdata 和 xdata 区同属于片外数据存储器，只是 pdata 定义的变量只能存放在片外数据存储器低 256 B，通过 8 位寄存器 R0 和 R1 间接寻址，而 xdata 定义的变量可以存放在片外数据存储器 64KB 空间的任意位置，通过 16 位的数据指针 DPTR 间接寻址。

(5) code 区。用 code 定义的变量存放于 51 系列单片机的程序存储器，由于程序存储器具有只读属性，只能通过下载方式同程序一起写入程序存储器中。写入后就不能再修改，否则会产生错误。因而要求 code 属性的变量在定义时一定要初始化。一般用 code 属性定义表格型数据，其值在程序执行过程中永远不会改变。

5. 存储模式

定义变量时也可省略"存储器类型"，省略时，C51 编译器将按存储模式默认变量的存储器类型，C51 中变量支持 3 种存储模式，即 small 模式、compact 模式和 large 模式。不同的存储模式对变量默认的存储器类型不一样。

(1) small 模式。small 模式称为小编译模式，在 small 模式下，编译时变量被默认在片内 RAM 中，存储器类型为 data。

(2) compact 模式。compact 模式称为紧凑编译模式，在 compact 模式下，编译时变量被默认在片外 RAM 的低 256B 空间，存储器类型为 pdata。

(3) large 模式。large 模式称为大编译模式，在 large 模式下，编译时变量被默认在片外 RAM 的 64KB 空间，存储器类型为 xdata。

这 3 种存储模式实际是 51 系列单片机系统片外数据存储器的 3 种配置方式。small 模式：系统没有扩展片外数据存储器，变量只能放在片内数据存储器；compact 模式：系统扩展了片外数据存储器，但容量比较小，变量只能放在片外数据存储器低 256 B；large 模式：系统扩展了片外数据存储器，而且容量比较大，变量可放在片外数据存储器 64KB 空间。

在程序中变量存储模式的指定通过#pragma 预处理命令来实现。如果没有指定，则系统都隐含为 small 模式。

【例 4.2】C51 变量定义情况。

```
char  data var1;  /*在片内 RAM 的低 128B 空间定义用直接寻址方式访问的字符型变量 var1*/
int  idata  var2;/*在片内 RAM 的 256B 空间定义用间接寻址方式访问的整型变量 var2*/
auto  unsigned  long  data  var3;
/*在片内 RAM 的 128B 空间定义用直接寻址方式访问的自动无符号长整型变量 var3*/
extern  float  xdata  var4;
/*在片外 RAM 的 64KB 空间定义用间接寻址方式访问的外部实型变量 var4*/
int  code  var5=0x20;    /*在 ROM 空间定义整型变量 var5*/
unsigned  char  bdata  var6;
/*在片内 RAM 的位寻址区 20H～2FH 单元定义可字节处理和位处理的无符号字符型变量 var6*/
#pragma  small          /*变量的存储模式为 small*/
char  k1;               /* k1 变量的存储器类型默认为 data*/
int  xdata  m1;         /* m1 变量的存储器类型为 xdata*/
#pragma  compact        /*变量的存储模式为 compact*/
char  k2;               /* k2 变量的存储器类型默认为 pdata*/
int  xdata  m2;         /* m2 变量的存储器类型为 xdata*/
```

4.3.2 C51 的特殊功能寄存器变量

特殊功能寄存器变量是 C51 中特有的一种变量。51 系列单片机片内有许多特殊功能寄存器，每个特殊功能寄存器的功能不一样，通过这些特殊功能寄存器可以控制 51 系列单片机的定时器、计数器、串口、I/O 及其他功能部件，每一个特殊功能寄存器在片内 RAM 中都对应一个字节单元或两个字节单元。

在 C51 中，允许用户对这些特殊功能寄存器进行访问，访问时需通过 sfr 或 sfr16 类型说明符进行定义，定义时需指明它们所对应的片内 RAM 单元的地址。格式如下：

```
sfr 或 sfr16   特殊功能寄存器变量名=地址;
```

sfr 用于对 51 系列单片机中单字节的特殊功能寄存器进行定义，sfr16 用于对双字节特殊功能寄存器进行定义。为了与一般变量相区别，特殊功能寄存器变量名一般用大写字母表示。地址一般用直接地址形式。为了使用方便，特殊功能寄存器变量取名时一般与相应的特殊功能寄存器名相同。如下面例子所示。

【例 4.3】特殊功能寄存器的定义。

```
sfr   PSW=0xd0;
sfr   SCON=0x98;
sfr   TMOD=0x89;
sfr   P1=0x90;
sfr16  DPTR=0x82;
sfr16  T0=0X8A;
```

4.3.3　C51 的位变量

位变量也是 C51 中的一种特有变量。51 系列单片机的片内数据存储器和特殊功能寄存器中有一些位可以按位方式处理，在 C51 中，这些位可通过位变量来使用，使用时需用位类型符进行定义。位类型符有两个，即 bit 和 sbit。可以定义两种位变量。

1. bit(一般位变量)

bit 位类型符用于定义一般的位变量，定义的位变量位于片内数据存储器的位寻址区。定义格式如下：

```
bit   位变量名;
```

在该格式中可以加上各种修饰，但注意存储器类型只能是 bdata、data、idata，而且只能是片内 RAM 的可位寻址区，严格来说只能是 bdata。而且定义时不能指定地址，只能由编译器自动分配。

【例 4.4】bit 型变量的定义。

```
bit   data  a1;      /*正确*/
bit   bdata a2;      /*正确*/
bit   pdata a3;      /*错误*/
bit   xdata a4;      /*错误*/
```

2. sbit(特殊功能位变量)

sbit 位类型符用于定义位地址确定的位变量，定义的位变量可以在片内数据存储器位寻址区，也可为特殊功能寄存器中的可位寻址位。定义时必须指明其位地址，可以是位直接地址，也可以是可位寻址的变量带位号，还可以是可位寻址的特殊功能寄存器变量带位号。定义格式如下：

```
sbit   位变量名=位地址;
```

如位地址为位直接地址，其取值范围为 0x00～0xff；如位地址是可位寻址变量带位号或特殊功能寄存器名带位号，则在它前面需对可位寻址变量(在 bdata 区域)或可位寻址特殊功能寄存器变量(字节地址能被 8 整除)进行定义。字节地址与位号之间、特殊功能寄存器与位号之间一般用"^"作为间隔。另外，sbit 通常用来对 51 系列单片机的特殊功能寄存器中的特殊功能位进行定义，定义时位变量名一般用大写，而且名称与相应的特殊功能位名称相同。

【例 4.5】sbit 型变量的定义。

```
sbit  OV=0xd2;
sbit  CY=0xd7;
unsigned char bdata flag;
sbit  flag0=flag^0;
sfr   P1=0x90;
sbit  P1_0=P1^0;
sbit  P1_1=P1^1;
sbit  P1_2=P1^2;
sbit  P1_3=P1^3;
sbit  P1_4=P1^4;
sbit  P1_5=P1^5;
sbit  P1_6=P1^6;
sbit  P1_7=P1^7;
```

在 C51 中，为了用户使用的方便，C51 编译器把 MCS-51 单片机的特殊功能寄存器和特殊功能位进行了定义，定义的变量名称与特殊功能寄存器名称和特殊功能位名称相同，放在 reg51.h 或 reg52.h 头文件中。当用户要使用时，只需要用一条预处理命令#include <reg51.h>把这个头文件包含到程序中，就可直接使用特殊功能寄存器和特殊功能位了。所以，一般 C51 程序的第一条语句都是#include <reg51.h>。

4.3.4　C51 的指针变量

指针是 C 语言中的一个重要概念，也是 C51 语言的特色之一。使用指针可以方便有效地表达复杂的数据结构；可以动态地分配存储器，直接处理内存地址。

指针就是地址，数据或变量的指针就是存放该数据或变量的地址。C51 中指针、指针变量的定义与用法和标准 C 语言基本相同，只是增加了存储器类型的属性。也就是说，除了要表明指针本身所处的存储空间外，还需要表明该指针所指向对象的存储空间。

C51 的指针可分为存储器型指针和一般指针两种。

1. 存储器型指针

存储器型指针在定义时指明了所指向数据的存储器类型，例如：

```
char xdata *p2;
```

该代码定义了一个指向存储在 xdata 存储器区域的字符型变量的指针变量，指针变量长度为 2 B。如果存储器类型为 code *和 xdata *，则长度为 2 B；如果存储器类型为 idata *、data *和 pdata *，则长度为 1 B。

定义时也可指明指针变量自身的存储器空间(没有定义时由编译模式默认)，例如：

```
char xdata *data p2;
```

此代码除了指明指针变量自身位于 data 区以外，其他与上例相同。

2. 一般指针

当指针定义时没有指明所指向数据的存储器类型，该指针就为一般指针，一般指针在存储器中占 3 B，其中第一个字节为指针所指向数据的存储器类型代码。后面 2 B 存放地址。一般指针中的存储器类型代码和指针变量存放情况如表 4.4 和表 4.5 所示。

表 4.4   一般指针的存储器类型代码

存储器类型	idata	xdata	pdata	data	code
代码	1	2	3	4	5

表 4.5   一般指针变量的存放格式

字节地址	+0	+1	+2
内容	存储器类型代码	地址高字节	地址低字节

如果存储器类型为 code *和 xdata *，所指向的数据有 16 位地址，则第二个字节和第三个字节分别存放数据的高 8 位地址和低 8 位地址；如果存储器类型为 idata *、data *和 pdata *，所指向的数据只有 8 位地址，则第二个字节存放 0，第三个字节存放数据的 8 位地址。

例如，存储器类型为 xdata*，地址值为 0x1234 的指针变量在内存中的存放形式如表 4.6 所示。

表 4.6   指针变量在内存中的存放形式

字节地址	+0	+1	+2
内容	0x02	0x12	0x34

4.3.5   C51 的数组

在 C51 程序设计中，数组的使用非常广泛，通常用来构造表格型数据。C51 中的数组和标准 C 语言中的数组相同。

数组是一组数据的有序集合，数组中的每个元素都是同一类型的数据。数组集合用一个名字来标识，称为数组名。数组中元素的顺序用下标表示，下标表示该元素在数组中的位置。元素的下标从 0 开始，依次为 0、1、2、…、n，改变下标可依次访问数组中的元素。使用形式为：数组名[下标]。

在 C51 中，数组使用前也须先定义，定义格式和用到的关键字与普通变量完全相同，只是需要用下标指明数组元素的个数。定义时可不赋初值，也可赋初值，如果定义时已给所有的元素赋初值，也可不用下标指明元素的个数。可以定义一维数组，也可以定义二维或多维数组，定义后在存储器中分配一段连续存储区域来依次存放数组中的元素，具体情况和标准 C 语言完全相同。

在 C51 中，使用数组时需特别注意，数组使用时容易占用大量的存储空间，而 51 系列单片机的存储空间有限，特别是片内数据存储器，只有 128B 或 256B，而且系统本身还要占用一部分，如果数组元素个数太多，存储空间不够用，可能会产生意料不到的结果。因此，在 C51 应用程序编程时，要仔细根据需要选择数组的大小，避免资源浪费。

4.4 绝对地址的访问

在 C51 中，可以通过变量的形式访问 51 系列单片机的存储器，但一般变量编译时分配的存储器单元是不确定的，而 51 系列单片机系统中，常常需要对地址确定的存储单元进行访问，特别是片外数据存储器，这种情况的使用非常普遍。在 C51 中，地址确定的存储单元可以通过绝对地址访问方式来实现。

C51 的绝对地址访问形式有 3 种，即宏定义、指针和关键字"_at_"。

4.4.1 使用 C51 运行库中预定义宏

C51 编译器提供了一组宏定义来对 51 系列单片机的 data、pdata、xdata 和 code 空间进行绝对寻址。规定只能以无符号数方式访问，定义了 8 个宏定义，其函数原型如下：

```
#define  CBYTE((unsigned char volatile*)0x50000L)
#define  DBYTE((unsigned char volatile*)0x40000L)
#define  PBYTE((unsigned char volatile*)0x30000L)
#define  XBYTE((unsigned char volatile*)0x20000L)

#define  CWORD((unsigned int volatile*)0x50000L)
#define  DWORD((unsigned int volatile*)0x40000L)
#define  PWORD((unsigned int volatile*)0x30000L)
#define  XWORD((unsigned int volatile*)0x20000L)
```

这些函数原型放在 absacc.h 头文件中。使用时需用预处理命令把该头文件包含到文件中，形式为：

```
#include  <absacc.h>
```

其中：CBYTE 以字节形式对 code 区寻址，DBYTE 以字节形式对 data 区寻址，PBYTE 以字节形式对 pdata 区寻址，XBYTE 以字节形式对 xdata 区寻址，CWORD 以字形式对 code 区寻址，DWORD 以字形式对 data 区寻址，PWORD 以字形式对 pdata 区寻址，XWORD 以字形式对 xdata 区寻址。访问形式如下：

```
宏名[地址]
```

宏名为 CBYTE、DBYTE、PBYTE、XBYTE、CWORD、DWORD、PWORD 或 XWORD。地址为存储单元的绝对地址，一般用十六进制形式表示。

【例 4.6】绝对地址对存储单元的访问。

```
#include  <absacc.h>        /*将绝对地址头文件包含在文件中*/
#include  <reg52.h>         /*将寄存器头文件包含在文件中*/
#define  uchar unsigned char /*定义符号 uchar 为数据类型符 unsigned char*/
#define  uint unsigned int   /*定义符号 uint 为数据类型符 unsigned int*/
void  main(void)
{
```

```
    uchar  var1;
    uint  var2;
    var1=XBYTE[0x0005];              /*XBYTE[0x0005]访问片外 RAM 的 0005 字节单元*/
    var2=XWORD[0x0002];              /*XWORD[0x0002]访问片外 RAM 的 0002 字单元*/
        ⋮
    while(1);
}
```

在上面的程序中，XBYTE[0x0005]就是以绝对地址方式访问的片外 RAM 的 0005H 字节单元；XWORD[0x0002]就是以绝对地址方式访问的片外 RAM 的 0002H 字单元。

4.4.2 通过指针访问

通过使用存储器型指针，可以在 C51 程序中对任意指定的存储器单元进行访问。访问过程如下：①定义基于存储器型指针；②给指针变量本身赋予要访问的存储单元地址；③通过指针变量实现指定存储单元访问。

【例 4.7】通过指针实现绝对地址的访问。

```
#define  uchar  unsigned char    /*定义符号 uchar 为数据类型符 unsigned char*/
#define  uint  unsigned int      /*定义符号 uint 为数据类型符 unsigned int*/
void  func(void)
{
    uchar  data  var1;
    uchar  pdata  *dp1;        /*定义一个指向 pdata 区的指针 dp1*/
    uint  xdata  *dp2;         /*定义一个指向 xdata 区的指针 dp2*/
    uchar  data  *dp3;         /*定义一个指向 data 区的指针 dp3*/
    dp1=0x30;                  /*为 dp1 指针赋值，指向 pdata 区的 30H 单元*/
    dp2=0x1000;                /*为 dp2 指针赋值，指向 xdata 区的 1000H 单元*/
    *dp1=0xff;                 /*将数据 0xff 送到片外 RAM 的 30H 单元*/
    *dp2=0x1234;               /*将数据 0x1234 送到片外 RAM 的 1000H 单元*/
    dp3=&var1;                 /*将变量 var1 的地址送至指针变量 dp3*/
    *dp3=0x20;                 /*通过指针 dp3 给变量 var1 赋值 0x20*/
}
```

4.4.3 使用 C51 扩展关键字_at_

使用_at_关键字对指定存储单元的绝对地址访问，一般格式如下：

[存储器类型] 数据类型说明符 变量名 _at_ 地址常数;

其中，存储器类型为 data、bdata、idata、pdata 等，若省略，则按存储模式规定的默认存储器类型确定变量的存储器区域；数据类型为 C51 支持的数据类型；地址常数用于指定变量的绝对地址，必须位于有效的存储器空间之内；使用_at_定义的变量必须为全局变量。

【例 4.8】通过_at_实现绝对地址的访问。

```
#define  uchar  unsigned char    /*定义符号 uchar 为数据类型符 unsigned char*/
#define  uint  unsigned int      /*定义符号 uint 为数据类型符 unsigned int*/
data  uchar  x1  _at_  0x40;     /*在 data 区中定义字节变量 x1，它的地址为 40H*/
xdata  uint  x2  _at_  0x2000;   /*在 xdata 区中定义字变量 x2，它的地址为 2000H*/
```

```
void  main(void)
{
    x1=0xff;
    x2=0x1234;
        ⋮
    while(1);
}
```

4.5　C51 中的函数

　　函数是 C 语言中的一种基本模块，实际上一个 C 语言程序就是由若干函数所构成。C 语言程序总是由主函数 main()开始，并在主函数中结束。在进行程序设计时，如果所设计的程序较大，一般将其分成若干个子程序模块，每个子程序模块完成一种特定的功能。在 C 语言中，子程序是用函数来实现的。在标准 C 语言中，对于一些经常使用的函数，编译器已经为用户设计好，做成专门的函数库——标准库函数，以供用户反复调用，只需用户在调用前用预处理命令 include 将相应的函数库包含到当前程序中。用户还可自己定义函数——用户自定义函数，定义后在需要时拿来使用。

　　C51 程序与标准 C 语言类似，程序也由若干函数组成，由主函数 main()开始，并在主函数中结束，除了主函数以外，也有标准库函数和用户自定义函数。标准库函数是 C51 编译器提供的，不需要用户进行定义，可以直接调用，C51 标准库函数参考附录 A。另外，用户也可自己定义函数。它们的使用方法与标准 C 语言基本相同。但 C51 针对的是 51 系列单片机，C51 的函数在有些方面还是与标准 C 语言不同，参数传递和返回值与标准 C 语言中是不一样的，而且 C51 又对标准 C 语言作了相应的扩展。这些扩展有：选择存储模式；指定一个函数作为中断函数；选择所用的寄存器组；指定重入等。下面针对这些不同功能作相应介绍。

4.5.1　C51 函数的参数传递

　　C51 中函数具有特定的参数传递规则。C51 中参数传递的方式有两种：一种是通过寄存器 R0～R7 传递参数，不同类型的实参会存入相应的寄存器；另一种是通过固定存储区传递。C51 规定调用函数时最多可通过工作寄存器传递 3 个参数，其余的通过固定存储区传递。

　　不同的参数用到的寄存器不一样，不同的数据类型用到的寄存器也不一样。通过寄存器传递的参数如表 4.7 所示。

表 4.7　传递参数用到的寄存器

参数类型	char	int	long/float	通用指针
第 1 个	R7	R6、R7	R4～R7	R1、R2、R3
第 2 个	R5	R4、R5	R4～R7	R1、R2、R3
第 3 个	R3	R2、R3	无	R1、R2、R3

　　其中，int 型和 long 型数据传递时高位数据在低位寄存器中，低位数据在高位寄存

中；float 型数据满足 32 位的 IEEE 格式，指数和符号位在 R7 中；通用指针存储类型在 R3，高位在 R2。一般函数的参数传递举例如表 4.8 所示。

表 4.8　函数参数传递举例

声　明	说　明
func1(int a)	唯一一个参数 a 在寄存器 R6 和 R7 中传递
func2(int b，int c，int *d)	第一个参数 b 在寄存器 R6 和 R7 中传递，第二个参数 c 在寄存器 R4 和 R5 中传递，第三个参数 d 在寄存器 R1、R2 和 R3 中传递
func3(long e，long f)	第一个参数 e 在寄存器 R4、R5、R6 和 R7 中传递，第二个参数 f 不能用寄存器传递，因为 long 类型可用的寄存器已被第一个参数所用，这个参数用固定存储区传递
func4(float g，char h)	第一个参数 g 在寄存器 R4、R5、R6 和 R7 中传递，第二个参数 h 不能用寄存器传递，只能用固定存储区传递

C51 中函数也通过固定存储区传递参数，用作参数传递的固定存储区可能在片内数据存储区或片外数据存储区，由存储模式决定，small 模式的参数位于片内数据存储区，compact 和 large 模式的参数位于片外数据存储区。

4.5.2　C51 函数的返回值

C51 函数的返回值用寄存器传递，函数的返回值和所用的寄存器如表 4.9 所示。

表 4.9　函数返回值和所用的寄存器

返回值类型	寄 存 器	说　明
bit	C	由位运算器 C 返回
(unsigned)char	R7	在 R7 返回单个字节
(unsigned)int	R6、R7	高位在 R6，低位在 R7
(unsigned) long	R4～R7	高位在 R4，低位在 R7
float	R4～R7	32 位 IEEE 格式
通用指针	R1、R2、R3	存储类型在 R3，高位在 R2，低位在 R1

4.5.3　C51 函数的存储模式

C51 函数的存储模式与变量相同，也有 3 种，即 small 模式、compact 模式和 large 模式，通过函数定义时后面加相应的参数(small、compact 或 large)来指明，不同的存储模式，函数的形式参数和变量默认的存储器类型与前面变量定义情况相同，这里不再重复。

【例 4.9】C51 函数的存储模式举例。

```
int func1(int x1,int y1) large    /*函数的存储模式为large*/
{
    int z1;
```

```
    z1=x1+y1;
    return(z1);                  /* x1、y1、z1 变量的存储器类型默认为 xdata*/
}
int func2(int  x2,int  y2)      /*函数的存储模式隐含为 small*/
{
    int  z2;
    z2=x2-y2;
    return(z2);                  /*x2、y2、z2 变量的存储器类型默认为 data*/
}
```

4.5.4　C51 的中断函数

中断函数是 C51 的一个重要特点，C51 允许用户创建中断函数。在 C51 程序设计中经常用中断函数来实现系统的实时性，提高程序的处理效率。

在 C51 程序设计中，若定义函数时后面用了 interrupt *m* 修饰符，则把该函数定义成中断函数。*m* 的取值为 0～31，对应的中断情况如下。

① 0：外部中断 0；

② 1：定时/计数器 T0；

③ 2：外部中断 1；

④ 3：定时/计数器 T1；

⑤ 4：串行口中断；

⑥ 5：定时/计数器 T2；

⑦ 其他值预留。

编写 C51 中断函数需要注意以下几点。

(1) 中断函数不能进行参数传递，如果中断函数中包含任何参数声明，都将导致编译出错。

(2) 中断函数没有返回值，如果企图定义一个返回值，将得不到正确的结果，建议在定义中断函数时将其定义为 void 类型，以明确说明没有返回值。

(3) 在任何情况下都不能直接调用中断函数，否则会产生编译错误。因为中断函数的返回是由 51 系列单片机的 RETI 指令完成的，RETI 指令影响 51 系列单片机的硬件中断系统。如果在没有实际中断的情况下直接调用中断函数，RETI 指令的操作结果将会产生一个致命的错误。

(4) 如果在中断函数中调用了其他函数，则被调用函数所使用的寄存器必须与中断函数相同；否则会产生不正确的结果。

(5) C51 编译器在中断函数编译时会自动在程序开始和结束处加上相应的内容，具体如下：在程序开始处对 ACC、B、DPH、DPL 和 PSW 入栈，结束时出栈。中断函数未加 using *n* 修饰符的，开始时还要将 R0～R1 入栈，结束时出栈。如中断函数加 using *n* 修饰符，则在程序开始将 PSW 入栈后还要修改 PSW 中的工作寄存器组选择位。

(6) C51 编译器从绝对地址 8*m*+3 处产生一个中断向量，其中 *m* 为中断号，也即 interrupt 后面的数字。该向量包含一个到中断函数入口地址的绝对跳转。

(7) 中断函数最好写在文件的尾部，并且禁止使用 extern 存储类型说明，防止其他程序调用。

【例 4.10】编写一个用于统计外部中断 0 中断次数的中断服务程序。

```
extern  int  x;
void int0()  interrupt  0  using  1
{
    x++;
}
```

通过这个例子可以发现，中断函数虽然不能通过参数方式和主程序进行数据传递，但可以通过全局变量方式进行信息交换。

4.5.5　C51 函数的寄存器组选择

C51 程序执行时都会翻译成机器语言(或者汇编语言)，程序中就会出现 51 系列单片机系统中的工作寄存器 R0～R7，而从前面单片机基本原理的介绍中已经知道，51 系列单片机工作寄存器有 4 组，即 0 组、1 组、2 组和 3 组。每组有 8 个寄存器，分别用 R0～R7 表示。那么当前程序用的是哪一组呢？在 C51 中允许函数定义时带 using n 修饰符，用于指定本函数内部使用的工作寄存器组，其中 n 的取值为 0～3，表示寄存器组号。例如：

```
void  func3(void) using  1          /*指定函数内部用的是 1 组工作寄存器*/
{
    …
}
```

对于 using n 修饰符的使用，应注意以下两点。

(1)　加入 using n 后，C51 在编译时自动在函数的开始处和结束处加入以下指令：

```
{
    PUSH  PSW                            ;标志寄存器入栈
    MOV   PSW,#与寄存器组号 n 相关的常量      ;常量值为(psw&0XET)&n*8
    ⋮
    POP  PSW                             ;标志寄存器出栈
}
```

(2)　using n 修饰符不能用于有返回值的函数，因为 C51 函数的返回值是放在寄存器中的。如果寄存器组改变了，返回值就会出错。

4.5.6　C51 的重入函数

在标准 C 语言中，调用函数时会将函数的参数和函数中使用的局部变量压入堆栈保存。由于 51 系列单片机内部堆栈空间有限(在片内数据存储器中)，因此 C51 没有像标准 C 语言中那样使用堆栈，而是使用压缩栈的方法，为每一个函数设定一个空间用于存放参数和局部变量。

一般函数中的每个变量都存放在这个空间的固定位置，当函数递归调用时会导致变量覆盖，所以就会出错。但在某些实时应用中，因为函数调用时可能会被中断函数中断，而在中断函数中可能再调用这个函数，这就会出现对函数的递归调用。为解决这个问题，C51 允许将一个函数声明成重入函数，声明成重入函数后就可递归调用。重入函数又称为再入函数，它是一种可以在函数体内间接调用其自身的函数。重入函数的参数和局部变量

高等院校计算机教育系列教材

是通过 C51 生成的模拟栈来传递和保存的，递归调用或多重调用时参数和变量不会被覆盖，因为每次函数调用时的参数和局部变量都会单独保存。模拟栈所在的存储器空间根据重入函数存储模式的不同，可以是 data、pdata 或 xdata 存储器空间。

C51 函数定义时，通过后面带 reentrant 修饰符把函数声明为重入函数，例如：

```
char  func4(char a, char b)  reentrant  /*声明函数 func4 是可重入函数*/
{
    char  c;
    c=a+b;
    return (c)
}
```

关于重入函数，需要注意以下几点。

(1) 用 reentrant 修饰的重入函数被调用时，实参表内不允许使用 bit 类型的参数。函数体内也不允许存在任何关于位变量的操作，更不能返回 bit 类型的值。

(2) 编译时，系统为重入函数在内部或外部存储器中建立一个模拟堆栈区，称为重入栈。重入函数的局部变量及参数被放在重入栈中，使重入函数可以实现递归调用。

(3) 在参数的传递上，实际参数可以传递给间接调用的重入函数。无重入属性的间接调用函数不能包含调用参数，但是可以使用定义的全局变量来进行参数传递。

习　　题

4.1　C51 特有的数据类型有哪些？

4.2　C51 中的存储器类型有几种？它们分别表示的存储器区域是什么？

4.3　在 C51 中，bit 位与 sbit 位有什么区别？

4.4　位变量和特殊功能寄存器变量有什么作用？

4.5　在 C51 中，可以通过几种方式实现绝对地址访问？

4.6　什么是存储模式？存储模式和存储器类型有什么关系？

4.7　在 C51 中，中断函数与一般函数有什么不同？

4.8　在 C51 中，修饰符 using *n* 有什么作用？

4.9　按给定的存储类型和数据类型，写出下列变量的说明形式。

(1)　在 data 区定义字符变量 val1。

(2)　在 idata 区定义整型变量 val2。

(3)　在 xdata 区定义无符号字符型数组 val3[4]。

(4)　在 xdata 区定义一个指向 char 类型的指针 px。

(5)　定义可寻址位变量 flag。

(6)　定义特殊功能寄存器变量 P3。

(7)　定义特殊功能寄存器变量 SCON。

(8)　定义 16 位的特殊功能寄存器 T0。

微课资源

扫一扫，获取本章相关微课视频。

4.1　C51 的基础知识	4.2　C51 的数据类型	4.3.1　C51 的变量
4.3.2　C51 的变量	4.4　绝对地址的访问	4.5　C51 中的函数

第 5 章

51 系列单片机开发和仿真工具

【学习目标】

(1) 熟悉 Keil C51 集成环境的工作界面；掌握 Keil C51 中单片机项目的开发过程。

(2) 熟悉 Proteus 软件的工作界面；掌握 Proteus 中单片机项目的创建及仿真过程。

【本章知识导图】

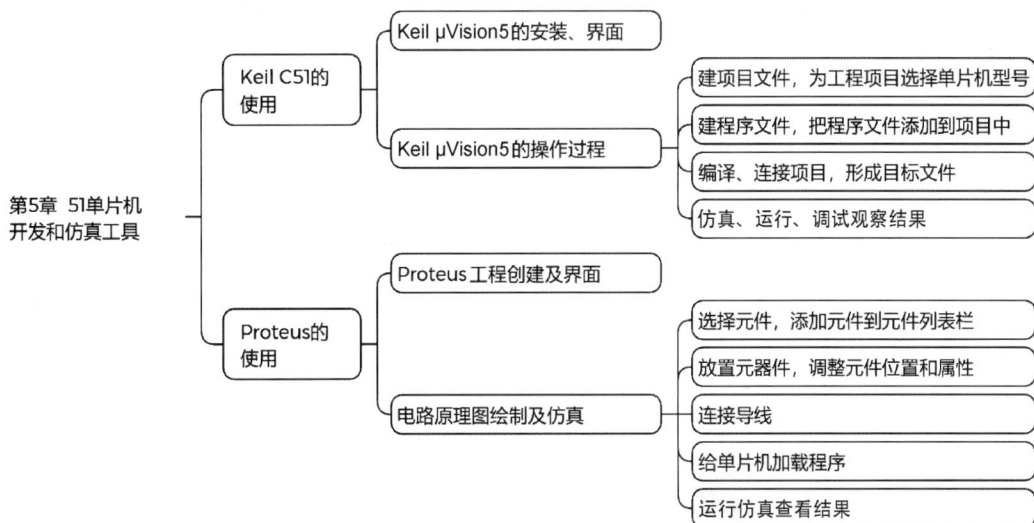

```
                                    ┌─ Keil μVision5的安装、界面
                    ┌─ Keil C51的 ─┤                          ┌─ 建项目文件，为工程项目选择单片机型号
                    │   使用        │                          ├─ 建程序文件，把程序文件添加到项目中
                    │              └─ Keil μVision5的操作过程 ─┤
                    │                                         ├─ 编译、连接项目，形成目标文件
第5章 51单片机 ──────┤                                         └─ 仿真、运行、调试观察结果
开发和仿真工具       │
                    │              ┌─ Proteus工程创建及界面
                    └─ Proteus的 ──┤                          ┌─ 选择元件，添加元件到元件列表栏
                        使用       │                          ├─ 放置元器件，调整元件位置和属性
                                   └─ 电路原理图绘制及仿真 ────┤─ 连接导线
                                                              ├─ 给单片机加载程序
                                                              └─ 运行仿真查看结果
```

51 系列单片机产生时间早，应用非常广泛，有很多软件开发和仿真工具，下面将介绍 51 系列单片机开发和仿真中广泛使用的 Keil C51 和 Proteus 软件。

5.1 Keil C51 的使用

Keil C51 是美国 Keil Software 公司(已被 ARM 公司收购)出品的 51 系列单片机软件开发工具，它集成源程序编辑、编译、仿真调试于一体，支持汇编、C、PL/M 语言。几乎支持所有的 51 系列单片机芯片，新版本支持众多的 32 位微控制器及 ARM 芯片。提供丰富的库函数和功能强大的集成开发调试工具，界面友好，易学易用，特别适合初学者。Keil C51 从产生到现在经历了多个版本。下面以 Keil μVision5 IDE 版为例介绍系统各部分的功能和使用。

5.1.1 Keil μVision5 的安装

Keil μVision5 的安装与其他软件的安装方法相同，安装过程比较简单，运行 Keil μVision5 的安装程序，然后按默认的安装目录或设置新的安装目录，确定后根据提示依次输入相应信息，就可将 Keil μVision5 软件安装到计算机上，同时在桌面上创建了一个快捷方式。

5.1.2 Keil μVision5 的界面

单击 Keil μVision5 图标，启动 Keil μVision5 程序，打开一个项目工程，可以看到如图 5.1 所示的 Keil μVision5 IDE 界面。界面中各部分功能如下。

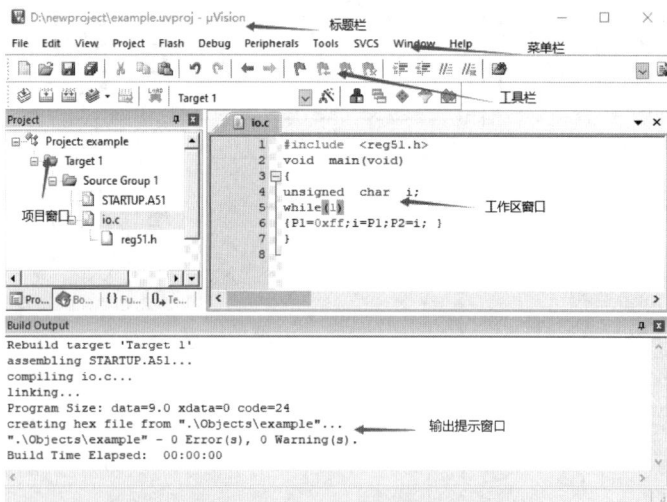

图 5.1 Keil μVision5 的界面

(1) 标题栏：显示工程项目路径及工程项目名称。

(2) 菜单栏：提供工程开发所需要的文件操作、编辑操作、视图操作、项目维护、开发工具选项设置、调试程序、窗口选择和处理在线帮助等。

（3）　工具栏：工具栏包含 Keil μVision 大部分操作的快捷按钮。

（4）　项目窗口：显示工程项目包含的文件，在仿真时显示单片机特殊功能寄存器的值等。

（5）　工作区窗口：显示开发人员编写的代码和文档，可在此进行代码和文档的输入、修改等编辑操作。

（6）　输出提示窗口：用于显示项目编译、连接、产生目标文件等信息，包含警告和报错等。

Keil μVision5 有两种操作模式，即编辑模式和调试模式，启动 Keil μVision5 便进入编辑模式。可以通过 Debug 菜单下的 Start/Stop Debugging 命令进入或退出调试模式。编辑模式可以建立项目、文件，编译项目产生可执行程序；调试模式提供了一个强大的调试器，可以用来调试项目。两种模式的菜单命令有一定的区别。

5.1.3　Keil μVision5 的操作过程

Keil μVision5 文件采用项目方式管理，各种 C51 源程序、汇编源程序、头文件等都放在项目文件里统一管理。其操作步骤如下。

（1）　创建项目文件，为工程项目选择单片机型号。

（2）　创建程序文件，将程序文件添加到项目中。

（3）　编译、连接项目，形成目标文件。

（4）　仿真运行并调试观察结果。

1. 创建项目文件并为工程项目选择单片机型号

Keil μVision5 采用项目方式管理，一个项目用一个文件夹存放，创建项目时要先建立一个文件夹，在这里我们将项目文件夹建立在 D 盘根目录下，名称为 newproject。文件夹创建好后，启动 Keil μVision5，然后选择 Project 菜单中的 New μVision Project 命令建立项目文件。其过程如下。

（1）　在编辑模式下，选择 Project | New μVision Project 菜单命令，打开图 5.2 所示的 Create New Project 对话框。

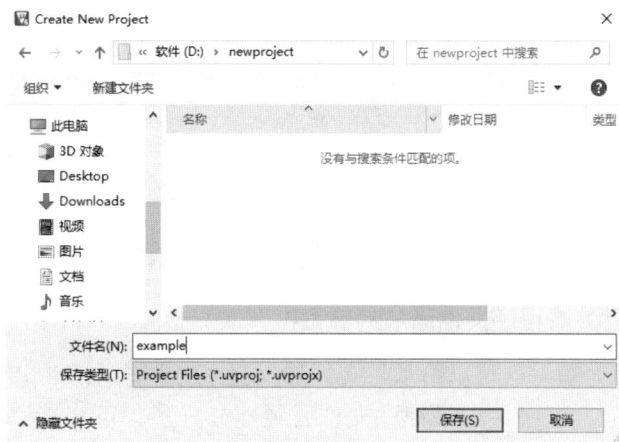

图 5.2　Create New Project 对话框

(2) 在 Create New Project 对话框中选择新建项目文件的位置(为项目建立的文件夹)，输入新建项目文件的名称，项目文件类型固定为 uvprojx。例如，项目文件名为"example"，单击"保存"按钮，将弹出如图 5.3 所示的 Select Device for Target 'Target 1' 对话框，用户可以根据使用情况选择单片机型号，如 AT89C51。Keil μVision5 几乎支持所有的 51 系列核心的单片机，并以列表的形式给出。这个对话框提供了关键字搜索功能，在 Search 文本框中输入"at89c51"即可找到其芯片，将其选中后，在右边的 Description 列表中将显示出选中芯片的相关信息。

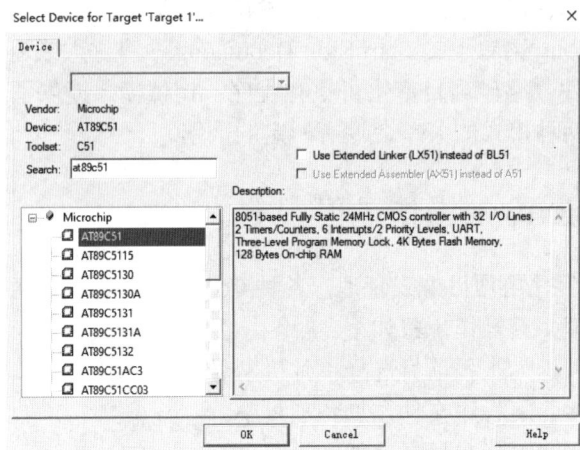

图 5.3 Select Device for Target 'Target 1'对话框

💡 注意： Keil μVision5 支持 ARM 芯片，如果安装了 ARM 器件库，在第一个下拉列表框中可以选择相应的器件库。

(3) 选择好单片机芯片后，单击 OK 按钮，弹出图 5.4 所示的添加 STARTUP.A51 文件对话框，询问是否把启动代码文件复制到项目文件夹并添加到项目中。如果程序是用 C51 语言编写的，则单击"是"按钮，如果是用汇编语言编写的，则单击"否"按钮，这里单击"是"按钮，项目文件就创建好了。项目文件创建好后，在左边的项目管理器窗口中可以看到新建的项目，这时的项目只是一个框架，接着需向项目文件中添加程序文件等内容。

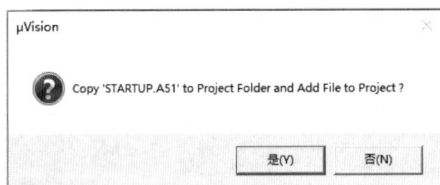

图 5.4 添加 STARTUP.A51 文件对话框

2. 创建程序文件并将程序文件添加到项目中

当项目文件建立好后，就可以给项目文件加入程序文件了，Keil μVision5 支持 C 语言程序，也支持汇编语言程序。如果程序文件已经建立好了，可直接添加，若没有程序文件，须先建立程序文件再添加。其过程如下。

(1) 执行 File 菜单中的 New 命令或单击工具栏中的 New 按钮🗋，将在工作区窗口打开一个名字为 Text1 的纯文本文件，输入程序文件内容并保存(注意汇编程序扩展名为.asm，C 语言程序扩展名为.c)。例如，这里新建一个 51 系列单片机 P1 口接 8 个拨动开关，P2 口接 8 个发光二极管，当开关动作时，对应的发光二极管亮或灭的 C51 程序。程序文件名为 io.c，保存路径就为项目文件夹。程序内容如下：

```
#include <reg51.h>
void main(void)
{
    unsigned char i;
    while(1)
    {P1=0xff;i=P1;P2=i; }
}
```

(2) 程序文件创建好后，在项目管理器中展开 Target1 选项，选择 Source Group1 子项。

(3) 双击 Source Group1，或者右击 Source Group1 并在弹出的快捷菜单中选择 Add Files to Group 'Source Group1'命令，将打开 Add Files to Group 'Source Group1'对话框，如图 5.5 所示。在该对话框中选择需要添加的程序文件，单击 Add 按钮，将所选文件添加到项目文件中。一次可连续添加多个文件，添加的文件在项目管理器的 Source Group1 下面可以看见。当不再添加时，单击 Close 按钮，结束添加程序文件。

💡 注意：　Add Files to Group 'Source Group1'对话框中"文件类型"默认为*.c，如果是汇编程序，需在"文件类型"下拉列表框中选择*.a*才看得到。如果添加的文件不对，可在项目管理器的 Source Group1 下面选中对应的文件，用键盘上的 Delete 键或者右键快捷菜单中的 Remove File 命令把它移出去。

图 5.5　Add Files to Group 'Source Group1'对话框

3. 编译、连接项目并形成目标文件

当把程序文件添加到项目文件中，并且程序文件已经建立好存盘后，就可以进行编译、连接，形成目标文件。编译、连接使用 Project 菜单中的 Build Target 命令(或按快捷键 F7)，如图 5.6 所示。

编译、连接时，如果程序有错，则编译将不成功，并在下面的信息窗口中给出相应的出错提示信息，以便用户进行修改，修改后再编译、连接，这个过程可能会重复多次。如果程序没有错误,则编译、连接成功,并且在信息窗口给出提示信息。需要于说明的是,如果要形成目标文件,需要编译之前在 Options for Target 'Target 1'对话框中对 Output 选项卡中的相关内容进行设置,见 5.1.4 节,形成的目标文件位于项目的 Objects 文件夹下。

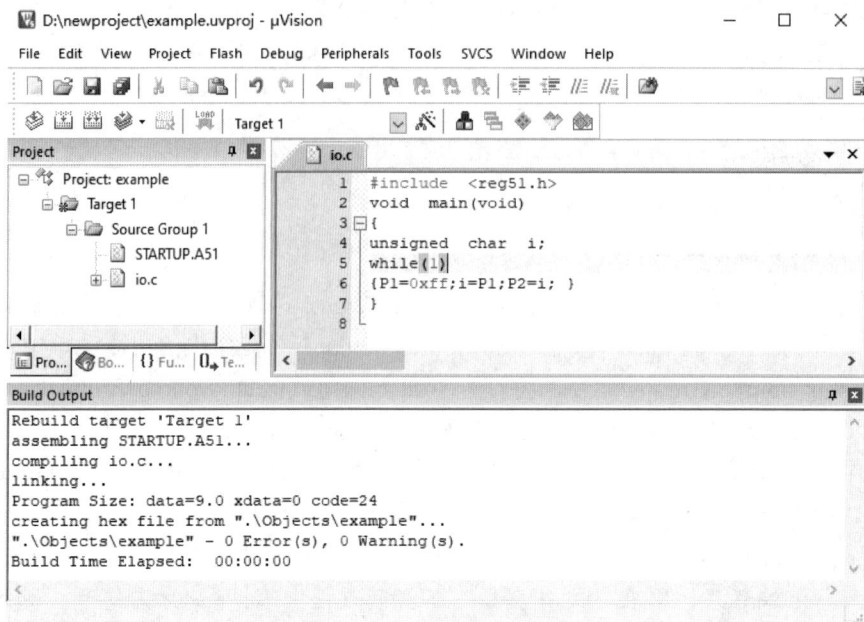

图 5.6 编译、连接后显示结果

4. 仿真运行并调试观察结果

当项目编译、连接成功后,就可以进入调试模式,仿真运行来观察结果。运行调试过程如下。

(1) 执行 Debug 菜单中的 Start/Stop Debug Session 命令(按组合键 Ctrl+F5)或者单击工具栏上的 按钮进入调试模式,这时窗口会产生相应的变化,左边的项目窗口显示 51 系列单片机的寄存器,工作区窗口分成两个部分,下面是原来的源程序窗口,上面是反汇编窗口,显示机器语言指令和汇编指令,结果如图 5.7 所示。

进入调试模式后,就可以用 Debug 菜单中的仿真运行命令或工具栏中的仿真运行按钮运行观察结果。主要命令如下。

① Debug 菜单中的 Reset CPU 命令或工具栏中的 RST 按钮,内部寄存器恢复到初始值,PC 指针指向程序存储器 0x0000 单元。

② Debug 菜单中的 Run(F5)命令或工具栏中的 按钮,连续运行。Keil C51 支持断点运行,断点运行须先设置断点。设置断点可用以下两种方式,第一种是先选中要设置的断点行,然后选择 Debug 菜单中的 Insert/Remove Breakpoint 命令;第二种是直接单击待设置断点的源程序行或反汇编程序行的行首。取消断点可以执行 Debug 菜单中的 Kill All Breakpoints 命令或再次单击待设置断点的源程序行或反汇编程序行的行首。

③ Debug 菜单中的 Step(F11)命令或工具栏中的 按钮,单步运行。子函数中也要一步一步地运行。

④ Debug 菜单中的 Step Over(F10)命令或工具栏中的 按钮,单步运行。子函数体

一步直接完成。

　　⑤　Debug 菜单中的 Stop Running 命令或工具栏中的 按钮，停止运行。

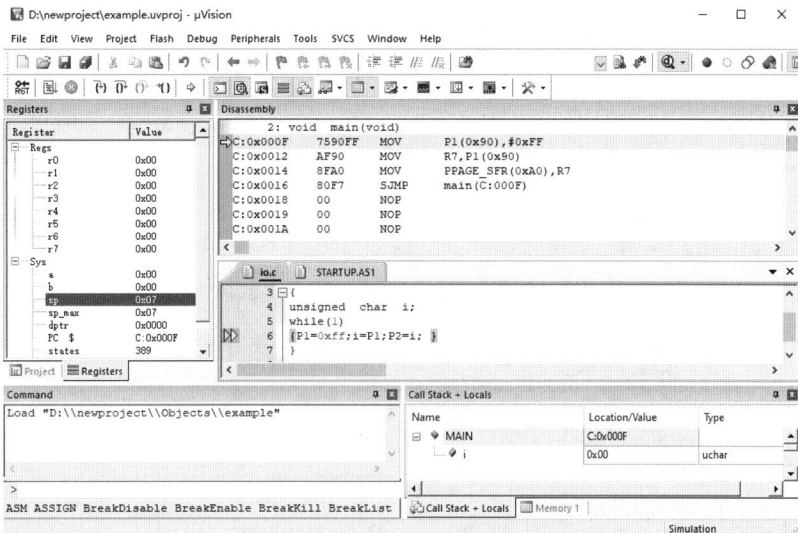

图 5.7　启动调试过程结果

　　(2)　仿真运行后就可以观察结果。用 Peripherals 菜单观察 51 系列单片机内部集成中断、并行接口、串行接口和定时/计数器的运行结果。用 View 菜单调出各种输出窗口观察结果，图 5.8 所示为调出 Peripherals 菜单中的 P1 口和 P2 口的仿真情况，从 P1 口的 Pins 引脚端输入，可以观察到 P2 口也输出相应内容。

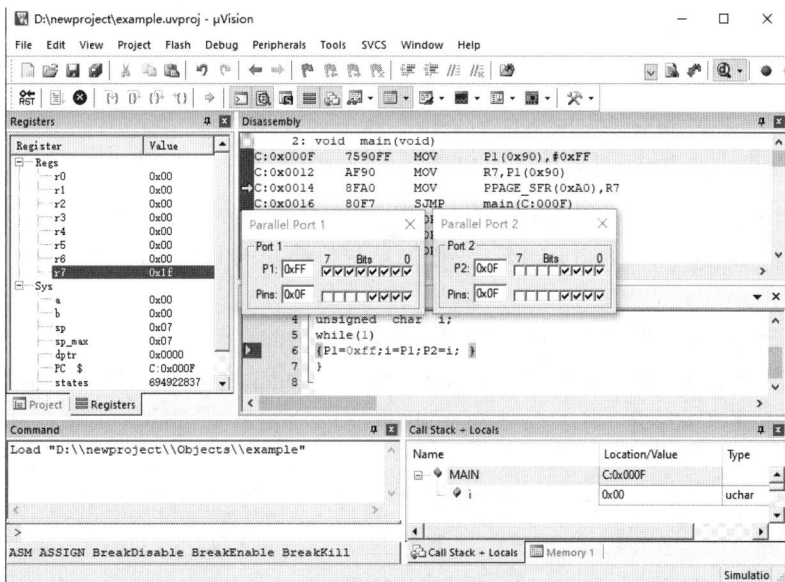

图 5.8　P2 口仿真窗口

　　(3)　运行调试完毕，先用 Stop Running 命令停止运行，再用 Debug 菜单中的 Start/Stop Debug Session 命令退出调试模式，结束仿真运行过程，返回到编辑模式。

5.1.4 项目的设置

项目创建完毕后,还需要对项目进行相应的设置,以满足用户需求,项目设置用项目的目标选项命令实现。在编辑模式下,单击工具栏中的 ⚒ 按钮,或者右击项目窗口中当前项目的"Target 1",在弹出的快捷菜单中选择 Options for Target 'Target 1'命令,打开 Options for Target 'Target 1'对话框,如图 5.9 所示。

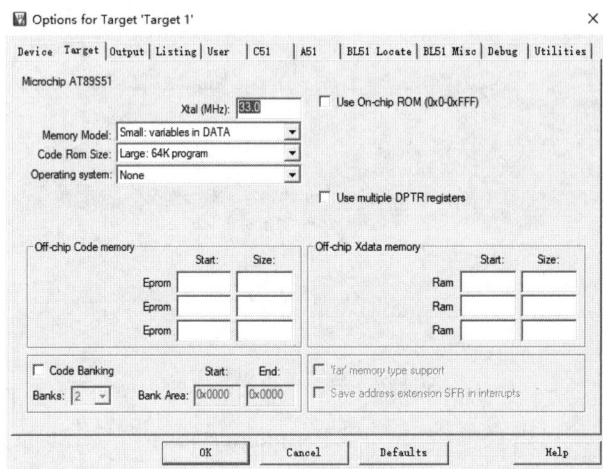

图 5.9 Options for Target 'Target 1' 对话框

Options for Target 'Target 1'对话框中有 11 个选项卡,默认为 Target 选项卡。常用的选项卡有以下几个。

1. Target 选项卡

Target 选项卡用于设置芯片的相关信息。其中的选项说明如下。

(1) Xtal(MHz):该文本框用于设置单片机的工作频率。有一个已选芯片的默认值。

(2) Use On-chip ROM (0x0-0xFFF):选中该复选框表示使用芯片内部的 Flash ROM,8051 系列内部有 4KB 的 Flash ROM。要根据单片机芯片的 EA 引脚的连接情况来使用该复选框。

(3) Memory Model:该下拉列表框用来设置变量的存储模式,有 3 个选项,以 Small 开头的选项表示变量默认存储在内部 RAM 中;以 Compact 开头的选项表示变量默认存储在外部 RAM 的低 256B 中;以 Large 开头的选项表示变量默认存储在外部 RAM 的 64KB 中。

(4) Code Rom Size:该下拉列表框可设置程序和子程序的长度范围。有 3 个选项,Small: program 2K or less 表示子程序和程序只限于 2KB;Compact: 2K functions,64K program 表示子程序只限于 2KB,程序可为 64KB;Large: 64K program 表示子程序和程序都可为 64KB。

(5) Operating system:该下拉列表框可设置操作系统,有 3 个选项可供选择。

(6) Off-chip Code memory:该选项组用来设置片外 ROM 的开始地址和大小,可以输入三段。如果没有,则不填。

（7）Off-chip Xdata memory：该选项组用来设置片外 RAM 的开始地址和大小，可以输入三段。如果没有，则不填。

2．Debug 选项卡

Debug 选项卡用于对软件仿真和硬件仿真进行设置，左侧是软件仿真设置，右侧是硬件仿真设置，如图 5.10 所示，主要选项如下。

（1）Use Simulator：该单选按钮是纯软件仿真选项，默认为纯软件仿真。

（2）Use：该下拉列表框中的 Keil Monitor-51 Driver 选项是带硬件仿真器的仿真。

（3）Load Application at Startup：选中该复选框，Keil C51 自动装载程序代码。

（4）Run to main：选中该复选框可以调试 C 语言程序，自动运行 main()函数。

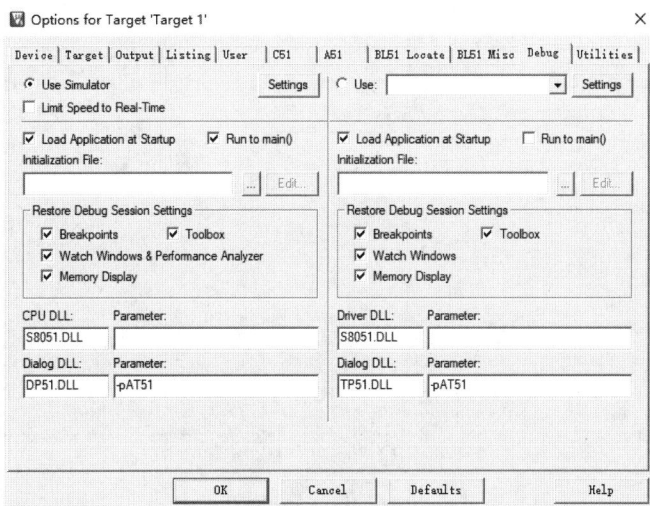

图 5.10　Debug 选项卡

如果选中 Use 单选按钮并选择 Keil Monitor-51 Driver (硬件仿真)选项，还可单击右边的 Settings 按钮，对硬件仿真器连接情况进行设置。单击 Settings 按钮后，将弹出图 5.11 所示的 Target Setup 对话框。相关选项说明如下。

（1）Port：该下拉列表框代表串行口号。仿真器与计算机连接的串行口号。

（2）Baudrate：该下拉列表框可用于波特率设置。与仿真器串行通信的波特率，仿真器上的设置必须与它一致。一般仿真使用的波特率为 9600。

（3）Serial Interrupt：选中该复选框允许单片机串行中断。

（4）Cache Options：该选项组中包含几个缓存选项，可选可不选，选择可加快程序的运行速度。

图 5.11　仿真器连接设置

3．Output 选项卡

Output 选项卡用于对编译后形成的目标文件输出进行设置，如图 5.12 所示。

(1) Select Folder for Objects：单击该按钮可以设置编译后生成的目标文件的存储目录，如果不设置，默认为项目文件所在的目录。

(2) Name of Executable：该文本框用来设置生成的目标文件的名字，默认情况下和项目文件名相同。可以生成库或 obj、HEX 格式的目标文件。

(3) Create Executable：选中此单选按钮，将生成 obj、HEX 格式的目标文件。

(4) Create HEX File：选中此复选框将生成 HEX 文件。

(5) Create Library：选中此单选按钮将生成库。

💡 注意： 生成的目标文件和库文件位于项目文件夹的 Objects 文件夹下。

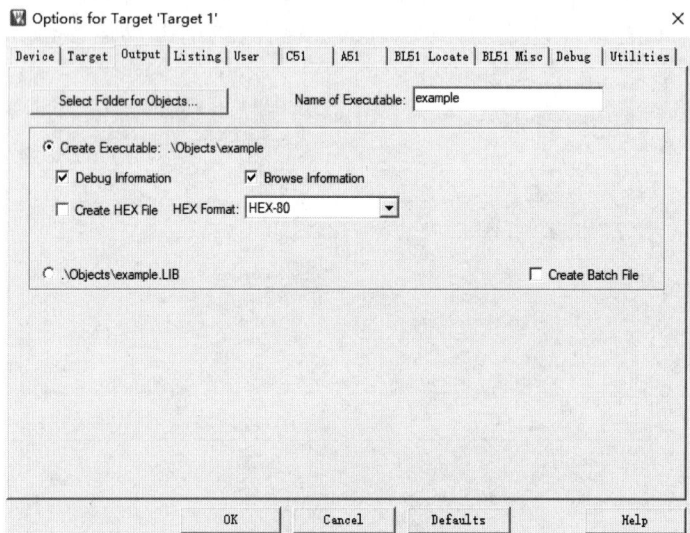

图 5.12　Output 选项卡

5.2　Proteus 的使用

Proteus 是英国 Lab Center Electronics 公司开发的 EDA 工具软件。它不仅具有其他 EDA 工具软件的仿真功能，还能仿真单片机及外围器件。从原理图布图、代码调试到单片机与外围电路的协同仿真，一键切换到 PCB 设计，真正实现了从概念到产品的完整设计。Proteus 是世界上唯一将电路仿真软件、PCB 设计软件和虚拟模型仿真软件三合一的设计平台，其处理器模型支持 8051、HC11、PIC10/12/16/18/24/30/DSPIC33、AVR、ARM、8086、MSP430、Cortex 和 DSP 等。在编译方面，支持 IAR、Keil 和 MATLAB 等多种编译器。虽然国内推广比较晚，但已受到单片机爱好者、从事单片机教学的教师、致力于单片机开发应用的科技工作者的青睐。Proteus 发展很快，现在已有多个版本，本节以 8.12 汉化版为例介绍 Proteus 软件的工作环境和一些基本操作。

5.2.1　进入 Proteus 及工程创建

启动 Proteus 后，首先打开主页窗口，如图 5.13 所示，除了上方的菜单栏和工具按钮外，该页面还包含帮助、版权和升级等信息。在"开始设计"栏下有 4 个按钮，包括"打开工程""新建工程"New Flowchart 和"打开示例工程"。

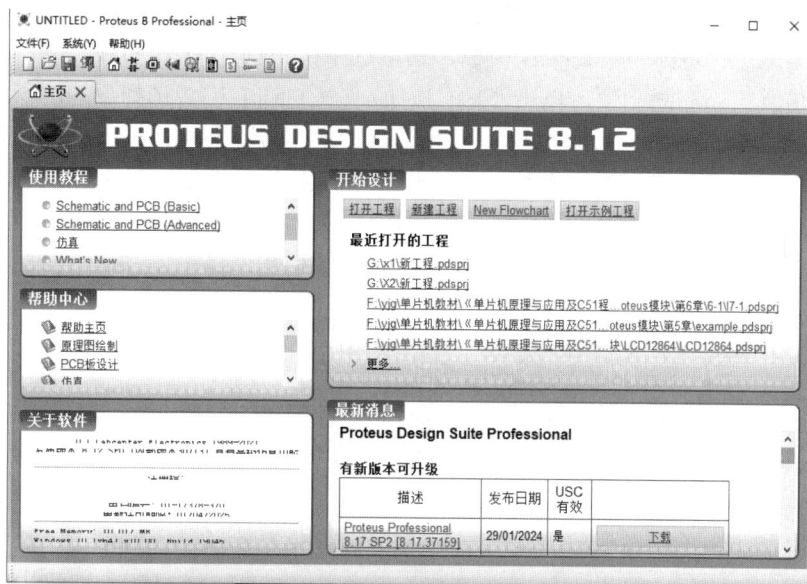

图 5.13　Proteus 的主页窗口

Proteus 8.12 原理图等文档通过工程项目来管理,使用时首先需新建工程。新建工程可以用"开始设计"栏中的"新建工程"按钮或者"文件"菜单中的"新建工程"命令或者工具栏中的"新建工程"按钮[]。执行"新建工程"命令,将打开"新建工程向导"对话框,新建工程的操作步骤如图 5.14~图 5.17 所示。

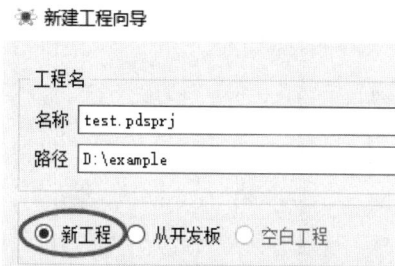

图 5.14　设置工程路径

图 5.15　原理图模板选择

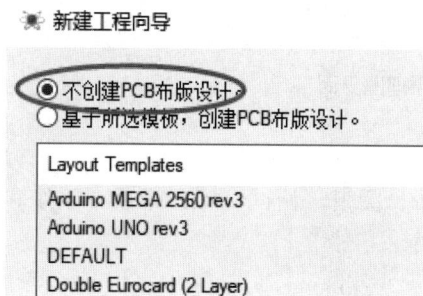

图 5.16　PCB 模板选择

图 5.17　微控制器固件选择

在图 5.14 中设置工程路径，输入工程名称；单击 Next 按钮。在图 5.15 中选择原理图模板，一般从列表框中选择要创建的原理图模板，这里选择 DEFAULT 默认模板，单击 Next 按钮。在图 5.16 中，选择 PCB 模板，这里选中"不创建 PCB 布版设计"单选按钮，只作原理图仿真，不布线制版，单击 Next 按钮。在图 5.17 中，选择微控制器固件，如果选中"创建固件项目"单选按钮，则要在下面选择微控制器系列、具体器件和相应的编译器。这里选中"没有固件项目"单选按钮，用户自己从器件库中选择微控制器芯片即可，单击 Next 按钮后会出现一个工程项目的提示对话框，再单击 Finish 按钮完成工程创建，打开默认原理图。图中的选择也就是工程向导的默认选择。

5.2.2 Proteus 的原理图界面

工程创建完成后将打开默认的原理图界面。原理图界面是 Proteus 的工作界面，它是标准的 Windows 界面，如图 5.18 所示，包括标题栏、菜单栏、主工具栏、模型工具箱(包含主要模型、配件模型和 2D 模型)、方向工具、预览窗口、元件列表窗口、原理图编辑窗口、仿真工具和下方的状态栏等。

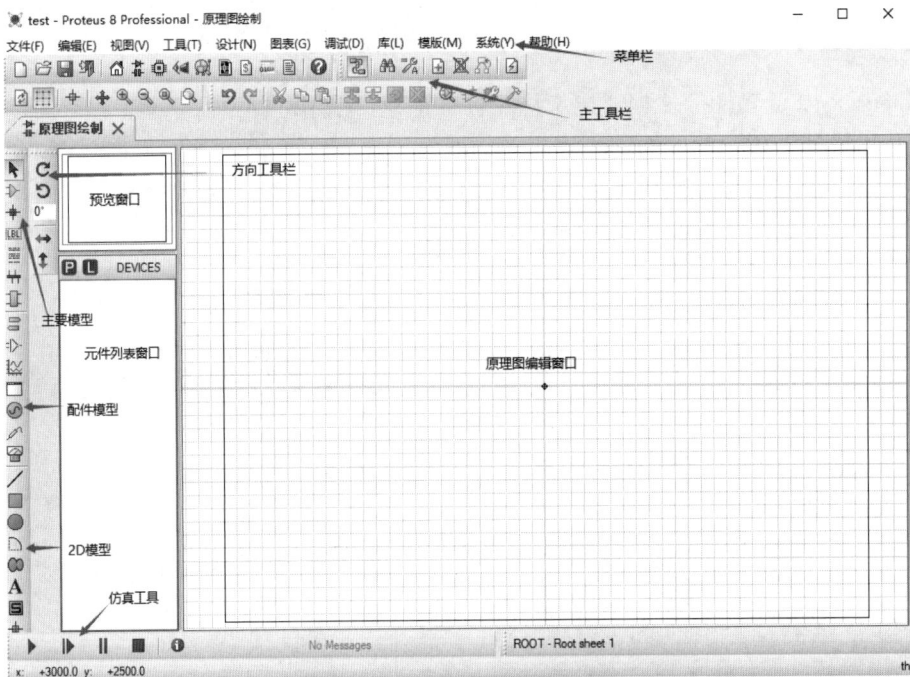

图 5.18 Proteus 的原理图界面

1. 菜单栏

菜单栏中包括文件、编辑、视图、工具、设计、图表、调试、库、模板、系统和帮助等菜单项，其中包括 Proteus 原理图绘制的所有命令。

2. 主工具栏

主工具栏包括文件工具、编辑工具、视图工具和设计工具等，它们是菜单中命令的快捷按钮，可快速执行相应命令。每个工具都可以显示或隐藏，可通过"视图"→"工具条配置"命令进行设置。

3. 原理图编辑窗口

原理图编辑窗口是用来绘制原理图的。矩形框内为可编辑区，元件要放到其中。

💡 **注意：** 原理图编辑窗口是没有滚动条的，用户可通过预览窗口来改变原理图的可视范围，也可以通过鼠标的滚地球来放大和缩小。

4. 预览窗口

预览窗口可显示两个内容，一个是当用户在元件列表中选择一个元件时，它会显示该元件的预览图；另一个是当用户的鼠标焦点落在原理图编辑窗口时(即放置元件到原理图编辑窗口后或在原理图编辑窗口中单击鼠标后)，它会显示整张原理图的缩略图，并会显示一个绿色的方框，绿色方框里面的内容就是当前原理图窗口中显示的内容，因此，用户可在它上面通过单击来改变绿色矩形框的位置，从而改变原理图的可视范围。

5. 模型工具箱(分为主要模型、配件模型和 2D 模型)

(1) ▶▷ ✛ ▨ ▦ ✛ ⟂(主要模型)，其功能依次如下。

① 选择模式：用于选中原理图编辑窗口中的元件。

② 元件模式：用于从元器件库中选择元件。

③ 结点模式：用于在原理图中放置连接点。

④ 连线标签模式：用于给连线放置线标签。

⑤ 文字脚本模式：用于在原理图中放置文本。

⑥ 总线模式：用于绘制总线。

⑦ 子电路模式：用于绘制子电路。

(2) ▤ ▷ ⩗ □ ⊘ ✎ ☰(配件模型)，其功能依次如下。

① 终端模式：提供 VCC、地、输出、输入等终端接口。

② 元件管脚模式：用于绘制元器件管脚。

③ 图表模式：绘制仿真图表，用于各种分析，如 Noise Analysis。

④ 调试弹出模式：用于电路分割仿真。

⑤ 激励源模式：电路的激励信号源。

⑥ 探针模式：提供电路仿真用到的电压探针和电流探针，使用仿真图表时要用到。

⑦ 虚拟仪器模式：提供电路仿真用到的虚拟仪器，如示波器等。

(3) ╱ ▢ ● ▱ ◐ A ▤ ✛(2D 模型)，其功能依次如下。

① 二维直线模式：画各种直线。

② 二维方框图形模式：画各种方框。

③ 二维圆形图形模式：画各种圆。

④ 二维弧形图形模式：画各种圆弧。

⑤ 二维闭合图形模式：画各种多边形。

⑥ 二维文本图形模式：画各种文本。

⑦ 二维图形符号模式：画各种符号。

⑧ 二维图形标记模式：画标记点等。

6. 元件列表窗口

在元件、终端、图表、激励源、虚拟仪器等模式下显示相应的器件列表。例如，当用户选择元件模式工具时，单击 P 按钮，将会打开挑选元件对话框，选择一个元件后，单击"确定"按钮，该元件会在元件列表中显示，以后要用到该元件时，只需在元件列表窗口中选择即可。

7. ![方向工具图标] **(方向工具)**

依次为向右旋转 90°、向左旋转 90°、不动、水平翻转和垂直翻转。使用方法：在元件列表窗口中选中元件后，再单击相应的方向工具。另外，如果要把原理图中已经放置好的元件旋转方向，可右击元件，在弹出的右键快捷菜单中选择相应的方向按钮即可。

8. ![仿真工具图标] **(仿真工具)**

依次控制微处理器中的程序连续运行、单步运行、暂停运行和停止运行。

5.2.3 电路原理图的绘制及仿真

下面以一个简单的实例来完整地介绍 Proteus 中原理图的绘制及其仿真过程。实例内容如下：在 AT89C51 单片机最小系统的基础上，P1 口接 8 个拨动开关，P2 口接 8 个发光二极管，当开关动作时，对应的发光二极管亮或灭。该实例的程序在 Keil C51 中已经编译连接，形成 HEX 文件。这里在 Proteus 原理图绘制界面中设计硬件，下载程序，仿真运行观察结果。其处理过程如下。

1. 选择元件并添加元件到元件列表窗口

在主要模型中选择元件模式工具按钮，单击元件列表窗口上方的 P 按钮，将打开元件选择对话框，在 Keywords 文本框中输入元件关键字搜索元件，找到该元件后双击，选中的元件就添加到元件列表窗口中，如图 5.19 所示。本实例中，需要的元件依次为单片机 AT89C51、电阻 RES、电容 CAP、按键 BUTTON、晶振 CRYSTAL、发光二极管 LED-RED、拨动开关 SWITCH。重复上面的操作把这些元件都添加到元件列表窗口，最后单击"确定"按钮关闭元件选择对话框。

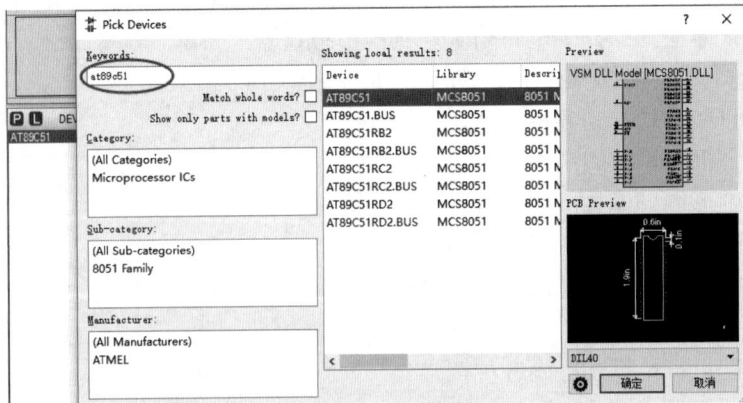

图 5.19 元件选择对话框

💡 **注意:**　在选择元件时一定要知道元件的名称或名称的一部分，这样才能找到元件；否则只有自己从器件库中逐个查找。Proteus 中部分常见的元器件库及元器件如表 5.1 和表 5.2 所示。

表 5.1　Proteus 中部分常见元器件库

名　称	说　明	名　称	说　明
Analog ICs	模拟集成电路库(电源调节器、运算放大器和数据采集集成电路)	Capacitors	电容库
CMOS 4000 series	4000 系列 CMOS 元器件	Connectors	连接器库
Data Converters	数据转换器库	Diodes	二极管库
ECL 10000 series	ECL 10000 元件库	Electromechanical	电动机械库
Inductors	电感器库	Laplace Primitives	拉普拉斯变换器元件库
Memory ICs	存储器集成电路库	Microprocessor ICs	微处理器集成电路库
Operational Amplifiers	运算放大器库	Optoelectronics	光电子元件库
PICAXE	PICAXE 微控制器库	PLDs&FPGAs	PLD 和 FPGA 库
Resistors	电阻器库	Speakers &Sounders	扬声器发声元件库
Switching Relays	开关键电器库	Switching Devices	开关器件库
Transistors	晶体管库	TTL 74 series	74 系列标准 TTL 元件库
TTL 74ALS series	74 系列先进低功耗肖特基元件库	TTL 74AS series	74 系列先进肖特基元件库
TTL 74F series	74 系列高速元件库	TTL 74HC series	74 系列高速 CMOS TTL 元件库
TTL 74HCT series	74 系列高速 CMOS TTL 元件库	TTL 74LS series	74 系列低功耗肖特基元件库
TTL 74S series	74 系列肖特基元件库		

表 5.2　Proteus 中部分常见元器件

名　称	说　明	名　称	说　明
7407	驱动门	BATTERY	电池/电池组
4001	四 2 输入或非门	CAP	电容
1N914	二极管	CAPACITOR	电容器
74LS00	与非门	CONN-	排针
74LS04	非门	CLOCK	时钟信号源
74LS08	与门	CRYSTAL	晶振
74LS373	8 位锁存器	FUSE	保险丝
74LS245	8 位数据收发器	LAMP	灯
74LS390	TTL 双十进制计数器	POT-HG	三引线可变电阻器
74LS283	4 位二进制全加器	RES	电阻
74LS138	3-8 译码器	RESPACK	排阻
74LS153	双 4 选 1 数据选择器	RX8	排阻(无公共端)
74HC164	串入并出移位寄存器	BUZZER	蜂鸣器
74HC165	并入串出移位寄存器	KEYPAD	矩阵键盘
7SEG	7 段式数码管	8051	51 系列单片机
LED	发光二极管	ARM	ARM 系列

续表

名　称	说　明	名　称	说　明
LED-BARGRAPH-	10 个并列发光二极管	PIC	PIC 系列单片机
LM016L	2 行 16 列液晶	AVR	AVR 系列单片机
SWITCH	开关	IN4004	整流二极管
DIPSWC-	并列开关	LM317	可调稳压电源
BUTTON	按钮	7805	三端集成稳压器
Inductor	电感	ADC0808/0809	8 位 A/D 转换器
SPEAKER	扬声器(模拟)	DAC0832	8 位 D/A 转换器
SOUNDER	声音器件	24C02	串行 E^2PROM 存储器
ALTERNATOR	交流发电机	DA18B20	数字温度传感器
PG12864L	12864 液晶显示器	DS1302	实时时钟芯片
PNP	PNP 型三极管	4511	BCD-7 段译码器/驱动器
NPN	NPN 型三极管	MOTOR	电动机
NMOSFET	场效应管	MOTOR-SEPTER	步进电机
LM324	集成运放	MOTOR-SERVO	伺服电机
PT2262/2272	红外遥控集成电路(收/发)	MOC3021	光耦合器
G2RL-	继电器	ULN2003	达林顿驱动器

2. 放置元件并调整元件的位置和属性

把需要的元件添加到元件列表窗口后，就可以放置元件了。放置元件时先单击元件列表窗口中的元件名称将其选中，这时在预览窗口将出现该元件的形状，使用方向工具，可改变元件的放置方向。移动鼠标指针到原理图编辑窗口并单击，在鼠标指针处会出现元件形状，再移动鼠标，把元件移动到合适的位置并单击，元件就被放置在相应的位置上。通过相同的方法把所有元件放置到原理图编辑窗口的相应位置，电源和地是在配件的终端模式 ⊟ 中。

💡 注意： 放置元件时一般先放置主要元件，后放置次要元件，先放置大的元件，后放置小的元件。本实例的放置情况如图 5.20 所示。

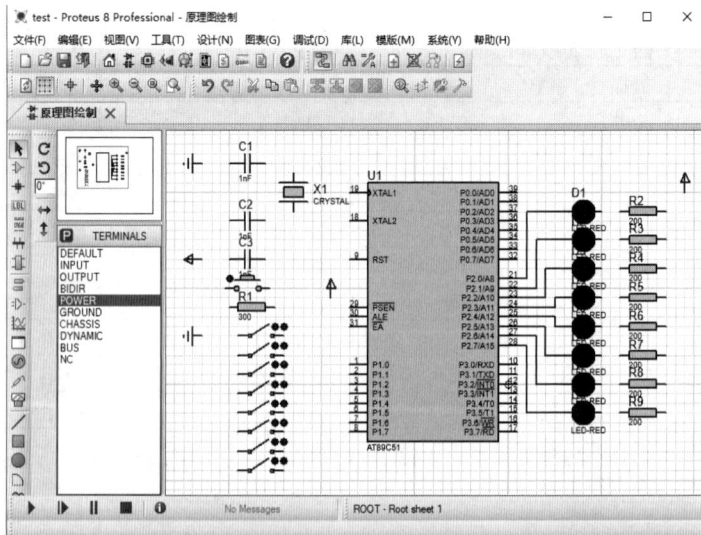

图 5.20　放置元件图

元件放置好后，如果元件位置不合适或不正确，可通过移动、旋转、删除、属性修改等操作对元件进行编辑。

对元件进行编辑时首先要选中元件。元件的选择分为以下几种：①鼠标左键单击选择；②对于活动元件，如开关 BUTTON 等，通过鼠标左键拖动选择；③对于一组元件的选择，可以通过鼠标左键拖动选择框内的所有元件，也可按住 Ctrl 键再用鼠标左键依次单击要选择的元件。

选中元件后，如果要移动元件，则用鼠标左键拖动所选元件即可；如要删除元件，按键盘上的 Delete 键删除，或者在选中的元件上右击，在弹出的快捷菜单中选择 Delete Object 命令即可删除；如果要旋转元件，则在快捷菜单中选择相应的旋转命令；如果修改元件的属性，则在快捷菜单中选择"编辑属性"命令；也可以选中元件后再在元件上单击鼠标左键打开"编辑元件"对话框。不同的元件，其元件属性不同，出现的元件属性对话框也不一样。图 5.21 所示为电阻属性的"编辑元件"对话框。

图 5.21　"编辑元件"对话框

在编辑元件对话框中包含以下信息。

①　元件位号：电阻在电路中的元件编号。

②　Resistance：电阻阻值。

③　Model Type：模型方式。

④　PCB Package：PCB 封装。

⑤　Other Properties：其他属性。

3. 连接导线

通过导线把电路图中放置的元件连接起来，便形成了电路图。在 Proteus 中，元件引脚间的连接一般有两种方式，即导线方式和总线方式。导线方式的连接较简单，但电路复杂时连接也不方便；总线方式的连接较复杂，但连接起来的电路较美观，特别适合连线较多的时候。

1）　导线方式连接

导线方式连接如图 5.22 所示。

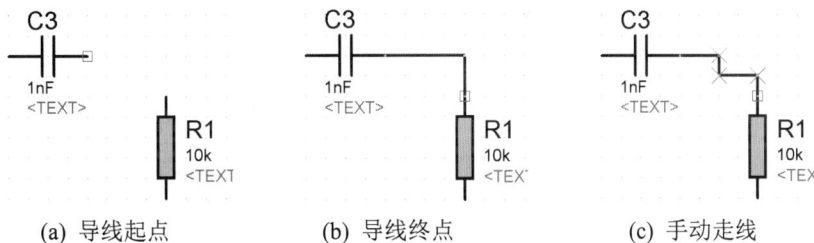

(a) 导线起点　　　　(b) 导线终点　　　　(c) 手动走线

图 5.22　导线方式的连接

连接过程如下。

(1) 把鼠标指针移动到第一个元件的连接点,鼠标指针前将会出现"□"形状,单击鼠标左键,将会从连接点引出一条导线。

(2) 移动鼠标指针到第二个元件的连接点,鼠标指针前也会出现"□"形状,单击鼠标左键,则将两个元件连接上导线,这时导线的走线方式是系统自动的而且走的是直线,如果用户要控制走线路径,只需在相应的拐点处单击鼠标左键即可。

也可通过"工具"菜单中的"自动走线"命令或工具栏中的"自动走线"按钮 取消自动走线,这时连接形成的就是直接从起点到终点的导线。另外,如果没有到第二个元件的连接点就双击鼠标左键,将会从第一个元件的连接点引出一段导线。

(3) 导线加标号。对于导线的连接,也可通过加标号的方法,给导线加标号使用主要模型中的"连线标号模式"工具 LBL 。处理过程如下:单击"连线标号模式"工具 LBL ,移动鼠标指针到需要加标号的导线上,这时鼠标指针前会出现"×"形状,单击鼠标左键,弹出"编辑连线标号"对话框,如图 5.23 所示。在"字符串"下拉列表框中输入连线标号。

在一个电路图中,标号名称相同的导线在逻辑上是连接在一起的。

图 5.23 "编辑连线标号"对话框

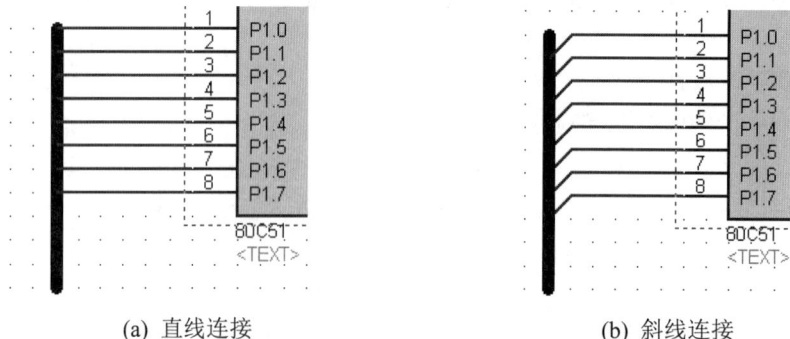

2) 总线方式连接

总线用于元件中间段的连接,便于减少电路导线的连接,而元件引脚端的连接必须用一般的导线。因此,使用总线方式连接时主要涉及绘制总线和导线与总线的连接。

(1) 绘制总线。绘制总线使用主要模型中的"总线模式"工具 。选中该工具后,移动鼠标指针到原理图编辑窗口,在需要绘制总线的开始位置单击鼠标左键,然后移动鼠标指针,在结束位置双击鼠标左键,便可绘制出一条总线。

(2) 导线与总线的连接。导线与总线的连接一般是从导线向总线的方向连线,一般有直线连接和斜线连接两种,如图 5.24 所示,使用斜线连接时要取消自动走线。

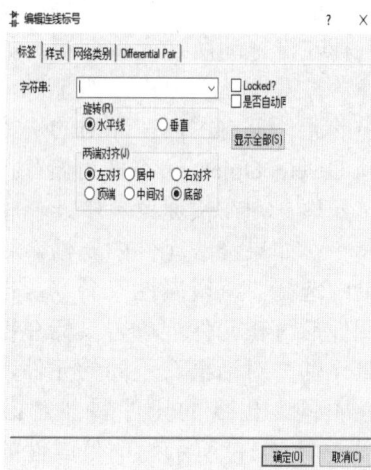

(a) 直线连接　　　　　　　　　　(b) 斜线连接

图 5.24 导线与总线的连接

总线绘制好后,也可用"连线标号模式"工具 LBL 给总线加标签。可同时给总线中的一组信号线加标签,处理过程与导线一样,只是标签用 A[0..7]的形式,这时会给总线中的 8

根信号线加上标签，标签名分别为 A0、A1、…、A7。连接在总线上的导线，标签名相同，则它们在逻辑关系上是连接在一起的，如图 5.25 所示。

在这个实例中，将电阻 R1 的阻值改为 300Ω，R2～R9 是 LED 的限流电阻，改为 200Ω，线路较简单，用导线方式连接，根据 AT89C51 单片机最小系统和本实例 P1 口接拨动开关、P2 口接发光二极管的连接要求连接导线，连接后的电路如图 5.26 所示。

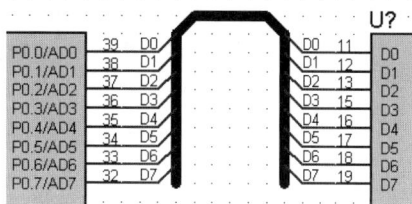

图 5.25　总线上信号线的连接

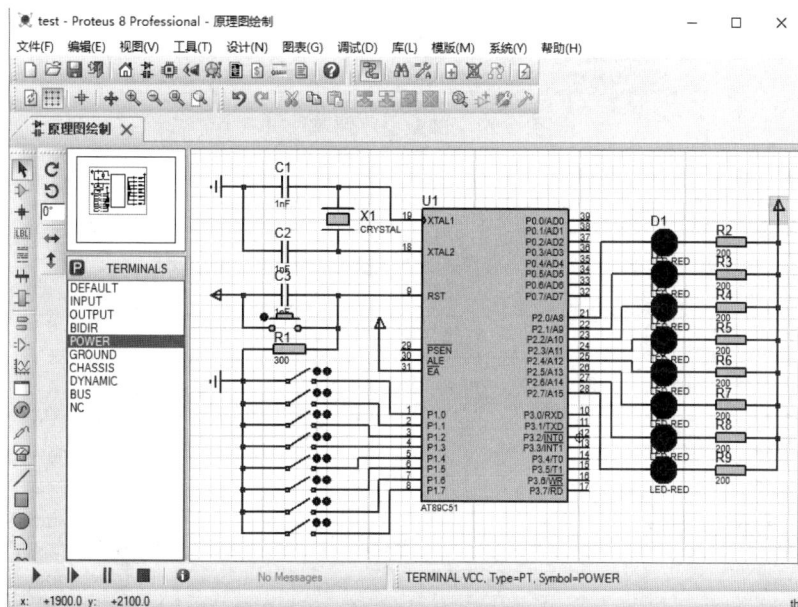

图 5.26　连接好的电路图

4. 给单片机加载程序

当硬件线路连接并将元件属性调整好后，就可以为单片机加载程序了。加载的程序只能是 HEX 文件。软件程序文件最好与硬件电路文件保存在一个文件夹下面，在本实例中，都保存在 d:\newproject 文件夹下面。

这个实例的 C51 源程序在 5.1 节中已经编译连接形成了名为 example.hex 的文件，该文件位于 Object 工程文件夹下。加载过程如下：在 Proteus 电路图中，单击选中 AT89C51 单片机芯片，再次单击(或在右键快捷菜单中选择"编辑属性"命令)，将打开单片机 AT89C51 的属性对话框，在该对话框的 Program File 文本框中选择加载到 AT89C51 芯片中的程序后确认。这里选中 Object 文件夹下的 example.hex 文件，如图 5.27 所示。

5. 运行仿真查看结果

程序加载后，就可以通过仿真工具中的"运行"按钮 ▶ 在 51 系列单片机中运行程序了，运行后拨动 P1 口的拨动开关，可以看到 P2 口连接的发光二极管亮或者灭。本实例结果如图 5.28 所示。

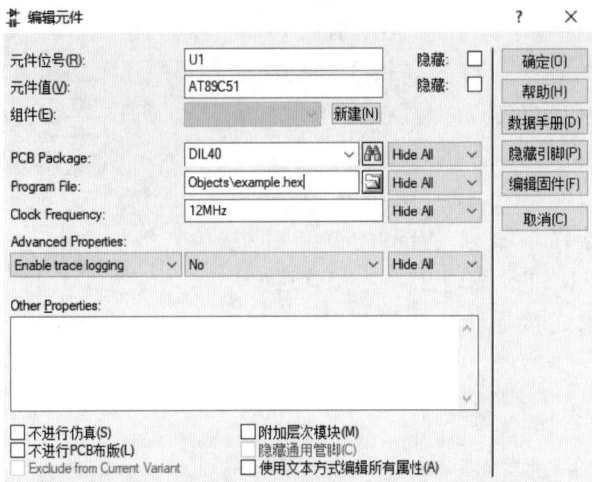

图 5.27 加载程序到单片机

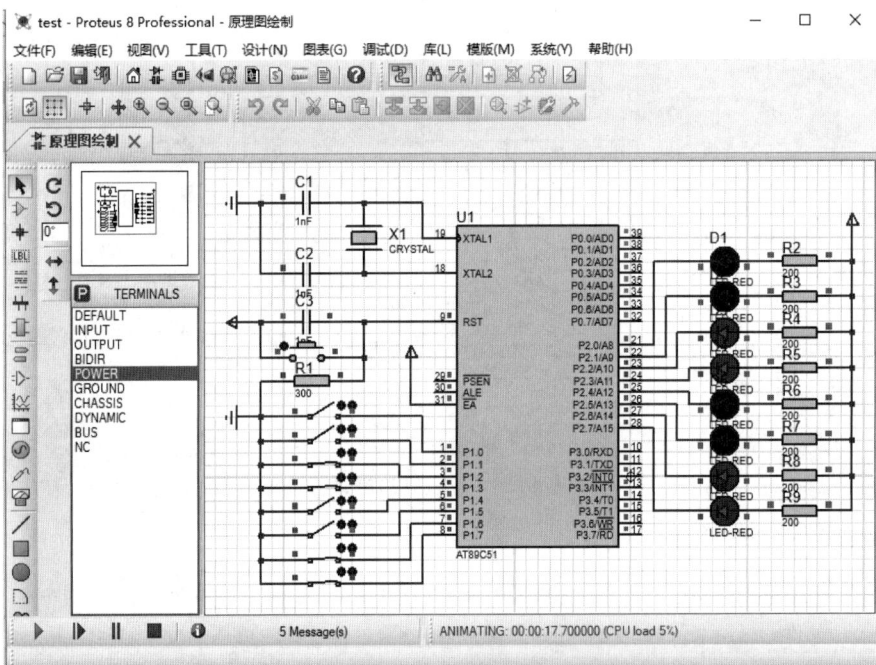

图 5.28 仿真结果

如果要查看 51 系列单片机特殊功能寄存器、存储器中的内容,则可单击"暂停"按钮 ▌▌,使程序暂停,然后通过 Debug(调试)菜单下的相应命令打开特殊功能寄存器窗口或存储器窗口进行查看。

最后说明一下,在仿真调试时,如果因为程序有错,仿真将不能得到相应的结果,需要在 Keil μVision5 中修改程序,再对程序进行重新编译连接,形成 HEX 文件,但在 Proteus 中不必重新加载,因为前面已经加载了,直接运行即可,非常方便。因而现在使用 Keil μVision5 和 Proteus 仿真单片机应用系统非常广泛。

习   题

5.1   简要介绍在 Keil C51 中单片机项目的开发过程。

5.2   在 Keil C51 环境下如何查看和修改寄存器的内容？试调试一个程序并修改寄存器的内容。

5.3   模仿本章实例，在 Keil C51 环境下练习并行口、定时/计数器、串行口等单片机的资源和外部中断的使用。

5.4   简要介绍在 Proteus 中单片机应用系统的仿真过程。

5.5   在 Proteus 中，导线的连接方式有几种？

5.6   在 Proteus 中，如何把程序加载到 51 系列单片机中？

5.7   用 51 系列单片机的 P1 口和 P2 口完成 16 个发光二极管的流水灯设计，在 Keil C51 中编写程序，在 Proteus 中设计硬件，并仿真实现。

微课资源

扫一扫，获取本章相关微课视频。

5.1   Keil C51 的使用   5.2   Proteus 的使用

第6章

51系列单片机的内部资源及编程

【学习目标】

(1) 掌握 51 系列单片机并行接口输入/输出的应用。

(2) 熟悉 51 系列单片机定时/计数器的特性、结构和工作原理；掌握 51 系列单片机定时/计数器的初始化编程及应用。

(3) 了解串行通信的相关概念；熟悉 51 系列单片机串行接口的功能、内部结构和原理；掌握 51 系列单片机串行接口的初始化编程及应用。

(4) 了解中断的相关概念；熟悉 51 系列单片机的中断源、中断允许控制、中断优先级控制和中断处理过程；掌握 51 系列单片机中断的初始化编程及应用。

【本章知识导图】

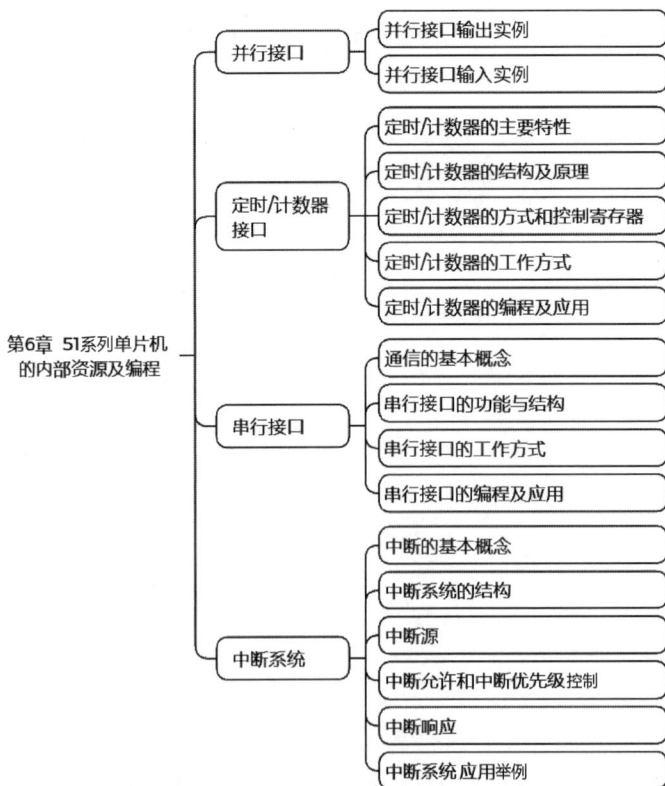

51 系列单片机的内部资源主要有并行 I/O 接口、定时/计数器、串行接口及中断系统，其大部分功能就是通过对这些资源的利用来实现的。下面分别进行介绍，并用汇编语言和 C 语言分别给出相应的例子。

6.1　并　行　接　口

51 系列单片机有 4 个 8 位的并行输入/输出接口，即 P0 口、P1 口、P2 口和 P3 口。这 4 个接口既可以并行输入或输出 8 位数据，又可以按位方式使用，即每一位均能独立作为输入或输出接口使用。其结构在第 2 章已经介绍过，这里仅介绍其应用与编程。

并行输入/输出接口用来连接输入/输出设备，可以实现数据采集、设备控制、数据通信等功能。最常见的输入设备是开关，最常见的输出设备是发光二极管。具体连接时要注意 51 系列单片机并行接口的驱动能力，51 系列单片机 P0 口具有 8 个 LSTTL 负载的驱动能力，当为高电平时，可实现 400μA 的拉电流；当为低电平时，可实现 3.2mA 的灌电流；P1～P3 口驱动能力是 P0 口的一半。P0 口输出时须外接上拉电阻，才能实现高电平正常输出。P1～P3 口内部带上拉电阻，不用外部连接，4 个并口输入时都须先向输出锁存器写"1"。4 个并口连接输出设备时，为了获得较大的驱动能力，通常采用低电平驱动，如果一定要高电平驱动，可在端口与输出设备之间增加驱动电路，如 74LS244、74LS245 等。

6.1.1　并行接口输出实例

1. P0 口输出

P0 口输出时，为了保证"1"信号能正常输出，须外接上拉电阻。

【例 6.1】通过 51 系列单片机的 P0 口连接 8 个发光二极管，输出"1"时点亮对应的发光二极管。

硬件电路：Proteus 中，硬件电路如图 6.1 所示，AT89C51 单片机左边 XTAL1、XTAL2 引脚连接石英晶体和微调电容，RST 引脚连接电容 C3(CAP)、按钮(BUTTON)和电阻 R1(RES)，$\overline{EA}$ 引脚连接电源，使用内部程序存储器，构成了 51 系列单片机最小系统；AT89C51 右边 P0 口连接发光二极管(LED-RED)，上拉电阻采用的是排阻(RESPACK-8)，发光二极管与地之间连接了一个小电阻，起到限流的作用。

程序处理过程：P0 口对应位输出"1"时，相应的发光二极管点亮，输出"0"时，相应的发光二极管熄灭。

汇编程序如下：

```
    ORG  0000H
    LJMP  MAIN

    ORG  0100H
MAIN: MOV  P0,#0FH
LOOP: SJMP  LOOP
    END
```

C51 程序如下：

```
#include <reg51.h>
void  main(void)
{
```

```
    P0=0x0f;
    while(1);
}
```

程序中给 P0 口的高 4 位赋值 0，低 4 位赋值 1，从仿真结果可以看到，高 4 位连接的发光二极管熄灭，低 4 位连接的发光二极管点亮。后面设计了死循环语句，避免程序往后面执行会影响前面的结果。

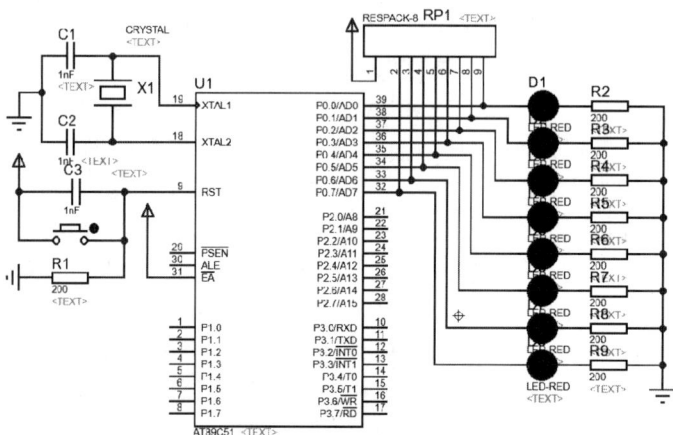

图 6.1 P0 口输出电路

2. P1～P3 口输出

P1～P3 口内部带上拉电阻，本身可实现高低电平的正常输出，但其高电平的驱动能力较弱，因此，一般使用低电平输出驱动。

【例 6.2】通过 51 系列单片机的 P2 口连接 8 个发光二极管，低电平驱动。输出"0"时点亮对应的发光二极管，编程控制 8 个发光二极管显示流水灯的效果。

硬件电路：Proteus 中，硬件电路如图 6.2 所示，在 AT89C51 单片机最小系统的基础上，P2 口连接发光二极管(LED-RED)，发光二极管与电源之间连接的是限流电阻。要使 8 个发光二极管产生流水灯效果，只需通过程序控制 P2 口输出相应的流水灯编码即可。

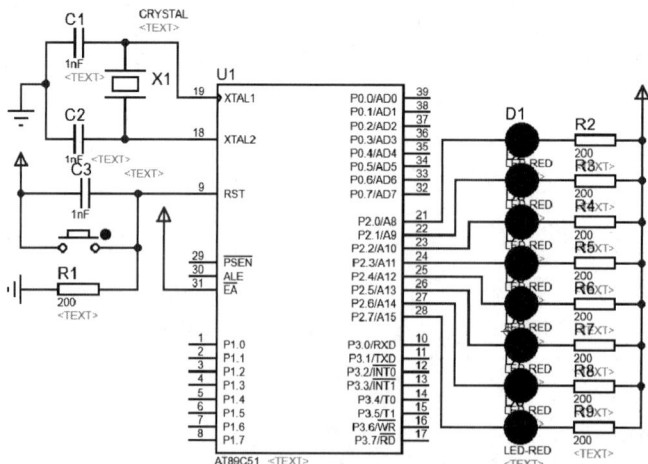

图 6.2 P2 口输出电路

　　流水灯有多种显示效果，编程方式也有多种。下面介绍 3 种流水灯显示效果及其编程方法。

　　(1) 从上到下依次点亮发光二极管，每次点亮一个，一直重复。

　　汇编语言编程，通过循环移位指令实现。代码如下：

```
              ORG   0000H
              LJMP  MAIN
              ORG   0100H
MAIN:         MOV   A,#0FEH
LOOP:         MOV   P2,A
              LCALL DEL1S
              RL  A
              SJMP  LOOP
DEL1S:        MOV   R5,#50        ;延时 500ms
DEL10ms:      MOV   R6,#20        ;延时 10ms
DEL1:         MOV   R7,#249
              DJNZ  R7,$
              DJNZ  R6,DEL1
              DJNZ  R5,DEL10ms
              RET
              END
```

　　C51 编程，通过 C51 中循环移位函数实现。代码如下：

```
#include<intrins.h>
#include<reg52.h>
#define uchar unsigned char
#define uint unsigned int

void mDelay(uint Delay)    //延时
{   uint i;
    for(;Delay > 0;Delay--)
        for(i = 0;i < 110;i++);
}
void main(void)
{
    unsigned char a,i;
    while(1)
    {
        a = 0xfe;
        for(i = 0;i < 8;i++)       //流水灯共 8 只，实现 1～8 只流水灯的循环
        {
            P2 = a;                //输出
            mDelay(500);           //500ms 的延迟
            a = _crol_(a,1);       //改变流水灯变化关系
        }
    }
}
```

　　程序采用死循环结构，在循环体中，最初给 P2 口送入 0xfe，最低位为 "0"，点亮最上面的发光二极管，调用延时，延时时间为 500ms，使其维持一定时间；然后循环左移，"0" 移到下一位，重复 8 次，则 8 个发光二极管从上到下依次点亮；一直重复。

(2) 首先使最上方和最下方的两个发光二极管点亮,其次上方第 2 个和下方第 2 个发光二极管点亮,依次到中间两个发光二极管点亮,然后再返回,一直重复。

汇编语言编程,通过查表指令实现。代码如下:

```
        ORG  0000H
        LJMP MAIN

        ORG  0100H
MAIN:   MOV  DPTR,#TAB       ;DPTR 指向表首地址
LOOP:   MOV  R2,#0
LOOP1:  MOV  A,R2            ;转换的数放于 A
        MOVC A, @A+DPTR      ;查表指令转换
        MOV  P2,A
        LCALL DEL1S
        INC  R2
        CJNE R2,#06,LOOP1
        SJMP LOOP
DEL1S:  MOV  R5,#50          ;延时 500ms
DEL10ms:MOV  R6,#20          ;延时 10ms
DEL1:   MOV  R7,#249
        DJNZ R7,$
        DJNZ R6,DEL1
        DJNZ R5,DEL10ms
        RET
TAB:    DB  7eH,0bdH,0dbH,0e7H,0dbH,0bdH   ;流水灯编码表
        END
```

C51 编程,通过数组实现。代码如下:

```
#include<intrins.h>
#include<reg51.h>
#define uchar unsigned char
#define uint unsigned int

void mDelay(uint Delay)                         //延时
{   uint i;
    for(;Delay > 0;Delay--)
        for(i = 0;i < 110;i++);
}

void main(void)
{
    uchar i;
    uchar a[]={0x7e,0xbd,0xdb,0xe7,0xdb,0xbd}; //流水灯变化关系
    while(1)
    {
        for(i = 0;i < 6;i++)                   //一次流水灯效果只有 6 个编码
        {
            P2 = a[i];
            mDelay(500);                       //500ms 的延迟
        }
    }
}
```

　　程序中用一次流水灯效果的 6 个编码按顺序构造一个编码表(或数组)，然后用循环结构的语句产生 6 次循环，循环体中依次从编码表(或数组)中取出编码送至 P2 口，延时显示，一直重复。

　　(3) 先从上到下依次点亮 8 个发光二极管，然后从下到上依次熄灭 8 个发光二极管，一直重复。通过 C51 中的移位运算符实现。

　　C51 程序代码如下：

```
#include<intrins.h>
#include<reg51.h>
#define uchar unsigned char
#define uint unsigned int
void mDelay(uint Delay)              //延时
{   uint i;
    for(;Delay > 0;Delay--)
        for(i = 0;i < 110;i++);
}
void main(void)
{
    uchar a,i;
    while(1)
    {
        a=0xfe;
        for(i = 0;i < 8;i++)         //从上到下依次点亮 8 个发光二极管
        {
            P2 = a;
            mDelay(500);             //500ms 的延时
            a=a<<1;                  //改变流水灯变化关系
        }
        a=0x80;
        for(i = 0;i < 8;i++)         //从下到上依次熄灭 8 个发光二极管
        {
            P2 = a;
            mDelay(500);             //500ms 的延时
            a=a>>1;                  //改变流水灯变化关系
            a1=0x80;
        }
    }
}
```

　　程序中第一个 for 循环实现流水灯前面半个周期从上到下依次点亮 8 个发光二极管的效果，用左移位运算符"<<"实现，初值为 0xfe，最上面的发光二极管点亮，通过 8 次左移后依次点亮 8 个发光二极管；第二个 for 循环实现流水灯后面半个周期从下到上依次熄灭 8 个发光二极管的效果，用右移位运算符">>"实现；初值为 0x80，上面的 7 个发光二极管点亮，通过右移左边填充"1"依次熄灭 8 个发光二极管。

　　💡 注意：　C51 中右移运算后自动填充的是"0"，因此，程序中通过移位后或"1"来实现。

6.1.2　并行接口输入实例

　　根据 51 系列单片机 4 个并行接口的结构，为了保证输入时引脚处于高阻状态，"0"

和"1"信号正常输入，输入前需先向输出锁存器写"1"。

【例 6.3】利用 51 系列单片机的 P1 口连接 8 个开关，P0 口连接 8 个发光二极管，编程实现，当开关动作时，对应的发光二极管亮或灭。

硬件电路：Proteus 中硬件电路如图 6.3 所示，在 AT89C51 单片机最小系统的基础上，P1 口输入接开关(SWITCH)，开关断开输入"1"，开关接通输入"0"，P0 口输出接发光二极管(LED-RED)，连接情况和例 6.1 相同。

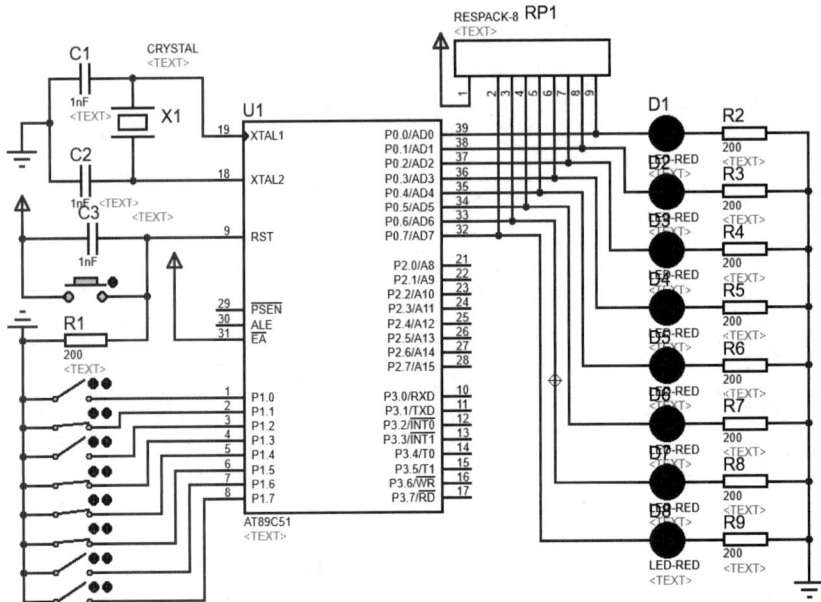

图 6.3　P1 口开关输入，P0 口输出电路

程序处理过程：把 P1 口的内容输入后，再通过 P0 口输出，一直重复。

汇编程序代码如下：

```
        ORG   0000H
        LJMP  MAIN
        ORG   0100H
MAIN:   MOV   P1,#0FFH
        MOV   A,P1
        MOV   P0,A
        SJMP  MAIN
        END
```

C51 程序代码如下：

```
#include <reg51.h>
void main(void)
{
    unsigned char i;
    for(;;)
    {P1=0xff; i=P1;P0=i;}
}
```

【例 6.4】利用 51 系列单片机的 P1.0 接开关，P2 口连接 8 个发光二极管，编程实现

高等院校计算机教育系列教材

通过开关从两种不同的流水灯样式选择一种输出。

硬件电路: Proteus 中硬件电路如图 6.4 所示，在 AT89C51 单片机最小系统的基础上（电路中省略了时钟电路和复位电路，$\overline{EA}$ 与+5V 电源的连接也省略了，Proteus 中已经默认，不影响仿真效果），P1.0 输入接开关 K(SWITCH)，断开输入"1"，接通输入"0"；P2 口输出接发光二极管(LED-RED)，发光二极管高电平驱动，为了增加驱动能力，在 P2 口的输出端连接 74LS245 驱动发光二极管。

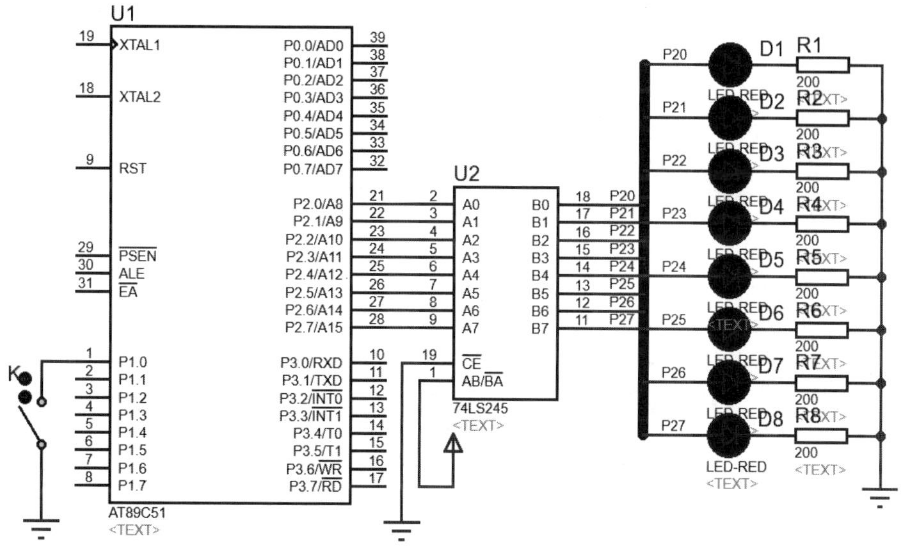

图 6.4　P1 口开关选择，P2 口输出流水灯样式电路

汇编程序代码如下:

```
        ORG  0000H
        LJMP MAIN


        ORG  0100H
MAIN:   MOV P1,#0FFH
        JB  P1.0,NEXT
        LCALL LSD1
        SJMP MAIN
NEXT:   LCALL LSD2
        SJMP MAIN

LSD1:   MOV A,#01H
        MOV R2,#08
LOOP:   MOV P2,A
        LCALL DEL1S
        RL  A
        DJNZ R2,LOOP
        RET

LSD2:   MOV  DPTR,#TAB          ;DPTR 指向表首地址
        MOV  R2,#0
LOOP1:  MOV  A,R2              ;转换的数放于A
```

```
        MOVC  A, @A+DPTR              ;查表指令转换
        MOV   P2,A
        LCALL DEL1S
        INC   R2
        CJNE  R2,#06,LOOP1
        RET

DEL1S:  MOV   R5,#50                  ;延时 500ms
DEL10ms: MOV  R6,#20                  ;延时 10ms
DEL1:   MOV   R7,#249
        DJNZ  R7,$
        DJNZ  R6,DEL1
        DJNZ  R5,DEL10ms
        RET
TAB:    DB    81H,42H,24H,18H,24H,42H ;流水灯编码表
        END
```

C51 程序代码如下:

```
#include<intrins.h>
#include<reg51.h>
#define uchar unsigned char
#define uint unsigned int
sbit  K=P1^0;                //定义按钮
void mDelay(uint Delay)      //延时
{   uint  i;
    for(;Delay > 0;Delay--)
        for(i = 0;i < 55;i++);
}
void lsd1(void)
{
    uchar a,i;
    a = 0x01;
    for(i = 0;i < 8;i++)     //流水灯共 8 只，实现 1~8 只流水灯的循环
    {
        P2 = a;              //输出
        mDelay(500);         //500ms 的延迟
        a = _crol_(a,1);     //改变流水灯变化关系
    }
}

void lsd2(void)
{
    uchar i;
    uchar a[]={0x81,0x42,0x24,0x18,0x24,0x42};
    for(i = 0;i < 6;i++)     //一次流水灯效果只有 6 个编码
    {
        P2 = a[i];
        mDelay(500);         //500ms 的延迟
    }
}

void main(void)
```

```
{
    while(1)
    {
        if (K= =0)  {   lsd1(); }   else    {   lsd2(); }
    }
}
```

程序中将例 6.2 的流水灯样式 1 和样式 2 分别编写成子程序(函数)lsd1 和 lsd2，例 6.2 中发光二极管低电平驱动，本例中发光二极管高电平驱动，流水灯编码和前面刚好相反。在程序循环体中根据 P1.0 位连接的开关状态选择，低电平选择样式 1，高电平选择样式 2。

6.2　定时/计数器接口

定时/计数技术在计算机系统中具有极其重要的作用。计算机系统都需要为 CPU 和外部设备提供定时控制或对外部事件进行计数，如分时系统的程序切换、向外部设备输出周期性定时控制信号、对外部事件个数进行统计等。另外，在检测、控制和智能仪器等设备中经常会涉及定时。因此，计算机系统一定会用到定时/计数技术。

定时/计数的本质是计数，对周期性信号计数就可实现定时。通常，实现定时的方法有 3 种，包括软件定时、硬件定时和可编程定时。软件定时是利用 CPU 执行指令需要若干指令周期的原理，运用软件编程，然后循环执行一段程序而产生延时，再配合简单输出接口可以向外送出定时控制信号。这种方法的优点是不需要增加硬件或者说硬件很简单，只需要编制相应的延时程序以备调用即可。其缺点是执行延时程序会占用 CPU 时间，所以定时时间不宜太长，且在某些情况下不宜使用。硬件定时是通过硬件电路(多谐振荡器或单稳态器件)实现定时，其成本较低，但定时参数的调整不太灵活，使用起来不方便。可编程定时结合了软件定时使用灵活和硬件定时独立的特点，它以大规模集成电路为基础，通过编程即可改变定时时间或工作方式，也不占用 CPU 的执行时间。在计算机系统中常用的是可编程定时方法，51 系列单片机内部就集成了可编程的定时/计数器，它是 51 系列单片机中使用频繁的重要功能模块。

6.2.1　定时/计数器的主要特性

定时/计数器的主要特性如下。

(1)　51 系列单片机中 51 子系列有两个 16 位的可编程定时/计数器，即定时/计数器 T0 和定时/计数器 T1；52 子系列有 3 个，比 51 子系列多一个定时/计数器 T2。

(2)　每个定时/计数器既可以对系统时钟计数实现定时，也可以对外部信号计数实现计数功能，这些功能都是通过编程设定来实现的。

(3)　每个定时/计数器都有多种工作方式，其中 T0 有 4 种工作方式；T1 和 T2 都有 3 种工作方式。通过编程可设定定时/计数器工作于某种方式。

(4)　每一个定时/计数器在定时计数时间到时将产生溢出，使相应的溢出位置位。溢出可通过查询或中断方式来处理。

6.2.2　定时/计数器 T0、T1 的结构及原理

定时/计数器 T0、T1 的结构如图 6.5 所示，它由加法计数器、方式寄存器 TMOD、控制寄存器 TCON 等组成。

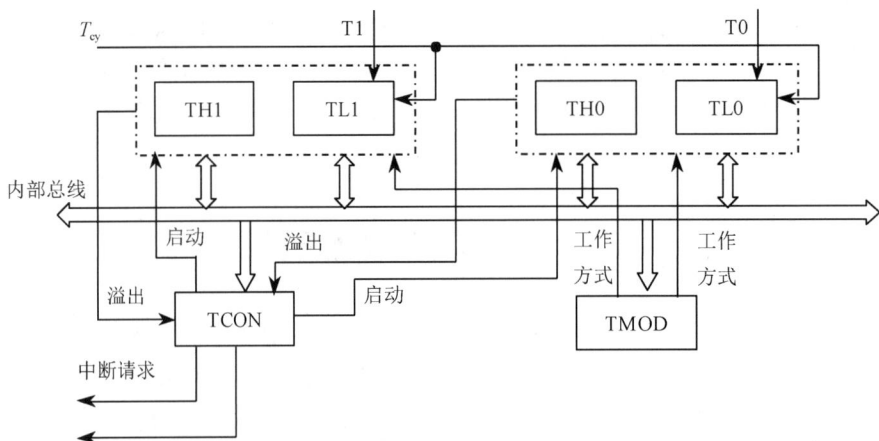

图 6.5　定时/计数器 T0、T1 的结构

定时/计数器的核心是 16 位加法计数器，在图 6.5 中用特殊功能寄存器 TH0、TL0 及 TH1、TL1 表示。TH0、TL0 是定时/计数器 T0 加法计数器的高 8 位和低 8 位，TH1、TL1 是定时/计数器 T1 加法计数器的高 8 位和低 8 位。方式寄存器 TMOD 用于设定定时/计数器 T0 和 T1 的工作方式，控制寄存器 TCON 用于对定时/计数器的启动、停止进行控制。

当定时/计数器用于定时时，加法计数器对内部机器周期 T_{cy} 进行计数。由于机器周期时间是定值，因此对 T_{cy} 的计数就是定时，如 $T_{cy}=1\mu s$，计数 100，定时 $100\mu s$。当定时/计数器用于计数时，加法计数器对单片机芯片引脚 T0(P3.4)或 T1(P3.5)上的输入脉冲进行计数，每来一个输入脉冲，加法计数器加 1。当由全 1 再加 1 变成全 0 时产生溢出，使溢出位 TF0 或 TF1 置位，如中断允许，则向 CPU 提出定时/计数中断；如中断不允许，则只有通过查询方式使用溢出位。

加法计数器在使用时应注意以下两个方面。

(1) 由于它是加法计数器，每来一个计数脉冲，加法计数器中的内容加 1 个单位，当由全 1 加到全 0 时计满溢出。因而，如果要计 N 个单位，则首先应向计数器置初值为 X，且有

初值 $X=$最大计数值(满值)$M-$计数值 N

在不同的计数方式下，最大计数值(满值)不一样。一般来说，当定时/计数器工作于 R 位计数方式时，其最大计数值(满值)为 2^{R}。

(2) 当定时/计数器工作于计数方式时，对芯片引脚 T0(P3.4)或 T1(P3.5)上的输入脉冲计数。计数过程如下：在每一个机器周期的 S5P2 时刻对 T0(P3.4)或 T1(P3.5)上的信号采样一次，如果上一个机器周期采样到高电平，下一个机器周期采样到低电平，则计数器在下一个机器周期的 S3P2 时刻加 1 计数一次。因而需要两个机器周期才能识别一个计数脉冲，所以外部计数脉冲的频率应小于振荡频率的 1/24。

6.2.3　定时/计数器的方式寄存器和控制寄存器

1. 定时/计数器的方式寄存器 TMOD

方式寄存器 TMOD 用于设定定时/计数器 T0 和 T1 的工作方式。它的字节地址为 89H(注意不能按位方式访问)，格式如图 6.6 所示。

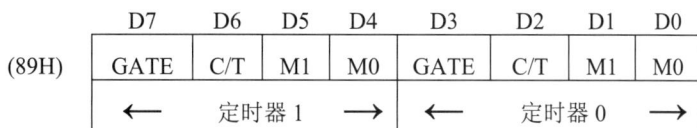

	D7	D6	D5	D4	D3	D2	D1	D0
(89H)	GATE	C/T	M1	M0	GATE	C/T	M1	M0
	← 　定时器 1　 →				← 　定时器 0　 →			

图 6.6　TMOD 的格式

其中各二进制位的含义说明如下。

M1、M0：工作方式选择位，用于对 T0 的 4 种工作方式、T1 的 3 种工作方式进行选择，选择情况如表 6.1 所示。

表 6.1　定时/计数器的工作方式

M1	M0	工作方式	说　明
0	0	0	13 位定时/计数器方式
0	1	1	16 位定时/计数器方式
1	0	2	8 位自动重置定时/计数器方式
1	1	3	两个 8 位定时/计数器方式(只有 T0 有)

C/T：定时或计数方式选择位。当 C/T=1 时工作于计数方式；当 C/T=0 时工作于定时方式。

GATE：门控位，用于控制定时/计数器的启动是否受外部中断请求信号的影响。如果 GATE=0，定时/计数器的启动与外部中断请求信号引脚 $\overline{\text{INT0}}$ (P3.2)或 $\overline{\text{INT1}}$ (P3.3)无关。如果 GATE=1，定时/计数器的启动会受芯片外部中断请求信号引脚 $\overline{\text{INT0}}$ (P3.2)或 $\overline{\text{INT1}}$ (P3.3)的控制，只有当外部中断请求信号引脚 $\overline{\text{INT0}}$ (P3.2)或 $\overline{\text{INT1}}$ (P3.3)为高电平时才开始启动计数。利用 GATE 的这个特点可以测量加在 $\overline{\text{INT0}}$ (P3.2)或 $\overline{\text{INT1}}$ (P3.3)引脚上正脉冲的宽度，在后面应用中将详细介绍。一般情况下 GATE=0。

2. 定时/计数器的控制寄存器 TCON

控制寄存器 TCON 用于控制定时/计数器的启动与溢出。它的字节地址为 88H，可以进行位寻址。其格式如图 6.7 所示。

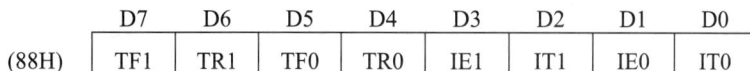

	D7	D6	D5	D4	D3	D2	D1	D0
(88H)	TF1	TR1	TF0	TR0	IE1	IT1	IE0	IT0

图 6.7　TCON 的格式

其中各二进制位的含义说明如下。

TF1：定时/计数器 T1 的溢出标志位。当定时/计数器 T1 计满时，由硬件使其置位，如中断允许，则触发 T1 中断。进入中断处理后由内部硬件电路自动清除。

TR1：定时/计数器 T1 的启动位，可由软件置位或清零。当 TR1=1 时启动；TR1=0 时停止。

TF0：定时/计数器 T0 的溢出标志位，当定时/计数器 T0 计满时，由硬件使其置位，如中断允许，则触发 T0 中断。进入中断处理后由内部硬件电路自动清除。

TR0：定时/计数器 T0 的启动位，可由软件置位或清零。当 TR0=1 时启动；TR0=0 时停止。

TCON 的低 4 位是用于外部中断控制的，有关内容将会在 6.4 节介绍。

6.2.4 定时/计数器的工作方式

1. 方式 0——13 位定时/计数器方式

当 M1M0 两位为 00 时，定时/计数器工作于方式 0，方式 0 的结构如图 6.8 所示。

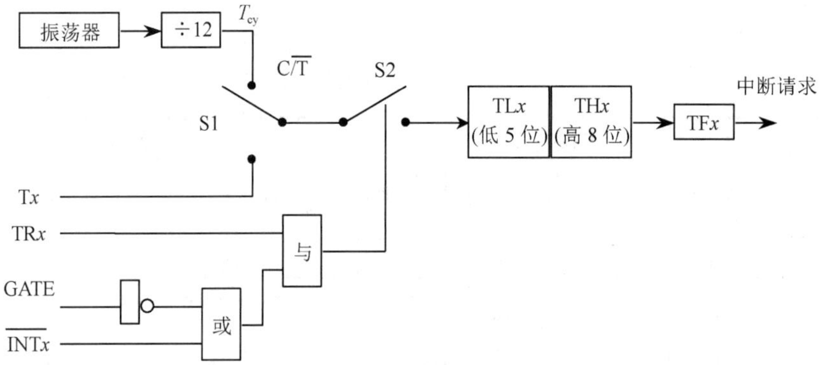

图 6.8 T0、T1 方式 0 的结构

在这种方式下，16 位的加法计数器只用了 13 位，分别是 TL0(或 TL1)的低 5 位和 TH0(或 TH1)的 8 位，TL0(或 TL1)的高 3 位未用。计数时，当 TL0(或 TL1)的低 5 位计满时向 TH0(或 TH1)进位，当 TH0(或 TH1)也计满时则溢出，使 TF0(或 TF1)置位。如果中断允许，则提出中断请求。另外，也可通过查询 TF0(或 TF1)来判断是否溢出。由于采用 13 位的定时/计数方式，因此最大计数值(满值)为 2^{13}，即 8192。如计数值为 N，则置入的初值 $X=8192-N$。

在实际使用时，先根据计数值计算出初值，然后按位置入初值寄存器中。如定时/计数器 T0 的计数值为 1000，则初值为 7192，转换成二进制数为 1110000011000B，则 TH0=11100000B，TL0=00011000B。

在方式 0 计数的过程中，当计数器计满溢出时，计数器的计数过程并不会结束，计数脉冲来时同样会进行加 1 计数。只不过这时计数器是从 0 开始计数的，是满值的计数。如果要重新实现 N 个单位的计数，则这时应重新置入初值。

2. 方式 1——16 位定时/计数器方式

当 M1M0 两位为 01 时，定时/计数器工作于方式 1，方式 1 的结构与方式 0 的结构相同，只是把 13 位变成 16 位。

在方式 1 下，16 位的加法计数器被全部用上，TL0(或 TL1)作为低 8 位，TH0(或 TH1)

作为高 8 位。计数时，当 TL0(或 TL1)计满时向 TH0(或 TH1)进位，当 TH0(或 TH1)也计满时则溢出，使 TF0(或 TF1)置位。同样可通过中断或查询方式来处理溢出信号 TF0(或 TF1)。由于是 16 位的定时/计数方式，因此最大计数值(满值)为 2^{16}，等于 65536。如计数值为 N，则置入的初值 $X=65536-N$。

如定时/计数器 T0 的计数值为 1000，则初值为 65536-1000=64536。转换成二进制数为 1111110000011000B，则 TH0=11111100B，TL0=00011000B。

对于方式 1 计满后的情况与方式 0 相同。当计数器计满溢出时，计数器的计数过程也不会结束，而是以满值开始计数。如果要重新实现 N 个单位的计数，则也应重新置入初值。

3. 方式 2——8 位自动重置定时/计数器方式

当 M1M0 两位为 10 时，定时/计数器工作于方式 2，方式 2 的结构如图 6.9 所示。

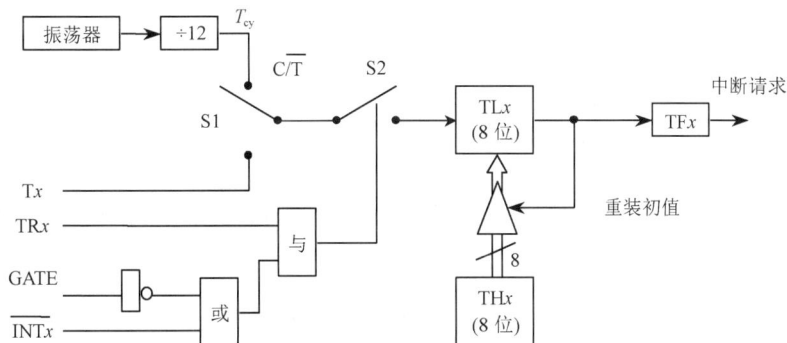

图 6.9 T0、T1 方式 2 的结构

在方式 2 下，16 位的计数器只用了 8 位(TL0 或 TL1 的 8 位)来计数，而 TH0(或 TH1)用于保存初值。计数时，当 TL0(或 TL1)计满时则溢出，一方面使 TF0(或 TF1)置位，另一方面溢出信号又会触发图 6.9 中的三态门，使三态门导通，TH0(或 TH1)的值就自动装入 TL0(或 TL1)。同样可通过中断或查询方式来处理溢出信号 TF0(或 TF1)。由于是 8 位的定时/计数方式，因此最大计数值(满值)为 2^8，等于 256。如计数值为 N，则置入的初值 $X=256-N$。

如定时/计数器 T0 的计数值为 100，则初值为 256-100=156，转换成二进制数为 10011100B，则 TH0= TL0=10011100B。

由于方式 2 计满后，溢出信号会触发三态门，自动把 TH0(或 TH1)的值装入 TL0(或 TL1)中，因此如果要重新实现 N 个单位的计数，则不用重新置入初值。

4. 方式 3——两个 8 位定时/计数器方式

方式 3 只有定时/计数器 T0 才有。当 M1M0 两位为 11 时，定时/计数器 T0 工作于方式 3，方式 3 的结构如图 6.10 所示。

在方式 3 下，定时/计数器 T0 被分为两个部分，即 TL0 和 TH0，其中，TL0 可作为定时/计数器使用，占用 T0 的全部控制位，即 GATE、C/$\overline{T}$、TR0 和 TF0；而 TH0 固定只能作为定时器使用，对机器周期计数。这时它占用定时/计数器 T1 的 TR1 位、TF1 位和 T1 的中断资源。因此，这时定时/计数器 T1 不能使用启动控制位和溢出标志位。通常将定时/

计数器 T1 作为串行接口的波特率发生器。只要赋初值，设置好工作方式，它便自动启动，溢出信号直接送串行接口。如要停止工作，只需送入一个把定时/计数器 T1 设置为方式 3 的方式控制字即可。由于定时/计数器 T1 没有方式 3，如果强行把它设置为方式 3，就相当于使其停止工作。在方式 3 下，计数器的最大计数值、初值的计算与方式 2 完全相同。

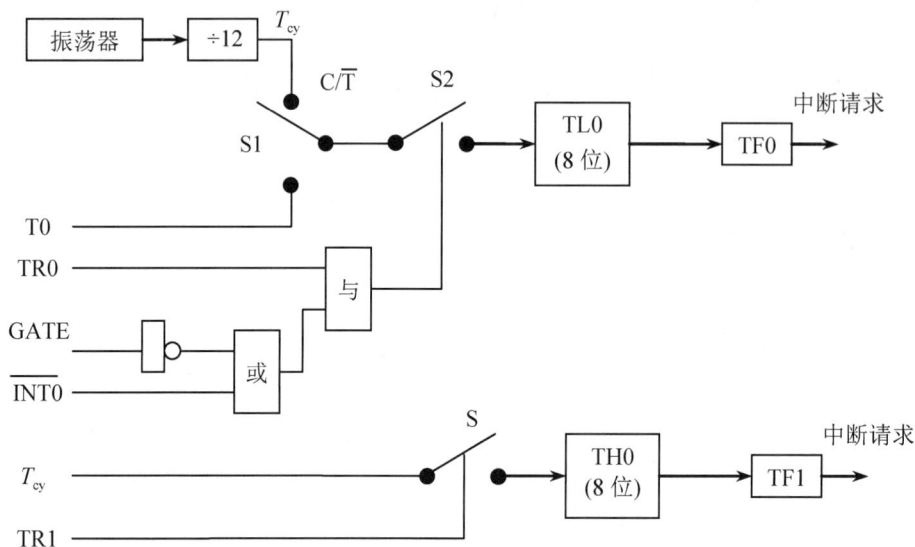

图 6.10 T0 方式 3 的结构

5. 工作方式的选择

定时/计数器在使用时须选择具体的工作方式，一般根据计数值来选择工作方式，具体情况如下。

如果计数值在 1～256 之间，选择方式 0、1、2 都可以；如果计数值大于 256 而小于 8192，选择方式 0、1 都可以；如果计数值大于 8192 而小于 65536，只能选择方式 1；如果比 65536 还要大，一个定时/计数器就不能直接处理，只有通过其他方法实现，在后面将介绍；对于定时/计数器 0 的方式 3，一般只有在定时/计数器 1 用于串行口的波特率发生器使用，而系统又必须两个定时/计数器的时候才用到。

6.2.5 定时/计数器的初始化编程及应用

1. 定时/计数器的初始化编程

51 系列单片机的定时/计数器是可编程的，可以设定为对机器周期计数实现定时功能，也可以设定为对外部脉冲计数实现计数功能。有 4 种工作方式，使用时可根据情况选择其中的一种。51 系列单片机定时/计数器初始化过程如下。

(1) 根据要求确定是定时还是计数。

(2) 根据要求计算定时/计数器的计数值，确定方式控制字，写入方式控制寄存器。

(3) 根据所选方式和计数值求得初值，写入初值寄存器。

(4) 根据需要开放定时/计数器中断(后面需编写中断服务程序)。

(5) 设置定时/计数器控制寄存器 TCON 的值，启动定时/计数器开始工作。

(6) 等待定时/计数时间到，溢出标志置位，执行中断服务程序；如用查询处理则编写查询程序，判断溢出标志，溢出标志等于 1，进行相应处理。

2. 定时/计数器的应用 1——统计外部事件的次数

利用定时/计数器工作于计数方式，外部事件的计数脉冲通过 T0(P3.4)或 T1(P3.5) 引脚输入即可实现统计外部事件的次数。

【例 6.5】用定时/计数器 T0 编程实现统计外部事件的次数，当外部事件的计数脉冲来 10 次后，通过 P1.0 连接的指示灯输出 1s 的提示信息。

Proteus 中硬件电路如图 6.11 所示，在 AT89C51 单片机最小系统基础上 T0(P3.4)接外部事件的计数脉冲(BUTTON)输入，P1.0 接一个发光二极管(LED-GREEN)作为指示灯输出 1s 的提示信息。另外，在 P2 口接 8 个发光二极管(LED-RED)显示当前的次数。

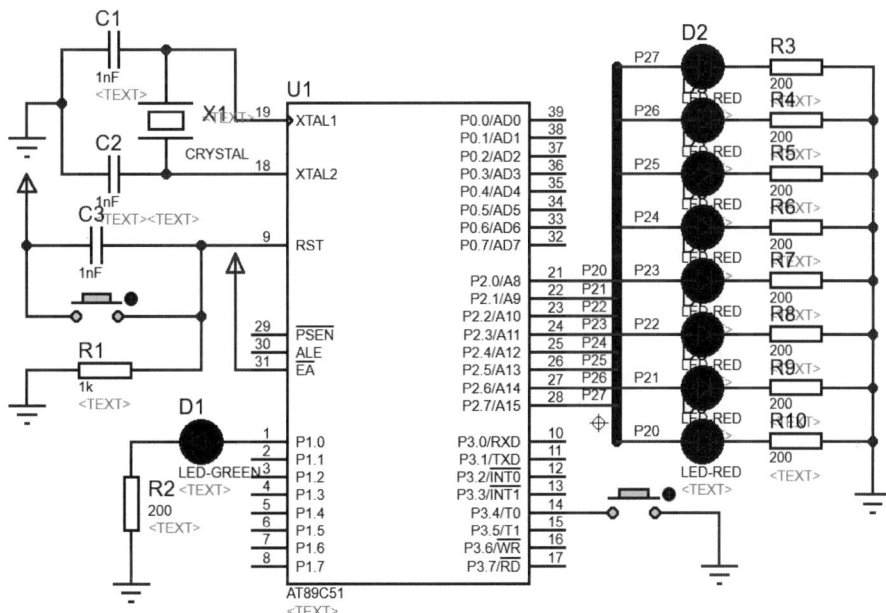

图 6.11　统计外部事件次数电路

处理时将定时/计数器 T0 设置为计数，工作于方式 2，方式控制字设定为 00000110B (06H)。初值 X=256-10=246，TH0=TL0=0F6H。在主程序中对定时/计数器 T0 初始化，启动计数器，然后检查 TL0 的值，用 TL0 的值减去 0F6H 计算当前计数值，通过 P2 口输出显示。计数到 10 次后 P1.0 输出 1s 的高电平。

(1) 采用中断方式处理的程序。

汇编程序代码如下：

```
        ORG 0000H              ;复位入口地址
        LJMP  MAIN


        ORG  000BH             ;定时/计数器 0 中断服务程序
        SETB P1.0
        LCALL DEL1S
        CLR  P1.0
```

```
        RETI

        ORG  0100H              ;主程序
MAIN:   MOV  TMOD,#06H
        MOV  TH0,#0F6H
        MOV  TL0,#0F6H
        CLR  P1.0
        SETB EA
        SETB ET0
        SETB TR0
HERE:   MOV  A,TL0
        CLR  C
        SUBB A,#0F6H
        MOV  P2,A
        SJMP HERE
DEL1S:  MOV  R5,#100            ;延时 1s
DEL10ms:MOV  R6,#20             ;延时 10ms
DEL1:   MOV  R7,#249
        DJNZ R7,$
        DJNZ R6,DEL1
        DJNZ R5,DEL10ms
        RET
        END
```

C51 程序代码如下:

```
#include <reg51.h>            //包含特殊功能寄存器库
#define uchar unsigned char
#define uint unsigned int
sbit P1_0=P1^0;
void delay(uint k)            //延时函数
{
    uint i;
    for (;k>0;k--)
    for(i=0;i<110;i++);
}
void main()                   //主函数
{
    unsigned char i;
    TMOD=0x06;
    TH0=0xf6;TL0=0xf6;
    P1_0=0;
    EA=1;ET0=1;
    TR0=1;
    while(1){i=TL0;i=i-0xf6; P2=i;}
}
void time0_int(void) interrupt 1      //定时/计数器 0 中断服务程序
{
    P1_0=1;delay(1000);P1_0=0;
}
```

(2) 采用查询方式处理的程序。

汇编程序代码如下:

```
        ORG   0000H          ;复位入口地址
        LJMP  MAIN

        ORG  0100H           ;主程序
MAIN:   CLR P1.0
        MOV  TMOD,#06H
        MOV  TH0,#0F6H
        MOV  TL0,#0F6H
        SETB TR0
LOOP:   JBC TF0,NEXT         ;查询计数溢出
        MOV A,TL0
        CLR  C
        SUBB  A,#0F6H
        MOV  P2,A
        SJMP LOOP
NEXT:   SETB P1.0
        LCALL DEL1S
        CLR   P1.0
        SJMP  LOOP
        SJMP  $
DEL1S:  MOV  R5,#100         ;延时 1s
DEL10ms: MOV  R6,#20         ;延时 10ms
DEL1:   MOV  R7,#249
        DJNZ  R7,$
        DJNZ  R6,DEL1
        DJNZ  R5,DEL10ms
        RET
        END
```

C51 程序代码如下:

```c
#include <reg51.h>          //包含特殊功能寄存器库
#define uchar unsigned char
#define uint unsigned int
sbit  P1_0=P1^0;
void delay(uint k)          //延时函数
{
    uint i;
    for (;k>0;k--)
    for(i=0;i<110;i++);
}
void  main()                //主函数
{
    unsigned char i;
    P1_0=0;
    TMOD=0x06;
    TH0=0xf6;TL0=0xf6;
    TR0=1;
    for(;;)
    {
        if (TF0) { TF0=0;P1_0=1;delay(1000);P1_0=0;}    //查询计数溢出
        i=TL0; i=i-0xf6; P2=i;
```

```
            }
        }
```

在 Keil C51 中编译程序形成 HEX 文件，在 Proteus 中仿真运行，运行后，按 T0(P3.4) 连接的按键，P2 口连接的发光二极管能看到按键脉冲的个数，按 10 次后，P1.0 连接的发光二极管会亮 1s。

3. 定时/计数器的应用 2——定时产生方波

利用定时/计数器定时产生方波的基本思想：利用定时/计数器产生周期性的定时，定时时间到，对输出端取反。

【例 6.6】设系统时钟频率为 12MHz，用定时/计数器 T0 方式 2 编程实现从 P1.0 输出周期为 500μs 的方波。

Proteus 中硬件电路如图 6.12 所示，在 AT89C51 单片机最小系统基础上 P1.0 接示波器，示波器在配件(Gadgets)工具栏的 Virtual Instruments Mode📟虚拟仪表中，名称为 OSCILLOSCOPE，另外连接了一个发光二极管(LED-RED)显示。

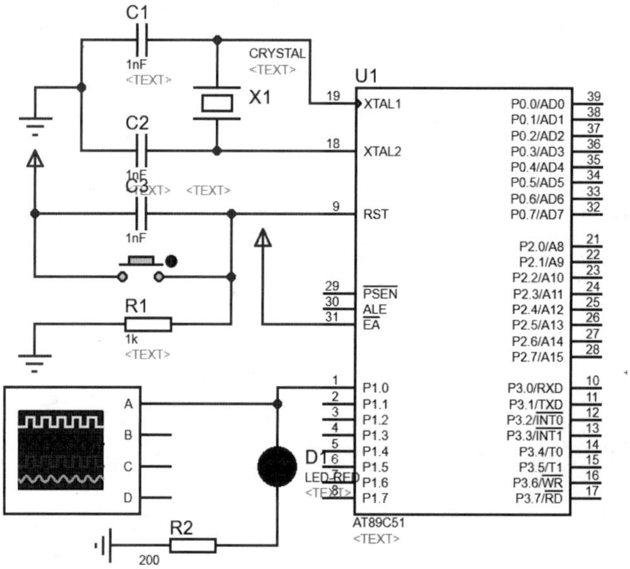

图 6.12　P1.0 输出周期为 500μs 的方波电路

从 P1.0 输出周期为 500μs 的方波，只需用定时/计数器 T0 产生 250μs 周期性定时，定时时间到，对 P1.0 取反即可。当系统时钟为 12MHz，定时/计数器 T0 定时，工作于方式 2 时，最大的定时时间为 256μs，满足 250μs 的定时要求，因此选择方式 2，TMOD 设定为 00000010B(02H)。系统时钟为 12MHz，定时 250μs，计数值 N 为 250，初值 $X=256-250=6$，则 TH0=TL0=06H。

(1) 采用中断方式处理的程序。

汇编程序代码如下：

```
        ORG 0000H
        LJMP  MAIN

        ORG  000BH          ;中断处理程序
```

```
            CPL  P1.0
            RETI

            ORG  0100H              ;主程序
MAIN:       MOV  TMOD,#02H
            MOV  TH0,#06H
            MOV  TL0,#06H
            SETB EA
            SETB ET0
            SETB TR0
            SJMP $
            END
```

C51 程序代码如下：

```
#include <reg51.h>                   //包含特殊功能寄存器库
sbit  P1_0=P1^0;
void  main()
{
    TMOD=0x02;
    TH0=0x06;TL0=0x06;
    EA=1;ET0=1;
    TR0=1;
    while(1);
}
void  time0_int(void)  interrupt 1      //中断服务程序
{
    P1_0=!P1_0;
}
```

(2) 采用查询方式处理的程序。

汇编程序代码如下：

```
            ORG 0000H
            LJMP  MAIN

            ORG  0100H          ;主程序
MAIN:       MOV  TMOD,#02H
            MOV  TH0,#06H
            MOV  TL0,#06H
            SETB TR0
LOOP:       JBC  TF0,NEXT       ;查询计数溢出
            SJMP LOOP
NEXT:       CPL  P1.0
            SJMP LOOP
            SJMP $
            END
```

C51 程序代码如下：

```
#include <reg51.h>                   //包含特殊功能寄存器库
sbit  P1_0=P1^0;
void  main()
{
```

```
TMOD=0x02;
TH0=0x06;TL0=0x06;
TR0=1;
for(;;)
{
    if (TF0)  { TF0=0;P1_0=! P1_0;}          //查询计数溢出
}
}
```

在 Keil C51 中编译程序形成 HEX 文件，在 Proteus 中加载程序仿真运行，通过示波器显示波形结果，如图 6.13 所示，波形周期为 500μs。

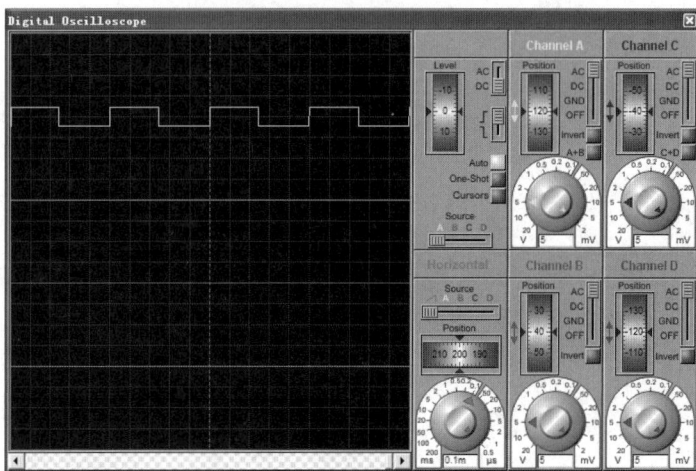

图 6.13　周期 500μs 的仿真波形

4. 定时/计数器的应用 3——定时产生 PWM 波

利用定时/计数器定时产生 PWM 波的基本思想：利用定时/计数器产生周期性的定时，在一个周期中一段时间输出端输出高电平，其余时间输出低电平。

【例 6.7】设系统时钟频率为 12MHz，用定时/计数器 T1 方式 1 编程实现从 P1.1 输出高电平 30ms、周期为 100ms 的矩形波(PWM 波，占空比 30%)。

硬件电路与前面相同，只是用示波器测量 P1.1 引脚。要从 P1.1 输出高电平 30ms、周期为 100ms 的矩形波，可用定时/计数器 T1 产生 100ms 周期性定时，其中 30ms 时间 P1.1 输出高电平，其余时间输出低电平即可。100ms 的定时时间可用定时/计数器 T1 产生周期为 10ms 的定时，然后用一个软件计数器对 10ms 计数 10 次实现，这样也便于统计 30ms 的定时。

系统时钟为 12MHz，定时/计数器 T1 定时 10ms，计数值 N 为 10 000，只能选择方式 1，方式控制字为 00010000B(10H)，初值 X=65536-10000，则 TH1=(65536-10000)/256= 0D8H，TL1=(65536-10000)%256=0F0H。

溢出位采用中断处理方式。

汇编程序代码如下：

```
ORG 0000H
LJMP  MAIN
```

```
        ORG   001BH
        LJMP  INTT1


        ORG   0100H
MAIN:   MOV   TMOD,#10H
        MOV   TH1,#0D8H
        MOV   TL1,#0F0H
        MOV   R2,#00H
        SETB  EA
        SETB  ET1
        SETB  TR1
        SJMP  $

INTT1:  MOV   TH1,#0D8H
        MOV   TL1,#0F0H
        INC   R2
        CJNE  R2,#0AH,NEXT1
        MOV   R2,#00H
NEXT1:  MOV   A,R2
        CLR   C
        SUBB  A,#03H
        JNC   NEXT2
        SETB  P1.1
        SJMP  NEXT3
NEXT2:  CLR   P1.1
NEXT3:  RETI
        END
```

C51 程序代码如下：

```
#include <reg51.h>              //包含特殊功能寄存器库
sbit  P1_1=P1^1;
char  i;
void  main()
{
    TMOD=0x10;
    TH1=(65536-10000)/256;
    TL1=(65536-10000)%256;
    EA=1;ET1=1;
    TR1=1;
    i=0;
    while(1);
}
void  time1_int(void)  interrupt 3       //中断服务程序
{
    TH1=(65536-10000)/256;
    TL1=(65536-10000)%256;
    i++;
    if (i == 10)  i=0;
    if (i <= 3)  P1_1=1;else P1_1=0;
}
```

程序中用工作寄存器 R2(或变量 i)作为软件计数器，10ms 到时软件计数器加 1，当计数到 10 后回到 0，实现周期 100ms；对软件计数器进行判断，当小于等于 3(即 30ms)输出 1(高电平)，否则输出 0(低电平)，实现占空比 30% 的 PWM 波。另外，由于选用方式 1 不能自动重装初值，所以人工重装了初值。图 6.14 所示为仿真后示波器的显示情况，结果表明得到了高电平持续时间 30ms、周期为 100ms 的 PWM 波。

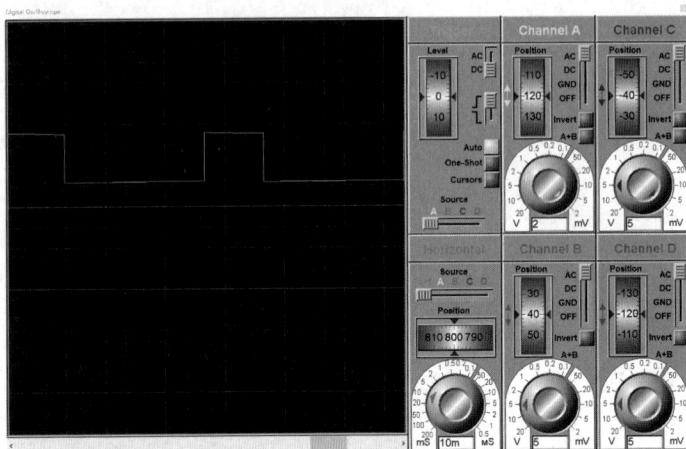

图 6.14　高电平持续时间 30ms、周期为 100ms 的 PWM 波

5. 定时/计数器的应用 4——脉冲宽度的测量

利用定时/计数器的门控位(GATE)，可以测量正脉冲的宽度。测量原理如图 6.15 所示，设被测脉冲从 $\overline{\text{INT0}}$(P3.2) 引脚输入。程序开始对 T0 初始化，选择方式 1 定时，GATE 位设为 1，TH0、TL0 都设置为 0，TR0 置为 1。那么被测脉冲低电平的时候，定时/计数器不会对机器周期计数，当高电平到来时才对机器周期从 0 开始计数，高电平结束时停止计数，则 TH0、TL0 中的机器周期个数值就是被测脉冲高电平的宽度值，乘以机器周期就得到被测脉冲高电平的宽度。只需在被测脉冲的下一个低电平时读出即可。

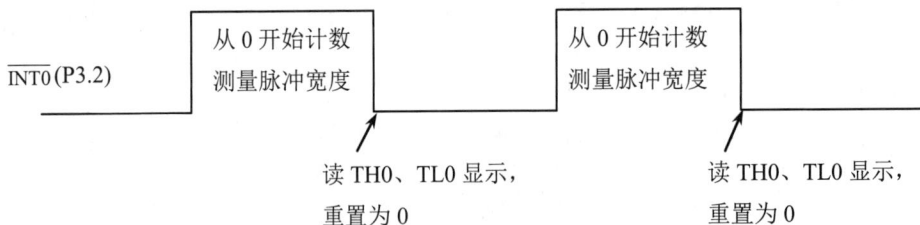

图 6.15　脉冲宽度测量原理

【例 6.8】测量外部输入脉冲宽度。

Proteus 中硬件电路如图 6.16 所示，在 AT89C51 单片机最小系统基础上，$\overline{\text{INT0}}$(P3.2) 引脚接函数信号发生器(Signal Generator)，输入方波作为被测脉冲。P1 口和 P2 口接发光二极管(LED-RED)，显示被测脉冲高电平宽度的机器周期数的高字节和低字节。51 系列单片机的时钟频率为 12MHz，机器周期为 1μs，程序如下。

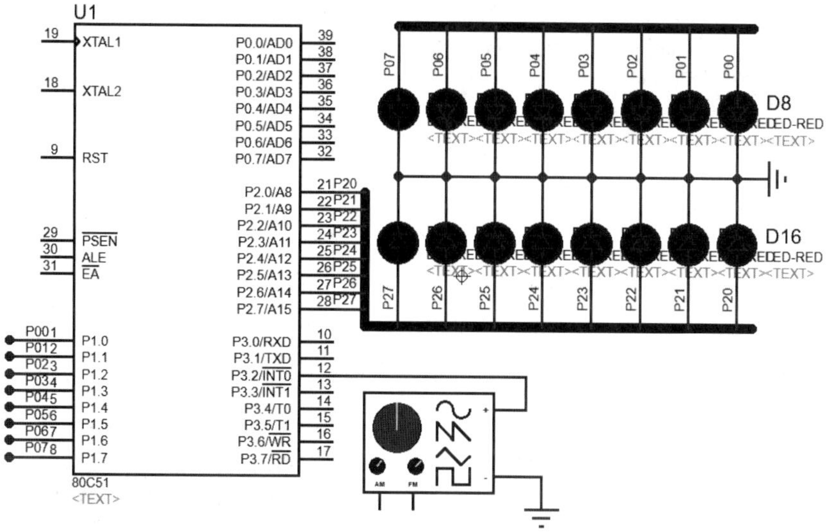

图 6.16　脉冲宽度测量电路

汇编程序代码如下：

```
        ORG  0000H
        LJMP  MAIN
        ORG  0100H
MAIN:   MOV  TMOD,#09H
        MOV  TH0,#00H
        MOV  TL0,#00H
        SETB  TR0
L1:     JNB  P3.2,NEXT
        SJMP  L1
NEXT:   MOV  A,TH0
        CJNE  A,#0,NEXT1
        MOV  A,TL0
        CJNE  A,#0,NEXT1
        SJMP  L1
NEXT1:  MOV  P1,TH0
        MOV  P2,TL0
        MOV  TH0,#00H
        MOV  TL0,#00H
        SJMP  L1
        END
```

C51 程序代码如下：

```
#include <reg51.h>
sbit P3_2=P3^2;
void main()
{
    TMOD=0x09;
    TH0=0x00;TL0=0x00;
    TR0=1;
    while(1)
    { if(P3_2==0)
```

```
        {
            if (!(TH0==0 && TL0==0)) {P1=TH0;P2=TL0;TH0=0x00;TL0=0x00;}
        }
    }
}
```

在 Keil C51 中编译程序，形成 HEX 文件，在 Proteus 中加载程序仿真运行，显示结果如图 6.17 所示。仿真运行后可自动打开函数信号发生器面板，通过该面板可调整信号的频率和幅度值，前两个旋钮调整频率，第 1 个调整频率的数值，第 2 个选择频率的单位；后两个旋钮调整幅度值，第 3 个调整幅度值的数值，第 4 个选择幅度值的单位；Waveform 按钮选择波形，Polarity 按钮选择极性，Uni 为单极性，Bi 为双极性。

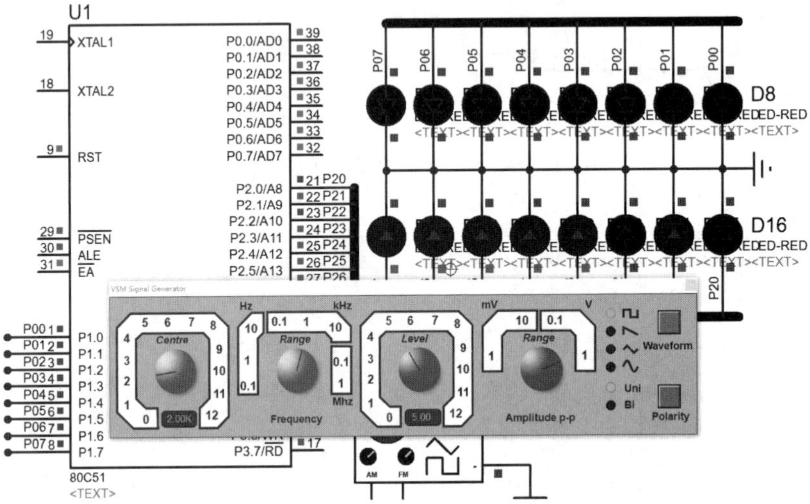

图 6.17　脉冲宽度测量仿真电路

图 6.17 中，信号波形选择为方波，单极性，幅度值为 5V，频率为 2kHz，周期为 500μs，高电平宽度为 250μs，测量出来值为 11111010B(250μs)，等于被测信号高电平宽度。

6.2.6　AT89S5X 单片机的看门狗 WDT 定时器

看门狗定时器是单片机的一个组成部分，在单片机程序的调试和运行中都有着重要的意义。单片机应用程序在运行过程中，由于受到外部电路或内部电路的干扰，可能会使程序出现“跑飞”或“死循环”现象，使系统失控。如果操作人员在场，可按人工复位按钮强制复位。但操作人员不可能一直监视系统，即使监视系统，也往往在引起不良后果之后才进行人工复位。通过看门狗技术可成功避免这种现象，它能使系统在“跑飞”或“死循环”时自动复位，回到原来的程序中运行。

看门狗电路实际是一个定时器，定时器的输出接单片机的 RST 端，当启动后就不断进行定时计数。在程序正常处理中，每隔一段时间就给看门狗定时器清零，称为“喂狗”，使看门狗定时器不会溢出，如果系统“跑飞”或“死循环”，看门狗定时器定时时间就会到，产生溢出信号输出送 RST，使单片机复位，重新回到正常的运行程序中。

AT89S5X 单片机片内集成了一个看门狗部件，内部包含一个 14 位的看门狗定时器和一个看门狗复位寄存器(特殊功能寄存器,名称为 WDTRST,地址为 A6H),看门狗开启后,14 位的看门狗定时器自动从零开始对系统时钟 12 分频的信号定时计数,即每 16384(2^{16})个机器周期溢出一次,产生一个高电平的复位信号,使单片机复位。如系统时钟频率为 12MHz,则 16384μs 产生一个复位信号。看门狗复位寄存器实现对看门狗定时器复位清零,对于 AT89S5X 单片机,当用户向看门狗复位寄存器 WDTRST 先写入 1EH,接着写入 E1H 时,看门狗定时器就清零并重新启动。

使用 AT89S5X 单片机看门狗定时器时,为了防止看门狗定时器启动后产生不必要的溢出,在程序执行过程中,应在 16384μs(时钟频率 12MHz)内不断地向 WDTRST 写入 1EH 和 E1H,清零看门狗定时器。

如果采用汇编语言编程,则在程序的循环体中放入下面两条指令:

```
MOV  WDTRST, #1EH
MOV  WDTRST, #0E1H
```

如果采用 C51 编程,则在程序的开始处对看门狗复位寄存器进行定义,形式如下:

```
sfr WDTRST=0xA6;   //reg51.h 头文件中没有它的定义
```

然后在主程序 main()的 while(1)循环体中加入以下语句:

```
WDTRST=0x1E;
WDTRST=0xE1;
```

6.3 串 行 接 口

串行接口是计算机中一个重要的外部接口,计算机通过它与外部设备进行通信。

6.3.1 通信的基本概念

1. 并行通信和串行通信

计算机与外界的通信有两种基本方式,即并行通信和串行通信,如图 6.18 所示。

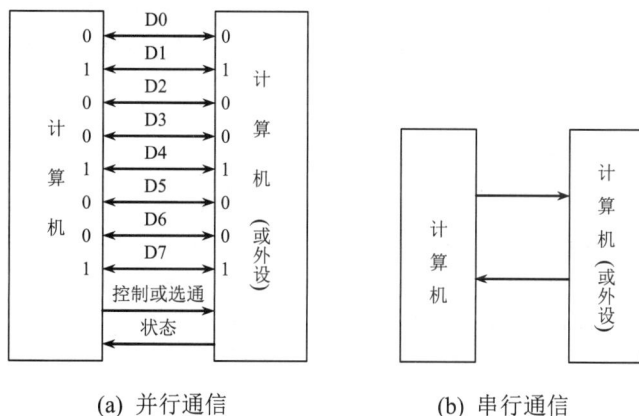

(a) 并行通信　　　　(b) 串行通信

图 6.18 计算机与外界通信的基本方式

并行通信是指一次同时传送多位数据的通信方式。每一位数据都需要一条数据信号线，如果一次同时传送 8 位或 16 位，相应地就需要 8 条或 16 条数据信号线，此外一般还需要控制信号线和状态信号线，如图 6.18(a)所示。并行通信传输信号线多，线路复杂，成本高，主要用于近距离传输。目前，并行通信在通信系统中已经很少使用了。

串行通信是指多位数据不是同时传送，而是一位接一位按顺序传送的通信方式。比如一个字节数据，传送时，发送端把它按顺序分成 8 位，通过发送数据信号线一位一位地发送出去，接收端接收到后再把它按顺序组装成一个字节。数据信号线只需一条或两条(双向)，如图 6.18(b)所示。串行通信传输线少，线路简单，成本低，适合远距离通信。目前，通信系统大部分都使用串行通信。

2. 串行通信的制式

根据信息传送的方向，串行通信可以分为单工、半双工和全双工 3 种制式，如图 6.19 所示。

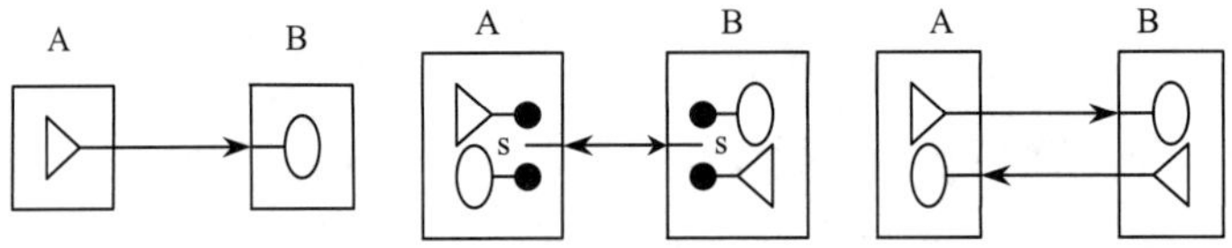

(a) 单工　　　　　　(b) 半双工　　　　　　(c) 全双工

图 6.19　串行通信的制式

(1) 单工方式，如图 6.19(a)所示。设备 A 只有发送器，设备 B 只有接收器，两者通过一条数据信号线相连，信息只能由 A 传送给 B，即单向传送。无线电广播就类似于单工方式。

(2) 半双工方式，如图 6.19(b)所示。设备 A 既有发送器又有接收器，设备 B 也既有发送器又有接收器，但是两者也只有一条数据信号线相连。信息能从 A 传送给 B，也能从 B 传送给 A，但在任一时刻只能实现一个方向的传送，每一端的收发器通过开关进行切换连接到通信线路上。无线对讲机就是半双工方式的一个例子。

(3) 全双工方式，如图 6.19(c)所示。设备 A 和设备 B 都有发送器和接收器，通过两条数据信号线相连，一条连接 A 的发送器与 B 的接收器，另一条连接 B 的发送器与 A 的接收器，在同一个时刻能够实现数据的双向传送。现在大多数通信系统都采用全双工方式，如电话系统、Internet 网络都是全双工方式。

3. 串行通信数据传送的基本过程

串行通信中，二进制数据以 1、0 数字信号的形式出现，在 TTL 标准表示的二进制数中，传输线上高电平表示二进制 1，低电平表示二进制 0，且每一位的持续时间是固定的，通过时钟进行控制，发送端通过发送时钟控制，每个时钟周期发送一位，接收端通过接收时钟控制，每个时钟周期检测一位。串行数据传送时，发送端发送一位，接收端就要接收一位，因而发送时钟和接收时钟要求一致。发送时钟和接收时钟的频率决定串行数据传送的速度快慢。

1) 发送过程

发送端发送数据时，先将要发送的数据送入移位寄存器，然后在发送时钟的控制下，

高等院校计算机教育系列教材

将该并行数据逐位移位输出，送到发送数据线上，若数据是 1，则发送数据线送高电平，若数据是 0，则发送数据线送低电平。通常是在发送时钟的下降沿将移位寄存器中的数据串行输出，每个数据位的时间间隔由发送时钟的周期来划分，如图 6.20 所示。

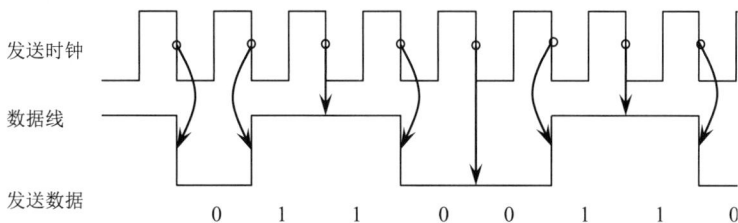

图 6.20　串行数据发送过程

2)　接收过程

接收端接收串行数据时，一般用接收时钟的上升沿对接收数据采样，进行数据位检测，如果检测到高电平，接收为 1，如果检测到低电平，接收为 0。接收的数据依次移入接收器的移位寄存器中，最后组成并行数据输出，如图 6.21 所示。

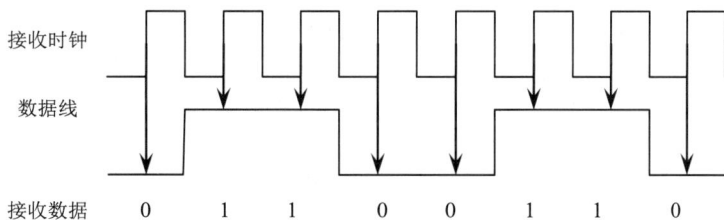

图 6.21　串行数据接收过程

串行通信传送的距离比较远，数据在线路上传送时容易受到外部环境的干扰，为了避免外部环境干扰，接收端在接收信息时，通常把一个接收时钟通过倍频技术进行 16 倍频，分成 16 个周期，用中间的 7、8、9 这 3 个周期对数据线采样，如果两次或两次以上采样到高电平，接收为 1；如果两次或两次以上采样到低电平，接收为 0。这样就可以一定程度避免外部尖脉冲干扰。

通过数据的发送和接收过程可以看出，串行通信要能够正确地传送信息，发送端发送多少位，接收端也要接收多少位，因此，要求接收时钟和发送时钟要完全相同。但在实际的串行通信系统中，发送时钟一般在发送端产生，接收时钟在接收端产生，两者之间不完全一致，周期有一定的差异，这种差异会随着时间累加，当累加到一定程度就会使数据传送发生错误。那么怎样解决这个问题呢？在串行通信中，在数据传送前，都要添加通信协议，对数据传送进行约定，规定数据传送的相关格式，并增加数据校验和差错检测，以保证数据传送的正确。

4. 异步通信和同步通信

串行通信按信息的格式，又可分为异步通信和同步通信两种方式。

1)　串行异步通信方式

串行异步通信方式的特点是数据在线路上传送时是以一个字符(字节)为单位，未传送时线路处于空闲状态，空闲线路约定为高电平"1"。传送一个字符又称为一帧信息。传送时每个字符前加一个低电平的起始位，然后是数据位，数据位可以是 5～8 位，低位在前，高位在后，数据位后可以带一个奇偶校验位，最后是停止位，停止位用高电平表示，它可以是 1 位、1 位半或 2 位，其格式如图 6.22 所示。

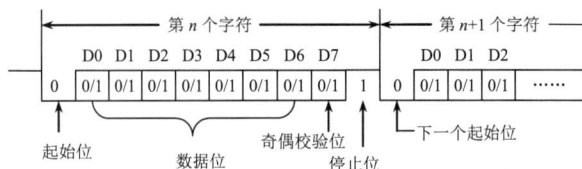

图 6.22 异步通信数据格式

异步传送时，字符间可以间隔，间隔的位数不固定。由于一次只传送一个字符，因而一次传送的位数比较少，对发送时钟和接收时钟的要求相对不高，线路简单，但传送速度较慢。

2) 串行同步通信方式

串行同步通信方式的特点是数据在线路上传送时以字符块为单位，一次传送多个字符，传送时须在前面加上一个或两个同步字符，后面加上校验字符，其格式如图 6.23 所示。

同步字符 1	同步字符 2	数据块	校验字符 1	校验字符 2

图 6.23 同步通信数据格式

同步传送时一次连续传送多个字符，传送的位数多，对发送时钟和接收时钟要求较高，往往用同一个时钟源控制，控制线路复杂，但传送速度快。

5. 串行通信的校验方法

在串行通信中，为保证收发数据的正确性，通常要对传送数据的正确与否进行校验。常用的校验方式有两种，即奇偶校验和 CRC 循环冗余校验。

1) 奇偶校验(Parity Check)

奇偶校验通常用于异步通信。发送端发送数据字符时，在数据位之后增加一个校验位，这个校验位可为"1"或"0"，以保证整个字符(包含校验位)中"1"的个数为偶数(偶校验)或奇数(奇校验)。接收端接收到数据后，对"1"的个数进行校验，如果发现和发送端不一致，则说明数据传送过程中出现了差错。奇偶校验能够检查出字符中发生的一位错误，但不能自动纠错。

2) 循环冗余校验(Cyclic Redundancy Check)

同步通信通常采用 CRC 循环冗余校验。发送端发送数据字符块时，利用编码原理，对传送的数据字符块按某种算法产生校验码，并将校验码放在数据字符块之后一同发送。接收端接收到数据字符块和校验码后，用接收到的数据字符块按同样算法计算校验码，并把计算得到的校验码和接收的校验码进行比较，若相同则传送无差错；否则说明接收数据有错。

6. 串行通信的速度

在串行数字通信中，通常用比特率来描述数字信号的传输速度，它是指单位时间内传输的二进制代码的位数，单位为每秒比特数(b/s)。例如，每秒传送 200 位二进制数，则比特率为 200b/s。串行通信的速度与发送时钟和接收时钟的频率紧密相关，频率越高，速度越快。在异步通信中，传输速度往往又可用每秒传送多少个字节来表示(B/s)。它与比特率的关系为

$$比特率(b/s) = 一个字符的二进制位数 \times 字符/秒(B/s)$$

例如，每秒传送 200 个字符，每个字符有 1 个起始位、8 个数据位、1 个校验位和 1 个停止位，则比特率为 2200b/s。在异步串行通信中，比特率一般为 50～9600 b/s。

另外，在数字通信中，通常又提到波特率，它实际是与比特率不同的概念，波特率是指单位时间内传输的码元个数，单位为 Baud。根据不同的调制方法，每个码元可传输 1 位或多位二进制数。在两相调制中，每个码元传输 1 位二进制数，这时波特率等于比特率。

7. 常见的串行通信接口标准

为了通信双方信息的有效传送，不同设备能够顺利地进行通信，确保信息在传输过程中的正确性和完整性，方便用户的使用和维护，提高传输效率，降低开发成本。现在已经对串行通信中涉及的问题进行了标准化，建立了统一的国际标准，串行通信接口标准有多种，常见的串行通信接口标准有 TTL、RS-232C 和 RS-485 等。

1) TTL 电平标准

TTL 电平标准是一种常用的数字逻辑电平标准，主要应用于数字电路、微控制器和通信接口等领域。TTL 电平标准规定，+5V 等价于逻辑 1，0V 等价于逻辑 0。输出时，逻辑 1 电平≥2.4V，逻辑 0 电平≤0.4V；输入时，电平≥2V 为逻辑 1，电平≤0.8V 为逻辑 0。TTL 电平一般功耗比较大，通信距离在 1.5m 以内。AT89S52 采用的是 TTL 电平标准，串行口发送端、接收端均为 TTL 电平，发送数据线 TXD 与接收数据线 RXD 可直接连接进行双机通信。

2) RS-232C 标准

RS-232C 标准是美国电子工业协会(EIA)颁布的串行总线标准，为数据终端设备(DTE)与数据通信设备(DCE)连接而制定，广泛应用于计算机之间、计算机与终端或外设之间的近距离连接和数据传送。数据传输速率小于 20kb/s，电缆长度要求小于 15m。

RS-232C 标准中使用负逻辑定义信号逻辑电平。逻辑 1：-3～-15V；逻辑 0：+3V～+15V。RS-232C 与计算机及输入/输出接口电路中广泛采用的 TTL 电平标准不兼容。使用时必须在 RS-232C 与 TTL 电路之间进行电平转换。通常用 MAX232 实现 RS-232C/TTL 电平转换。

MAX232 是美信(MAXIM)公司专为 RS-232 标准串口设计的电平转换芯片，使用+5V 单电源供电。MAX232 的引脚如图 6.24 所示，内部结构如图 6.25 所示。其中，T1IN、T2IN 为两路 TTL/CMOS 电平输入端，T1OUT、T2OUT 为转换后两路 RS-232C 电平输出端；R1IN、R2IN 为两路 RS-232C 电平输入端，R1OUT、R2OUT 为转换后两路 TTL/CMOS 电平输出端，图 6.25 中 C1～C5 均为 1μF 的电容。由图 6.25 可知，一个 MAX232 芯片可完成两路 TTL-MAX232 双向电平转换，使用非常方便。

RS-232C 标准共定义了 25 根信号线，通过 25 芯接口连接。微机串行异步通信中常用的有 9 根，通过 9 芯接口连接。9 芯接口信号名称、引脚号及信号方向如表 6.2 所示。

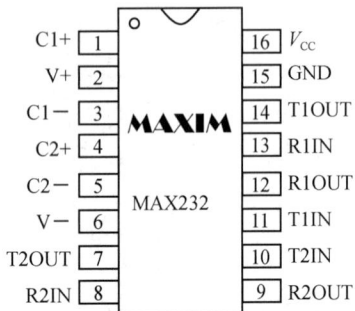

图 6.24 MAX232 引脚

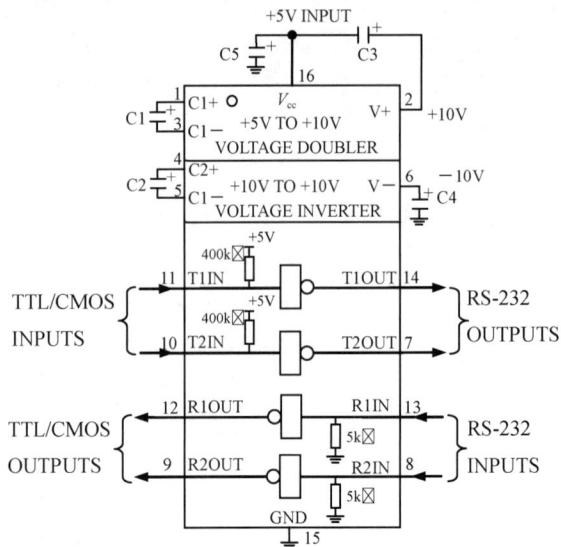

图 6.25 MAX232 内部结构

表 6.2 RS-232C 标准信号名称、引脚号及信号方向

引脚号	信号名称	信号方向
1	载波检测(DCD)	DCE→DTE
2	接收数据线(RXD)	DCE→DTE
3	发送数据线(TXD)	DTE → DCE
4	数据终端设备就绪(DTR)	DTE → DCE
5	地线(GND)	
6	数据设备就绪(DSR)	DCE→DTE
7	请求发送(RTS)	DTE → DCE
8	允许发送(CTS)	DCE→DTE
9	振铃指示(RI)	DCE→DTE

连接器外形及信号线分配如图 6.26 所示。近距离通信时可把发送数据线 TXD 与接收数据线 RXD 直接连接进行双机通信,远距离通信需在两者之间增加调制解调器。

3) RS-485 标准

RS-485 接口是广泛用于工业自动化、远程数据采集等领域的一种串行数据通信接口标准。它采用差分信号传送,通信稳定可靠。差分信号由两条互补的信号线组成,逻辑电平通过两线之间的电压差表示,两线之间电压差

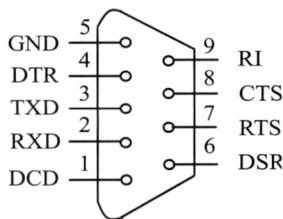

图 6.26 DB-9 型连接器外形及信号线分配

+2～6V 表示逻辑"1",-2～-6V 表示逻辑"0";采用双绞线或四线电缆进行数据传送,支持多点连接,多个设备可以通过一条电缆线进行通信。电缆线长度可达到数千米。总线上最多可连接 128 个设备,支持热插拔,可以在通电情况时把设备连接或断开。

RS-485 接口支持半双工和全双工两种通信制式。它支持多种波特率设置，数据传送速率可达 10Mb/s。RS-485 接口支持 Modbus、CAN 等多种通信协议；支持星型、总线型和树型等多种网络拓扑结构，用户可根据实际情况进行选择；具备 CRC 循环冗余校验、奇偶校验等错误检测机制和纠错功能。

6.3.2　51 系列单片机串行接口的功能与结构

1．功能

51 系列单片机具有一个全双工的串行异步通信接口，可以同时发送、接收数据。发送、接收数据可通过查询或中断方式来处理，使用十分灵活，能方便地与其他计算机或串行传送信息的外部设备(如串行打印机、CRT 终端)实现双机、多机通信。51 系列单片机串行口有 4 种工作方式，分别是方式 0、方式 1、方式 2 和方式 3。

(1)　方式 0，称为同步移位寄存器方式，一般用于外接移位寄存器芯片扩展 I/O 接口。

(2)　方式 1，称为 8 位的异步通信方式，通常用于双机通信。

(3)　方式 2 和方式 3，称为 9 位的异步通信方式，通常用于多机通信。

不同的工作方式，其波特率也不一样，方式 0 和方式 2 的波特率直接由系统时钟产生，方式 1 和方式 3 的波特率由定时/计数器 T1 的溢出率决定。

2．结构

MCS-51 单片机串行口主要由发送数据寄存器、发送控制器、输出控制门、接收数据寄存器、接收控制器、输入移位寄存器等组成，它的结构如图 6.27 所示。

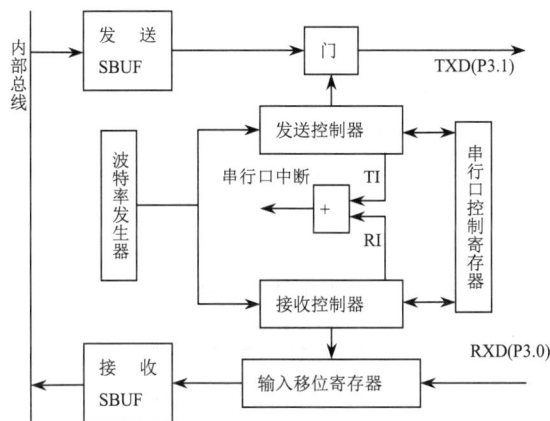

图 6.27　MCS-51 单片机串行口的结构框图

从用户使用的角度看，它由 3 个特殊功能寄存器组成：发送数据寄存器和接收数据寄存器合起来用一个特殊功能寄存器 SBUF(串行口数据寄存器)以及串行口控制寄存器(SCON)和电源控制寄存器(PCON)。

串行口数据寄存器 SBUF，字节地址为 99H，实际对应两个寄存器，即发送数据寄存器和接收数据寄存器。当 CPU 向 SBUF 写数据时对应的是发送数据寄存器，当 CPU 读 SBUF 时对应的是接收数据寄存器。

发送数据时，当执行一条向 SBUF 写入数据的指令时，把数据写入串行口发送数据寄存器，就启动了发送过程。在发送时钟的控制下，先发送一个低电平的起始位，接着把发送数据寄存器中的内容按低位在前、高位在后的顺序一位一位地发送出去，最后发送一个高电平的停止位。一个字符发送完毕，串行口控制寄存器中的发送中断标志位 TI 置位。对于方式 2 和方式 3，当发送完数据位后，还要把串行口控制寄存器 SCON 中的 TB8 位发送出去后才发送停止位。

接收数据时，串行数据的接收受到串口控制寄存器 SCON 中的允许接收位 REN 的控制。当 REN 位置 1，接收控制器就开始工作，对接收数据线进行采样，当采集的样本中有从"1"到"0"的负跳变时，接收控制器开始接收数据。接收的前 8 位数据依次移入输入移位寄存器，接收的第 9 位数据置入串口控制寄存器的 RB8 位中。如果接收有效，则输入移位寄存器中的数据置入接收数据寄存器中，同时控制寄存器中的接收中断位 RI 置 1，通知 CPU 来取数据。

3. 串行口控制寄存器

串行口控制寄存器(SCON)是一个特殊功能寄存器。它的字节地址为 98H，可以进行位寻址，位地址为 98H～9FH。SCON 用于定义串行口的工作方式，进行接收和发送控制，以及监控串行口的工作过程。它的格式如图 6.28 所示。

	D7	D6	D5	D4	D3	D2	D1	D0
98H	SM0	SM1	SM2	REN	TB8	RB8	TI	RI

图 6.28　串行口控制寄存器 SCON 的格式

其中各二进制位的含义说明如下。

SM0、SM1 为串行口工作方式选择位。用于选择 4 种工作方式，选择情况如表 6.3 所示。表中 f_{osc} 为单片机的时钟频率。

表 6.3　串行口工作方式的选择

SM0	SM1	方　式	功　能	波 特 率
0	0	方式 0	移位寄存器方式	$f_{osc}/12$
0	1	方式 1	8 位异步通信方式	可变
1	0	方式 2	9 位异步通信方式	$f_{osc}/32$ 或 $f_{osc}/64$
1	1	方式 3	9 位异步通信方式	可变

SM2 为多机通信控制位。在方式 2 和方式 3 接收数据时，当 SM2=1 时，如果接收到的第 9 位数据(RB8)为"0"，则输入移位寄存器中接收的数据不能移入接收数据寄存器 SBUF，接收中断标志位 RI 不置"1"，接收无效；如果接收到的第 9 位数据(RB8)为"1"，则输入移位寄存器中接收的数据将移入接收数据寄存器 SBUF，接收中断标志位 RI 置"1"，接收才有效；当 SM2=0 时，无论接收到的数据第 9 位(RB8)是"1"还是"0"，输入移位寄存器中接收的数据都将移入接收数据寄存器 SBUF，同时接收中断标志位 RI 置"1"，接收都有效。

方式 1 时，若 SM2=1，则只有接收到有效的停止位，接收才有效。

方式 0 时，SM2 位必须为 0。

REN 为允许接收控制位。当 REN=1，则允许接收；当 REN=0，则禁止接收。

TB8 为发送数据的第 9 位。在方式 2 和方式 3 中，TB8 中为发送数据的第 9 位。它可以用来作为奇偶校验位。在多机通信中，它常常用来表示主机发送的是地址还是数据：TB8=0 为数据，TB8=1 为地址。该位可以由软件置"1"或清"0"。

RB8 为接收数据的第 9 位。在方式 2 和方式 3 中，RB8 用于存放接收数据的第 9 位。在方式 1 时，若 SM2=0，则 RB8 为接收到的停止位。在方式 0 时，不使用 RB8。

TI 为发送中断标志位。在一组数据发送完后被硬件置位。在方式 0 时，当发送数据第 8 位结束后，由内部硬件使 TI 置位；在方式 1、方式 2、方式 3 时，在停止位开始发送时由硬件置位。TI 置位，标志着上一个数据发送完毕，告诉 CPU 可以通过串口发送下一个数据了。在 CPU 响应中断后，TI 不能自动清零，必须用软件清零。此外，TI 可供查询使用。

RI 为接收中断标志位。当数据接收有效后由硬件置位。在方式 0 时，当接收数据的第 8 位结束后，由内部硬件使 RI 置位。在方式 1、方式 2、方式 3 时，当接收有效，由硬件使 RI 置位。RI 置位，标志着一个数据已经接收到，通知 CPU 可以从接收数据寄存器来读取接收的数据了。对于 RI 标志，在 CPU 响应中断后，也不能自动清零，必须用软件清零。此外，RI 也可供查询使用。

另外，对于串口发送中断 TI 和接收中断 RI，无论哪个响应，都触发串口中断。到底是发送中断还是接收中断，只有在中断服务程序中通过软件来识别。

在系统复位时，SCON 的所有位都被清零。

4．电源控制寄存器

电源控制寄存器 PCON 是一个特殊功能寄存器，它主要用于电源控制。另外，PCON 中的最高位 SMOD，称为波特率加倍位，用于对串行口的波特率进行控制，它的格式如图 6.29 所示。

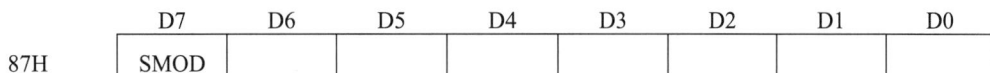

	D7	D6	D5	D4	D3	D2	D1	D0
87H	SMOD							

图 6.29　电源控制寄存器 PCON 的格式

当 SMOD 位为 1，则串行口方式 1、方式 2、方式 3 的波特率加倍。PCON 的字节地址为 87H，不能进行位寻址，只能按字节方式访问。

6.3.3　串行接口的工作方式

MCS-51 单片机的串行口有 4 种工作方式，由串行口控制寄存器 SCON 中的 SM0 位和 SM1 位决定。

1．方式 0

当 SM0 和 SM1 为 00 时，工作于方式 0。它通常用来外接移位寄存器，用来扩展 I/O 接口。方式 0 工作时波特率固定为 $f_{osc}/12$，串行数据通过 RXD 输入和输出，同步时钟通过 TXD 输出。发送和接收数据时低位在前，高位在后，长度为 8 位。

1）发送过程

在 TI=0 时，当 CPU 执行一条向 SBUF 写数据的指令时，如"MOV SBUF, A"，就启动了发送过程。经过一个机器周期，写入发送数据寄存器中的数据按低位在前、高位在后的顺序从 RXD 依次发送出去，同步时钟从 TXD 送出。8 位数据(一帧)发送完毕后，由硬件使发送中断标志 TI 置位，向 CPU 申请中断。如要再次发送数据，必须用软件将 TI 清零，并再次执行写 SBUF 指令。

2) 接收过程

在 RI=0 的条件下，将 REN(SCON.4)置"1"就启动一次接收过程。串行数据通过 RXD 接收，同步移位脉冲通过 TXD 输出。在移位脉冲的控制下，RXD 上的串行数据依次移入移位寄存器。当 8 位数据(一帧)全部移入移位寄存器后，接收控制器发出"装载 SBUF"的信号，将 8 位数据并行送入接收数据缓冲器 SBUF 中。同时，由硬件使接收中断标志 RI 置位，向 CPU 申请中断。CPU 响应中断后，从接收数据寄存器中取出数据，然后用软件使 RI 复位，使移位寄存器接收下一帧信息。

2. 方式 1

当 SM0 和 SM1 为 01 时，工作于方式 1。方式 1 为 8 位异步通信方式。在方式 1 下，一帧信息为 10 位：1 位起始位(0)，8 位数据位(低位在前)和 1 位停止位(1)。TXD 为发送数据端，RXD 为接收数据端。波特率可变，由定时/计数器 T1 的溢出率和电源控制寄存器 PCON 中的 SMOD 位决定，即

$$波特率 = 2^{SMOD} \times (T1 的溢出率) / 32$$

因此在方式 1 时，需对定时/计数器 T1 进行初始化。

1) 发送过程

在 TI=0 时，当 CPU 执行一条向 SBUF 写数据的指令时，如"MOV SBUF, A"，就启动了发送过程。数据由 TXD 引脚送出，发送时钟由定时/计数器 T1 送来的溢出信号经过 16 分频或 32 分频后得到。在发送时钟的作用下，先通过 TXD 端送出一个低电平的起始位，然后是 8 位数据(低位在前)，其后是一个高电平的停止位。当一帧数据发送完毕后，由硬件使发送中断标志 TI 置位，向 CPU 申请中断，完成一次发送过程。

2) 接收过程

当允许接收控制位 REN 被置 1，接收器就开始工作，由接收器以所选波特率的 16 倍速率对 RXD 引脚上的电平进行采样。当采样到从"1"到"0"的负跳变时，启动接收控制器开始接收数据。在接收移位脉冲的控制下依次把所接收的数据移入移位寄存器。当 8 位数据及停止位全部移入后，根据以下状态，进行响应操作。

(1) 如果 RI=0、SM2=0，接收控制器发出"装载 SBUF"的信号，将输入移位寄存器中的 8 位数据装入接收数据寄存器 SBUF 中，停止位装入 RB8 中，并置 RI=1，向 CPU 申请中断。

(2) 如果 RI=0、SM2=1，那么只有停止位为"1"才发生上述操作。

(3) RI=0、SM2=1 且停止位为"0"，所接收的数据不装入 SBUF，数据将会丢失。

(4) 如果 RI=1，则所接收的数据在任何情况下都不装入 SBUF，即数据丢失。

无论出现哪种情况，接收控制器都将继续采样 RXD 引脚，以便接收下一帧信息。

3. 方式 2 和方式 3

方式 2 和方式 3 时都为 9 位异步通信接口。接收和发送一帧信息长度为 11 位，即 1 个低电平的起始位，9 位数据位，1 个高电平的停止位。发送的第 9 位数据放于 TB8 中，接收的第 9 位数据放于 RB8 中。TXD 为发送数据端，RXD 为接收数据端。方式 2 和方式

3 的区别在于波特率不一样，其中方式 2 的波特率只有两种，即 $f_{osc}/32$ 或 $f_{osc}/64$；方式 3 的波特率与方式 1 的波特率相同，由定时/计数器 T1 的溢出率和电源控制寄存器 PCON 中的 SMOD 位决定，即

$$波特率 = 2^{SMOD} \times (T1\ 的溢出率) / 32$$

在方式 3 时，也需要对定时/计数器 T1 进行初始化。

1) 发送过程

方式 2 和方式 3 发送的数据为 9 位，其中发送的第 9 位在 TB8 中。在启动发送之前，必须把要发送的第 9 位数据装入 SCON 寄存器中的 TB8 中。准备好 TB8 后，就可以通过向 SBUF 中写入发送的字符数据来启动发送过程，发送时前 8 位数据从发送数据寄存器中取得，发送的第 9 位从 TB8 中取得。一帧信息发送完毕，TI 位置 1。

2) 接收过程

方式 2 和方式 3 的接收过程与方式 1 类似。当 REN 位置 1 时也启动接收过程，所不同的是接收的第 9 位数据是发送过来的 TB8 位，而不是停止位，接收后存放到 SCON 的 RB8 中。对接收是否有判断也是用接收的第 9 位，而不是用停止位。其余情况与方式 1 相同。

6.3.4　串行接口的编程及应用

1. 串行口的初始化编程

MCS-51 串行口使用之前必须先对它进行初始化，设定串口的工作方式和波特率。初始化内容如下。

1) 串行口控制寄存器 SCON 位的确定

根据工作方式确定 SM0、SM1 位。对于方式 2 和方式 3 还要确定 SM2 位。如果是接收端，则允许接收位 REN 置 1；如果方式 2 和方式 3 发送数据，则应将发送数据的第 9 位写入 TB8 中。另外，初始化时，T1 位和 RI 位都应写入 0。

2) 设置波特率

对于方式 0，不需要对波特率进行设置。

对于方式 2，设置波特率仅需对 PCON 中的 SMOD 位进行设置。

对于方式 1 和方式 3，设置波特率不仅需对 PCON 中的 SMOD 位进行设置，还要对定时/计数器 T1 进行设置。这时定时/计数器 T1 一般工作于方式 2(8 位自动重置方式)，初值可由下面公式求得。

由于

$$波特率 = 2^{SMOD} \times (T1\ 的溢出率) / 32$$

则

$$T1\ 的溢出率 = 波特率 \times 32 / 2^{SMOD}$$

而 T1 工作于方式 2 的溢出率又可由下式表示，即

$$T1\ 的溢出率 = f_{osc} / [12 \times (256 - 初值)]$$

所以

$$T1\ 的初值 = 256 - f_{osc} \times 2^{SMOD} / (12 \times 波特率 \times 32)$$

2. 串行口的应用

MCS-51 单片机的串行口在实际使用中通常用于 3 种情况：利用方式 0 扩展并行 I/O 接口；利用方式 1 实现点对点的双机通信；利用方式 2 或方式 3 实现主从多机通信。

1) 利用方式 0 扩展并行 I/O 接口

MCS-51 单片机的串行口在方式 0 时，当外接一个串入并出的移位寄存器，就可以扩展并行输出口；当外接一个并入串出的移位寄存器时，就可以扩展并行输入口。

【例 6.9】 用 8051 单片机的串行口外接串入并出的芯片 74HC164 扩展并行输出口控制一组发光二极管，使发光二极管从右至左延时轮流显示。

74HC164 是一枚 8 位的串入并出的芯片，共 14 个引脚，如图 6.30 所示。

除了电源和地信号外，还有以下引脚。

A、B：串行数据输入端。

CLK：串行时钟信号输入端。

Q0～Q7：8 位数据并行输出端。

$\overline{MR}$：清零端，输入低电平时 74HC164 输出端清零；在

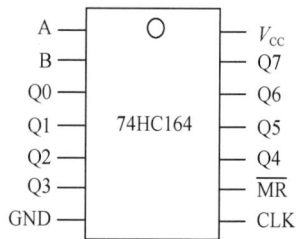

图 6.30 74HC164 引脚图

CLK=0，$\overline{MR}$=1 时，74HC164 保持原来的数据。

74HC164 和 51 系列单片机在 Proteus 中的连接如图 6.31 所示。其中：51 系列单片机串行口工作于方式 0 输出，74HC164 串行数据输入端 A、B 连在一起和 51 系列单片机方式 0 串行数据输出端 RXD 相接；串行时钟信号输入端 CLK 和 51 系列单片机的方式 0 同步时钟输出端 TXD 相连；74HC164 清零端 $\overline{MR}$ 连接电源 V_{CC}，并通过电容接地 GND，系统通电时产生一个负脉冲使 74HC164 复位。CLK 每来一个时钟，74HC164 从串行数据输入端接收一位，接收的数据按 Q7～Q0 顺序依次移入，并通过 Q7～Q0 的 8 位并行输出端输出，输出端连接 8 个发光二极管(LED-RED)，输出低电平亮。

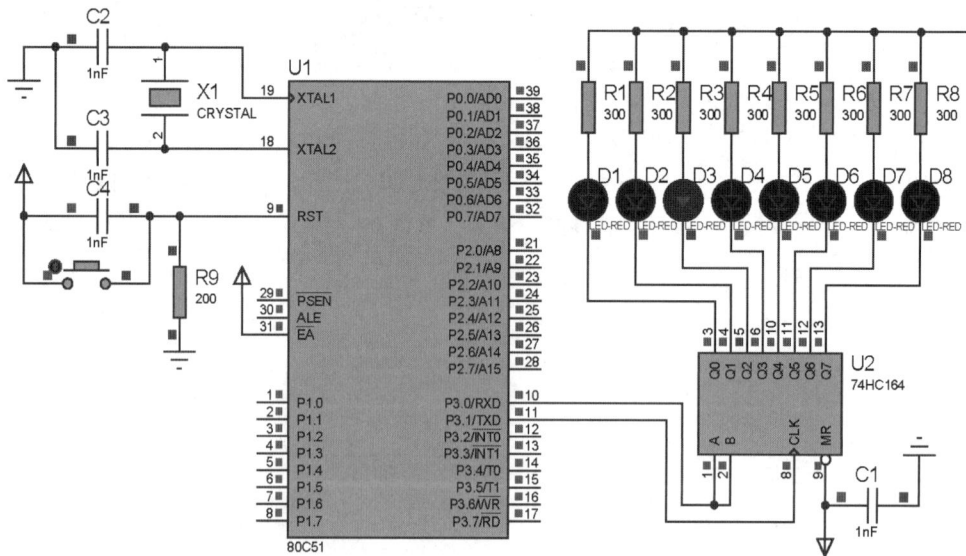

图 6.31 用 74HC164 扩展并行输出口

设串行口采用查询方式，显示的延时依靠调用延时子程序来实现。

汇编程序代码如下：

```
        ORG  0000H
        LJMP MAIN

        ORG  0100H
MAIN:   MOV  SCON,#00H  ;串口初始化方式 0
        MOV  A,#0FEH
START:  MOV  SBUF,A     ;51 系列单片机串口发送
LOOP:   JNB  TI,LOOP    ;等待发送
        ACALL DELAY     ;延时
        CLR  TI
        RL   A          ;循环移位改变显示内容
        SJMP START
DELAY:  MOV  R7,#80H    ;延时子程序
LOOP2:  MOV  R6,#0FFH
LOOP1:  DJNZ R6,LOOP1
        DJNZ R7,LOOP2
        RET
        END
```

C51 程序代码如下：

```
#include <reg51.h>            //包含特殊功能寄存器库
#include <intrins.h>          //包含内部函数
void main()
{
    unsigned char i;
    unsigned int j;
    SCON=0x00;                        //串口初始化方式 0
    i=0xFE;
    for (; ;)
      {
        SBUF=i;                    //51 系列单片机串口发送
        while (!TI) { ;}           //等待发送
        TI=0;
        for (j=0;j<=20000;j++) {_nop_();}       //延时
        i=_crol_(i,1);                          //改变显示内容
      }
}
```

在 Proteus 中，向单片机添加程序，运行仿真后从 74HC164 并行输出端可以看到流水灯的变化，实现了并行输出口扩展。

【例 6.10】用 8051 单片机的串行口外接并入串出的芯片 74HC165 扩展 8 位并行输入口，输入一组开关的状态，并通过二极管显示出来。

74HC165 是一块 8 位并入串出的芯片，共 16 个引脚，如图 6.32 所示。

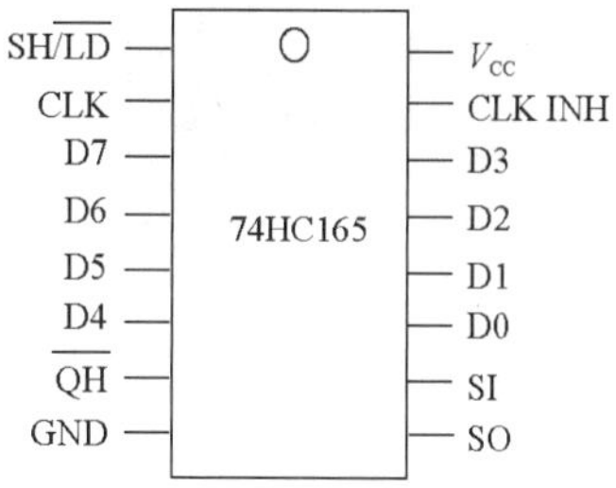

图 6.32 74HC165 引脚图

除了电源和地信号外，还有以下引脚。

D7～D0: 8 位并行输入端。

SI: 串行数据输入端。

SO、$\overline{QH}$: 串行数据同相、反相输出端。

CLK: 串行时钟信号输入端。

CLK INH: 串行时钟允许输入端，当它为低电平时，允许 CLK 时钟输入。

SH/$\overline{LD}$: 串出/并入方式控制输入端，SH/$\overline{LD}$=1，允许串行输出，SH/$\overline{LD}$=0 允许并行置入。

74HC165 的工作过程一般如下: ①使控制端 SH/$\overline{LD}$=0，8 位并行数据置入到内部的寄存器; ②使控制端 SH/$\overline{LD}$=1，在时钟信号 CLK 的控制下，内部寄存器的内容按 D7～D0 的顺序从串行输出端依次输出。

74HC165 和 51 系列单片机在 Proteus 中的连接如图 6.33 所示。其中: 51 系列单片机串行口工作于方式 0 输入，74HC165 串行数据输出端 SO 和 51 系列单片机方式 0 串行数据输入端 RXD 相接; 串行时钟信号输入端 CLK 和 51 系列单片机方式 0 同步时钟输出端 TXD 相连; 74HC165 串行时钟允许输入端 CLK INH 接地; 串出/并入方式控制输入端 SH/$\overline{LD}$ 接 8051 单片机 P2.0，P2.0 输出低电平，74HC165 并行置入，P2.0 输出高电平，74HC165 串行输出。8 位并行输入端 D7～D0 接 8 个开关(DIPSWC-8)并行输入。扩展并口输入的内容通过 51 系列单片机的 P1 口接的 8 个发光二极管(LED-BARGRAPH-RED)输出显示。

串行口方式 0 数据的接收，用 SCON 寄存器中的 REN 位来控制，采用查询 RI 的方式来判断数据是否输入。

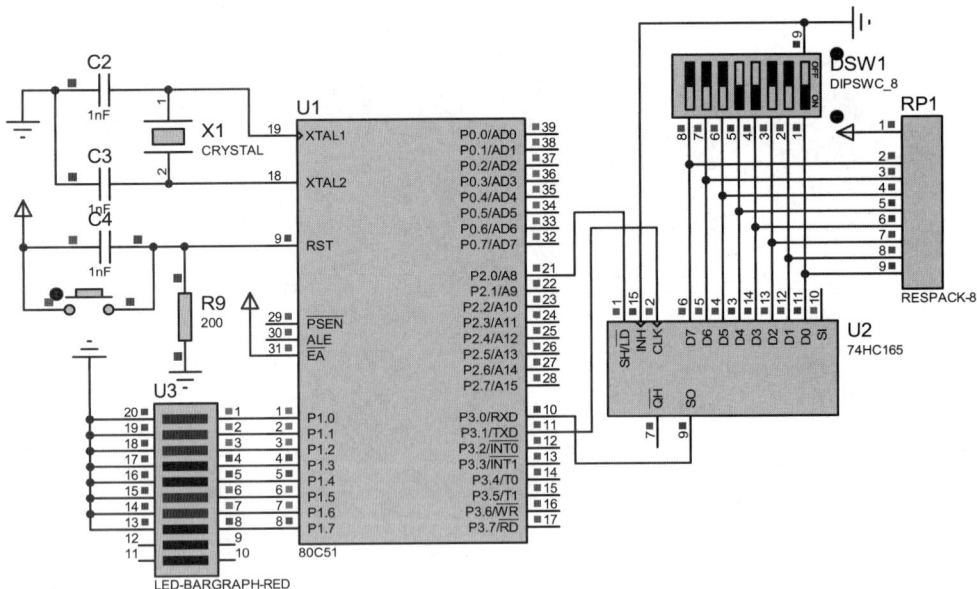

图 6.33 用 74HC165 扩展并行输入口

汇编程序代码如下:

```
ORG    0000H
```

```
            LJMP   MAIN

            ORG    0100H
MAIN:       CLR    P2.0        ;74HC165 并入
            NOP
            NOP
            NOP
            SETB   P2.0        ;74HC165 串出
            NOP
            NOP
            NOP
            MOV    SCON,#10H   ;串口初始化方式 0，允许接收
LOOP:       JNB    RI,LOOP     ;接收
            CLR    RI
            MOV    A,SBUF
            MOV    P1,A        ;送 P1 口显示
            SJMP   MAIN
            END
```

C51 程序代码如下：

```
#include  <reg51.h>       //包含特殊功能寄存器库
#include  <intrins.h>     //包含内部函数库
sbit  P2_0=P2^0;
void  main()
{
    unsigned  char  i;
    while(1)
    {
      P2_0=0;  _nop_(); _nop_(); _nop_(); //74HC165 并入
      P2_0=1;  _nop_(); _nop_(); _nop_(); //74HC165 串出
      SCON=0x10;                          //串口初始化方式 0，允许接收
      while (!RI) {;}                     //接收
      RI=0;
      i=SBUF;
      P1=i;                               //送 P1 口显示
    }
}
```

在 Proteus 中，向单片机添加程序，运行仿真后拨动 74HC165 并行输入端的开关，单片机 P1 口连接的发光二极管会亮或灭，实现了并行输入口扩展。

2)　利用方式 1 实现点对点的双机通信

要实现甲与乙两台单片机点对点的双机通信，其线路只需将甲机的 TXD 与乙机的 RXD 相连，将甲机的 RXD 与乙机的 TXD 相连，地线与地线相连。软件方面选择相同的工作方式，并设置相同的波特率即可实现。

【例 6.11】设计双机通信系统。要求：甲机 P1 口开关的状态通过串行口发送到乙机，乙机接收后通过 P2 口的发光二极管显示；乙机 P1 口开关的状态发送到甲机，甲机接收后通过 P2 口的发光二极管显示。

Proteus 中的硬件电路如图 6.34 所示，连接 P1 口的开关组为 DIPSWC-8，连接 P2 口的发光二极管组为 LED-BARGRAPH-RED，共 10 个发光二极管，用了其中 8 个，其余元

件与前面相同。

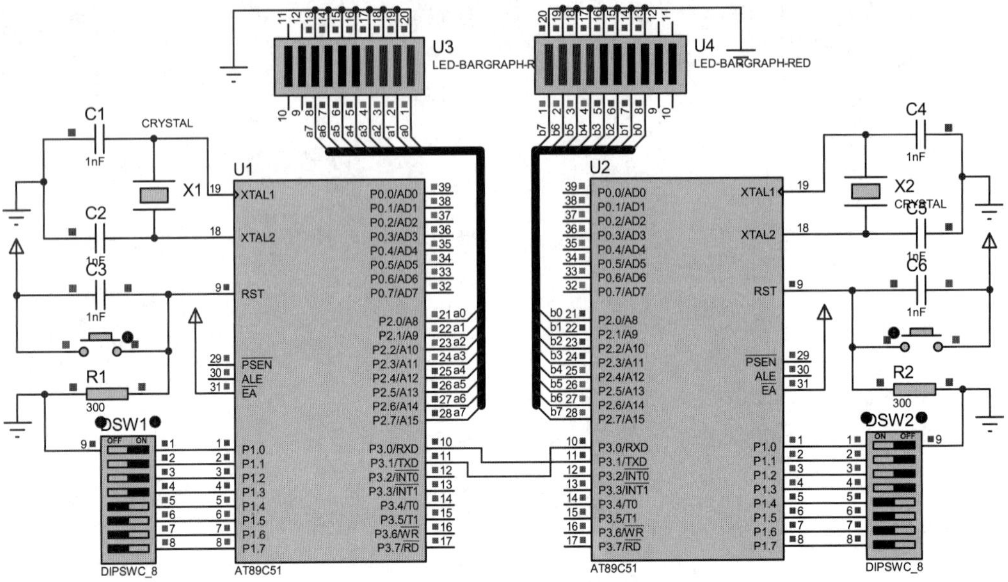

图 6.34　方式 1 双机通信线路图

分析：甲、乙两机的处理过程一样，程序相同。选择方式 1：8 位异步通信方式，波特率为 1200b/s，既要发送，又要接收，所以串口控制字为 50H。

由于选择的是方式 1，波特率由定时/计数器 T1 的溢出率和电源控制寄存器 PCON 中的 SMOD 位决定，则需对定时/计数器 T1 初始化。

设振荡频率为 12MHz，取 SMOD=0，波特率为 1200b/s，定时/计数器 T1 选择为方式 2，则初值为

$$初值 = 256 - f_{\text{osc}} \times 2^{\text{SMOD}} / (12 \times 波特率 \times 32)$$
$$= 256 - 12\,000\,000 / (12 \times 1200 \times 32) \approx 230 = \text{E6H}$$

根据要求，定时/计数器 T1 的方式控制字为 20H。

发送过程采用查询方式，在主程序中读取 P1 口开关状态，通过串口发送；接收过程采用中断方式，接收的内容送 P2 口，通过 P2 口的发光二极管显示。

汇编程序代码如下：

```
        ORG  0000H
        LJMP MAIN

        ORG  0023H
        LJMP INS

        ORG  0030H
MAIN:   MOV  SP,#60H
        MOV  SCON,#50H      ;串行口初始化
        MOV  TMOD,#20H
        MOV  TL1,#0E6H
        MOV  TH1,#0E6H
        SETB TR1
```

高等院校计算机教育系列教材

```
        SETB EA
        SETB ES
LP0:    MOV  P1,#0FFH
        MOV  A,P1
        MOV  SBUF,A          ;发送
LP1:    JNB  TI,LP1
        CLR  TI
        LJMP LP0
INS:    CLR  EA              ;接收
        CLR  RI
        MOV  A,SBUF
        MOV  P2,A
        SETB EA
        RETI
        END
```

C51 程序代码如下:

```
#include <reg51.h>
void main(void)
{
    unsigned char i;
    SP=0X60;
    SCON=0X50;                  //串行口初始化
    TMOD=0x20;
    TL1=0xe6;
    TH1=0xe6;
    TR1=1;
    EA=1;
    ES=1;
    while(1)                    //发送
    {
        P1=0XFF;
        i=P1;
        SBUF=i;
        while (TI==0);
        TI=0;
    }
}
void funins(void) interrupt 4    //接收
{
    EA=0;
    RI=0;
    P2=SBUF;
    EA=1;
}
```

3)　利用方式 2 或方式 3 实现主从多机通信

通过 51 系列单片机串行口能够实现一台主机与多台从机进行通信，主机和从机之间能够相互发送和接收信息。但从机与从机之间不能相互通信。

51 系列单片机串行口的方式 2 和方式 3 是 9 位异步通信。发送信息时，发送数据的第 9 位由 TB8 取得，接收信息的第 9 位放于 RB8 中，而接收是否有效要受 SM2 位的影响。

当 SM2=0 时，无论接收的 RB8 位是 0 还是 1，接收都有效，RI 都置 1；当 SM2=1 时，只有接收的 RB8 位等于 1 时，接收才有效，RI 才置 1。利用这个特性便可以实现多机通信。

多机通信时，主机每次都向从机发送两个字节信息，先发送从机的地址信息，再传送数据信息。处理时，地址信息的 TB8 位设为 1，数据信息的 TB8 位设为 0。

多机通信过程如下。

(1) 所有从机的 SM2 位开始都置为 1，都能够接收主机发送来的地址。

(2) 主机发送一帧地址信息，包含 8 位的从机地址，TB8 置 1，表示发送的为地址帧。

(3) 由于所有从机的 SM2 位都为 1，从机都能接收主机发送来的地址，从机接收到主机送来的地址后与本机地址相比较，若接收的地址与本机地址相同，则使 SM2 位置 0，准备接收主机送来的数据，如果不同，则不进行处理。

(4) 主机发送数据，发送数据时 TB8 置 0，表示为数据帧。

(5) 对于从机，由于主机发送的第 9 位 TB8 为 0，那么只有 SM2 位为 0 的从机可以接收主机发送来的数据。这样就实现主机从多台从机中选择一台进行通信了。

【例 6.12】设计多机通信系统。要求：1 台主机，16 台从机，从机地址为 00H～0FH。对于主机，能够根据 P1 口的 4 位拨码开关的编码状态从 16 个从机中选择一个，读取 P2 口的开关状态并从串口发送出去；对于从机，只有被选中的从机可以接收主机发送的开关状态，通过 P2 口的发光二极管显示。

Proteus 中的硬件电路如图 6.35 所示，这里只给出 3 个从机。U1 为主机，P1 口低 4 位接 4 位的拨码开关组(元件名称为 DIPSW_4)，用于选择通信的从机，P2 口接 8 位拨码开关组(元件名称为 DIPSWC_8)，产生发送的数据。U2、U4、U6 为从机，P1 口低 4 位接 4 位的拨码开关组，设定本机的地址，不同的从机地址不同，这 3 个从机地址依次设定为 00H～02H，P2 口接发光二极管组(元件名称为 LED-BARGRAPH-RED)，显示接收的数据。

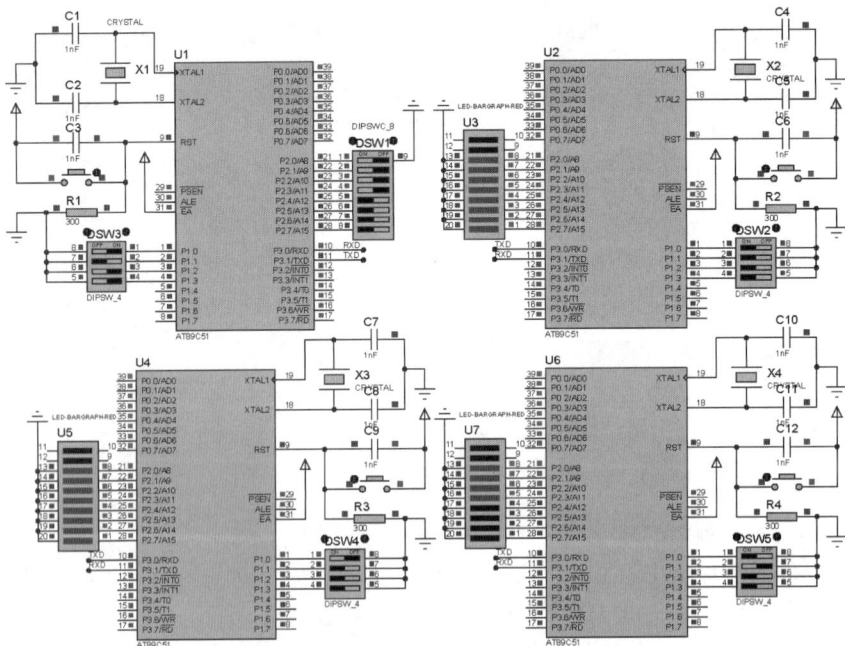

图 6.35 多机通信硬件线路

分析：主、从机选择方式 3：9 位异步通信方式，波特率为 2400b/s，主机发送，从机接收，主机的多机通信位设定为 0，从机的多机通信位开始都设定为 1，主机的串口控制字为 C0H，从机的串口控制字为 F0H，由于选择的是方式 3，波特率由定时/计数器 T1 的溢出率和电源控制寄存器 PCON 中的 SMOD 位决定，则需对定时/计数器 T1 初始化。

设振荡频率为 12MHz，取 SMOD=0，波特率为 2400b/s，定时/计数器 T1 选择为方式 2，则初值为

$$初值 = 256 - f_{osc} \times 2^{SMOD} /(12 \times 波特率 \times 32)$$
$$= 256 - 12\ 000\ 000 / (12 \times 2400 \times 32) \approx 243 = F3H$$

根据要求，定时/计数器 T1 的方式控制字为 20H。

主机与从机通信发送两个字节，第一个字节为地址，从 P1 口的低 4 位取得，发送时 TB8 置 1，表示发送的是地址，用于选择通信的从机；第二个字节为数据，从 P2 口取得，发送时 TB8 清零，表示发送的是数据。

所有从机都先接收主机发来的地址，接收后和 P1 口设定的本机地址进行比较，若接收的地址和本机地址不同，说明主机不与本从机通信，则 SM2 不清零，不允许接收数据；若接收的地址和本机地址相同，说明主机要与本从机通信，则 SM2 清零，允许接收数据，接收的数据通过 P2 口的发光二极管显示。

主、从机串口发送和接收过程都采用查询方式处理。

主机的汇编语言程序代码如下：

```
        ORG   0000H
        LJMP  MAIN

        ORG   0100H
MAIN:   MOV   SCON,#0C0H    ;串行口初始化
        MOV   TMOD,#20H
        MOV   TH1,#0F3H
        MOV   TL1,#0F3H
        SETB  TR1
LP0:    MOV   P1,#0FH
        MOV   A,P1          ;读取地址
        ANL   A,#0FH
        SETB  TB8
        MOV   SBUF,A        ;发送地址
LP1:    JNB   TI,LP1
        CLR   TI
        MOV   P2,#0FFH
        MOV   A,P2          ;读取数据
        CLR   TB8
        MOV   SBUF,A        ;发送数据
LP2:    JNB   TI,LP2
        CLR   TI
        LJMP  LP0
        END
```

从机的汇编语言程序代码如下：

```
        ORG   0000H
        LJMP  MAIN

        ORG   0100H
```

```
MAIN:    MOV   SCON,#0F0H     ;串行口初始化
         MOV   TMOD,#20H
         MOV   TH1,#0F3H
         MOV   TL1,#0F3H
         SETB  TR1
LP0:     MOV   P1,#0FH
         MOV   A,P1           ;读取本机地址
         ANL   A,#0FH
         MOV   B,A
LP1:     JNB   RI,LP1         ;接收地址
         CLR   RI
         MOV   A,SBUF
         CJNE  A,B,NEXT       ;如果和本机地址相同,则接收数据
         CLR   SM2
LP2:     JNB   RI,LP2
         CLR   RI
         MOV   A,SBUF
         MOV   P2,A           ;送 P2 口显示
NEXT:    LJMP  LP0
         END
```

主机的 C51 程序代码如下:

```
#include  <reg51.h>
void  main(void)
{
    unsigned  char  i;
    SCON=0XC0;                 //串行口初始化
    TMOD=0x20;
    TL1=0xF3;
    TH1=0xF3;
    TR1=1;
    while(1)
    {
        P1=0X0F;
        i=P1;                  //读取地址
        i=i&0X0F;
        TB8=1;
        SBUF=i;                //发送地址
        while (TI==0);
        TI=0;
        P2=0XFF;
        i=P2;                  //读取数据
        TB8=0;
        SBUF=i;                //发送数据
        while (TI==0);
        TI=0;
    }
}
```

从机的 C51 程序代码如下:

```
#include  <reg51.h>
void  main(void)
{
```

```
    unsigned   char   i,j,k;
    SCON=0XF0;                    //串行口初始化
    TMOD=0x20;
    TL1=0xF3;
    TH1=0xF3;
    TR1=1;
    while(1)
    {
        P1=0X0F;
        i=P1;                     //读取本机地址
        i=i&0X0F;
        while (RI==0);            //接收地址
        RI=0;
        j=SBUF;
        if  (j==i)               //如果和本机地址相同, 则接收数据
        {
            SM2=0;
            while (RI==0);
            RI=0;
            k=SBUF;
            P2=k;                //送 P2 口显示
        }
    }
}
```

在 Proteus 中, 主机添加主机程序, 从机添加从机程序, 运行仿真后拨动主机 P1 口的开关选择从机, 被选中的从机可接收主机发送过来的 P2 口状态, 通过本机 P2 口连接的发光二极管显示。

4)　51 系列单片机与微型计算机之间串行通信

单片机与计算机之间的通信应用非常广泛。在工业控制系统中, 一般用单片机作为终端(下位机), 对被控设备进行数据监测和控制, 用微型计算机(上位机)进行数据处理, 单片机与微型计算机之间通过串口进行通信。当单片机监测到被控设备的数据后, 通过串口把数据传送到计算机, 计算机处理后, 再通过串口把命令传送到终端的单片机, 控制被控设备进行相应的动作。微型计算机上一般配置了 9 针的 RS-232 标准串行接口, 输入/输出为 RS-232 电平, 因此, 单片机和微型计算机串行通信时, 需要 RS-232 电平转换接口把 TTL 电平转换成 RS-232 电平才能与微型计算机上的 9 针 RS-232 标准串行接口相连。

【例 6.13】设计 51 系列单片机与微型计算机串行通信系统。要求: 微型计算机通过串行接口向 51 系列单片机发送数据, 51 系列单片机接收后再通过串口把接收的数据发送给微型计算机。

Proteus 中的硬件电路如图 6.36 所示。51 系列单片机与微型计算机连接的串行接口由 Proteus 中的 COMPIM 器件仿真, COMPIM 器件为 9 针接口, 而且其内部带电平转换, 可以不用再添加 MAX232 接口进行电平转换, COMPIM 的 RXD 和 TXD 与单片机的 RXD 和 TXD 直接相连; 图 6.36 中用了两个串口虚拟终端, 用来观察串行数据线上传送的串行数据, 其中, VT1 的 RXD 接串行数据线 RXD, 用于观察微型计算机串口发送给单片机的数据, VT2 的 RXD 接串行数据线 TXD, 用于观察单片机串口发送给微型计算机的数据。

分析: 51 系列单片机串口选择方式 1: 8 位异步通信方式, 波特率为 9600b/s, 既要发送, 又要接收, 所以串口控制字为 50H。

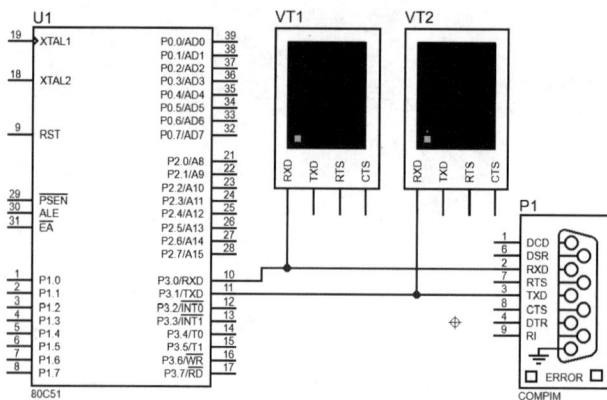

图 6.36 51 系列单片机与微型计算机串行通信硬件线路

由于选择的是方式 1，波特率由定时/计数器 T1 的溢出率和电源控制寄存器 PCON 中的 SMOD 位决定，则需对定时/计数器 T1 进行初始化。

振荡频率设为 11.0592MHz，取 SMOD=0，波特率为 9600b/s，定时/计数器 T1 选择为方式 2，方式控制字为 20H，初值计算为

$$初值 = 256 - f_{osc} \times 2^{SMOD} / (12 \times 波特率 \times 32)$$
$$= 256 - 11\,059\,200 / (12 \times 9600 \times 32) = 253 = FDH$$

串口接收和发送过程采用查询方式。程序中，先对串口初始化，设置方式和波特率，然后进入死循环，在循环体中检查接收中断标志 RI，RI=1，串口接收到数据，从串口接收数据寄存器中读取数据，然后再把读取的数据送串口发送数据寄存器发送出去。

汇编程序代码如下:

```
        ORG  0000H
        LJMP MAIN

        ORG  0100H
MAIN:   MOV  SCON,#50H      ;串行口初始化
        MOV  PCON,#00H
        MOV  TMOD,#20H
        MOV  TL1,#0FDH
        MOV  TH1,#0FDH
        SETB TR1
LP0:    JNB  RI,LP0
        CLR  TI
        MOV  A,SBUF
        MOV  SBUF,A
LP1:    JNB  TI,LP1
        CLR  RI
        LJMP LP0
        END
```

C51 程序代码如下:

```
#include <reg52.h>
#define uchar unsigned char
void main()
{
    uchar c;
```

```
    SCON = 0x50;
    TMOD = 0x20;
    PCON = 0x00;
    TH1 = 0xfd;
    TL1 = 0xfd;
    TR1 = 1;
    while(1)
    {
        if (RI==1)
        {
            RI = 0;
            c  = SBUF;
            SBUF = c;
            while(TI == 0);
            TI = 0;
        }
    }
}
```

　　另外，为了仿真微型计算机串行口发送和接收数据，下载虚拟串口驱动软件，安装了虚拟串行端口，使用了串口调试助手，通过串行调试助手向单片机发送数据，接收单片机串口发送过来的数据并显示。

　　虚拟串口驱动软件界面如图 6.37 所示，左侧导航栏中显示计算机串行端口为 1 个物理端口(Physical ports)COM1，0 个虚拟端口(Virtual ports)和 0 个其他虚拟端口(Other virtual ports)，在 Proteus 中不能使用物理端口，需要建立一对虚拟串口，在"端口一"下拉列表框中选择 COM2 选项，在"端口二"下拉列表框中选择 COM3 选项，单击"添加端口"按钮，则在左侧导航栏中添加了一对虚拟端口 COM2 和 COM3，如图 6.38 所示。

图 6.37　虚拟串口驱动软件界面

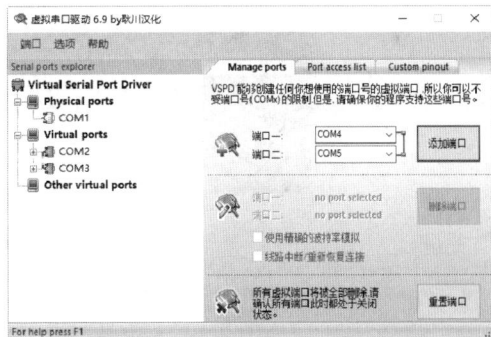

图 6.38　添加虚拟串口后的界面

　　这两个虚拟串口内部连接在一起。在计算机的设备管理器中可以看到相互连接情况，如图 6.39 所示。

　　仿真时要对 COMPIM 器件进行设置，在电路图中双击 COMPIM 器件，将弹出"编辑元件"对话框，将 Physical port 下拉列表框设置为 COM2，Physical Baud Rate 下拉列表框设置为 9600，与单片机设置一致，其他保持默认，这些默认值和串口方式 1 的数据格式相同，如图 6.40 所

图 6.39　设备管理器中的虚拟串口

示。打开串口调试助手,设置"串口"为 COM3,其他设置保持默认,如图 6.41 所示。

图 6.40　COMPIM 器件设置

图 6.41　串口调试助手设置

添加程序并仿真运行,仿真结果如图 6.42 所示。在串口调试助手下方窗格中通过串口 COM3 发送数据字符"123456789",COMPIM 器件通过串口 COM2 接收后在串口虚拟终端 VT1 显示为 123456789,51 系列单片机通过串口接收后又从串口发送,通过 COMPIM 器件送出,串口调试助手接收,虚拟终端 VT2 显示的是送出数据,这里可以看出 51 系列单片机串口接收的就是微型计算机通过串口调试助手送来的数据;串口调试助手上方接收窗格中显示的是其接收的数据,这里可以看出微型计算机接收到 51 系列单片机送来的数据,实现了 51 系列单片机和微型计算机之间的相互通信。

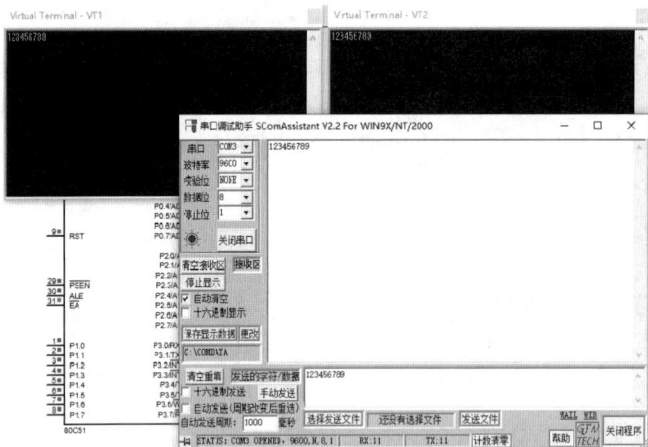

图 6.42　51 系列单片机和微型计算机相互通信结果

6.4　中　断　系　统

6.4.1　中断的基本概念

最初,中断只是作为 CPU 与外部设备交换信息的一种数据传送方式出现的,是为了解决 CPU 与外部设备查询方式传送数据效率低下而提出的。引入中断概念后，CPU 与外部设备可以同时工作，极大地提高了系统效率。随着相关技术的逐步完善，中断已不仅仅局限于数据交换这一领域，而成为现代计算机必备的重要功能部件和处理方法，实时控制、故障处理常常通过中断来实现。

1. 中断的概念

什么是中断？在计算机程序执行过程中，由于计算机内、外部的原因或软硬件的原因，其先向 CPU 发送一个请求信号，使 CPU 从当前正在执行的程序中暂停下来，而自动转去执行预先安排好的为处理该原因所对应的服务程序。执行完服务程序后，再返回被暂停的位置继续执行原来的程序，这个过程称为中断。实现中断的硬件系统和软件系统称为中断系统。中断过程如图 6.43 所示。

从图 6.43 中可以看出，中断过程与子程序调用过程有些相似，但要注意中断的处理过程和子程序调用过程完全不同：子程序调用是程序员根据需要事先在程序中安排子程序调用指令，完全受用户控制；子程序和当前的程序段紧密相关，否则就没有意义；当 CPU 执行到调用指令时，就转去子程序执行，是纯软件处理。而在中断的处理过程中，中断请求可能由用户提出，也可能由外部设备触发，还可能是计算机处理过程中产生意外；中断事件往往和 CPU 当前正在执行的指令没有任何关系；发生的时间对 CPU 来说也不确定，可能发生在一个程序执行期间的任何时刻，是程序员无法预料的；中断的处理涉及软件和硬件两个方面，其过程比较复杂。

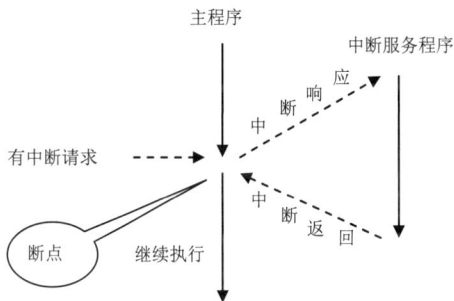

图 6.43　中断过程示意

2. 中断源

产生中断请求信号的事件、原因称为中断源。根据中断源产生的原因，中断可分为软件中断和硬件中断。当中断源请求 CPU 中断时，就通过软件或硬件的形式向 CPU 提出中断请求。对于一个中断源，中断请求信号产生一次，CPU 中断一次，不能出现中断请求产生一次，CPU 响应多次的情况。这就要求中断请求信号及时撤除。

3. 中断优先级

能产生中断的原因很多，当系统有多个中断源时，有时会出现几个中断源同时请求中断的情况，但 CPU 在某个时刻只能对一个中断源进行响应，那么应该响应哪一个请求呢？这就涉及中断优先权控制问题。在实际系统中，往往根据中断源的重要程度给不同的中断源设定优先等级。当多个中断源提出中断请求时，优先级高的先响应，优先级低的后响应。

4. 中断允许与中断屏蔽

当中断源提出中断请求，CPU 检测到后是否立即进行中断处理呢？结果不一定。CPU 要响应中断，还受到中断系统多个方面的控制，其中最主要的是中断允许和中断屏蔽的控制。如果某个中断源被系统设置为屏蔽状态，则无论中断请求是否提出，都不会响应；当中断源设置为允许状态，又提出了中断请求，则 CPU 才会响应。另外，当有高优先级中断正在响应时，也会屏蔽同级中断和低优先级中断。

5．中断响应与中断返回

当 CPU 检测到中断源提出的中断请求，且中断又处于允许状态，CPU 就会响应中断，进入中断响应过程。首先对当前的断点地址进行入栈保护，然后把中断服务程序的入口地址送给程序指针 PC，转移到中断服务程序，对于 51 系列单片机，在中断系统中设置了中断触发标志位，转移之前还会把相应的触发标志位置"1"。在中断服务程序中进行相应的中断处理。最后，用中断返回指令 RETI 返回断点位置，结束中断。在中断服务程序中往往还涉及现场保护和恢复现场以及其他处理。

6.4.2　51 系列单片机中断系统的结构

51 系列单片机中断系统的逻辑结构如图 6.44 所示，包含 5 个(或 6 个)硬件中断源，两级中断允许控制，两级中断优先级控制。

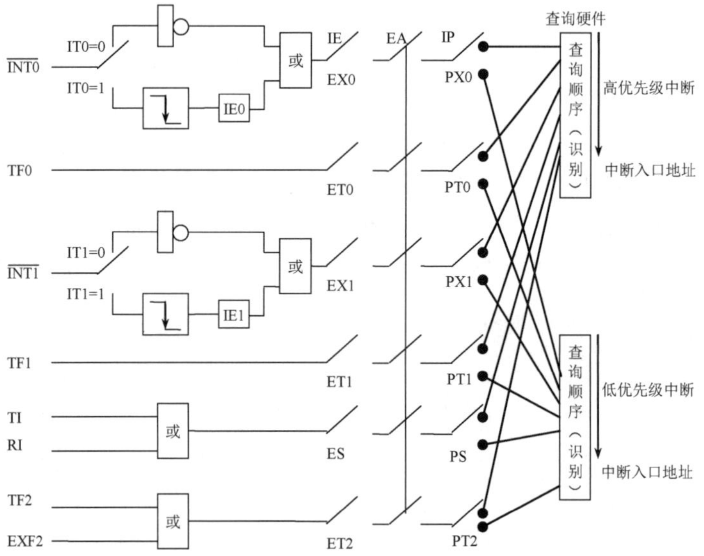

图 6.44　中断系统的逻辑结构

6.4.3　51 系列单片机的中断源

51 系列单片机没有软件中断，只有硬件中断。51 子系列有 5 个(52 子系列提供 6 个)中断源：两个外部中断源 $\overline{INT0}$(P3.2)和 $\overline{INT1}$(P3.3)；两个定时/计数器 T0 和 T1 的溢出中断 TF0 和 TF1；1 个串行口中断(TI 和 RI)。

1．外部中断 $\overline{INT0}$ 和 $\overline{INT1}$

外部中断源 $\overline{INT0}$ 和 $\overline{INT1}$ 的中断请求信号从外部引脚 P3.2 和 P3.3 输入，主要用于自动控制、实时处理、单片机掉电和设备故障的处理。

外部中断请求 $\overline{INT0}$ 和 $\overline{INT1}$ 有两种触发方式，即电平触发及跳变(边沿)触发。这两种触发方式可以通过对特殊功能寄存器 TCON 编程来选择。特殊功能寄存器 TCON 在定时/计数器中使用过，其中高 4 位用于定时/计数器控制，前面已介绍。低 4 位用于外部中断控制，格式如图 6.45 所示。

	D7	D6	D5	D4	D3	D2	D1	D0
(88H)	TF1	TR1	TF0	TR0	IE1	IT1	IE0	IT0

图 6.45 定时/计数器控制寄存器 TCON 的格式

IT0(IT1)：外部中断 0(或 1)触发方式控制位。IT0(或 IT1)被设置为 0，则选择外部中断为电平触发方式；IT0(或 IT1)被设置为 1，则选择外部中断为边沿触发方式。

IE0(IE1)：外部中断 0(或 1)的中断请求标志位。在电平触发方式时，CPU 在每个机器周期的 S5P2 采样 P3.2(或 P3.3)，若 P3.2(或 P3.3)引脚为高电平，则 IE0(IE1)清零，若 P3.2(或 P3.3)引脚为低电平，则 IE0(IE1)置 1，向 CPU 请求中断；在边沿触发方式时，若上一个机器周期采样到 P3.2(或 P3.3)引脚为高电平，下一个机器周期采样到 P3.2(或 P3.3)引脚为低电平时，则 IE0(IE1)置 1，向 CPU 请求中断。

在边沿触发方式时，CPU 在每个机器周期都采样 P3.2(或 P3.3)。为了保证检测到负跳变，输入 P3.2(或 P3.3)引脚上的高电平与低电平至少应保持 1 个机器周期。CPU 响应后能够由硬件自动将 IE0(IE1)清零。

对于电平触发方式，只要 P3.2(或 P3.3)引脚为低电平，IE0(IE1)就置 1，请求中断，CPU 响应后不能够由硬件自动将 IE0(IE1)清零。如果在中断服务程序返回时，P3.2(或 P3.3)引脚还为低电平，则又会中断，这样就会出现发出一次请求，中断多次的情况。为避免这种情况，只有在中断服务程序返回前撤销 P3.2(或 P3.3)的中断请求信号，即使 P3.2(或 P3.3)引脚为高电平。通常通过外加图 6.46 所示的外电路来实现，外部中断请求信号通过 D 触发器加到单片机 P3.2(或 P3.3)引脚上。当外部中断请求信号使 D 触发器的 CLK 端发生正跳变时，由于 D 端接地，Q 端输出 0，向单片机发出中断请求。CPU 响应中断后，利用一根 I/O 接口线 P1.0 作应答线。

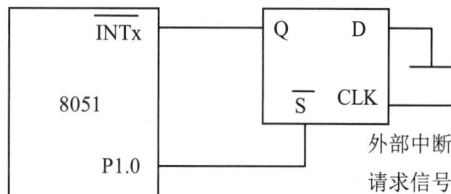

图 6.46 撤销外部中断的外电路

在中断服务程序中添加以下两条指令来撤销中断请求：

```
ANL  P1,#0FEH
ORL  P1,#01H
```

第一条指令使 P1.0 为 "0"，而 P1 口其他各位的状态不变。由于 P1.0 与 D 触发器直接置 "1" 端 $\overline{S}$ 相连，故 D 触发器置 "1"，撤销了中断请求信号。第二条指令将 P1.0 变成 "1"，从而 $\overline{S}$=1，使以后产生的新的外部中断请求信号又能向单片机申请中断了。

2. 定时/计数器 T0 和 T1 中断

当定时/计数器 T0(或 T1)溢出时，由硬件置 TF0(或 TF1)为 "1"，向 CPU 发送中断请求，当 CPU 响应中断后，将由硬件自动清除 TF0(或 TF1)。

3. 串行口中断

51 系列单片机的串行口中断对应两个中断标志位：串行口发送中断标志位 TI 和串行口接收中断标志位 RI。无论哪个标志位置"1"，都请求串行口中断。到底是发送中断 TI 还是接收中断 RI，只有在中断服务程序中通过指令查询来判断。串行口中断响应后，标志位不能由硬件自动清零，必须由软件清零。

6.4.4　51 系列单片机的两级中断允许控制

51 系列单片机有两级中断允许控制，第一级是中断的总体允许控制，当总体不允许时，所有的中断都将关闭。当总体控制允许时第二级允许控制才有意义。两级中断允许控制是由中断允许寄存器 IE 的各位来控制的。中断允许寄存器 IE 的字节地址为 A8H，可以进行位寻址，格式如图 6.47 所示。

	D7	D6	D5	D4	D3	D2	D1	D0
(A8H)	EA		ET2	ES	ET1	EX1	ET0	EX0

图 6.47　中断允许寄存器 IE 的格式

各项说明具体如下。

EA：中断总体允许控制位。

ET2：定时/计数器 T2 的溢出中断允许控制位，只用于 52 子系列，51 子系列无此位。

ES：串行口中断允许控制位。

ET1：定时/计数器 T1 的溢出中断允许控制位。

EX1：外部中断 $\overline{INT1}$ 的中断允许控制位。

ET0：定时/计数器 T0 的溢出中断允许控制位。

EX0：外部中断 $\overline{INT0}$ 的中断允许控制位。

如果置"1"，则允许相应的中断；如果清零，则禁止相应的中断。系统复位时，中断允许寄存器 IE 的内容为 00H，如果要开放某个中断源，则必须使 IE 中的总体允许控制位和对应的中断允许控制位置"1"。

6.4.5　51 系列单片机的两级中断优先级控制

51 系列单片机每个中断源的优先等级有两级，即高优先级和低优先级。通过中断优先级寄存器 IP 来设置。中断优先级寄存器 IP 的字节地址为 B8H，可以进行位寻址，格式如图 6.48 所示。

	D7	D6	D5	D4	D3	D2	D1	D0
(B8H)			PT2	PS	PT1	PX1	PT0	PX0

图 6.48　中断优先级寄存器 IP 的格式

各项说明具体如下。

PT2：定时/计数器 T2 的中断优先级控制位，只用于 52 子系列。

PS：串行口的中断优先级控制位。

PT1：定时/计数器 T1 的中断优先级控制位。

PX1：外部中断 $\overline{\text{INT1}}$ 的中断优先级控制位。

PT0：定时/计数器 T0 的中断优先级控制位。

PX0：外部中断 $\overline{\text{INT0}}$ 的中断优先级控制位。

如果某位被置"1"，则对应的中断源被设为高优先级；如果某位被清零，则对应的中断源被设为低优先级。对于同级中断源，系统有默认的优先权顺序，默认的优先权顺序如表 6.4 所示。

表 6.4　同级中断源的优先权顺序

中　断　源	优先权顺序
外部中断 0	最高
定时/计数器 T0 中断	
外部中断 1	
定时/计数器 T1 中断	
串行口中断	最低
定时/计数器 T2 中断	

通过中断优先级寄存器 IP 改变中断源的优先等级，可以实现两个方面的功能，即改变系统中断源默认的优先权顺序和实现二级中断嵌套。

通过设置中断优先级寄存器 IP，能够在一定程度上改变系统默认的优先权顺序。例如，要把外部中断 $\overline{\text{INT1}}$ 的中断优先级设为最高，其他的按系统默认的顺序，即：PX1 位设为 1，其余位设为 0，5 个中断源的优先权顺序就设置为 $\overline{\text{INT1}}$ → $\overline{\text{INT0}}$ →T0→T1→ES。但不能把优先权顺序设置为：T1→T0→ $\overline{\text{INT0}}$ → $\overline{\text{INT1}}$ →ES，因为如果定时/计数器 0 和定时/计数器 1 比外中断 0 优先权高，那么它们应设置为高优先级，这时它们的顺序又固定了，定时/计数器 0 比定时/计数器 1 优先权高。

通过用中断优先级寄存器组成的两级优先级，可以实现二级中断嵌套。对于中断优先级和中断嵌套，51 系列单片机有以下 3 条规定。

(1) 正在进行的中断过程不能被新的同级或低优先级的中断请求所中断，直到该中断服务程序结束，返回了主程序且执行了主程序中的一条指令后，CPU 才能响应新的中断请求。

(2) 正在进行的低优先级中断服务程序能被高优先级中断请求所中断，实现两级中断嵌套。

(3) CPU 同时接收到几个中断请求时，首先响应优先级最高的中断请求。

实际上，51 系列单片机对于两级优先级控制的处理是通过中断系统中的两个用户不可寻址的优先级状态触发位来实现的。这两个优先级状态触发位用来记录本级中断源是否正在中断。如果正在中断，则硬件自动将其优先级状态触发位置 1。若高优先级状态触发位置 1，则屏蔽所有后来的中断请求；若低优先级状态触发位置 1，则屏蔽所有后来的低优先级中断，允许高优先级中断形成二级嵌套。当中断响应结束返回时，对应的优先级状态触发位由硬件自动清零。

6.4.6　51 系列单片机的中断响应

1．中断响应的条件

51 系列单片机工作时，在每个机器周期的 S5P2 期间，对所有中断源按用户设置的优先级和内部规定的优先级进行顺序检测，并在 S6 期间找到所有有效的中断请求。如有中断请求，且满足下列条件，则在下一个机器周期的 S1 期间响应中断，否则丢弃中断采样的结果。

(1)　无同级或高级中断正在处理。

(2)　现行指令执行到最后一个机器周期且已结束。

(3)　若现行指令为 RETI 或访问 IE、IP 的指令时，执行完该指令且紧随其后的另一条指令也已执行完毕。

2．中断响应的过程

51 系列单片机响应中断后，由硬件自动执行以下功能操作。

(1)　根据中断请求源的优先级高低，对相应的优先级状态触发器置 1。

(2)　保护断点，即把程序计数器 PC 的内容压入堆栈保存。

(3)　清除内部硬件可清除的中断请求标志位(IE0、IE1、TF0、TF1)。

(4)　把被响应的中断服务程序入口地址送入 PC 中，从而转入相应的中断服务程序执行。各中断服务程序的入口地址如表 6.5 所示。

表 6.5　中断服务程序的入口地址

中　断　源	入口地址
外部中断 0	0003H
定时/计数器 0	000BH
外部中断 1	0013H
定时/计数器 1	001BH
串行口	0023H
定时/计数器 2(仅 52 子系列有)	002BH

3．中断响应时间

中断响应时间是指从 CPU 检测到中断请求信号到转入中断服务程序入口所需要的机器周期。了解中断响应时间对设计实时测控应用系统具有重要的指导意义。

51 系列单片机响应中断的最短时间为 3 个机器周期。若 CPU 检测到中断请求信号时正好是一条指令的最后一个机器周期，则无须等待就可以立即响应。所以，响应中断就是内部硬件执行一条长调用指令，需要两个机器周期，加上检测需要 1 个机器周期，共 3 个机器周期。

6.4.7　51 系列单片机中断系统应用举例

在 51 系列单片机中，不同的中断源所解决的问题不一样，在前面通过定时/计数器的例子和串行通信的例子已经介绍了这两种中断的应用，这里仅就外部中断的使用进行举例。

【例 6.14】 利用外部中断统计外部事件的次数。

已知外部事件发生一次产生一次单拍负脉冲，单拍负脉冲通过 51 系列单片机的外中断 $\overline{INT0}$ 输入，外部事件发生一次中断一次，执行一次中断服务程序，在中断服务程序对统计的计数器加 1 一次，则计数器中的值就是外部事件的次数。通过 P2 口的输出就可看到外部事件的次数。电路如图 6.49 所示。

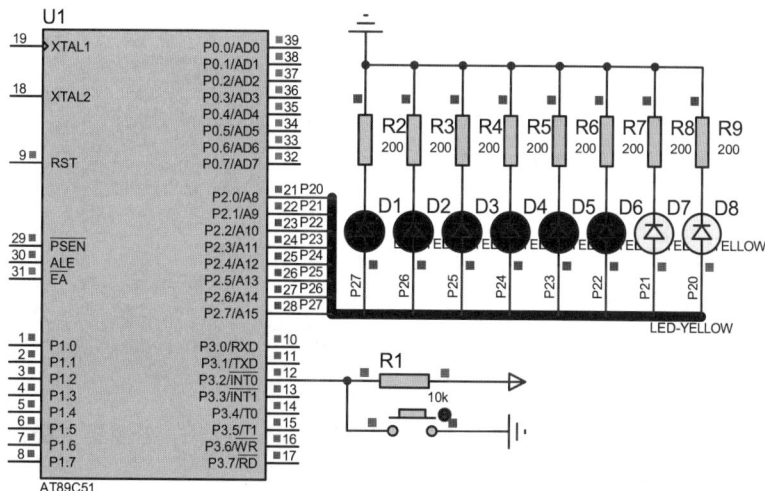

图 6.49　利用外部中断统计外部事件的次数电路

主程序中开放外中断 $\overline{INT0}$，设置为边沿触发方式。

汇编程序代码如下：

```
              ORG   0000H      ;复位地址
              LJMP  MAIN       ;转主程序


              ORG   0003H      ;外部中断 0 入口
              LJMP  INT_0      ;转中断服务功能程序


              ORG   0100H      ;主程序
MAIN:         SETB  EA         ;开总中断
              SETB  EX0        ;开外部中断 0
              SETB  IT0        ;设外部中断 0 为边沿触发方式，下降沿触发
              MOV   R3,#0      ;计数器清零
              MOV   P2,R3      ;送 P2 口输出
HERE:         SJMP  HERE       ;无其他任务，等待

              ORG   0200H      ;中断服务功能程序
INT_0:        CLR   EA         ;关中断
              PUSH  PSW        ;保护现场
              PUSH  ACC
              INC   R3         ;计数器加 1
              MOV   P2,R3      ;送 P2 口输出
              POP   ACC        ;恢复现场
```

```
        POP  PSW
        SETB EA              ;开中断
        RETI                 ;中断返回
        END
```

C51 程序代码如下:

```
#include<reg51.h>    //包含特殊功能寄存器库
#define uchar unsigned char
uchar a = 0x00;       //定义计数器,初值为0

void main(void)
{
    IE = 0x81;        //开总中断,开外部中断0
    IT0 = 1;          //设外部中断0为边沿触发方式,下降沿触发
    P2 =0;            //P2 口清零
    while(1);         //无其他任务,等待
}
void int0(void) interrupt 0   //外部中断0中断函数
{
    a += 1;           //计数器加1
    P2 = a;           //送 P2 口输出
}
```

【例 6.15】设计花样流水灯显示系统,利用外部中断统计按钮按下的次数,从多种流水灯样式中选择一种输出。

Proteus 中的硬件电路如图 6.50 所示。与图 6.49 类似,只是把按钮连接到 P3.3/$\overline{\text{INT1}}$。用外部中断 1 统计按钮按下的次数。

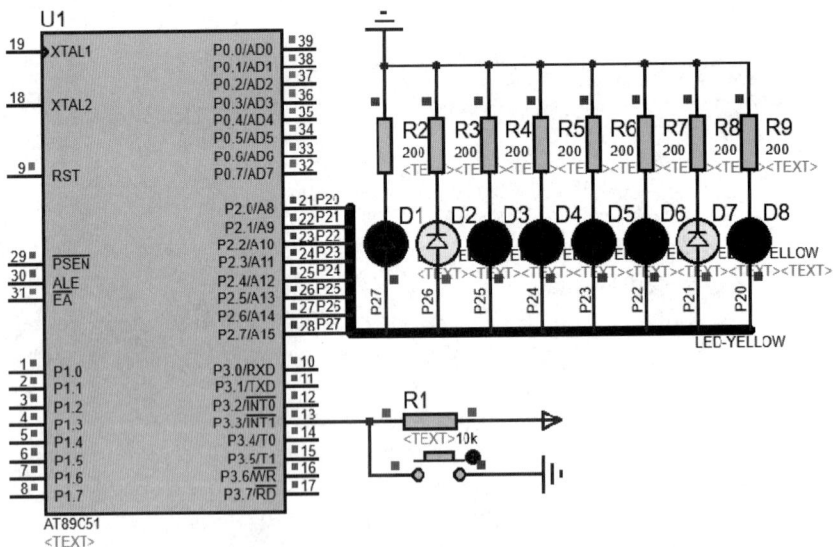

图 6.50　外部中断控制流水灯样式电路

流水灯样式的产生在 6.1 节已经介绍过,构造了 4 种流水灯样式,每种样式一个周期的输出编写成一个函数;编写了外部中断 1 的中断函数,在中断函数中利用软件计数器统计按钮按下的次数,在主函数中首先初始化,开放外部中断 1,选择边沿触发方式,然后

进入 while(1)，在循环体中根据软件计数器的值选择流水灯样式一个周期的输出。

C51 程序代码如下：

```c
#include<intrins.h>
#include<reg51.h>
#define uchar unsigned char
#define uint unsigned int
uchar keyval=0;              //按钮次数软件计数器
void mDelay(uint Delay)     //延时函数
{   uint i;
    for(;Delay > 0;Delay--)
        for(i = 0;i < 55;i++);
}
void lsd0(void)              //流水灯样式 0 函数
{
    uchar a,i;
    a = 0x01;
    for(i = 0;i < 8;i++)     //从右到左轮流显示，只点亮 1 个
    {
        P2 = a;             //输出
        mDelay(500);        //500ms 的延时
        a = _crol_(a,1);    //改变流水灯变化关系
    }
}
void lsd1(void)              //流水灯样式 1 函数
{
    uchar a,i;
    a = 0x80;
    for(i = 0;i < 8;i++)     //从左到右轮流显示，只点亮 1 个
    {
        P2 = a;             //输出
        mDelay(500);        //500ms 的延时
        a = _cror_(a,1);    //改变流水灯变化关系
        a|=0x80;
    }
}
void lsd2(void)              //流水灯样式 2 函数
{
    uchar i;
    uchar a[]={0x81,0x42,0x24,0x18,0x24,0x42}; //一次流水灯效果只有 6 个编码
    for(i = 0;i < 6;i++)
    {
        P2 = a[i];
        mDelay(500);        //500ms 的延时
    }
}
void lsd3(void)              //流水灯样式 3 函数
{
    uchar a,i;
    a=0xfe;
    for(i = 0;i < 8;i++)     //从右到左依次点亮 8 个发光二极管
    {
        P2 = ~a;
        mDelay(500);        //500ms 的延时
        a=a<<1;
```

```
    }
    a=0x80;
    for(i = 0;i < 8;i++)       //从左到右依次熄灭 8 个发光二极管
    {
        P2 = ~a;
        mDelay(500);           //500ms 的延时
        a=a>>1;a|=0x80;
    }
}
void main(void)
{
    keyval=0;
    IE = 0x84;                 //开总中断, 开外部中断 1
    IT1 = 1;                   //设外部中断 1 为边沿触发方式, 下降沿触发
    while(1)
    {
        switch(keyval)         //根据软件计数器选择流水灯样式
        {
            case 0:lsd0();break;
            case 1:lsd1();break;
            case 2:lsd2();break;
            case 3:lsd3();break;
            default: lsd0();
        }
    }
}
void int0(void) interrupt 2    //外部中断 1 中断函数
{
    keyval += 1;               //软件计数器加 1
    if (keyval==4) keyval = 0;
}
```

【例 6.16】用单片机设计一个十字路口交通灯模拟控制系统, 要求东西、南北两个方向都通行 20 s, 警告 3 s, 禁止 20 s, 同时要考虑到东西、南北两个方向出现异常情况, 出现异常情况时该方向通行 60 s。

Proteus 中的硬件电路如图 6.51 所示。

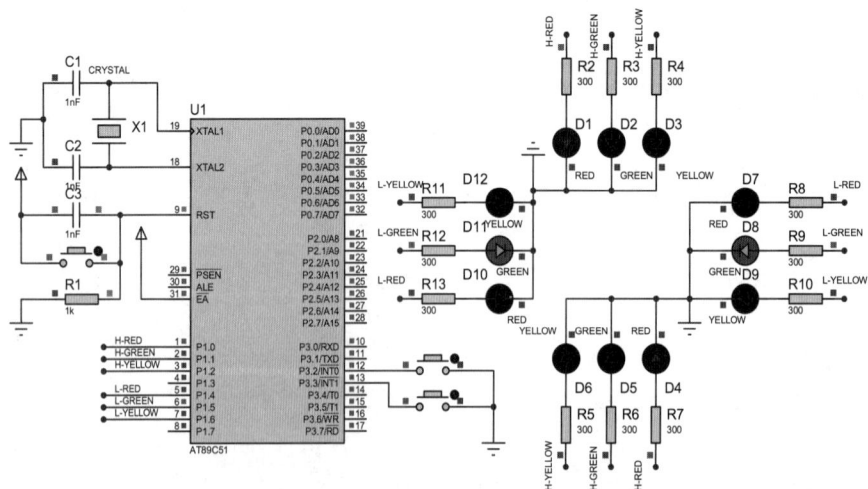

图 6.51　十字路口交通灯模拟控制电路

图 6.51 中用 12 只发光二极管模拟十字路口交通灯控制。每个路口设红(LED-RED)、绿(LED-GREEN)、黄(LED-YELLOW) 3 个发光二极管。南北方向的红、绿、黄发光二极管和 AT89C51 单片机的 P1.0、P1.1、P1.2 相连。东西方向的红、绿、黄发光二极管和 AT89C51 单片机的 P1.4、P1.5、P1.6 相连。因此，通过改变单片机 P1 口的输出编码就可以控制交通灯的输出状态；外部中断 0 和外部中断 1 连接开关(BUTTON)模拟异常发生。

交通灯正常运行时可分为以下 4 个状态。

状态 1：东西方向绿灯亮，南北方向红灯 20 s，状态编码为 00100001B(21H)；

状态 2：东西方向黄灯，南北方向红灯 3 s，状态编码为 01000001B(41H)；

状态 3：南北方向绿灯，东西方向红灯 20 s，状态编码为 00010010B(12H)；

状态 4：南北方向黄灯，东西方向红灯 3 s，状态编码为 00010100B(14H)。

异常情况分为以下两种。

东西方向发生异常时，东西通行，南北禁止，东西方向绿灯闪，南北方向红灯闪 60 s；

南北方向发生异常时，南北通行，东西禁止，南北方向绿灯闪，东西方向红灯闪 60 s；

闪烁通过亮一次灭一次实现。

主程序中实现交通灯正常运行过程，两种异常用外部中断 0 和外部中断 1 管理，外接开关模拟异常发生，在中断服务程序中实现异常处理，在主程序中开放外部中断 0 和外部中断 1，设置为边沿触发方式。时间单位采用 500 ms 信号，由定时/计数器 0 定时 50 ms，循环 10 次产生，定时/计数器 0 采用查询方式，主程序中设定定时/计数器 0 的工作方式为方式 1。

汇编程序代码如下：

```
        ORG     0000H
        LJMP    MAIN

        ORG     0003H
        LJMP    INT_0

        ORG     0013H
        LJMP    INT_1

        ORG     0030H
MAIN:   MOV     SP,#50H
        MOV     TMOD,#01H
        MOV     IE,#10000101B
        MOV     TCON,#00000101B
START:
        ;状态1，东西方向绿灯亮，南北方向红灯亮20 s
        MOV     P1,#00100001B
        MOV     R3,#40
L1:     LCALL   DEL500MS
        DJNZ    R3,L1
        ;状态2，东西方向黄灯亮，南北方向红灯亮3 s
        MOV     P1,#01000001B
        MOV     R3,#6
L2:     LCALL   DEL500MS
        DJNZ    R3,L2
        ;状态3，南北方向绿灯亮，东西方向红灯亮20 s
        MOV     P1,#00010010B
```

```
              MOV      R3,#40
L3:           LCALL    DEL500MS
              DJNZ     R3,L3
;状态 4，南北方向黄灯亮，东西方向红灯亮 3 s
              MOV      P1,#00010100B
              MOV      R3,#6
L4:           LCALL    DEL500MS
              DJNZ     R3,L4
              SJMP     START
;东西方向异常，东西方向绿灯闪，南北方向红灯闪 60 s
INT_0:
              MOV      A,P1
              PUSH     ACC
              MOV      B,R4
              MOV      R2,#60
LINT0:        MOVP1,#00100001B
              LCALL    DEL500MS
              MOV      P1,#00000000B
              LCALL    DEL500MS
              DJNZ     R2,LINT0
              MOV      R4,B
              POP      ACC
              MOV      P1,ACC
              RETI
;南北方向异常，南北方向绿灯闪，东西方向红灯闪 60 s
INT_1:
              MOV      A,P1
              PUSH     ACC
              MOV      B,R4
              MOV      R2,#60
LINT1:        MOV      P1,#00010010B
              LCALL    DEL500MS
              MOV      P1,#00000000B
              LCALL    DEL500MS
              DJNZ     R2,LINT1
              MOV      R4,B
              POP      ACC
              MOV      P1,ACC
              RETI
;延时 500 ms 子程序
DEL500MS:
              MOV      R4,#10
              MOV      TH0,#3CH
              MOV      TL0,#0B0H
              SETB     TR0
LP1:          JBCTF0,LP2
              SJMP     LP1
LP2:          MOVTH0,#3CH
              MOV      TL0,#0B0H
              DJNZ     R4,LP1
              RET
              END
```

C51 程序代码如下：

```
#include <reg51.h>
void delay500ms(unsigned char k);
void main(void)
{
    SP=0X60;
    TMOD=0x01;                      //初始化
    IE=0x85;
    TCON=0x05;
    while(1)
    {
        P1=0x21;                    //状态 1：东西方向绿灯亮，南北方向红灯亮 20 s
        delay500ms(40);
        P1=0x41;                    //状态 2：东西方向黄灯亮，南北方向红灯亮 3 s
        delay500ms(6);
        P1=0x12;                    //状态 3：南北方向绿灯亮，东西方向红灯亮 20 s
        delay500ms(40);
        P1=0x14;                    //状态 4：南北方向黄灯亮，东西方向红灯亮 3 s
        delay500ms(6);
    }
}
//东西方向异常，东西方向绿灯闪，南北方向红灯闪 60 s
void int_0(void) interrupt 0
{
    unsigned char i1,i2;
    i1=P1;
    for(i2=0;i2<60;i2++)
    {
        P1=0x21;
        delay500ms(1);
        P1=0x00;
        delay500ms(1);
    }
    P1=i1;
}
//南北方向异常，南北方向绿灯闪，东西方向红灯闪 60 s
void int_1(void) interrupt 2
{
    unsigned char j1,j2;
    j1=P1;
    for(j2=0;j2<60;j2++)
    {
        P1=0x12;
        delay500ms(1);
        P1=0x00;
        delay500ms(1);
    }
    P1=j1;
}
//延时 500 ms 函数
void delay500ms(unsigned char m)
```

```
{
    unsigned char k1,k2;
    TH0=0x3C;TL0=0xB0;
    TR0=1;
    for (k1=0;k1<m;k1++)
    {
        for (k2=0;k2<10;k2++)
        {
            while(!TF0);
            TF0=0;
            TH0=0x3C;TL0=0xB0;
        }
    }
}
```

习　　题

6.1　何为"准双向 I/O 接口"？在 51 系列单片机的 4 个并口中，哪些是"准双向 I/O 接口"？

6.2　8051 单片机内部有几个定时/计数器？它们由哪些功能寄存器组成？怎样实现定时功能和计数功能？

6.3　定时/计数器 T0 有几种工作方式？各自的特点是什么？

6.4　定时/计数器的 4 种工作方式各自的计数范围是多少？如果要计 100 个单位，不同的方式其初值应为多少？

6.5　设振荡频率为 6MHz，如果用定时/计数器 T0 产生周期为 10ms 的方波，可以选择哪几种方式？其初值分别设为多少？

6.6　何为同步通信？何为异步通信？各自的特点是什么？

6.7　单工、半双工和全双工有什么区别？

6.8　RS-232C 电平标准和 TTL 电平标准有什么区别？

6.9　串行口数据寄存器 SBUF 有什么特点？

6.10　51 系列单片机串行口有几种工作方式？各自的特点是什么？

6.11　说明 SM2 在方式 2 和方式 3 时对数据接收有何影响。

6.12　如何利用串行口扩展并行输入/输出口？

6.13　什么是中断、中断允许和中断屏蔽？

6.14　8051 系统中有几个中断源？中断请求如何提出？

6.15　8051 的中断源中，哪些中断请求信号在中断响应时可以自动清除？哪些不能自动清除？应如何处理？

6.16　8051 的中断优先级有几个等级？同等级的中断源优先权顺序如何？

6.17　8051 系统中，已知振荡频率为 12MHz，用定时/计数器 T0 实现从 P1.0 产生周期为 2ms 的方波。要求分别用汇编语言和 C 语言进行编程。

6.18　8051 系统中，已知振荡频率为 12MHz，用定时/计数器编程实现产生时钟。要求分别用汇编语言和 C 语言进行编程。

6.19　8051 系统中，已知振荡频率为 12MHz，用定时/计数器 T1 实现从 P1.1 产生高电平宽度为 10ms、低电平宽度为 20ms 的矩形波。要求分别用汇编语言和 C 语言进行编程。

　　6.20　用 8051 单片机的串行口扩展并行 I/O 接口，控制 16 个发光二极管依次发光，画出电路图，用汇编语言和 C 语言分别编写相应的程序。

微课资源

　　扫一扫，获取本章相关微课视频。

| 6.1.1　并行接口输出实例 6-2 讲解 | 6.1.1　并行接口输出实例 6-3、6-4 讲解 | 6.1.1　并行接口输出实例 6-1 讲解 | 6.2.1　定时计数器主要特性及结构原理 | 6.2.4　定时计数器的工作方式 |

| 6.2.5　定时计数器的应用 1 | 6.2.5　定时计数器的应用 2 | 6.2.5　定时计数器的应用 3 | 6.2.5　定时计数器的应用 4 | 6.3.1　通信的基本概念 |

| 6.3.2　串行口的功能与结构 | 6.3.3　串行口的工作方式 | 6.3.4　串行口的编程及应用例 6-9 讲解 | 6.3.4　串行口的编程及应用例 6-10 讲解 | 6.3.4　串行口的编程及应用例 6-11 讲解 |

| 6.3.4　串行口的编程及应用例 6-12 讲解 | 6.3.4　串行口的编程及应用例 6-13 讲解 | 6.4.1　中断的基本概念 | 6.4.7　中断例 6-14、6-15 讲解 | 6.4.7　中断例 6-16 讲解 |

第7章

51 系列单片机输入/输出设备及应用

【学习目标】

(1) 了解 51 系列单片机最小系统及特点。

(2) 熟悉数码管显示器的结构和原理；掌握数码管与 51 系列单片机接口与编程。

(3) 熟悉 LCD1602 液晶显示器的结构和原理；掌握 LCD1602 与 51 系列单片机接口与编程。

(4) 熟悉 LCD12864 点阵液晶显示器的结构和原理；掌握 LCD12864 与 51 系列单片机接口与编程。

(5) 熟悉键盘的基本结构，独立式键盘和矩阵键盘的工作原理；掌握键盘与 51 系列单片机接口与编程。

(6) 了解行程开关、晶闸管、继电器与 51 单片机的接口。

【本章知识导图】

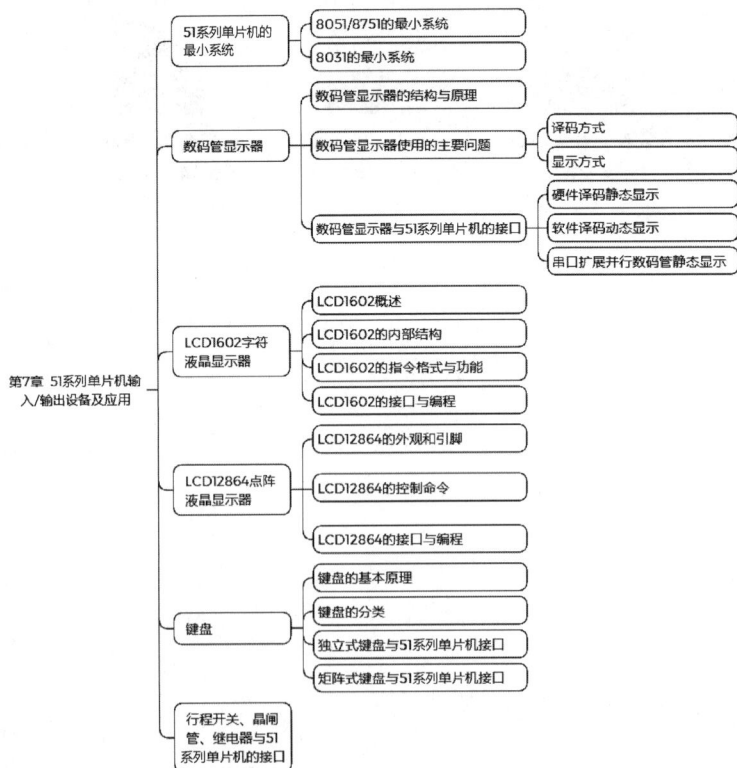

51 系列单片机内部集成了计算机的大部分功能部件，外接电源、时钟电路、复位电路等就可组成可用的 51 系列单片机最小系统。再外接输出显示设备和键盘输入设备就可以组成完整的 51 系列单片机应用系统。

7.1　51 系列单片机的最小系统

最小系统是指一个真正可用的微型计算机的最小配置系统。对于 51 系列单片机，其内部集成了微型计算机的大部分功能部件，只需外部连接一些简单电路就可组成最小系统。

51 系列单片机内部集成了 CPU、程序存储器、数据存储器、并行接口、串行接口、定时/计数器、中断系统等功能部件，除了电源和地外，外部只需连接时钟电路和复位电路就可组成最小系统。另外，对于片内没有程序存储器的芯片，组成最小系统时必须外部扩展程序存储器，因此，51 系列单片机的最小系统可分为以下两种情况。

7.1.1　8051/8751 的最小系统

8051/8751 片内有 4KB 的 ROM/EPROM，因此，只需要外接晶体振荡器和复位电路就可以构成最小系统，如图 7.1 所示。该最小系统的特点如下。

(1) 由于片外没有扩展存储器和外设，P0、P1、P2、P3 都可以作为用户 I/O 接口使用。

(2) 片内数据存储器有 128B，地址空间为 00H～7FH，没有片外数据存储器。

(3) 内部有 4KB 的程序存储器，地址空间为 0000H～0FFFH，没有片外程序存储器，$\overline{EA}$ 应接高电平。

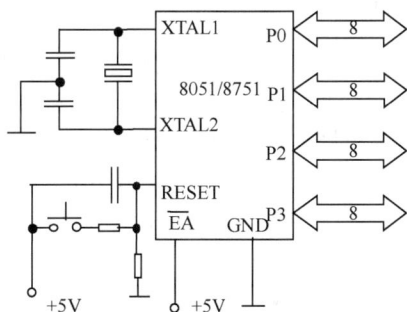

图 7.1　8051/8751 的最小系统

(4) 可以使用两个定时/计数器 T0 和 T1，一个全双工的串行通信接口，5 个中断源。

7.1.2　8031 的最小系统

8031 片内无程序存储器，因此，在构成最小系统时，不仅要外接晶体振荡器和复位电路，还应在外部扩展程序存储器。图 7.2 就是 8031 外接程序存储器芯片 2764 构成的最小系统。该最小系统的特点如下。

(1) 由于 P0、P2 在扩展程序存储器时作为地址线和数据线，不能作为 I/O 线，因此，只有 P1、P3 作为用户 I/O 接口使用。

(2) 片内数据存储器同样有 128B，地址空间为 00H～7FH，没有片外数据存储器。

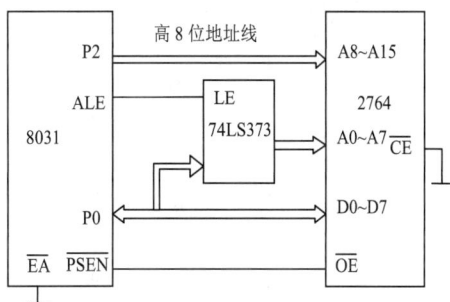

图 7.2　8031 外接 2764 构成的最小系统

(3) 内部无程序存储器，片外扩展了程序存储器，其地址空间随芯片容量不同而不一样。图 7.2 中使用的是 2764 芯片，容量为 8KB，地址空间为 0000H～1FFFH。由于片内没有程序存储器，只能使用片外程序存储器，$\overline{EA}$ 只能接低电平。

(4) 和 8051/8751 一样，8031 可以使用两个定时/计数器：T0 和 T1，一个全双工的串行通信接口，5 个中断源。

由于 8051/8751 内部带程序存储器，外部只需接晶体振荡器和复位电路就可以构成最小系统，硬件电路非常简单，在实际中经常使用。如果内部集成的 4KB 程序存储器不够用，可以选择内部集成 8KB 的 8052/8752，如果 8KB 也不够用，现在很多单片机厂家也生产了集成更大容量程序存储器空间的 51 系列单片机供用户选择。

7.2　数码管显示器与 51 系列单片机接口

显示设备是非常重要的输出设备。目前广泛使用的显示器件主要有数码管显示器(LED 显示器)和液晶显示器(LCD 显示器)，数码管显示器虽然显示信息简单，只能显示十六进制数和少数字符，但它具有显示清晰、亮度高、使用电压低、寿命长、与单片机接口方便等特点，在单片机应用系统中经常用到。

7.2.1　数码管显示器的基本结构与原理

数码管显示器是由发光二极管按一定的结构组合起来的显示器件。在单片机应用系统中，通常使用的是 7 段或 8 段式数码管显示器，8 段式比 7 段式多一个小数点。这里以 8 段式来介绍，单个 8 段式 LED 数码管显示器的引脚如图 7.3(a)所示，其中 a、b、c、d、e、f、g 和小数点 dp 为 8 段发光二极管，其位置组成一个日形状。

8 段发光二极管的内部连接有两种结构，即共阴极和共阳极，如图 7.3(b)和(c)所示。其中，图 7.3(b)为共阴极结构，8 段发光二极管的阴极端连接在一起，阳极端分开控制，使用时公共端接地，要使哪根发光二极管亮，则对应的阳极端接高电平；图 7.3(c)为共阳极结构，8 段发光二极管的阳极端连接在一起，阴极端分开控制，使用时公共端接电源，要使哪根发光二极管亮，则对应的阴极端接低电平。

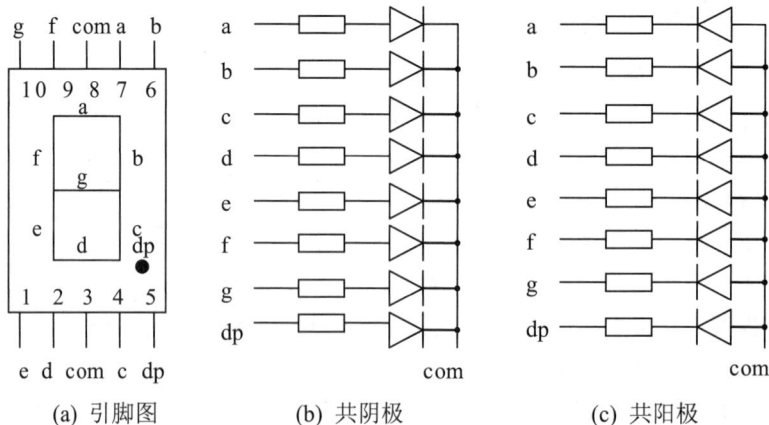

(a) 引脚图　　　　(b) 共阴极　　　　(c) 共阳极

图 7.3　8 段式数码管引脚与结构

数码管显示器显示时，公共端首先要保证有效，即共阴极结构公共端接低电平，共阳极结构公共端接高电平，这个过程称为选通数码管。再在另一端发送要显示数字的编码，这个编码称为字段码(或显示码)，8 位数码管字段码为 8 位，从高位到低位的顺序依次为 dp、g、f、e、d、c、b、a，如图 7.4 所示。

7	6	5	4	3	2	1	0
dp	g	f	e	d	c	b	a

图 7.4　8 位数码管字段码

例如，共阴极数码管数字"0"的字段码为 00111111B(3FH)，共阳极数码管数字"1"的字段码为 11111001B(F9H)，不同数字或字符其字段码不一样，对于同一个数字或字符，共阴极结构和共阳极结构的字段码也不一样，共阴极和共阳极的字段码互为反码。常见的数字和字符的共阴极和共阳极的字段码如表 7.1 所示。

表 7.1　常见的数字和字符的共阴极和共阳极的字段码

显示字符	共阴极字段码	共阳极字段码	显示字符	共阴极字段码	共阳极字段码
0	3FH	C0H	4	66H	99H
1	06H	F9H	5	6DH	92H
2	5BH	A4H	6	7DH	82H
3	4FH	B0H	7	07H	F8H
8	7FH	80H	P	73H	8CH
9	6FH	90H	U	3EH	C1H
A	77H	88H	T	31H	CEH
B	7CH	83H	Y	6EH	91H
C	39H	C6H	L	38H	C7H
D	5EH	A1H	8.	FFH	00H
E	79H	86H	"灭"	00H	FFH
F	71H	8EH	…	…	…

7.2.2　数码管显示器使用的主要问题

数码管显示器使用主要有两个方面的问题，即译码方式和显示方式。

1. 译码方式

译码方式是指由显示字符转换得到对应的字段码的方式。对于数码管显示器，其译码方式通常有硬件译码方式和软件译码方式两种。

1) 硬件译码方式

硬件译码方式是指利用专门的硬件电路来实现显示字符到字段码的转换，这样的硬件电路有很多，比如 CD4511 就是一种常见的十进制 BCD——共阴极 7 段数码管字段码转换芯片，它具有 BCD 转换、消隐和锁存控制功能，能提供较大的拉电流，可直接驱动共阴极 LED 数码管。输入为一位十进制数的 4 位 BCD 码，输出为 7 段式的共阴极字段码，它的引脚如图 7.5 所示。

其中各个引脚说明如下。

A、B、C、D：BCD 码输入端，A 为最低位。

OA～OG：7 段式共阴极字段码输出端。

$\overline{LT}$：灯测试端，加高电平时，显示器正常显示；加低电平时，显示器一直显示数码"8"。

$\overline{BI}$：消隐功能端，低电平时所有字段均消隐，正常显示时，$\overline{BI}$ 端加高电平。

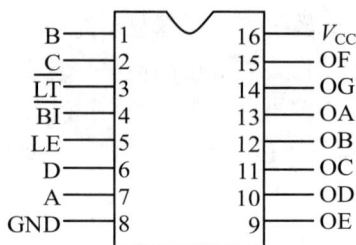

图 7.5　CD4511 的引脚图

LE：数据传送锁存控制端，低电平时传输数据，高电平时锁存。

另外，CD4511 有拒绝伪码的特点，当输入数据超过十进制数 9(1001)时，显示字形也自行消隐。

硬件译码时，要显示一个数字，只需送出这个数字的 4 位二进制编码即可，软件开销较小，但需要增加硬件译码芯片，造价相对较高。

2)　软件译码方式

软件译码方式就是编写软件译码程序，通过译码程序得到所要显示字符的字段码。译码程序通常为查表程序，软件开销较大，但硬件线路简单，在实际系统中经常用到。

2. 显示方式

数码管在显示时，通常有静态显示方式和动态显示方式两种。

1)　静态显示方式

静态显示时，其公共端直接接地(共阴极)或接电源(共阳极)，各段选线分别与 I/O 接口线相连。要显示字符，直接在 I/O 线发送相应的字段码，如图 7.6 所示。

两个数码管的共阴极端直接接地，如果要在第一个数码管上显示数字 1，只要在 I/O(1)发送 1 的共阴极字段码；如果要在第二个数码管上显示 2，只要在 I/O(2)发送 2 的字段码。静态显示结构简单，显示也很方便，要显示某个字符，直接在 I/O 线上发送相应的字段码即可，但一个数码管需要 8 根 I/O 线，如果数码管个数少，用起来较方便，当数码管数目较多时，就要占用很多的 I/O 线，所以数码管数目较多时，往往采用动态显示方式。

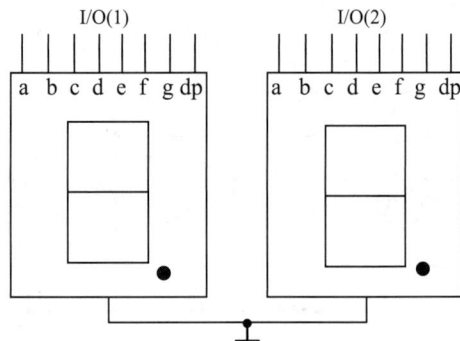

图 7.6　两位数码管静态显示

2)　动态显示方式

动态显示是将所有的数码管的段选线并接在一起，用一个 I/O 接口控制，公共端不是直接接地(共阴极)或电源(共阳极)，而是通过相应的 I/O 接口线控制。

图 7.7 是 4 位数码管动态显示图，4 个数码管的段选线并接在一起，通过 I/O(1)控制，每个数码管的公共端与一根 I/O 线相连，通过 I/O(2)接口控制。

工作过程如下(设数码管为共阳极)。

第一步，使右边第一个数码管的公共端 D0 为 1，其余数码管的公共端为 0，同时在

I/O(1)上发送右边第一个数码管的字段码，这时，只有右边第一个数码管显示，其余不显示。

第二步，使右边第二个数码管的公共端 D1 为 1，其余的数码管的公共端为 0，同时在 I/O(1)上发送右边第二个数码管的字段码，这时，只有右边第二个数码管显示，其余不显示。

依此类推，直到最后一个，这样 4 个数码管轮流显示相应的信息，一遍显示完毕，隔一段时间，又如此循环显示。

从计算机的角度看，每个数码管隔一段时间才显示一次，但由于人的视觉暂留效应，只要间隔的时间足够短，循环的周期足够快，每秒达到 24 次以上，看起来数码管就一直稳定显示了，这就是动态显示的原理。而这个周期对于计算机来说很容易实现，所以在单片机中经常用到动态显示。

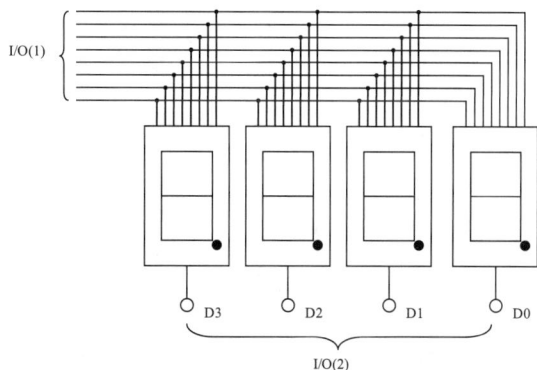

图 7.7　4 位数码管动态显示

对于动态显示，通常把显示一遍的处理过程编写成子程序，每隔一段时间调用一次。可以在主程序的循环中调用，每循环一次调用一次；也可以放在定时/计数器中断服务程序中，定时/计数器每隔一段时间中断一次，执行一次中断服务程序，相应地也执行一次显示子程序。

动态显示要注意两个问题，即闪烁和亮度。如果每秒显示的次数少、频率低，则显示的信息是闪烁的，这时应增加显示的频率。在固定显示频率下，如果每个数码管在每秒钟显示的总时间太短，则显示的亮度低，显示的信息不清楚，这时应增加显示的时间。通过在每一位显示时加延时，会使显示一遍的时间变长，可能会影响显示的频率，所以一般都要经过调试，适当增加延时时间，使显示的亮度足够而又不会造成闪烁。

动态显示所用的 I/O 接口信号线少，线路简单，但软件开销大，需要 CPU 周期性地对其进行刷新，因此会占用大量的 CPU 时间。

注意：在市场上买的 4 个或 8 个连接在一起的数码管，都是按动态方式连接的。

7.2.3　数码管显示器与 51 系列单片机的接口

数码管显示器从译码方式上，可分为硬件译码方式和软件译码方式。从显示方式上，可分为静态显示方式和动态显示方式。在使用时可以把它们组合起来。实际应用时，如果数码管个数较少，通常用硬件译码静态显示；在数码管个数较多时，则用软件译码动态显示。

1. 硬件译码静态显示

图 7.8 是 Proteus 中一种两位共阴极数码管硬件译码静态显示的接口电路。用到两个共阴极数码管 U4 和 U5(7SEG-COM-CAT-GRN)，采用静态显示方式连接，公共端直接接地。字段码输入端接 CD4511 的输出端，它们的字段码分别由字段码译码芯片 CD4511 译码产生，两片 CD4511 的 BCD 输入端并联在一起接 51 系列单片机 P2 口的低 4 位，灯测试端 $\overline{\text{LT}}$ 和消隐功能端 $\overline{\text{BI}}$ 都直接接电源，第一片 CD4511 的 LE 接 P2.4，第二片 CD4511 的 LE 接 P2.5，分别用来对两片 CD4511 选通锁存。操作时，如果使 P2.4 为低电平，通过 P2 口的低 4 位输出一个数字，则在第一个数码管显示相应的数字。如果使 P2.5 为低电平，通过 P2 口的低 4 位输出一个数字，则在第二个数码管显示相应的数字。

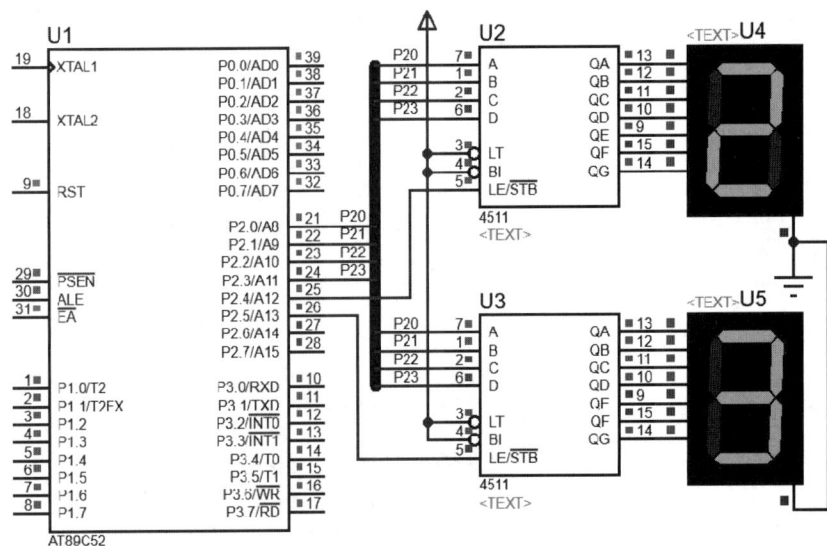

图 7.8　硬件译码静态显示电路

硬件译码静态显示 C51 程序代码如下(设在上面数码管显示 2、在下面数码管显示 3):

```
#include <reg51.h>
main( )
{
    P2=0x22; //P2.4为0，P2.5为1，P2口低4位设置为显示的数字"2"的BCD码(0010)
    P2=0x13; //P2.4为1，P2.5为0，P2口低4位设置为显示的数字"3" 的BCD码(0011)
    while(1);
}
```

2. 软件译码动态显示

图 7.9 是 Proteus 中的 8 位共阴极数码管软件译码动态显示电路，8 位共阴极数码管 (7SEG-MPX8-CC-BLUE)采用动态显示连接方式，51 系列单片机 P0 口通过 74LS373 输出字段码，P2 口输出位选码。

数码管显示程序在处理时，如果数码管数目比较多，一般在存储器中指定显示缓冲区，一个数码管对应一个单元，用于存放显示的信息，显示程序读取显示缓冲区的内容，如果要改变显示的内容，只需要改变显示缓冲区的内容即可。

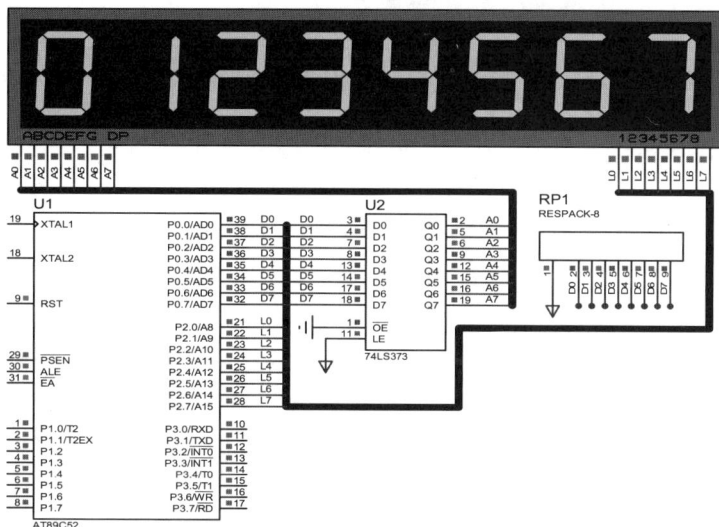

图 7.9　软件译码动态显示电路

软件译码动态显示 C51 程序代码如下：

```c
#include  <reg51.h>
#include  <absacc.h>                    //定义绝对地址访问
#define  uchar  unsigned  char
#define  uint  unsigned  int
void  delay(uint);                      //声明延时函数
void  display(void);                    //声明显示函数
uchar  disbuffer[8]={0,1,2,3,4,5,6,7};  //定义显示缓冲区
void  main(void)
{
    while(1)
    {
        display();                      //调用显示函数
    }
}
//***********延时函数***********
void  delay(uint  i)                    //定义延时函数
{
    uint  j;
    for  (j=0;j<i;j++){}
}
//***********显示函数***********
void  display(void)                     //定义显示函数
{
    uchar  codevalue[16]={0x3f,0x06,0x5b,0x4f,0x66,0x6d,0x7d,0x07,
    0x7f,0x6f,0x77,0x7c,0x39,0x5e,0x79,0x71};    //0～F的字段码表
    uchar  chocode[8]={0xfe,0xfd,0xfb,0xf7,0xef,0xdf,0xbf,0x7f};//位选码表
    uchar  i,p,temp;
    for  (i=0;i<8;i++)
    {
        temp=chocode[i];                //取当前的位选码
        P2=temp;                        //送出位选码
```

```
        p=disbuffer[i];              //取当前显示的字符
        temp=codevalue[p];           //查得显示字符的字段码
        P0=temp;                     //送出字段码
        delay(20);                   //延时 1ms
    }
}
```

3. 串口扩展并行输出口连接数码管静态显示

数码管硬件译码静态显示时软件程序简单,但当数码管个数较多时,需要单片机的并口线多;软件译码动态显示时需要的单片机并口线少,但需要经常刷新,软件开销大,而且容易出现亮度和闪烁问题。因此,在很多单片机应用系统中,如果不涉及串行通信,通常可用串口外接串入并出移位寄存器扩展并行输出口,连接数码管显示器,通过级联可以连接多个数码管显示器,用串口输出实现数码管显示。采用这种方式处理时,用到的并口线少,又不需要动态刷新,使用方便。

图 7.10 是 Proteus 中 51 系列单片机串口扩展并行输出口连接数码管的电路。51 系列单片机通过串口方式 0 连接串入并出移位寄存器 74HC164,4 片 74HC164 级联扩展了 4 个 8 位的并行口,连接了 4 个共阳极数码管(7SEG-COM-AN-BLUE),7SEG-COM-AN-BLUE 是单个 7 段式共阳极数码管,采用静态方式连接,公共端直接接电源,字段码输入端 a~g 连接 74HC164 的 8 位并行输出端的 Q7~Q1。

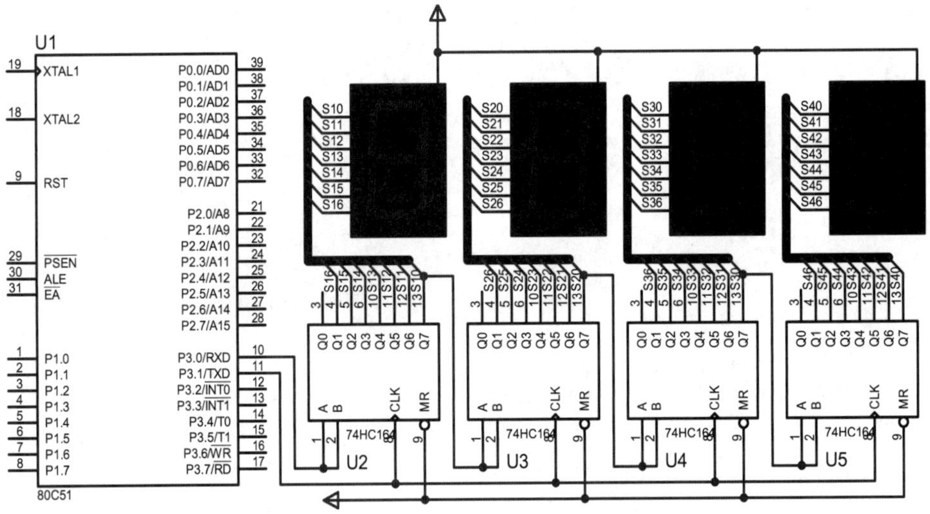

图 7.10 串口扩展并行输出口连接数码管电路

51 系列单片机的串口设置为方式 0,要在 4 个数码管上显示信息(从右至左),只需通过 51 系列单片机串口依次发送 4 个信息的字段码。在下面程序中,编程实现在 4 个数码管上滚动显示 16 个十六进制符号 0~F。

C51 程序代码如下:

```
#include <reg51.h>                   //包含特殊功能寄存器
#include <intrins.h>                 //包含内部函数库
#define uchar unsigned char
#define uint unsigned int
uchar disbuffer[]={2,2,2,9};         //定义显示缓冲区
void display(void)                   //51 系列单片机串口发送显示程序
```

```
{
    uchar i;
    uchar codevalue[16]={0xC0,0xF9,0xA4,0xB0,0x99,0x92,0x82,0xF8,
        0x80,0x90,0x88,0x83,0xC6,0xA1,0x86,0x8E};//0~F共阳极数码管显示码
    for (i=0;i<4;i++)
    {
        SBUF=codevalue[disbuffer[i]];
        while (!TI) {;}                              //等待发送
        TI=0;
    }
}
//***********延时函数***********
void delay(uint i)
{
    uint j;
    for (j=0;j<i;j++){}
}
void main()
{
    unsigned char k,m;
    SCON=0x00;                                    //串口初始化为方式 0
    while(1)
    {
        for (k=0;k<16;k++)
        {
            for (m=0;m<4;m++){disbuffer[m]=k;}    //改变显示缓冲区值
            display();                            //调用显示函数
            delay(50000);
        }
    }
}
```

7.3　字符点阵式液晶显示器 LCD1602 与 51 系列单片机的接口

　　液晶显示器简称 LCD 显示器，它利用液晶经过处理后能改变光线传输方向的特性来实现信息的显示。液晶显示器具有体积小、重量轻、功耗低、显示内容丰富等特点，在单片机系统中得到广泛应用。液晶显示器根据功能可分为 3 类，即笔段式、字符点阵式和图形点阵式。前两种液晶显示器主要用来显示数字、字符和符号等，而图形点阵式液晶显示器则能显示更复杂的汉字和任意图形，达到图文并茂的效果。下面将通过应用广泛、使用简单的 LCD1602 来介绍字符点阵式液晶显示器的结构和原理，以及其与 51 系列单片机的硬件接口及软件编程。

7.3.1　LCD1602 概述

　　LCD1602 是 2×16 字符型液晶显示模块，可以显示两行，每行 16 个字符，采用 5×7 点阵显示，工作电压为 4.5~5.5V，工作电流为 2.0mA(5.0V)，其控制器采用 HD44780 液晶芯片(市面上字符点阵式液晶显示器的控制器绝大多数都是基于 HD44780 液晶芯片，它们

的控制原理是完全相同的)。LCD1602 可采用标准的 14 或 16 引脚接口,多出来的两条引脚是背光源正极 BLA(15 引脚)和背光源负极 BLK(16 引脚),其外观形状如图 7.11 所示。

图 7.11(a)是 LCD1602 的正面,图 7.11(b)是 LCD1602 的背面。

(a) 正面　　　　　　　　　　(b) 背面

图 7.11　LCD1602 的外观

标准的 16 引脚接口如下。

第 1 引脚:V_{SS},电源地。

第 2 引脚:V_{DD},+5V 电源。

第 3 引脚:V_{EE},液晶显示对比度调整输入端。接正电源时对比度最弱,接地时对比度最高。使用时常常通过一个 10kΩ 的电位器来调整对比度。

第 4 引脚:RS,数据/命令选择端,高电平时选择数据寄存器,低电平时选择指令寄存器。

第 5 引脚:R/$\overline{W}$,读/写选择端,高电平时进行读操作,低电平时进行写操作。当 RS 和 R/$\overline{W}$ 都为低电平时,可以写入指令或者显示地址;当 RS 为低电平、R/$\overline{W}$ 为高电平时,可以读忙信号;当 RS 为高电平、R/$\overline{W}$ 为低电平时,可以写入数据。

第 6 引脚:E,使能端,当 E 端由低电平跳变成高电平时,读取液晶模块的信息;当 E 端由高电平跳变成低电平时,液晶模块执行写操作,操作时序如表 7.2 所示。

表 7.2　LCD1602 操作时序表

功　能	输入信号	输出信号
读状态	RS = L, R/$\overline{W}$ = H, E = H	D0～D7:状态字
写指令	RS = L, R/$\overline{W}$ = L, D0～D7 = 指令码, E = 高脉冲	无
读数据	RS = H, R/$\overline{W}$ = H, E = H	D0～D7:数据
写数据	RS = H, R/$\overline{W}$ = L, D0～D7 = 数据, E = 高脉冲	无

第 7～14 引脚:D0～D7,为 8 位双向数据线。

第 15 引脚:BLA,背光源正极。

第 16 引脚:BLK,背光源负极。

7.3.2　LCD1602 的内部结构

液晶显示模块 LCD1602 的内部结构可以分成 3 个部分:①LCD 控制器;②LCD 驱动器;③LCD 显示装备,如图 7.12 所示。

控制器采用 HD44780,驱动器采用 HD44100。HD44780 是集控制器、驱动器于一体,专用于字符显示控制驱动的集成电路。HD44100 用于扩展显示字符位数。HD44780 是字符点阵式液晶显示控制器的代表电路。

HD44780 集成电路的特点如下。

(1) 可选择 5×7 或 5×10 点阵字符。

(2) HD44780 内置 16 路行驱动器和 40 路列驱动器，其本身具有驱动 16×40 点阵 LCD 的能力(即 1×16 个字符或 2×8 个字符)。在外部加一个 HD44100 再扩展 40 路列驱动，则可驱动 2×16 个字符的 LCD。

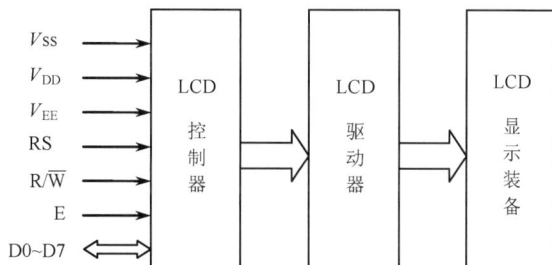

图 7.12　LCD1602 的内部结构

(3) HD44780 的显示缓冲区 DDRAM、字符发生存储器 ROM 及用户自定义字符发生器 CGRAM 全部内置在芯片内。

HD44780 有 80 个字节的显示缓冲区，分两行，地址分别为 00H～27H 和 40H～67H，它们实际显示位置的排列顺序与 LCD 的型号有关，LCD1602 的显示地址与实际显示位置的关系如图 7.13 所示。

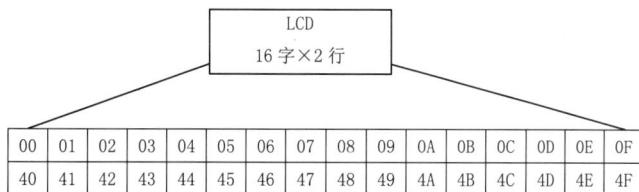

00	01	02	03	04	05	06	07	08	09	0A	0B	0C	0D	0E	0F
40	41	42	43	44	45	46	47	48	49	4A	4B	4C	4D	4E	4F

图 7.13　LCD1602 的显示地址与实际显示位置的关系

HD44780 内置的字符发生存储器(ROM)已经存储了 190 个不同的点阵字符图形，如图 7.14 所示。

这些字符有阿拉伯数字、英文字母大小写、常用符号和日文假名等，每一个字符都有一个固定的代码。如数字"1"的代码是 00110001B(31H)，又如大写英文字母"A"的代码是 01000001B(41H)，可以看出英文字母的代码与 ASCII 编码相同。要在 LCD 的某个位置显示符号，只需将所显示符号的 ASCII 码存入 DDRAM 的对应位置。例如在 LCD1602 的第一行第二列显示"1"，只需将"1"的 ASCII 码 31H 存入 DDRAM 的 01 单元；在 LCD1602 的第二行第三列显示"A"，只需将"A"的 ASCII 码 41H 存入 DDRAM 的 42H 单元即可。

图 7.14　点阵字符图形

(4) HD44780 具有 8 位数据和 4 位数据传输两种方式，可与 4/8 位 CPU 相连。

(5) HD44780 具有简单而功能较强的指令集，可实现字符移动、闪烁等显示功能。

7.3.3 LCD1602 的指令格式与功能

LCD1602 采用 HD44780 作为控制器，共有 11 条指令，它们的格式和功能如下。

1. 清屏命令

格式：

RS	R/$\overline{W}$	D7	D6	D5	D4	D3	D2	D1	D0
0	0	0	0	0	0	0	0	0	1

功能：

- 清除屏幕，将显示缓冲区 DDRAM 的内容全部写入空格(ASCII 20H)。
- 光标复位，回到显示器的左上角。
- 地址计数器 AC 清零。

2. 光标复位命令

格式：

RS	R/$\overline{W}$	D7	D6	D5	D4	D3	D2	D1	D0
0	0	0	0	0	0	0	0	1	0

功能：

- 光标复位，回到显示器的左上角。
- 地址计数器 AC 清零。
- 显示缓冲区 DDRAM 的内容不变。

3. 输入方式设置命令

格式：

RS	R/$\overline{W}$	D7	D6	D5	D4	D3	D2	D1	D0
0	0	0	0	0	0	0	1	I/D	S

功能：

- 设定当写入一个字节后，光标的移动方向以及后面的内容是否移动。
- 当 I/D=1 时，光标从左向右移动；当 I/D=0 时，光标从右向左移动。
- 当 S=1 时，内容移动；当 S=0 时，内容不移动。

4. 显示开关控制命令

格式：

RS	R/$\overline{W}$	D7	D6	D5	D4	D3	D2	D1	D0
0	0	0	0	0	0	1	D	C	B

功能：

- 控制显示的开关，当 D=1 时显示，当 D=0 时不显示。
- 控制光标开关，当 C=1 时光标显示，当 C=0 时光标不显示。
- 控制字符是否闪烁，当 B=1 时字符闪烁，当 B=0 时字符不闪烁。

5. 光标移位命令

格式：

RS	R/$\overline{\text{W}}$	D7	D6	D5	D4	D3	D2	D1	D0
0	0	0	0	0	1	S/C	R/L	*	*

功能：

- 移动光标或整个显示字幕移位。
- 当 S/C=1 时，整个显示字幕移位，当 S/C=0 时，只光标移位。
- 当 R/L=1 时，光标右移，当 R/L=0 时，光标左移。

6. 功能设置命令

格式：

RS	R/$\overline{\text{W}}$	D7	D6	D5	D4	D3	D2	D1	D0
0	0	0	0	1	DL	N	F	*	*

功能：

- 设置数据位数，当 DL=1 时，数据位为 8 位，当 DL=0 时，数据位为 4 位。
- 设置显示行数，当 N=1 时，双行显示，当 N=0 时，单行显示。
- 设置字形大小，当 F=1 时，为 5×10 点阵，当 F=0 时，为 5×7 点阵。

7. 设置字库 CGRAM 地址命令

格式：

RS	R/$\overline{\text{W}}$	D7	D6	D5			D0
0	0	0	1		CGRAM 的地址		

功能：设置用户自定义 CGRAM 的地址，对用户自定义 CGRAM 访问时，要先设定 CGRAM 的地址，地址范围为 0～63。

8. 显示缓冲区 DDRAM 地址设置命令

格式：

RS	R/$\overline{\text{W}}$	D7	D6			D0
0	0	1		DDRAM 的地址		

功能：设置当前显示缓冲区 DDRAM 的地址，对 DDRAM 访问时，要先设定 DDRAM 的地址，地址范围为 0～127。

9. 读忙标志及地址计数器 AC 命令

格式：

RS	R/$\overline{\text{W}}$	D7	D6			D0
0	1	BF		AC 的值		

功能：

- 读忙标志及地址计数器 AC 命令。

- 当 BF=1 时表示忙，这时不能接收命令和数据；当 BF=0 时表示不忙。
- 低 7 位为读出的 AC 的地址，值为 0~127。

10. 写 DDRAM 或 CGRAM 命令

格式：

RS	R/$\overline{\text{W}}$	D7 D0
1	0	写入的数据

功能：向 DDRAM 或 CGRAM 当前位置写入数据，写入后地址指针自动移动到下一个位置。对 DDRAM 或 CGRAM 写入数据之前须设定 DDRAM 或 CGRAM 的地址。

11. 读 DDRAM 或 CGRAM 命令

格式：

RS	R/$\overline{\text{W}}$	D7 D0
1	1	读出的数据

功能：从 DDRAM 或 CGRAM 当前位置读出数据。当 DDRAM 或 CGRAM 读出数据时，须先设定 DDRAM 或 CGRAM 的地址。

7.3.4　LCD1602 的接口与编程

LCD 显示器在使用之前须根据具体配置情况进行初始化，初始化可在复位后完成。LCD1602 的初始化过程如下。

(1) 功能设置。设置数据位数，根据 LCD1602 与处理器的连接进行选择(LCD1602 与 51 系列单片机连接时一般选择 8 位)，设置显示行数(LCD1602 为双行显示)。设置字形大小(LCD1602 为 5×7 点阵)。

(2) 开/关显示设置。控制光标显示、字符是否闪烁等。

(3) 输入方式设置。设定光标的移动方向以及后面的内容是否移动。

(4) 清屏。清除屏幕，将显示缓冲区 DDRAM 的内容全部写入空格(ASCII 20H)。光标复位，回到显示器的左上角。地址计数器 AC 清零。

初始化后就可用 LCD 进行显示，显示时应根据显示的位置先定位，即设置当前显示缓冲区 DDRAM 的地址，再向当前显示缓冲区写入要显示的内容，如果连续显示，则可连续写入显示的内容。由于 LCD 是外部设备，处理速度比 CPU 的速度慢，向 LCD 写入命令到完成功能需要一定的时间，在这个过程中，LCD 处于忙状态，不能向 LCD 写入新的内容。LCD 是否处于忙状态可通过读忙标志命令来了解。另外，由于 LCD 执行命令的时间基本固定，而且比较短，因此也可以通过延时等待命令完成后再写入下一个命令。

图 7.15 是在 Proteus 中 LCD1602 与 8051 单片机的接口电路，图中 LCD1602(LM016L)的数据线与 8051 单片机的 P2 口相连，RS 与 P1.7 相连，RW 与 P1.6 相连，E 端与 P1.5 相连。编程在 LCD 显示器的第 1 行、第 2 列开始显示"HOW"，第 2 行、第 4 列开始显示"ARE YOU!"。

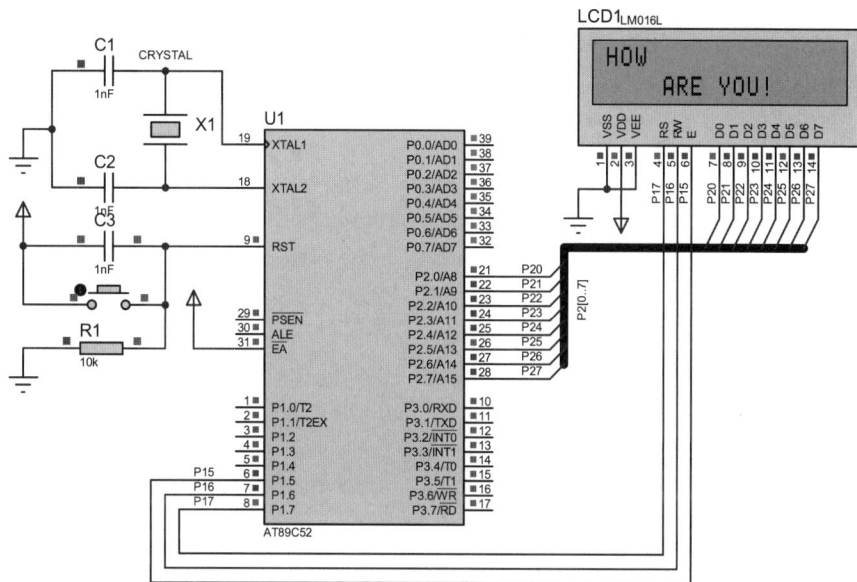

图 7.15　LCD1602 与 8051 单片机的接口电路

C51 程序代码如下：

```
#include <reg51.h>
#include <string.h>
#define uchar unsigned char
sbit RS=P1^7;
sbit RW=P1^6;
sbit E=P1^5;
uchar str0[]={"HOW"};              //第 1 行显示内容
uchar str1[]={"ARE YOU!"};         //第 2 行显示内容
void init(void);
void wc51r(uchar i);
void wc51ddr(uchar i);
void lcd1602wstr(uchar hang,uchar lie,uchar length,uchar *str);
void fbusy(void);

//主函数
void main()
{
    SP=0x50;
    init();
    lcd1602wstr(0,1,strlen(str0),str0); //第 1 行第 2 列开始显示"HOW"
    lcd1602wstr(1,3,strlen(str1),str1); //第 2 行第 4 列开始显示"ARE YOU!"
    while(1);
}
//初始化函数
void init()
{
    wc51r(0x38);        //使用 8 位数据，显示两行，使用 5×7 的字型
    wc51r(0x0c);        //显示器开，光标关，字符不闪烁
    wc51r(0x06);        //字符不动，光标自动右移一格
```

```
    wc51r(0x01);                    //清屏
}
//检查忙函数
void  fbusy()
{
    P2=0Xff;RS=0;RW=1;
    E=0; E=1;
    while (P2&0x80){E=0;E=1;}     //忙，等待
}
//写命令函数
void  wc51r(uchar  j)
{
    fbusy();
    E=0;RS=0;RW=0;
    E=1;
    P2=j;
    E=0;
}
//写数据函数
void  wc51ddr(uchar  j)
{
    fbusy();
    E=0;RS=1;RW=0;
    E=1;
    P2=j;
    E=0;
}
/*字符串显示函数
入口参数：
hang: 行号；lie: 列号；length: 字符串长度；*str: 字符串*/
void  lcd1602wstr(uchar hang,uchar lie,uchar length,uchar *str)
{
    uchar i;
    wc51r(0x80+0x40*hang+lie);
    for (i=0;i<length;i++)
    {wc51ddr(*str);str++;}
}
```

7.4 字符点阵式液晶显示器 LCD12864 与 51 系列单片机的接口

目前比较流行的点阵式液晶显示器 LCD12864 有两种：一种是以 KS0108 为主控芯片，不带字库，显示的字符或图形是由不同的点阵组成，点阵的获得可借助于取模软件；另一种是以 ST7920 为主控芯片，带字符 ASCII 码和中文的点阵字库。

下面介绍以 KS0108 为主控芯片的 LCD12864 的使用方法。Proteus 器件库中的器件模型 AMPIRE 128*64 可以认为主控芯片为 KS0108。

高等院校计算机教育系列教材

7.4.1　LCD12864 的外观和引脚

LCD12864 的生产厂家有很多，不同的厂家其引脚有所不同，通信方式也分并行和串行两种，图 7.16 是 LCD12864 的外观和在 Proteus 中 AMPIRE 128*64 的引脚图。

图 7.16　LCD12864 的外观和在 Proteus 中 AMPIRE 128*64 的引脚图

引脚功能如下。

第 1 引脚：$\overline{\text{CS1}}$，左半屏选择信号，低电平有效。

第 2 引脚：$\overline{\text{CS2}}$，右半屏选择信号，低电平有效。

第 3 引脚：GND，电源地。

第 4 引脚：VCC，电源正极。

第 5 引脚：V0，对比度调整输入端。

第 6 引脚：RS，数据/命令选择端，高电平时选择数据寄存器，低电平时选择命令寄存器。

第 7 引脚：RW，读/写选择端，高电平时进行读操作，低电平时进行写操作。

第 8 引脚：E，使能端，当 E 端高电平时读取液晶模块的信息，当 E 端由高电平跳变成低电平时，液晶模块执行写操作。

第 9～16 引脚：DB0～DB7，为 8 位双向数据线。

第 17 引脚：$\overline{\text{RST}}$，复位端，低电平复位，高电平正常工作。

第 18 引脚：Vout，LCD 驱动负压输出端。

第 19 引脚：BLA，背光源正极，图 7.16 中没有显示。

第 20 引脚：BLK，背光源负极，图 7.16 中没有显示。

LCD12864 操作时序如表 7.3 所示。

表 7.3　LCD12864 操作时序

功　能	输入信号	输出信号
复位	$\overline{\text{RST}}$ =L	
写命令	$\overline{\text{RST}}$ =H，RS=L，RW=L，DB0～DB7=指令码，E=下降沿	无
写数据	$\overline{\text{RST}}$ =H，RS=H，RW=L，DB0～DB7=数据，E=下降沿	无
读状态	$\overline{\text{RST}}$ =H，RS=L，RW=H，E=高脉冲	DB0～DB7：状态字
读数据	$\overline{\text{RST}}$ =H，RS=H，RW=H，E=高脉冲	DB0～DB7：数据

KS0108 控制的 LCD12864 内部有两个控制模块,分别控制左半屏和右半屏,通过片选信号 $\overline{CS1}$ 和 $\overline{CS2}$ 选择,相当于左右两块 64×64 的液晶显示器拼接在一起。每块 64×64 的显示屏纵向 8 点为一页,从上到下分成 8 页,页号为 0~7。横向 64 个点,分成 64 列,列号为 0~63,LCD12864 屏幕的显示结构如图 7.17 所示。显示时以"页"为单位,每一页从 0~64 列,一列 8 位,对应一个字节,上方为低位,下方为高位,每屏总共 8×64 B,KS0108 控制的 LCD12864 两屏总共 2×8×64=1KB,通过内部的显示存储器存放。

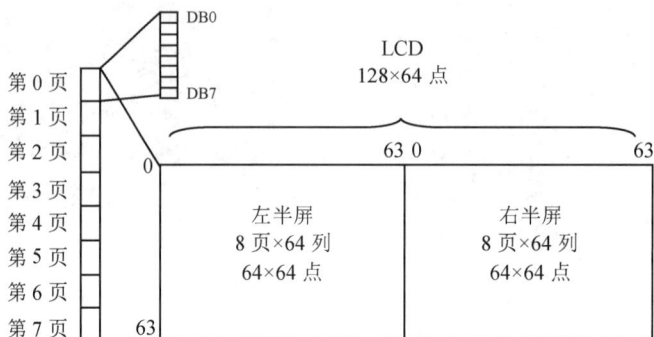

图 7.17 LCD12864 屏幕的显示结构

将字符或汉字转换成对应的点阵代码称为取模。取模可借助于取模软件,KS0108 控制 LCD12864 的点阵显示方式在取模软件中称为列行式。对于 8×16 点阵的西文字符和 16×16 点阵的中文汉字,在 LCD12864 中实际占用两个"页";操作时一般先写上面一页,再写下面一页,每一页从 0 列写到 7(或者 15)列,这样就完成一个字符(或者汉字)的显示。图 7.18 是在取模软件截取的字符"A"和汉字"杨"的点阵,取模方式选择列行式,数据格式采用 C51 格式,得到的点阵代码如下。

字符"A"和汉字"杨"的点阵代码:

```
{0x00,0x00,0xC0,0x38,0xE0,0x00,0x00,0x00,0x20,0x3C,0x23,0x02,0x02,0x27,
 0x38,0x20},/*"A",0*/
{0x10,0x10,0xD0,0xFF,0x90,0x10,0x00,0x42,0xE2,0x52,0x4A,0xC6,0x42,0x40,
 0xC0,0x00},
{0x04,0x03,0x00,0xFF,0x00,0x23,0x10,0x8C,0x43,0x20,0x18,0x47,0x80,0x40,
 0x3F,0x00},/*"杨",1*/
```

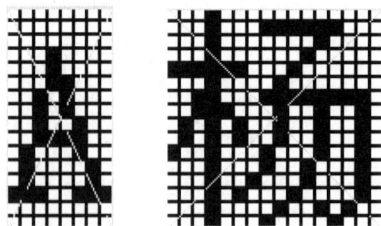

图 7.18 字符"A"和汉字"杨"的点阵

字符"A"的点阵代码为 16 B,前 8 个为第一页的编码,后 8 个为第二页的编码。汉字"杨"的点阵代码为 32 B,前 16 个为第一页的编码,后 16 个为第二页的编码。操作时先在第一页送前 8(16) B,再在第二页送后 8(16) B,这样就在 LCD12864 显示一个字符或汉字了。对于 8×16 点阵的西文字符和 16×16 点阵的中文汉字,LCD12864 可以显示 4 行,每行 16 个字符或 8 个汉字。

7.4.2　LCD12864 的控制命令

LCD12864 共有 7 条指令，它们的格式和功能介绍如下(格式中 RS 和 RW 位是两个引脚状态，RS 用来选择命令或数据，RW 进行读写控制)。

1. 读状态字命令

格式：

RS	RW	D7	D6	D5	D4	D3	D2	D1	D0
0	1	BUSY	0	ON/OFF	RESET	0	0	0	0

功能：

- BUSY 为忙标志位，BUSY=1，KS0108 正在处理单片机发来的命令或数据，不接受读状态字以外的任何操作；BUSY=0，KS0108 处于准备好状态，可以接收单片机发来的命令或数据。
- ON/OFF 为显示状态位，ON/OFF=1，显示关；ON/OFF=0，显示开。
- RESET 为 $\overline{RST}$ 引脚状态位。RESET=1，$\overline{RST}$ 引脚状态低电平，KS0108 复位；RESET=0，$\overline{RST}$ 引脚状态高电平，KS0108 正常工作。

2. 显示开关设置命令

格式：

RS	RW	D7	D6	D5	D4	D3	D2	D1	D0
0	0	0	0	1	1	1	1	1	D

功能：D 为显示开关设置位。若设置 D=1，显示器打开，正常显示，此时读状态命令字中 ON/OFF(D5)=1；若设置 D=0，显示器关闭，显示器不显示信息，此时读状态命令字中 ON/OFF(D5)=0。

3. 显示起始行设置命令

格式：

RS	RW	D7	D6	D5	D4	D3	D2	D1	D0
0	0	1	1	L5	L4	L3	L2	L1	L0

功能：L5~L0 为设置的显示起始行号。KS0108 控制的 LCD12864 有 64 行，行号为 0x00~0x3f，该命令设置显示存储器中的信息从显示器的第几行开始显示。如果定时间隔地、等间距地修改显示起始行，可得到向上或向下平滑滚动的显示效果。

注意：如果把行号 0x10 设置为显示的第一行，则行号为 0x0f 就是显示的最后一行。

4. 页面地址设置命令

格式：

RS	RW	D7	D6	D5	D4	D3	D2	D1	D0
0	0	1	0	1	1	1	P2	P1	P0

功能：P2～P0 为设置的页面地址号。KS0108 控制的 LCD12864 每屏有 8 页，页号为 0x00～0x07，规定显示存储器中的信息从显示器的第几页开始显示。LCD12864 内部有一个页地址计数器，该命令把页号写入页地址计数器。

5. 列地址设置命令

格式：

RS	RW	D7	D6	D5	D4	D3	D2	D1	D0
0	0	0	1	C5	C4	C3	C2	C1	C0

功能：C5～C0 为设置的显示页的起始列号。LCD12864 内部有一个列地址计数器，该命令把列号写入列地址计数器，该计数器有自动加 1 功能，一次读/写数据后，它的内容自动加 1，所以在连续读/写数据时，不必每次都设置一次。

页地址计数器和列地址计数器决定了要访问的内部显示存储器存储单元的地址。

6. 写显示数据命令

格式：

RS	RW	D7	D6	D5	D4	D3	D2	D1	D0
1	0	D7	D6	D5	D4	D3	D2	D1	D0

功能：该命令把 8 位数据写入由页地址计数器和列地址计数器指定的显示存储器的单元内，写入后列地址计数器自动加 1。

7. 读显示数据命令

格式：

RS	RW	D7	D6	D5	D4	D3	D2	D1	D0
1	1	D7	D6	D5	D4	D3	D2	D1	D0

功能：该命令从页地址计数器和列地址计数器指定的显示存储器单元内读出 8 位数据，读出后列地址计数器自动加 1。

7.4.3 LCD12864 的接口与编程

LCD12864 在使用之前先复位，复位后初始化。初始化过程一般包含以下内容：选择左右屏；清屏；设置起始行；设置页号；设置起始列地址；开显示器。显示时一般指定从第几页第几列开始显示。写命令前一般先检查忙标志，如果 LCD12864 处于忙状态，则不能写入新的内容。由于 LCD12864 执行命令的时间基本固定，而且比较短，因此也可以延时一段时间后再写入下一个命令。

图 7.19 是在 Proteus 中 LCD12864 与 51 系列单片机的接口，LCD12864 (AMPIRE 128×64)的数据线与 51 系列单片机的 P0 口相连，$\overline{RST}$ 与 P2.0 相连，E 端与 P2.1 相连。RW 与 P2.2 相连，RS 与 P2.3 相连，$\overline{CS1}$ 与 P2.4 相连，$\overline{CS2}$ 与 P2.5 相连，编程在 LCD12864 显示器的第 2 页、第 3 页显示"单片机原理与应用"，第 4 页、第 5 页显示"及 C51 程序设计"，第 6 页、第 7 页显示"V5"，如图 7.19 所示。

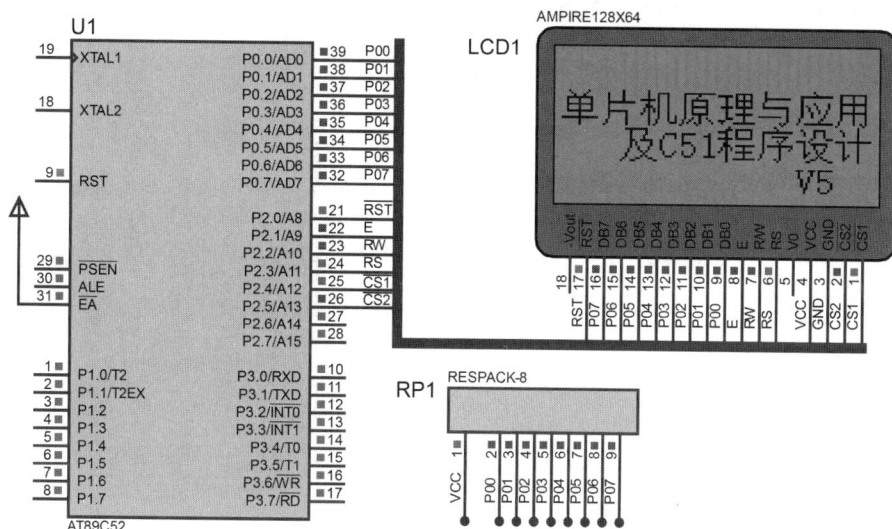

图 7.19　LCD12864 与 8051 单片机的接口

C51 程序代码如下：

```c
#include <reg52.h>
#define uchar unsigned char
#define uint unsigned int
//常量定义
#define lcdrow 0xc0          //设置起始行
#define lcdpage 0xb8         //设置起始页
#define lcdcolumn 0x40       //设置起始列
#define c_page_max 0x08      //设置页数最大值
#define c_column_max 0x40    //设置列数最大值

#define bus P0  //定义数据口
//定义控制信号线
sbit rst=P2^0;
sbit e=P2^1;
sbit rw=P2^2;
sbit rs=P2^3;
sbit cs1=P2^4;
sbit cs2=P2^5;

void delayms(uint);          //延时 ms
void delayus10(void);        //延时 us
void select(uchar);          //选择屏幕
void send_cmd(uchar);        //写命令
void send_data(uchar);       //写数据
void clear_screen(void);     //清除左右屏
void initial(void);          //初始化
void display_zf(uchar,uchar,uchar,uchar);   //显示字符
void display_hz(uchar,uchar,uchar,uchar);   //显示汉字

//字符表
//宋体 12；此字体下对应的点阵为：宽*高=8*16
```

```
//取模方式：纵向取模下，高位从上到下，从左到右取模
uchar code table_zf[]={
0x08,0x78,0x88,0x00,0x00,0xC8,0x38,0x08,0x00,0x00,0x07,0x38,0x0E,0x01,
    0x00,0x00,                 /*"V",0*/
0x00,0xF8,0x88,0x88,0x88,0x08,0x08,0x00,0x00,0x19,0x20,0x20,0x20,0x11,
    0x0E,0x00,                 /*"5",1*/
0xC0,0x30,0x08,0x08,0x08,0x08,0x38,0x00,0x07,0x18,0x20,0x20,0x20,0x10,
    0x08,0x00,                 /*"C",9*/
0x00,0xF8,0x88,0x88,0x88,0x08,0x08,0x00,0x00,0x19,0x20,0x20,0x20,0x11,
    0x0E,0x00,                 /*"5",10*/
0x00,0x00,0x10,0x10,0xF8,0x00,0x00,0x00,0x00,0x00,0x20,0x20,0x3F,0x20,
    0x20,0x00                  /*"1",11*/
};


//汉字表
//宋体12；此字体下对应的点阵为：宽*高=16*16
//取模方式：纵向取模下，高位从上到下，从左到右取模
uchar code table_hz[]={
0x00,0x00,0xF8,0x49,0x4A,0x4C,0x48,0xF8,0x48,0x4C,0x4A,0x49,0xF8,0x00,0x00,0x00,
0x10,0x10,0x13,0x12,0x12,0x12,0x12,0xFF,0x12,0x12,0x12,0x12,0x13,0x10,0x10,0x00,
    /*"单",0*/
0x00,0x00,0x00,0xFE,0x20,0x20,0x20,0x20,0x20,0x3F,0x20,0x20,0x20,0x20,0x00,0x00,
0x00,0x80,0x60,0x1F,0x02,0x02,0x02,0x02,0x02,0x02,0xFE,0x00,0x00,0x00,0x00,0x00,
    /*"片",1*/
0x10,0x10,0xD0,0xFF,0x90,0x10,0x00,0xFE,0x02,0x02,0x02,0xFE,0x00,0x00,0x00,0x00,
0x04,0x03,0x00,0xFF,0x00,0x83,0x60,0x1F,0x00,0x00,0x00,0x3F,0x40,0x40,0x78,0x00,
    /*"机",2*/
0x00,0x00,0xFE,0x02,0x02,0xF2,0x92,0x9A,0x96,0x92,0x92,0xF2,0x02,0x02,0x02,0x00,
0x80,0x60,0x1F,0x40,0x20,0x17,0x44,0x84,0x7C,0x04,0x04,0x17,0x20,0x40,0x00,0x00,
    /*"原",3*/
0x04,0x84,0x84,0xFC,0x84,0x84,0x00,0xFE,0x92,0x92,0xFE,0x92,0x92,0xFE,0x00,0x00,
0x20,0x60,0x20,0x1F,0x10,0x10,0x40,0x44,0x44,0x44,0x7F,0x44,0x44,0x44,0x40,0x00,
    /*"理",4*/
0x00,0x00,0xE0,0x9F,0x88,0x88,0x88,0x88,0x88,0x88,0x88,0x88,0x88,0x08,0x00,0x00,
0x08,0x08,0x08,0x08,0x08,0x08,0x08,0x08,0x08,0x08,0x48,0x80,0x40,0x3F,0x00,0x00,
    /*"与",5*/
0x00,0x00,0xFC,0x04,0x44,0x84,0x04,0x25,0xC6,0x04,0x04,0x04,0x04,0xE4,0x04,0x00,
0x40,0x30,0x0F,0x40,0x40,0x41,0x4E,0x40,0x40,0x63,0x50,0x4C,0x43,0x40,0x40,0x00,
    /*"应",6*/
0x00,0x00,0xFE,0x22,0x22,0x22,0x22,0xFE,0x22,0x22,0x22,0x22,0xFE,0x00,0x00,0x00,
0x80,0x60,0x1F,0x02,0x02,0x02,0x02,0x7F,0x02,0x02,0x42,0x82,0x7F,0x00,0x00,0x00,
    /*"用",7*/
0x00,0x00,0x02,0x02,0xFE,0x42,0x82,0x02,0x42,0x72,0x4E,0x40,0xC0,0x00,0x00,0x00,
0x80,0x40,0x30,0x0C,0x83,0x80,0x41,0x46,0x28,0x10,0x28,0x46,0x41,0x80,0x80,0x00,
    /*"及",8*/
0x24,0x24,0xA4,0xFE,0x23,0x22,0x00,0x3E,0x22,0x22,0x22,0x22,0x3E,0x00,0x00,
0x08,0x06,0x01,0xFF,0x01,0x06,0x40,0x49,0x49,0x49,0x7F,0x49,0x49,0x49,0x41,0x00,
    /*"程",12*/
0x00,0x00,0xFC,0x04,0x04,0x04,0x14,0x15,0x56,0x94,0x54,0x34,0x14,0x04,0x04,0x00,
0x40,0x30,0x0F,0x00,0x01,0x01,0x01,0x41,0x81,0x7F,0x01,0x01,0x01,0x05,0x03,0x00,
    /*"序",13*/
0x40,0x40,0x42,0xCC,0x00,0x40,0xA0,0x9E,0x82,0x82,0x82,0x9E,0xA0,0x20,0x20,0x00,
0x00,0x00,0x00,0x3F,0x90,0x88,0x40,0x43,0x2C,0x10,0x28,0x46,0x41,0x80,0x80,0x00,
    /*"设",14*/
```

```
0x40,0x40,0x42,0xCC,0x00,0x40,0x40,0x40,0x40,0xFF,0x40,0x40,0x40,0x40,0x40,0x00,
0x00,0x00,0x00,0x7F,0x20,0x10,0x00,0x00,0x00,0xFF,0x00,0x00,0x00,0x00,0x00,0x00
    /*"计",15*/
};

void delayus10(void)
{
    uchar i=5;
    while(--i);
}
void delayms(uint j)
{
    uchar i=250;
    for(;j>0;j--){while(--i);i=249;while(--i);i=250;}
}
//屏幕选择，cs=0：选择双屏；cs=1：选择左边屏；cs=0：选择右边屏
void select(uchar cs)
{
    if(cs==0)  {cs1=0;cs2=0;}
    else if(cs==1)  {cs1=0;cs2=1;}else  {cs1=1;cs2=0;}
}
void send_cmd(uchar cmd)              //写命令函数
{
    rs=0;rw=0;bus=cmd;delayus10();e=0;e=1;e=0;
}
void send_data(uchar dat)             //写数据函数
{
    rs=1;rw=0;bus=dat;delayus10();e=0;e=1;e=0;
}
void clear_screen(void)               //清双屏函数
{
    uchar c_page,c_column;
    select(0);
    for(c_page=0;c_page<c_page_max;c_page++)
    {
        send_cmd(c_page+lcdpage);
        send_cmd(lcdcolumn);
        for(c_column=0;c_column<c_column_max;c_column++)
        {
            send_data(0x00);
        }
    }
}
void initial(void)                    //初始化函数
{
    rst=0;delayms(10);rst=1;
    select(0);
    clear_screen();
    send_cmd(lcdrow);
    send_cmd(lcdcolumn);
    send_cmd(lcdpage);
    send_cmd(0x3f);
}
```

```
//在当前屏显示字符，c_page：页数(0～7)；c_column:列数(0～63)；
//num：字符数；offset：起始字符在字符表中的位置编号
void display_zf(uchar c_page,uchar c_column,uchar num,uchar offset)
{
    uchar c1,c2,c3;
    for(c1=0;c1<num;c1++)              //c1 为字符变量
    {
        for(c2=0;c2<2;c2++)           //c2 为左右屏变量
        {
            for(c3=0;c3<8;c3++)       //c3 为列变量，一个字符 8 列
            {
                send_cmd(lcdpage+c_page+c2);
                send_cmd(lcdcolumn+c_column+c1*8+c3);
                send_data(table_zf[(c1+offset)*16+c2*8+c3]);
            }
        }
    }
}
//在当前屏显示汉字，c_page：页数(0～7)；c_column:列数(0～63)；
//num：汉字数；offset：起始汉字在汉字表中的位置编号
void display_hz(uchar c_page,uchar c_column,uchar num,uchar offset)
{
    uchar c1,c2,c3;
    for(c1=0;c1<num;c1++)              //c1 为字符变量
    {
        for(c2=0;c2<2;c2++)           //c2 为左右屏变量
        {
            for(c3=0;c3<16;c3++)      //c3 为列变量，一个汉字 16 列
            {
                send_cmd(lcdpage+c_page+c2);
                send_cmd(lcdcolumn+c_column+c1*16+c3);
                send_data(table_hz[(c1+offset)*32+c2*16+c3]);
            }
        }
    }
}
void main()
{
    initial();
    select(1);
    display_hz(2,0,4,0);
    display_hz(4,24,1,8);
    display_zf(4,40,3,2);
    select(2);
    display_hz(2,0,4,4);
    display_hz(4,0,4,9);
    display_zf(6,32,2,0);
    while(1);
}
```

7.5　键盘与 51 系列单片机的接口

键盘是单片机应用系统中最常用的输入设备，在单片机应用系统中，操作人员一般都是通过键盘向单片机系统输入指令、地址和数据，实现简单的人机通信。

7.5.1　键盘概述

1. 键盘的基本原理

键盘实际上是一组按键开关的集合，平时按键开关总是处于断开状态，当按下键时它才闭合，按下键后计算机将产生一个脉冲波。按键开关的结构和产生的波形如图 7.20 所示。

在图 7.20 中，当按键开关未按下时，开关处于断开状态，向 P1.1 输入高电平；当按键开关按下时，开关处于闭合状态，向 P1.1 输入低电平。因此，可通过读入 P1.1 的高、低电平状态来判断按键开关是否按下。

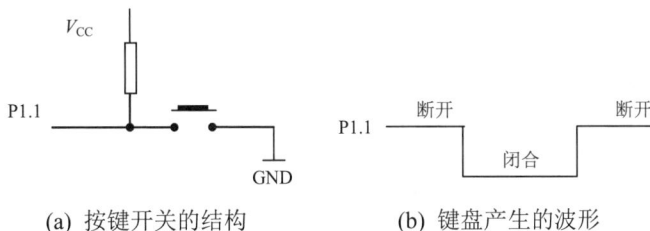

(a) 按键开关的结构　　　(b) 键盘产生的波形

图 7.20　按键开关及波形示意

2. 抖动的消除

在单片机应用系统中，按键开关通常为机械式开关，由于机械触点的弹性作用，一个按键开关在闭合时往往不会马上稳定地接通，断开时也不会马上断开，因而在闭合和断开的瞬间都会伴随着一串抖动，如图 7.21 所示。按下键位时产生的抖动称为前沿抖动，松开键位时产生的抖动称为后沿抖动。如果对抖动不做处理，会出现按一次键而输入多次的问题，为确保按一次键只确认一次，必须消除按键抖动。消除按键抖动通常有硬件消抖和软件消抖两种方法。

硬件消抖是通过在按键输出电路上添加一定的硬件线路来消除抖动，一般采用 RS 触发器或单稳态电路。图 7.22 是由两个与非门组成的 RS 触发器消抖电路。平时，没有按键时，开关倒向下方，上面的与非门输入高电平，下面的与非门输入低电平，输出端输出高电平。当按下按键时，开关倒向上方，上面的与非门输入低电平，下面的与非门输入高电平，由于 RS 触发器的反馈作用，使输出端迅速变为低电平，而不会产生抖动波形，而当按键松开时，开关回到下方时也一样，输出端迅速回到高电平而不会产生抖动波形。经过图 7.22 中的 RS 触发器消抖后，输出端的信号就变为标准的矩形波。

软件消抖是利用延时程序消除抖动。由于抖动时间都比较短，因此可以这样处理：当检测到有键按下时，执行一段延时程序跳过抖动，再去检测，通过两次检测来识别一次按键，这样就可以消除前沿抖动的影响。对于后沿抖动，由于在接收一个键位后，一般都要经过一定时间再去检测有无按键，这样就自然跳过后沿抖动时间而消除后沿抖动了。当然在第二次检测时有可能发现又没有键按下，这是怎么回事呢？这种情况一般是线路受到外部电路干扰使输入端产生干扰脉冲，这时就认为没有键按下。

图 7.21 抖动波形示意

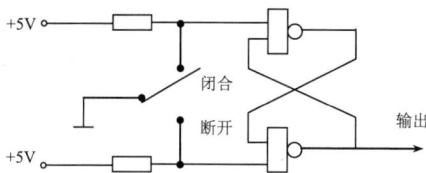

图 7.22 硬件消抖电路

在单片机应用系统中，一般都采用软件消抖。

3. 键盘的分类

一般来说，单片机应用系统的键盘可分为两类，即独立式键盘和行列键盘。

1) 独立式键盘

独立式键盘的各按键相互独立，每个按键各接一根 I/O 接口线，每根 I/O 接口线上的按键都不会影响其他 I/O 接口线。因此，通过检测各 I/O 接口线的电平状态就可以很容易地判断出哪个按键被按下了。独立式键盘如图 7.23 所示。独立式键盘的电路配置灵活，软件简单。但每个按键要占用一根 I/O 接口线，在按键数量较多时，I/O 接口线浪费很大。故在按键数量不多时，经常采用这种形式。

2) 行列键盘

行列键盘往往又叫矩阵键盘。用两组 I/O 接口线排列成行、列结构，一组设定为输入，另一组设定为输出，输

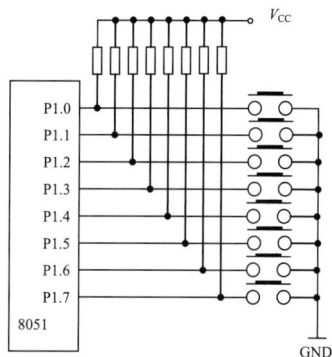

图 7.23 独立式键盘结构

入线要带上拉电阻，键位设置在行、列线的交点上，按键的一端接行线，另一端接列线。例如，图 7.24 是由 4 根行线和 4 根列线组成的 4×4 矩阵键盘，行线为输入，列线为输出，可管理 4×4=16 个键。矩阵键盘占用的 I/O 接口线数目少，图 7.24 中 4×4 矩阵键盘只用了 8 根 I/O 接口线，比独立式键盘少了一半的 I/O 接口线，而且键位越多，情况越明显。因此，在按键数量较多时，通常采用矩阵键盘，矩阵键盘的处理一般注意两个方面，即键位的编码和键位的识别。

(1) 键位的编码。

矩阵键盘的编码通常有两种，即二进制组合编码和顺序排列编码。

① 二进制组合编码如图 7.24(a)所示，每一根行线有一个编码，每一根列线也有一个编码，行线的编码从下到上分别为 1、2、4、8，列线的编码从右到左分别为 1、2、4、8，每个键位的编码直接用该键位的行线编码和列线编码组合在一起得到。图 7.24(a)中 4×4 键盘从右到左、从下到上的键位编码分别是十六进制数：11、12、14、18、21、22、24、28、41、42、44、48、81、82、84、88。这种编码虽然过程简单，但得到的编码较复杂，不连续，处理起来也不方便。

② 顺序排列编码如图 7.24(b)所示，每一行有一个行首码，每一列有一个列号，4 行的行首码从下到上分别为 0、4、8、C，4 列的列号从右到左分别是 0、1、2、3。每个键位

的编码用行首码加列号得到，即编码＝行首码＋列号。图 7.24(b)中 4×4 键盘从右到左、从下到上的键位编码分别是十六进制数：0、1、2、3、4、5、6、7、8、9、A、B、C、D、E、F。这种编码虽然过程复杂，但得到的编码简单、连续，处理起来方便，现在矩阵键盘一般都采用顺序排列编码的方法。

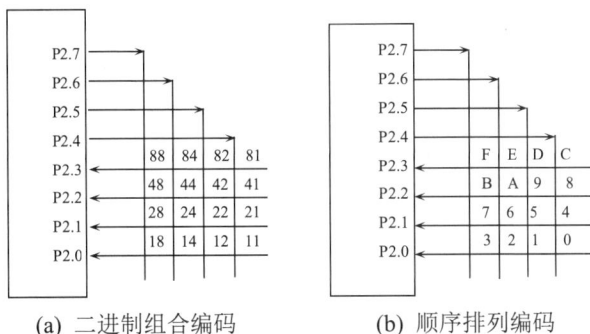

(a) 二进制组合编码　　　　(b) 顺序排列编码

图 7.24　矩阵键盘的结构

(2) 键位的识别。

矩阵键盘键位的识别可分为两步：首先检测键盘上是否有键被按下；其次识别哪一个键被按下。

① 检测键盘上是否有键被按下的处理方法：将列线送入全扫描字，读入行线的状态来判别。以图 7.24(b)为例，其具体过程如下：P2 口高 4 位都输出低电平，然后读连接行线的 P2 口低 4 位(P2 内部自带上拉电阻)，如果读入的内容都是高电平，说明没有键被按下，则不用进行下一步；如果读入的内容不全为 1，则说明有键按下，再进行第 2 步，识别是哪一个键被按下。

② 识别键盘中哪一个键被按下的处理方法：将列线逐列置成低电平，检查行输入状态，称为逐列扫描。其具体过程如下：从 P2.4 开始，依次输出"0"，置对应的列线为低电平，其他列为高电平，然后从 P2 口低 4 位读入行线状态。在扫描某列时，如果读入的行线全为"1"，则说明按下的键不在此列；如果读入的行线不全为"1"，则说明按下的键必在此列，而且是该列与"0"电平行线交点上的那个键。

为求取编码，在逐列扫描时，可用计数器记录下当前扫描列的列号，检测到第几行有键按下，就用该行的行首码加列号得到当前按键的编码。

7.5.2　独立式键盘与单片机的接口

独立式键盘每一个键用一根 I/O 接口线管理，电路简单，通常用于键位较少的情况。对某个键位的识别通过检测对应 I/O 线的高、低电平来判断，根据判断结果直接进行相应的处理。

在 51 系列单片机系统中，独立式键盘可直接用 P0～P3 的 4 个并口中的 I/O 线来连接，连接时，如果用的是 P1～P3 口，因为内部带上拉电阻，则外部可省略上拉电阻，如果用的是 P0 口，则外部须带上拉电阻。图 7.25 是 Proteus 中通过 P1 口低 4 位接 4 个独立式按键的电路图，直接判断 P1 口低 4 位是否为低电平即可判断相应键是否被按下。为了便于测试，在 P2 口低 4 位增加了发光二极管(LED-RED)，当按键按下时，相应的发光二极管亮 1s。

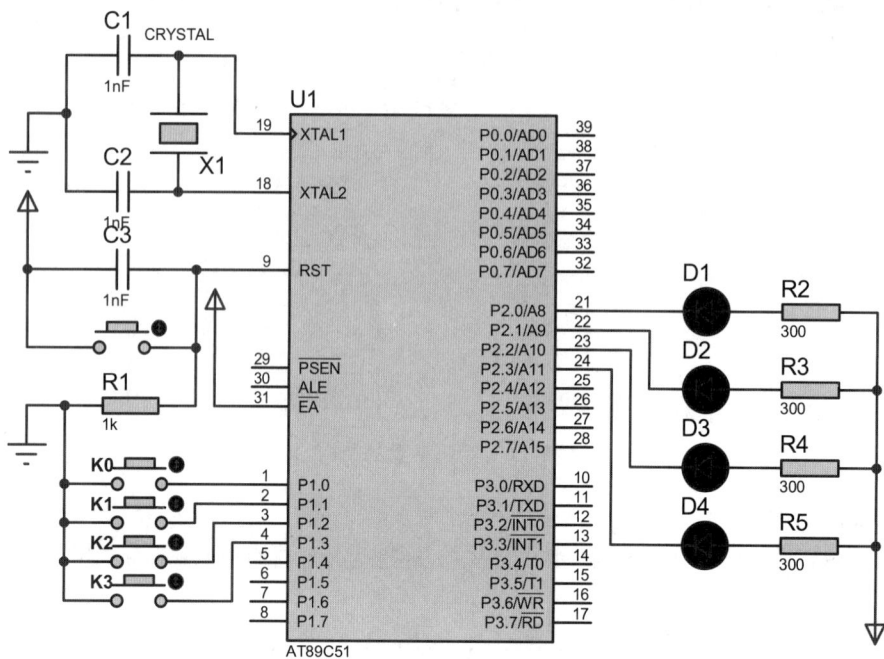

图 7.25　P1 口接 4 个独立式按键电路

C51 程序代码如下：

```
#include   <reg51.h>
#define  uchar   unsigned char
sbit  K0=P1^0;           //定义位变量
sbit  K1=P1^1;
sbit  K2=P1^2;
sbit  K3=P1^3;
sbit  D0=P2^0;
sbit  D1=P2^1;
sbit  D2=P2^2;
sbit  D3=P2^3;
void  delay(uint k)   //定义延时函数
{
    uint  i,j;
    for (i=0;i<k;i++)
    for(j=0;j<125;j++);
}
void  main(void)
{
    while(1)
    {
        //K0按下，D0指示灯亮1s
        if (K0==0) { delay(10); if (K0==0) {D0=0;delay(1000);D0=1;}}
```

```
//K1 按下，D1 指示灯亮 1s
if (K1==0) { delay(10); if (K1==0) {D1=0;delay(1000);D1=1;}}
//K2 按下，D2 指示灯亮 1s
if (K2==0) { delay(10); if (K2==0) {D2=0;delay(1000);D2=1;}}
//K3 按下，D3 指示灯亮 1s
if (K3==0) { delay(10); if (K3==0) {D3=0;delay(1000);D3=1;}}
   }
}
```

7.5.3　矩阵键盘与单片机的接口

矩阵键盘的连接方法有多种，可直接连接于单片机的 I/O 接口线，也可利用扩展的并行 I/O 接口连接，还可利用可编程的键盘、显示接口专用芯片进行连接等。51 系列单片机通常可直接用本身的 I/O 口连接矩阵键盘。

图 7.26 是 Proteus 中通过 51 系列单片机 P3 口连接 4×4 的矩阵键盘电路。P3 口的高 4 位作为列线输出，低 4 位作为行线输入。

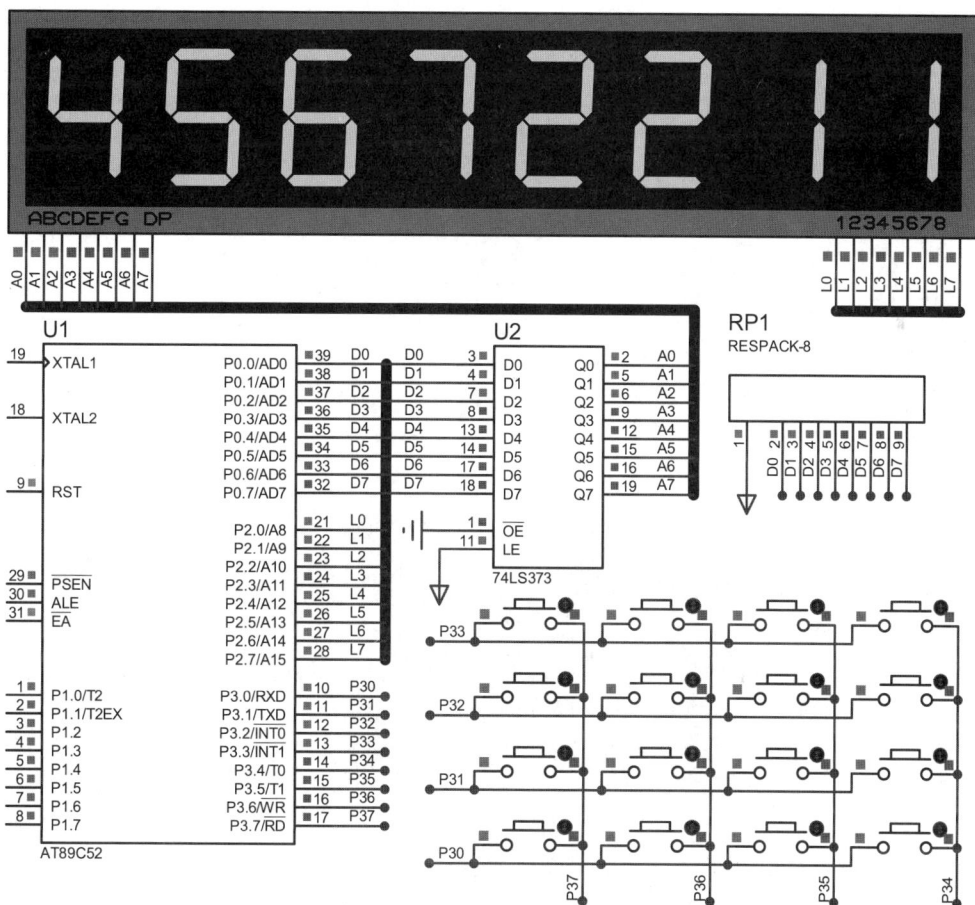

图 7.26　51 系列单片机 P3 口连接 4×4 的矩阵键盘电路

根据前面介绍的内容，该矩阵键盘的处理过程如下。首先，通过 P3 口的高 4 位送全扫描字 0FH，使所有的列为低电平，读入 P3 口的低 4 位，判断是否有键被按下；如果有键被按下，再通过 P3 口高 4 位依次送列扫描字，将列线逐列置成低电平，读入 P3 口的低 4 位行线状态，判断按下的键是在哪一列的哪一行上面，然后通过行首码加列号得到按键的编码。该矩阵键盘的扫描子程序流程图如图 7.27 所示。

在图 7.26 中，为了便于测试键盘是否正确，还添加了 8 个共阴极数码管，它们的硬件连接与软件程序在前面已经介绍过，这里不再重复。通过数码管显示按下的键，按下的键在 8 个数码管的最右边显示，而原来的内容依次左移。

C 语言键盘扫描子程序的代码如下：

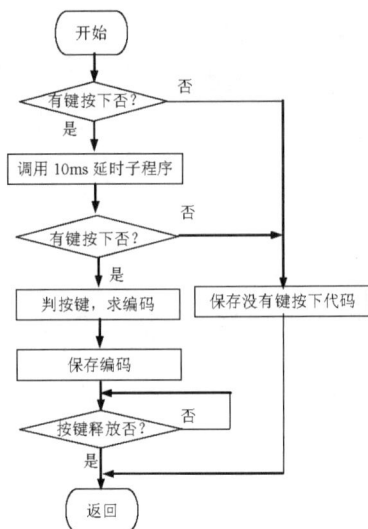

图 7.27　键盘扫描子程序流程图

```c
#include  <reg51.h>
#include  <absacc.h>          //定义绝对地址访问
#define  uchar  unsigned  char
#define  uint  unsigned  int
void  delay(uint);            //声明延时函数
void  display(void);          //声明显示函数
uchar  checkkey();
uchar  keyscan(void);
uchar  disbuffer[8]={0,1,2,3,4,5,6,7};          //定义显示缓冲区

void  main(void)
{
    uchar  key;
    while(1)
    {
        key=keyscan();
        if( key!=0xff)
        {
            disbuffer[0]=disbuffer[1];
            disbuffer[1]=disbuffer[2];
            disbuffer[2]=disbuffer[3];
            disbuffer[3]=disbuffer[4];
            disbuffer[4]=disbuffer[5];
            disbuffer[5]=disbuffer[6];
            disbuffer[6]=disbuffer[7];
            disbuffer[7]=key;
        }
        display();                              //调用显示函数
    }
}

//*************延时函数*************
void  delay(uint  i)                            //定义延时函数
```

```
{
    uint  j;
    for  (j=0;j<i;j++){}
}
//**********显示函数**********
void  display(void)      //定义显示函数
{
    uchar  codevalue[16]={0x3f,0x06,0x5b,0x4f,0x66,0x6d,0x7d,0x07,
        0x7f,0x6f,0x77,0x7c,0x39,0x5e,0x79,0x71};          //0~F 的字段码表
    uchar  chocode[8]={0xfe,0xfd,0xfb,0xf7,0xef,0xdf,0xbf,0x7f};//位选码表
    uchar  i,p,temp;
    for  (i=0;i<8;i++)
    {
        temp=chocode[i];          //取当前的位选码
        P2=temp;                  //送出位选码
        p=disbuffer[i];           //取当前显示的字符
        temp=codevalue[p];        //查得显示字符的字段码
        P0=temp;                  //送出字段码
        delay(20);                //延时 1ms
    }
}


//**********检测有无键按下函数**********
uchar  checkkey()      //检测有无键按下函数，有则返回 0，无则返回 0xff
{
    uchar  i;
    P3=0x0F;
    i=P3;
    i=i|0xF0;
    if  (i==0xff)  return(0xff);
    else  return(0);
}
//**********键盘扫描函数**********
uchar  keyscan()
//键盘扫描函数，如果有键按下，则返回该键的编码；如果无键按下，则返回 0xff
{
    uchar  scancode;      //定义列扫描码变量
    uchar  codevalue;     //定义返回的编码变量
    uchar  m;             //定义行首编码变量
    uchar  k;             //定义行检测码
    uchar  i,j;
    if (checkkey()==0xff)  return(0xff);          //检测有无键按下，无则返回 0xff
      else
      {
          delay(20);                              //延时
          if(checkkey()==0xff)  return(0xff);     //检测有无键按下，无则返回 0xff
          else
          {
              scancode=0xef;                      //列扫描码，行首码赋初值
              for  (i=0;i<4;i++)
              {
                  k=0x01;
                  P3=scancode;                    //送列扫描码
```

```
m=0x00;
for  (j=0;j<4;j++)
{
    if ((P3&k)==0)                    //检测当前行是否有键按下
    {
        codevalue=m+i;                //按下则求编码
        while (checkkey()!=0xff);     //等待键位释放
    }
    else
    {k=k<<1;m=m+4;} //行检测码左移一位,计算下一行的行首编码
}
scancode=scancode<<1;
scancode++;//列扫描码左移一位,扫描下一列
}
}
return(codevalue); //返回编码
}
}
```

7.6 行程开关、晶闸管、继电器、蜂鸣器与 51 系列单片机的接口

行程开关、晶闸管、继电器是单片机工控系统中使用较多的器件。行程开关和继电器的触点常用于单片机的输入端,继电器线圈和晶闸管元件常用于单片机的输出端。这些器件一般都连接在高电压、大电流、大功率的工控系统中。为了屏蔽干扰,它们常通过光耦合器件与单片机相连。采用光耦合器件后,单片机用的是一组电源,外围器件用的是另一组电源,两者之间完全隔断了电气联系,而通过光的联系来传递信息。

7.6.1 行程开关、继电器常开触点与 51 系列单片机的接口

行程开关和继电器常开触点与单片机的接口如图 7.28 所示。当触点闭合时,光耦合器件的发光二极管有电流通过而发光,使右端的光敏三极管导通,向单片机 I/O 引脚送高电平(即数字"1")。而当触点未闭合时,光耦合器件不导通,送向单片机 I/O 引脚的是低电平。图 7.28 中用按钮开关代替行程开关或继电器常开触点,其原理是相同的。

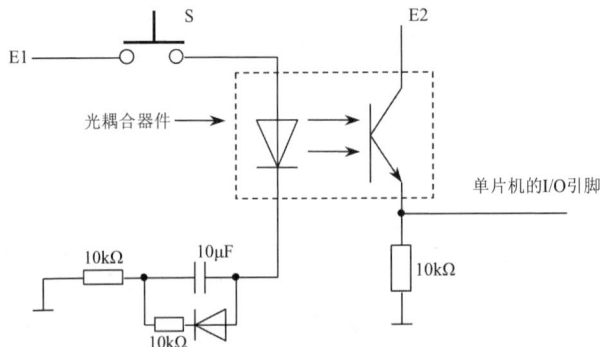

图 7.28 行程开关、继电器常开触点与单片机的接口

7.6.2　晶闸管与 51 系列单片机的接口

光耦合晶闸管的输出端是光敏晶闸管或光敏双向晶闸管。当光耦合晶闸管的输入端有一定的电流流入时，光敏晶闸管或光敏双向晶闸管即导通。有的光耦合晶闸管的输出端还带有过零检测电路，用于控制晶闸管过零触发，以减少电器在接通电源时对电网的影响。

光耦合晶闸管与 51 系列单片机的接口如图 7.29 所示。其中 4N40 是常用的单向型光耦合晶闸管。当输入端有 15～30mA 电流时，输出端的光敏晶闸管导通。输出端的额定电压为 400V，额定电流有效值为 300mA。输入输出端隔离电压为 1500～7500V。4N40 的 6 脚是输出晶闸管的控制端，不使用时可通过一个电阻接阴极。图 7.29 中 R_s 和 C_s 组成无功负载补偿电路。

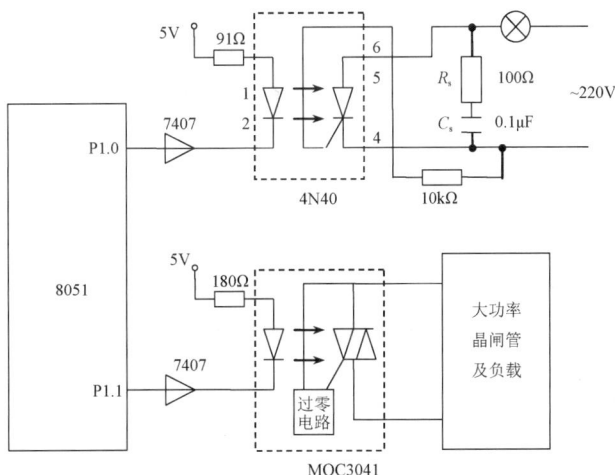

图 7.29　光耦合晶闸管与单片机的接口

MOC3041 是常用的双向光耦合晶闸管，带过零检测电路，输入输出端的控制电流为 15mA，输出端额定电压为 400V，最大重复浪涌电流为 1A，输入输出隔离电压为 7500V。MOC3041 的 5 脚是器件的衬底引出端，使用时不需要接线。

4N40 常用于小电流电器的接口，如指示灯等，也可以用于触发大功率的晶闸管。MOC3041 一般不直接用于控制负载，而用于中间控制电路或触发大功率晶闸管。

7.6.3　继电器与 51 系列单片机的接口

继电器与 51 系列单片机的接口如图 7.30 所示。其中：图 7.30(a)是驱动微型继电器的接口，当 P1.1 输出低电平时，V1 导通，继电器吸合；当 P1.1 输出高电平时，V1 截止，继电器断开。在继电器吸合到断开的瞬间，由于线圈中的电流不能突变，将在线圈产生下正上负的感应电压，使晶体管集电极承受很高的电压，有可能会损坏驱动管 V1，为此在继电器线圈两端并接一个续流二极管 VD2，使线圈两端的感应电压被钳位在 0.7V 左右。正常工作时，线圈上的电压上正下负，二极管 VD2 截止，对电路没有影响。当继电器驱动电压 $V_{CC}>5V$ 时，V_{CC} 电压可能通过三极管 V1 串入低压回路，因此在 7406 和 V1 之间加二极管 VD1。图 7.30(b)为驱动较大功率继电器的接口，由于继电器吸合时电流比较大，因此在单片机与继电器之间增加了光耦合器件作为隔离电路。图 7.30(b)中 R_1 是光耦合输出管限流电阻；R_2 是驱动管 V1 基极泄放电阻。

(a) 驱动微型继电器　　　(b) 驱动较大功率继电器

图 7.30　继电器与单片机的接口

7.6.4　蜂鸣器与 51 系列单片机的接口

蜂鸣器通常使用压电式蜂鸣器，它与 51 系列单片机的接口如图 7.31 所示。图 7.31(a) 是使用 7406 驱动管的蜂鸣器接口，当 P1.0 输出高电平"1"时，7406 输出为低电平，蜂鸣器鸣叫；当 P1.0 输出低电平"0"时，7406 输出为高电平，蜂鸣器停止。图 7.31(b)是使用三极管驱动的蜂鸣器接口，处理过程与图 7.31(a)相同。

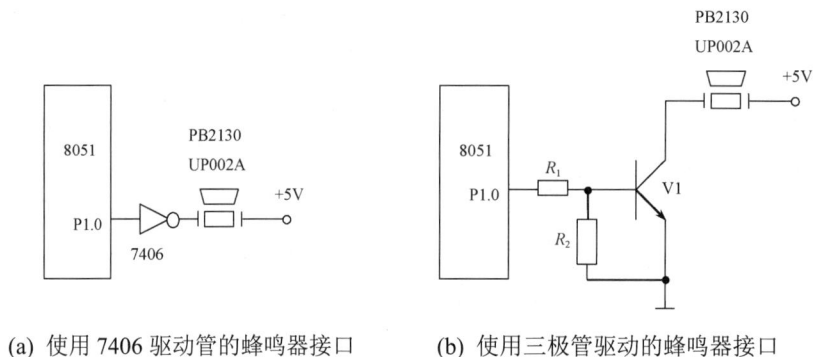

(a) 使用 7406 驱动管的蜂鸣器接口　　　(b) 使用三极管驱动的蜂鸣器接口

图 7.31　蜂鸣器与单片机的接口

习　　题

7.1　什么是 51 系列单片机的最小系统？

7.2　共阴极数码管与共阳极数码管有何区别？

7.3　LED 数码管显示器的译码方式有几种？各有什么特点？

7.4　LED 数码管显示器的显示方式有几种？各有什么特点？

7.5　LCD1602 的显示缓冲区有什么作用？它与显示位置有什么关系？

7.6　LCD1602 显示是静态方式还是动态方式？

7.7　何为键抖动？键抖动对键位识别有什么影响？怎样消除键抖动？

7.8　矩阵键盘有几种编码方式？怎样编码？

7.9　用 4×4 矩阵键盘简述矩阵键盘的扫描过程。

7.10　对于数码管动态显示，在很多实际的单片机应用系统中，为了实现较好的显示效果，通常是用定时扫描方式来实现动态显示过程，处理思想如下：用定时器实现 20ms 周期性定时，定时时间到动态显示一遍。参照图 7.9 所示的电路和内容，把数码管显示改成定时扫描方式，用 C51 编写相应程序。

7.11　在 LCD1602 的第一行显示 "2024-08-21"，第二行显示 "13:30:30"，用 C51 编写相应程序。在 Proteus 中完成设计与仿真。

7.12　在 LCD12864 的第二行显示 "2024-08-21"，第三行显示 "13:30:30"，用 C51 编写相应程序。在 Proteus 中完成设计与仿真。

微课资源

扫一扫，获取本章相关微课视频。

| 7.1　51 单片机的最小系统 | 7.2.1　数码管显示器与 51 单片机接口 | 7.2.2　数码管显示器与 51 单片机接口 | 7.3.1　字符液晶显示器 LCD1602 与 51 单片机的接口 | 7.3.2　字符液晶显示器 LCD1602 与 51 单片机的接口 |

| 7.4.1　点阵液晶显示器 LCD12864 与 51 单片机的接口 | 7.4.2　点阵液晶显示器 LCD12864 与 51 单片机的接口 | 7.5.1　键盘与 51 单片机的接口 | 7.5.3　矩阵式键盘与 51 单片机的接口 | 7.6　行程开关、晶闸管、继电器与 51 单片机的接口 |

第 8 章

51 系列单片机与 D/A、A/D 转换器的接口

【学习目标】

(1) 了解 D/A 转换的基本原理；熟悉 DAC0832 的结构和原理；掌握 DAC0832 与 51 系列单片机的接口与应用。

(2) 了解 A/D 转换的基本原理；熟悉 ADC0808/0809 的结构和原理；掌握 ADC0808/0809 与 51 系列单片机的接口与应用。

(3) 熟悉串行 A/D、D/A 与 51 系列单片机的接口与编程。

【本章知识导图】

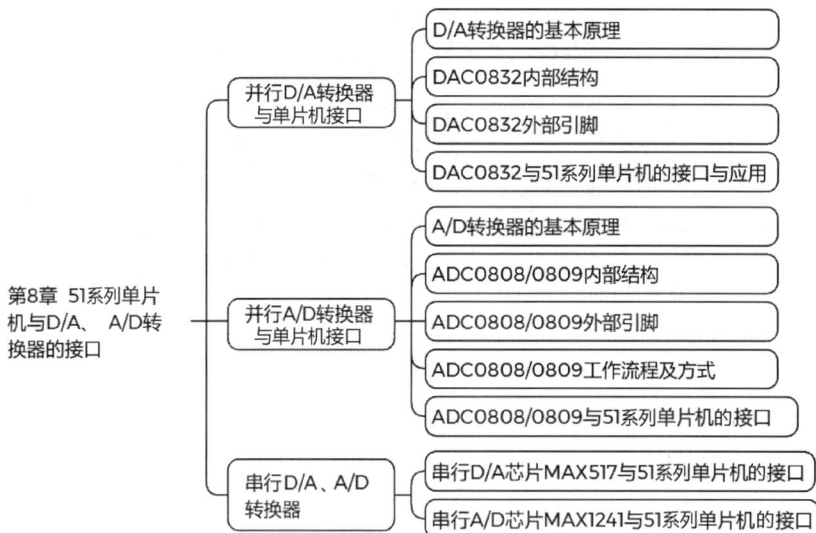

```
                                    ┌─ D/A转换器的基本原理
                    并行D/A转换器      ├─ DAC0832内部结构
                    与单片机接口       ├─ DAC0832外部引脚
                                    └─ DAC0832与51系列单片机的接口与应用

                                    ┌─ A/D转换器的基本原理
第8章 51系列单片                     ├─ ADC0808/0809内部结构
机与D/A、A/D转    ──  并行A/D转换器   ├─ ADC0808/0809外部引脚
换器的接口           与单片机接口     ├─ ADC0808/0809工作流程及方式
                                    └─ ADC0808/0809与51系列单片机的接口

                    串行D/A、A/D      ┌─ 串行D/A芯片MAX517与51系列单片机的接口
                    转换器           └─ 串行A/D芯片MAX1241与51系列单片机的接口
```

当单片机用于实时控制和智能仪表等应用系统时，经常会遇到连续变化的模拟量，如温度、压力、速度等物理量，这些模拟量必须先转换成数字量才能送给单片机处理，当单片机处理后，也常常需要把数字量转换成模拟量后再送给外部设备。若输入的是非电信号，还需要经过传感器转换成模拟电信号。实现数字量转换成模拟量的器件称为 D/A 转换器(DAC)，模拟量转换成数字量的器件称为 A/D 转换器(ADC)。本章将介绍 D/A 转换器和 A/D 转换器与 51 系列单片机的接口。

8.1　D/A 转换器与 51 系列单片机的接口

8.1.1　D/A 转换器概述

1．D/A 转换器的基本原理

D/A 转换器是把输入的数字量转换为与之成正比的模拟量的器件，其输入的是数字量，输出的是模拟量。数字量是由一位一位的二进制数组成的，不同的位所代表的大小不一样。D/A 转换过程就是把每一位数字量转换成相应的模拟量，然后把所有的模拟量叠加起来，得到的总模拟量就是输入的数字量所对应的模拟量。

如输入的数字量为 D，输出的模拟量为 V_{OUT}，则有

$$V_{OUT} = DV_{REF}$$

式中：V_{REF} 为基准电压。

若

$$D = d_{n-1}2^{n-1} + d_{n-2}2^{n-2} + \cdots + d_1 2^1 + d_0 2^0$$

则

$$V_{OUT} = (d_{n-1}2^{n-1} + d_{n-2}2^{n-2} + \cdots + d_1 2^1 + d_0 2^0) \times V_{REF} = \sum_{i=0}^{n-1} d_i 2^i \, V_{REF}$$

D/A 转换一般由电阻解码网络、模拟电子开关、基准电压、运算放大器等组成。按电阻解码网络的组成形式，将 D/A 转换器分成有权电阻解码网络 D/A 转换器、T 形电阻解码网络 D/A 转换器和开关树型电阻解码网络 D/A 转换器等。其中，T 形电阻解码网络 D/A 转换器只用到两种电阻，精度较高，容易集成化，在实际中使用最频繁。下面以 T 形电阻解码网络 D/A 转换器为例介绍 D/A 转换器的工作原理。

T 形电阻解码网络 D/A 转换器的基本原理如图 8.1 所示。电阻解码网络由两种电阻 R 和 $2R$ 组成，有多少位数字量就有多少个支路，每个支路由一个 R 电阻和 $2R$ 电阻组成，形状如 T 形，通过一个受二进制代码 d_i 控制的电子开关控制。当代码 $d_i=0$ 时，支路接地；当代码 $d_i=1$ 时，支路接到运算放大器的反相输入端。由于各支路电流方向相同，因此支路电流在运算放大器的反相输入端会叠加。对于该电阻解码网络，从右往左看，节点 $n-1$、$n-2$、$\cdots$、1、0 相对于地的等效电阻都为 R，两边支路的等效电阻都是 $2R$，所以从右边开始，基准电压 V_{REF} 流出的电流每经过一个节点，电流就减少一半，因此各支路的电流为

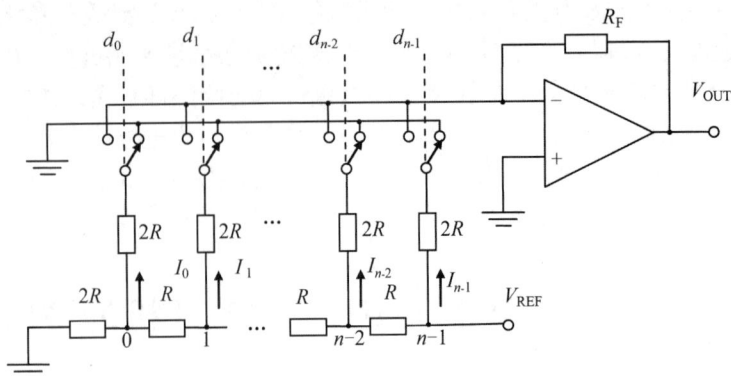

图 8.1　T 形电阻解码网络 D/A 转换器的基本原理

$$I_{n-1} = \frac{V_{\text{REF}}}{2R}, \quad I_{n-2} = \frac{V_{\text{REF}}}{2^2 R}, \quad \ldots, \quad I_1 = \frac{V_{\text{REF}}}{2^{n-1} R}, \quad I_0 = \frac{V_{\text{REF}}}{2^n R}$$

式中：n 为总位数。

　　流向运算放大器的反相端的总电流 I 为各支路电流之和，即

$$I = I_0 + I_1 + I_2 + \cdots + I_{n-2} + I_{n-1} = \sum_{i=0}^{n-1} d_i I_i = \sum_{i=0}^{n-1} d_i \frac{V_{\text{REF}}}{2^{n-i} R} = D \frac{V_{\text{REF}}}{2^n R}$$

　　经运算放大器转换成输出电压 V_{OUT}，即

$$V_{\text{OUT}} = - I R_{\text{F}} = -D \frac{V_R R_{\text{F}}}{2^n R}$$

　　从上式可以看出，输出电压与输入数字量成正比。调整 R_{F} 和 V_{REF} 可调整 D/A 转换器的输出电压范围和满刻度值。

　　另外，如取 $R_{\text{F}} = R$(电阻解码网络的等效电阻)，则

$$V_{\text{OUT}} = -\frac{D}{2^n} V_{\text{REF}}$$

　　例如，设 T 形电阻网络 D/A 转换器为 8 位，基准电压 $V_{\text{REF}} = -10\text{V}$，令 $R_{\text{F}} = R$，则输入数字量为全 0 时，$V_{\text{OUT}} = 0\text{V}$。

　　当输入数字量为 00000001 时，$V_{\text{OUT}} = 1 \times 10/2^8 \approx 0.039\text{V}$。

　　当输入数字量为全 1 时，$V_{\text{OUT}} = 255 \times 10/2^8 = 8.96\text{V} \approx 10\text{V}$。

　　由 D/A 转换器工作原理可知，把一个数字量转换成模拟量一般通过两步来实现。第一步，先把数字量转换为对应的模拟电流(I)，这一步由电阻解码网络结构中的 D/A 转换器完成；第二步，将模拟电流(I)转变为模拟电压(V_{OUT})，这一步由运算放大器完成。所以，D/A 转换器通常有两种类型，一种类型是 D/A 转换器内只有电阻解码网络，没有运算放大器，转换器输出的是电流，这种 D/A 转换器称为电流型 D/A 转换器，若要输出模拟电压，还必须外接运算放大器。另一种类型其内部既有电阻解码网络，又有运算放大器，转换器输出的直接是模拟电压，这种 D/A 转换称为电压型 D/A 转换器，它使用时无须外接放大器。目前大多数 D/A 转换器都属于电流型 D/A 转换器。

2. D/A 转换器的性能指标

　　D/A 转换器的性能指标主要有以下几个。

1)　分辨率

分辨率是指 D/A 转换器所能产生的最小模拟量的增量，是数字量最低有效位(LSB)所对应的模拟值。这个参数反映 D/A 转换器对模拟量的分辨能力。分辨率的表示方法有多种，一般用最小模拟值变化量与满量程信号值之比来表示。例如，8 位的 D/A 转换器的分辨率为满量程信号值的 1/256，12 位的 D/A 转换器的分辨率为满量程信号值的 1/4096。

2)　精度

精度用于衡量 D/A 转换器在将数字量转换成模拟量时，所得模拟量的精确程度。它表明了模拟输出实际值与理论值之间的偏差。精度可分为绝对精度和相对精度。绝对精度是指在输入端加入给定数字量时，在输出端实测的模拟量与理论值之间的偏差。相对精度是指当满量程信号值校准后，任何输入数字量的模拟输出值与理论值的误差，实际上是 D/A 转换器的线性度。

3)　线性度

线性度是指 D/A 转换器的实际转换特性与理想转换特性之间的误差。一般来说，D/A 转换器的线性误差应小于±1/2LSB。

4)　温度灵敏度

这个参数表明 D/A 转换器具有受温度变化影响的特性。

5)　建立时间

建立时间是指从数字量输入端发生变化开始，到模拟量输出稳定在额定值的±1/2LSB 时所需要的时间。它是描述 D/A 转换器转换速率快慢的一个参数。

3．D/A 转换器的分类

D/A 转换器品种繁多、性能各异。按输入数字量的位数可以分为 8 位、10 位、12 位和 16 位等；按输入的数码可以分为二进制方式和 BCD 码方式；按传送数字量的方式可以分为并行方式和串行方式；按输出形式可以分为电流输出型和电压输出型，电压输出型又有单极性和双极性之分；按与单片机的接口可以分为带输入锁存的和不带输入锁存的。下面介绍几种常用的 D/A 转换芯片。

1)　DAC0830 系列

DAC0830 系列是美国 National Semiconductor 公司生产的具有两个数据寄存器的 8 位 D/A 转换芯片。该系列产品包括 DAC0830、DAC0831、DAC0832，管脚完全兼容，有 20 个引脚，采用双列直插式封装。

2)　DAC82 系列

DAC82 是 B-B 公司生产的 8 位能完全与微处理器兼容的 D/A 转换器芯片，片内带有基准电压和调节电阻。无须外接器件及微调即可与单片机 8 位数据线相连。芯片工作电压为±15V，可以直接输出单极性或双极性电压(0～+10V，±10V)和电流(0～1.6mA，±0.8mA)。

3)　DAC1020/AD7520 系列

DAC1020/AD7520 为 10 位分辨率的 D/A 转换集成系列芯片。DAC1020 系列是美国 National Semiconductor 公司的产品，包括 DAC1020、DAC1021、DAC1022 等产品，与美国 Analog Devices 公司的 AD7520 及其后继产品 AD7530、AD7533 完全兼容。单电源工作，电源电压为+5～+15V，电流建立时间为 500ns，为 16 线双列直插式封装。

4) DAC1220/AD7521 系列

DAC1220/AD7521 系列为 12 位分辨率的 D/A 转换集成芯片。DAC1220 系列包括 DAC1220、DAC1221、DAC1222 等产品，与 AD7521 及其后继产品 AD7531 管脚完全兼容，为 18 线双列直插式封装。

5) DAC1208 和 DAC1230 系列

DAC1208 和 DAC1230 系列均为美国 National Semiconductor 公司的 12 位分辨率产品。两者不同之处是 DAC1230 数据输入引脚线只有 8 根，而 DAC1208 则有 12 根。DAC1208 系列为 24 线双列直插式封装，而 DAC1230 系列为 20 线双列直插式封装。DAC1208 系列包括 DAC1208、DAC1209、DAC1210 等产品，DAC1230 系列包括 DAC1230、DAC1231、DAC1232 等产品。

6) DAC708/709 系列

DAC708/709 是 B-B 公司生产的 16 位微机完全兼容的 D/A 转换器芯片，具有双缓冲输入寄存器，片内具有基准电源及电压输出放大器。数字量可以并行或串行输入，模拟量可以以电压或电流形式输出。

8.1.2 典型的 D/A 转换器芯片 DAC0832

1. DAC0832 芯片概述

DAC0832 是采用 CMOS 工艺制成的电流型 8 位 T 形电阻解码网络 D/A 转换器芯片，是 DAC0830 系列的一种，分辨率为 8 位，满刻度误差为±1LSB，线性误差为±0.1%，建立时间为 1μs，功耗为 20mW。其数字输入端具有双重缓冲功能，可以双缓冲、单缓冲或直通方式输入。DAC0832 与单片机接口方便，转换控制容易，价格便宜，在实际工作中被广泛使用。

2. DAC0832 的内部结构

DAC0832 的内部结构如图 8.2 所示，主要由 8 位输入寄存器、8 位 DAC 寄存器、8 位 D/A 转换器和控制逻辑电路组成。

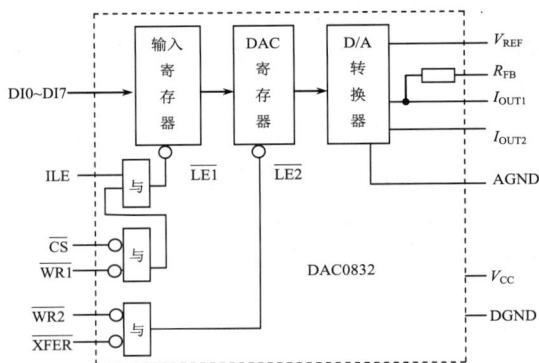

图 8.2　DAC0832 的内部结构

其中：8 位输入寄存器接收从外部发送过来的 8 位数字量，锁存于内部锁存器中，8 位 DAC 寄存器从 8 位输入寄存器中接收数据，并把接收的数据锁存于其内部的锁存器，8 位 D/A 转换器对 8 位 DAC 寄存器发送过来的数据进行转换，转换结果通过 I_{out1} 和 I_{out2} 输出。8 位输入寄存器和 8 位 DAC 寄存器都分别有自己的控制端 $\overline{\text{LE1}}$ 和 $\overline{\text{LE2}}$，$\overline{\text{LE1}}$ 和 $\overline{\text{LE2}}$ 通过相应的控制逻辑电路控制。通过它们，DAC0832 可以很方便地实现双缓冲、单缓冲或直通方式处理。

3．DAC0832 的引脚

DAC0832 有 20 个引脚，采用双列直插式封装，如图 8.3 所示。

各引脚信号线的功能如下。

DI0～DI7(DI0 为最低位)：8 位数字量输入端。

ILE：数据允许控制输入线，高电平有效。

$\overline{\text{CS}}$：片选信号。

$\overline{\text{WR1}}$：写信号线 1。

$\overline{\text{WR2}}$：写信号线 2。

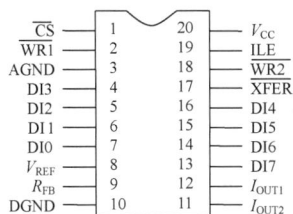

图 8.3　DAC0832 的引脚图

$\overline{\text{XFER}}$：数据传送控制信号输入线，低电平有效。

R_{FB}：片内反馈电阻引出线，反馈电阻集成在芯片内部，该电阻与内部的电阻网络相匹配。R_{FB} 端一般直接接到外部运算放大器的输出端，相当于将反馈电阻接在运算放大器的输入端和输出端之间，将输出的电流转换为电压输出。

I_{OUT1}：模拟电流输出线 1，它是数字量输入为"1"的模拟电流输出端。当输入数字量为全 1 时，其值最大，约为 $V_{\text{REF}}/R_{\text{FB}}$；当输入数字量为全 0 时，其值最小，为 0。

I_{OUT2}：模拟电流输出线 2，它是数字量输入为"0"的模拟电流输出端。当输入数字量为全 0 时，其值最大，约为 $V_{\text{REF}}/R_{\text{FB}}$；当输入数字量为全 1 时，其值最小，为 0。$I_{\text{OUT1}}$ + I_{OUT2} = 常数($V_{\text{REF}}/R_{\text{FB}}$)。采用单极性输出时，$I_{\text{OUT2}}$ 常常接地。

V_{REF}：基准电压输入线。电压范围为-10～+10V。

V_{CC}：工作电源输入端，可接+5～+15V 电源。

AGND：模拟地。

DGND：数字地。

4．DAC0832 的工作方式

通过改变引脚 ILE、$\overline{\text{WR1}}$、$\overline{\text{WR2}}$、$\overline{\text{CS}}$ 和 $\overline{\text{XFER}}$ 的连接方法，DAC0832 具有直通方式、单缓冲方式和双缓冲方式 3 种工作方式。

1)　直通方式

当引脚 $\overline{\text{WR1}}$、$\overline{\text{WR2}}$、$\overline{\text{CS}}$、$\overline{\text{XFER}}$ 直接接地时，ILE 接电源，DAC0832 工作于直通方式下，此时，8 位输入寄存器和 8 位 DAC 寄存器都处于导通状态，当 8 位数字量一到达 DI0～DI7，就立即进行 D/A 转换，从输出端得到转换的模拟量。这种方式处理简单，但 DI0～DI7 不能直接和 MCS-51 单片机的数据线相连，只能通过独立的 I/O 接口来连接。

2)　单缓冲方式

通过连接 ILE、$\overline{\text{WR1}}$、$\overline{\text{WR2}}$、$\overline{\text{CS}}$ 和 $\overline{\text{XFER}}$ 引脚，使两个寄存器中的一个处于直通状态，另一个处于受控制状态，或者两个同时被控制，DAC0832 就工作于单缓冲方式。对于单缓冲方式，单片机只需对它操作一次，就能将转换的数据送到 DAC0832 的 DAC 寄存器，并立即开始转换，转换结果通过输出端输出。

3) 双缓冲方式

当 8 位输入寄存器和 8 位 DAC 寄存器分开控制导通时，DAC0832 工作于双缓冲方式，此时单片机对 DAC0832 的操作先后分为两步：第一步，使 8 位输入寄存器导通，将 8 位数字量写入 8 位输入寄存器中；第二步，使 8 位 DAC 寄存器导通，8 位数字量从 8 位输入寄存器送入 8 位 DAC 寄存器。第二步只使 DAC 寄存器导通，在数据输入端写入的数据无意义。

8.1.3 DAC0832 与 51 系利单片机的接口与应用

1. DAC0832 与 51 系利单片机的接口

51 系利单片机与 DAC0832 连接时，把 DAC0832 作为外部数据存储器的存储单元来处理。具体的连接和 DAC0832 的工作方式相关。在实际中，如果是单片 DAC0832，通常采用单缓冲方式与 51 系利单片机连接；如果是多片 DAC0832，通常通过双缓冲方式与 51 系利单片机连接。

图 8.4 是 Proteus 中单片 DAC0832 与 51 系列单片机通过单缓冲方式连接的电路图。其中 DAC0832 的 $\overline{WR2}$ 和 $\overline{XFER}$ 引脚直接接地，ILE 引脚接电源，$\overline{WR1}$ 引脚接 51 系列单片机的片外数据存储器写信号线 $\overline{WR}$，$\overline{CS}$ 引脚接 51 系列单片机的片外数据存储器地址线最高位 A15(P2.7)，DI0～DI7 与 51 系列单片机的 P0 口(数据总线)相连。因此，DAC0832 的输入寄存器受 51 系列单片机控制导通，DAC 寄存器直接导通，当 51 系列单片机向 DAC0832 的输入寄存器写入转换的数据，就直接通过 DAC 寄存器送入 D/A 转换器开始转换，转换结果通过输出端输出。输出端连接了运算放大器(LM324)，可以把电流转换成电压送到示波器(Oscilloscope)显示。

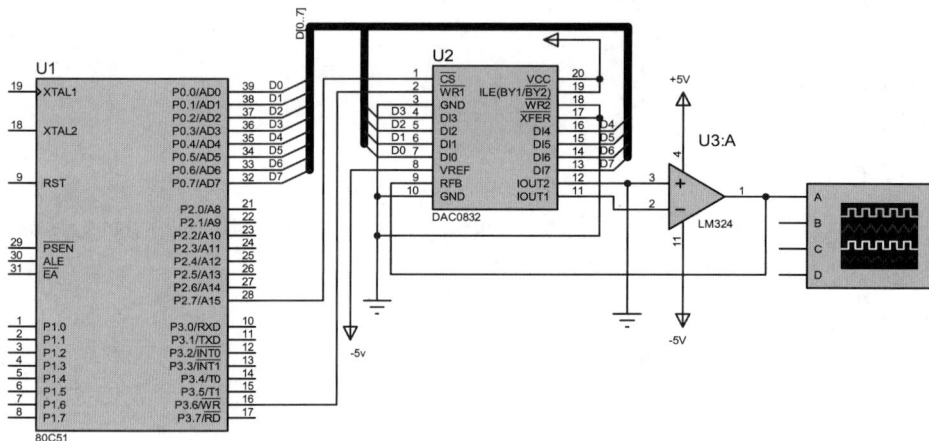

图 8.4 单缓冲方式的连接

图 8.5 是 Proteus 中两片 DAC0832 与 51 系列单片机通过双缓冲方式连接的电路图，其中两片 DAC0832 的 ILE 都接电源，数据线 DI0～DI7 并联与 51 系列单片机的 P0 口(数据总线)相连，两片 DAC0832 的 $\overline{WR1}$ 和 $\overline{WR2}$ 都连在一起与 51 系列单片机的片外数据存储器写信号线 $\overline{WR}$ 相连，第一片 DAC0832 的 $\overline{CS}$ 引脚与 51 系列单片机的 P2.6 相连，第二片 DAC0832 的 $\overline{CS}$ 引脚与 51 系列单片机的 P2.7 相连，两片 DAC0832 的 $\overline{XFER}$ 连接在一起

与 51 系列单片机的 P2.5 相连，即两片 DAC0832 的输入寄存器分开控制，而 DAC 寄存器一起控制。使用时，51 系列单片机先分别向两片 DAC0832 的输入寄存器写入转换的数据，再让两片 DAC0832 的 DAC 寄存器一起导通，则两个输入寄存器中的数据同时写入 DAC 寄存器一起开始转换，转换结果通过输出端同时输出，这样便实现了两路模拟量同时输出。

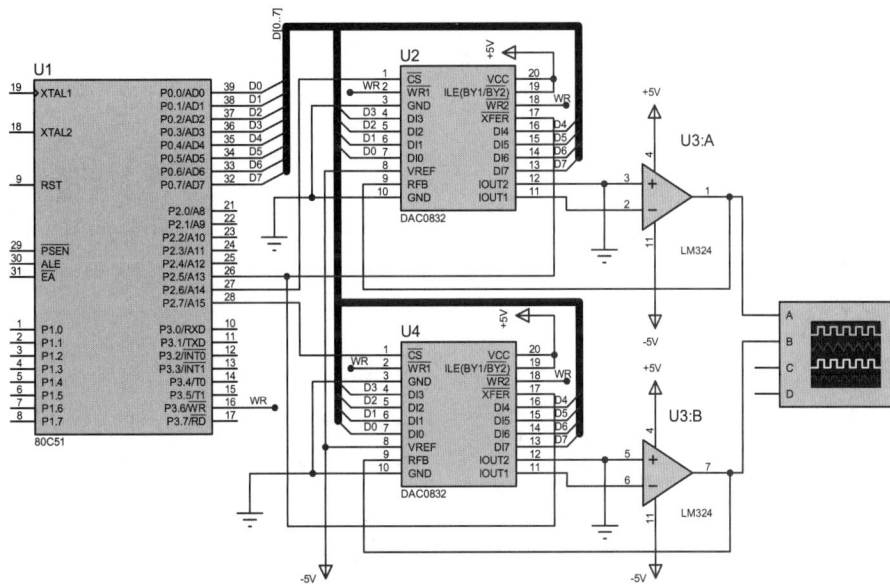

图 8.5　双缓冲方式的连接

2. DAC0832 的应用

D/A 转换器在实际中经常作为波形发生器使用，通过它可以产生各种各样的波形。D/A 转换器产生波形的原理如下：利用 D/A 转换器输出模拟量与输入数字量成正比这一特点，通过程序控制 CPU 向 D/A 转换器送出随时间成一定规律变化的数字，则 D/A 转换器输出端就可以输出随时间按一定规律变化的波形。

【例 8.1】根据图 8.4 编程。从 DAC0832 输出端分别产生锯齿波、三角波、方波和正弦波。

根据图 8.4 所示的连接，DAC0832 的输入寄存器地址可取 7FFFH(无关的地址位都取成 1)。

锯齿波的 C51 程序代码如下：

```
#include <absacc.h>        //定义绝对地址访问
#define uchar unsigned char
#define DAC0832 XBYTE[0x7FFF]
void main()
{
    uchar i;
    while(1)
    {
        for (i=0;i<0xff;i++)
        {DAC0832=i;}
    }
}
```

三角波的 C51 程序代码如下:

```
#include  <absacc.h>          //定义绝对地址访问
#define  uchar  unsigned  char
#define  DAC0832  XBYTE[0x7FFF]
void  main()
{
    uchar  i;
    while(1)
    {
        for (i=0;i<0xff;i++)
        { DAC0832=i; }
        for (i=0xff;i>0;i--)
        { DAC0832=i; }
    }
}
```

方波的 C51 程序代码如下:

```
#include  <absacc.h>                //定义绝对地址访问
#define  uchar  unsigned  char
#define  DAC0832  XBYTE[0x7FFF]
void  delay(void);
void  main()
{
    uchar  i;
    while(1)
    {
        DAC0832=0;                  //输出低电平
        delay();                    //延时
        DAC0832=0xff;               //输出高电平
        delay();                    //延时
    }
}
void  delay()                       //定义延时函数
{
    uchar  i;
    for (i=0;i<0xff;i++) {;}
}
```

正弦波的程序代码如下:

```
#include  <absacc.h>          //定义绝对地址访问
#define  uchar  unsigned  char
#define  DAC0832  XBYTE[0x7FFF]
uchar sindata[64]=
        {0x80,0x8c,0x98,0xa5,0xb0,0xbc,0xc7,0xd1,
        0xda,0xe2,0xea,0xf0,0xf6,0xfa,0xfd,0xff,
        0xff,0xff,0xfd,0xfa,0xf6,0xf0,0xea,0xe3,
        0xda,0xd1,0xc7,0xbc,0xb1,0xa5,0x99,0x8c,
        0x80,0x73,0x67,0x5b,0x4f,0x43,0x39,0x2e,
        0x25,0x1d,0x15,0xf,0x9,0x5,0x2,0x0,0x0,
        0x0,0x2,0x5,0x9,0xe,0x15,0x1c,0x25,0x2e,
```

```
            0x38,0x43,0x4e,0x5a,0x66,0x73};      //正弦波数据表
void delay(uchar m)                              //定义延时函数
{
    uchar i;
    for(i=0;i<m;i++);
}
void main(void)
{
    uchar k;
    while(1)
    {   for(k=0;k<64;k++)
        {
            DAC0832=sindata[k];                  //查找正弦波数据并输出
            delay(1);
        }
    }
}
```

【例 8.2】根据图 8.5 编程,从第一片 DAC0832 输出端产生锯齿波,同时从第二片 DAC0832 输出端产生正弦波。

根据图 8.5 的连接,第一片 DAC0832 的输入寄存器地址为 BFFFH,第二片 DAC0832 的输入寄存器地址为 7FFFH,两片 DAC0832 的 DAC 寄存器地址相同,为 DFFFH,其中无关的地址位都取成 1。

C51 程序代码如下:

```
#include  <absacc.h>                  //定义绝对地址访问
#define  uchar  unsigned  char
#define  DAC0832A  XBYTE[0xBFFF]      //第一片 DAC0832 的输入寄存器地址
#define  DAC0832B  XBYTE[0x7FFF]      //第二片 DAC0832 的输入寄存器地址
#define  DAC0832C  XBYTE[0xDFFF]      //两片 DAC0832 的 DAC 寄存器地址
uchar sindata[64]=
        {0x80,0x8c,0x98,0xa5,0xb0,0xbc,0xc7,0xd1,
         0xda,0xe2,0xea,0xf0,0xf6,0xfa,0xfd,0xff,
         0xff,0xff,0xfd,0xfa,0xf6,0xf0,0xea,0xe3,
         0xda,0xd1,0xc7,0xbc,0xb1,0xa5,0x99,0x8c,
         0x80,0x73,0x67,0x5b,0x4f,0x43,0x39,0x2e,
         0x25,0x1d,0x15,0xf,0x9,0x5,0x2,0x0,0x0,
         0x0,0x2,0x5,0x9,0xe,0x15,0x1c,0x25,0x2e,
         0x38,0x43,0x4e,0x5a,0x66,0x73};       //正弦波数据表
void delay(uchar m)                            //定义延时函数
{   uchar i;
    for(i=0;i<m;i++);
}
void  main()
{
    uchar  i=0,j=0;
    while(1)
    {
        i++;if (i==0xff) i=0;
```

```
        j++;if (j==64) j=0;
        DAC0832A=i;                    //给第一片 DAC0832 的输入寄存器送锯齿波数据
        DAC0832B=sindata[j]; //给第二片 DAC0832 的输入寄存器送正弦波数据
        DAC0832C=i;                    //两片 DAC0832 的 DAC 寄存器送 DAC 转换器转换
        delay(1);
    }
}
```

8.2　A/D 转换器与 51 系列单片机的接口

8.2.1　A/D 转换器概述

1. A/D 转换器的类型及原理

A/D 转换器(ADC)的作用是把模拟量转换成数字量,以便于计算机进行处理。

随着超大规模集成电路技术的飞速发展,现在有很多类型的 A/D 转换器芯片,不同的芯片,它们的内部结构不一样,转换原理也不同,各种 A/D 转换芯片根据转换原理可分为计数型 A/D 转换器、逐次逼近型 A/D 转换器、双重积分型 A/D 转换器和并行式 A/D 转换器等;按转换方法可分为直接 A/D 转换器和间接 A/D 转换器;按其分辨率可分为 4～16 位的 A/D 转换器。

1)　计数型 A/D 转换器

计数型 A/D 转换器由 D/A 转换器、计数器和比较器组成,如图 8.6 所示。工作时,计数器由 0 开始加 1 计数,每计一次数,计数值送往 D/A 转换器进行转换,转换后,将转换得到的模拟信号与输入的模拟信号送比较器进行比较,若前者小于后者,则计数值继续加 1,重复 D/A 转换及比较过程,依此类推,直到当 D/A 转换后的模拟信号与输入的模拟信号相同时,则停止计数,这时,计数器中的当前值就是输入模拟量对应的数字量。这种 A/D 转换器结构简单、原理清晰,但它的转换速度与精度之间存在矛盾,当提高精度时,转换的速度就慢,当提高速度时,转换的精度就低,所以在实际中很少使用。

2)　逐次逼近型 A/D 转换器

逐次逼近型 A/D 转换器是由一个比较器、D/A 转换器、寄存器及控制电路组成的,如图 8.7 所示。逐次逼近型 A/D 转换器的转换过程与计数型 A/D 转换器基本相同,也要进行比较,以得到转换的数字量,但逐次逼近型 A/D 转换器是用一个寄存器从高位到低位依次开始逐位试探进行比较。转换过程如下:开始时逐次逼近寄存器所有位清零,转换时,先将最高位置 1,送 D/A 转换器转换,转换结果与输入的模拟量比较,如果转换的模拟量比输入的模拟量小,则 1 保留,如果转换的模拟量比输入的模拟量大,则 1 不保留,然后从次高位依次重复上述过程直至最低位,最后逐次逼近寄存器中的内容就是输入模拟量对应的数字量,转换结束后,转换结束信号有效。一个 n 位的逐次逼近型 A/D 转换器转换只需要比较 n 次,转换时间只取决于位数和时钟周期。逐次逼近型 A/D 转换器的转换速度快,在实际中被广泛使用。

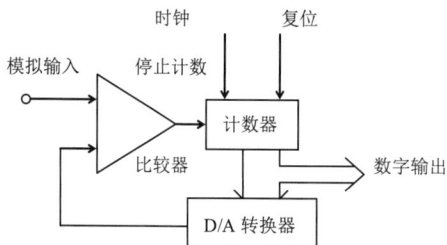

图 8.6　计数型 A/D 转换器

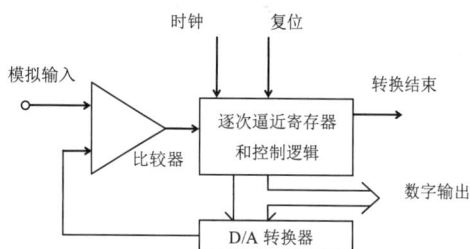

图 8.7　逐次逼近型 A/D 转换器

3)　双重积分型 A/D 转换器

双重积分型 A/D 转换器将输入电压先变换成与其平均值成正比的时间间隔，然后再把此时间间隔转换成数字量，如图 8.8 所示，它属于间接型转换器。它的转换过程分为采样和比较两个过程。采样即用积分器对输入模拟电压 V_{in} 进行固定时间的积分，输入模拟电压值越大，采样值越大，采样值与输入模拟电压值成正比；比较就是用基准电压($+V_r$ 或$-V_r$)对积分器进行反向积分，直至积分器的值为 0。由于基准电压值大小固定，因此采样值越大，反向积分时积分时间越长，积分时间与采样值成正比。综合起来，积分时间就与输入模拟量成正比。最后把积分时间转换成数字量，则该数字量就为输入模拟量对应的数字量。由于在转换过程中进行了两次积分，因此称为双重积分型 A/D 转换器。

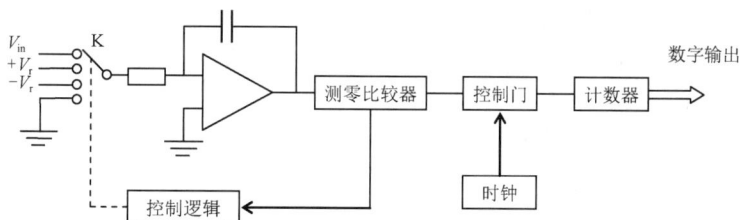

图 8.8　双重积分型 A/D 转换器

双重积分型 A/D 转换器的转换精度高，稳定性好，测量的是输入电压在一段时间的平均值，而不是输入电压的瞬间值，因此它的抗干扰能力强，但是转换速度慢。双重积分型 A/D 转换器在工业上应用比较广泛。

2．A/D 转换器的主要性能指标

1)　分辨率

分辨率是指 A/D 转换器能分辨的最小输入模拟量。通常用转换的数字量的位数来表示，如 8 位、10 位、12 位、16 位等。位数越高，分辨率越高。

2)　转换时间

转换时间是指 A/D 转换器完成一次转换所需要的时间，是指从启动 A/D 转换器到转换结束并得到稳定的数字输出量为止的时间。转换时间越短，转换速度越快。

3)　量程

量程是指所能转换的输入电压范畴。

4)　转换精度

转换精度分为绝对精度和相对精度两种。绝对精度是指实际需要的模拟量与理论上要求的模拟量之差。相对精度是指当满刻度值校准后，任意数字量对应的实际模拟量(中间值)与理论值(中间值)之差。

8.2.2　典型的 A/D 转换器芯片 ADC0808/0809

1. ADC0808/0809 芯片概述

ADC0808/0809 是 8 位 CMOS 逐次逼近型 A/D 转换器，它们的主要区别是 ADC0808 的最小误差为±1/2LSB，ADC0809 为±1LSB。采用单一+5V 电源供电，工作温度范围宽。每片 ADC0808 有 8 路模拟量输入通道，带转换启停控制，输入模拟电压范围为 0～+5V，无须零点和满刻度校准，转换时间为 100μs，功耗低，约 15mW。

2. ADC0808/0809 的内部结构

ADC0808/0809 由 8 路模拟通道选择开关、地址锁存与译码器、比较器、8 位开关树型 D/A 转换器、逐次逼近型寄存器、定时和控制电路以及三态输出锁存器等组成。

ADC0808/0809 的内部结构如图 8.9 所示。其中：8 路模拟通道选择开关的功能是从 8 路输入模拟量中选择一路送给后面的比较器；地址锁存与译码器用于当 ALE 信号有效时锁存从 ADDA、ADDB、ADDC 这 3 根地址线上送来的 3 位地址，译码后形成当前模拟通道的选择信号送给 8 路模拟通道选择开关；比较器、8 位开关树型 D/A 转换器、逐次逼近型寄存器、定时和控制电路组成 8 位 A/D 转换器。当 START 信号由高电平变为低电平时，启动转换，同时 EOC 引脚由高电平变为低电平，经过 8 个 CLOCK 时钟，转换结束，转换得到的数字量送到 8 位三态锁存器，同时 EOC 引脚回到高电平。当 OE 信号输入高电平时，保存在三态输出锁存器中的转换结果通过数据线 D0～D7 送出。

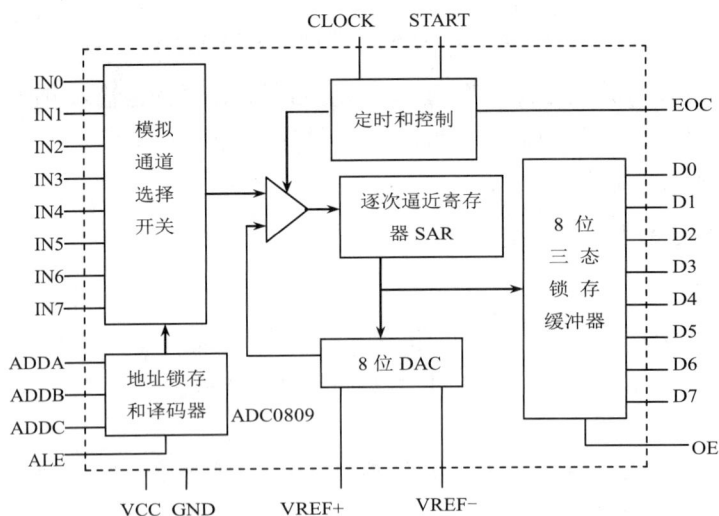

图 8.9　ADC0808/0809 的内部结构

3. ADC0808/0809 的引脚

ADC0808/0809 芯片有 28 条引脚，采用双列直插式封装，如图 8.10 所示。

```
        IN3  ─┤ 1      28 ├─  IN2
        IN4  ─┤ 2      27 ├─  IN1
        IN5  ─┤ 3      26 ├─  IN0
        IN6  ─┤ 4      25 ├─  ADDA
        IN7  ─┤ 5      24 ├─  ADDB
      START  ─┤ 6      23 ├─  ADDC
        EOC  ─┤ 7      22 ├─  ALE
         D3  ─┤ 8      21 ├─  D7
         OE  ─┤ 9      20 ├─  D6
      CLOCK  ─┤ 10     19 ├─  D5
        VCC  ─┤ 11     18 ├─  D4
      VREF+  ─┤ 12     17 ├─  D0
        GND  ─┤ 13     16 ├─  VREF-
         D1  ─┤ 14     15 ├─  D2
```

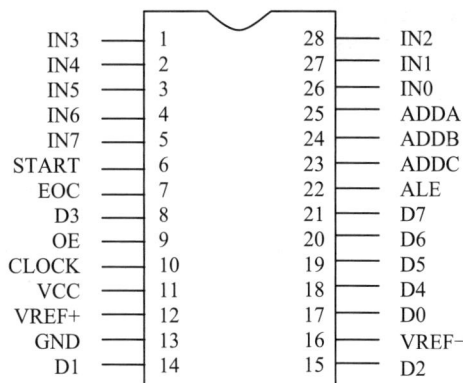

图 8.10　ADC0808/0809 的引脚图

各引脚信号线的功能如下。

IN0～IN7：8 路模拟量输入端。

D0～D7：8 位数字量输出端。

ADDA、ADDB、ADDC：3 位地址输入线，用于选择 8 路模拟通道中的一路，选择情况如表 8.1 所示。

表 8.1　ADC0808/0809 通道地址选择表

ADDC	ADDB	ADDA	选择通道
0	0	0	IN0
0	0	1	IN1
0	1	0	IN2
0	1	1	IN3
1	0	0	IN4
1	0	1	IN5
1	1	0	IN6
1	1	1	IN7

ALE：地址锁存允许信号，输入，高电平有效。

START：A/D 转换启动信号，输入，高电平有效。

EOC：A/D 转换结束信号，输出。当启动转换时，该引脚为低电平，当 A/D 转换结束时，该引脚输出高电平。由于 ADC0808/0809 为 8 位逐次逼近型 A/D 转换器，从启动转换到转换结束的时间固定为 8 个 CLK 时钟，因此，EOC 信号的低电平宽度也固定为 8 个 CLK 时钟。

OE：数据输出允许信号，输入，高电平有效。当转换结束后，如果从该引脚输入高电平，则打开输出三态门，输出锁存器的数据从 D0～D7 送出。

CLOCK：时钟脉冲输入端。要求时钟频率不高于 640kHz。

VREF+、VREF-：基准电压输入端。在多数情况下，VREF+接+5V，VREF-接 GND。

VCC：电源，接+5V 电源。

GND：地。

4．ADC0808/0809 的工作流程

ADC0808/0809 的工作流程如图 8.11 所示。

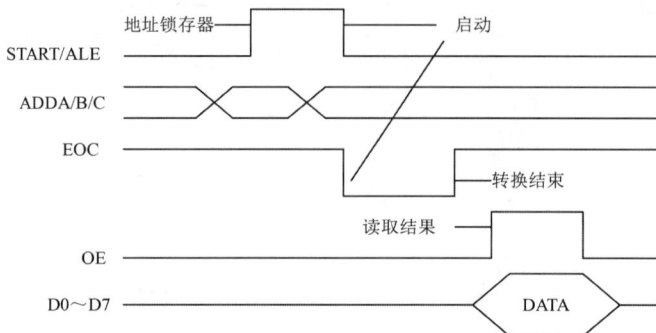

图 8.11　ADC0808/0809 的工作流程

(1) 给 ADC0808/0809 输入 3 位地址，并使 ALE=1，将地址存入地址锁存器中，经地址译码器译码，从 8 路模拟通道中选通一路模拟量送到比较器。

(2) 给 ADC0808/0809 的 START 送一高脉冲，START 的上升沿使逐次逼近寄存器复位，下降沿启动 A/D 转换，并使 EOC 信号为输出电平。

(3) 当 ADC0808/0809 转换结束时，转换的结果送入三态输出锁存器，并使 EOC 信号回到高电平，通知 CPU 已转换结束。

(4) CPU 给 OE 送高电平，ADC0808/0809 三态输出锁存器的数据输出到 D0～D7 端以供 CPU 读取。

5．ADC0808/0809 的工作方式

根据读入转换结果的处理方法，ADC0808/0809 的使用可分为 3 种方式。不同使用方式的 ADC0808/0809 与单片机的连接略有不同。

(1) 延时方式：连接时 EOC 悬空，启动转换后延时 100μs，跳过转换时间后再读入转换结果。

(2) 查询方式：EOC 接单片机并口线，启动转换后，查询单片机并口线，如果变为高电平，说明转换结束，则读入转换结果。

(3) 中断方式：EOC 经非门接单片机的中断请求端，将转换结束信号作为中断请求信号向单片机提出中断请求，中断后执行中断服务程序，在中断服务中读入转换结果。

6．ADC0808/0809 与 51 系列单片机的接口

1) 硬件连接

图 8.12 是 Proteus 中 ADC0808 与 51 系列单片机的一种接口电路。图中，ADC0808 的数据线 D0～D7 与 51 系列单片机的 P0 对应相连。地址线 ADDA、ADDB、ADDC 接地，直接选中 0 通道。锁存信号 ALE 和启动信号 START 连接在一起接 51 系列单片机的 P3.0。输出允许信号 OE 接 51 系列单片机的 P3.1。转换结束信号 EOC 接 51 系列单片机的 P3.2，通过查询方式检测是否转换结束。通过这种连接，51 系列单片机直接通过并口线方式使用 ADC0808。

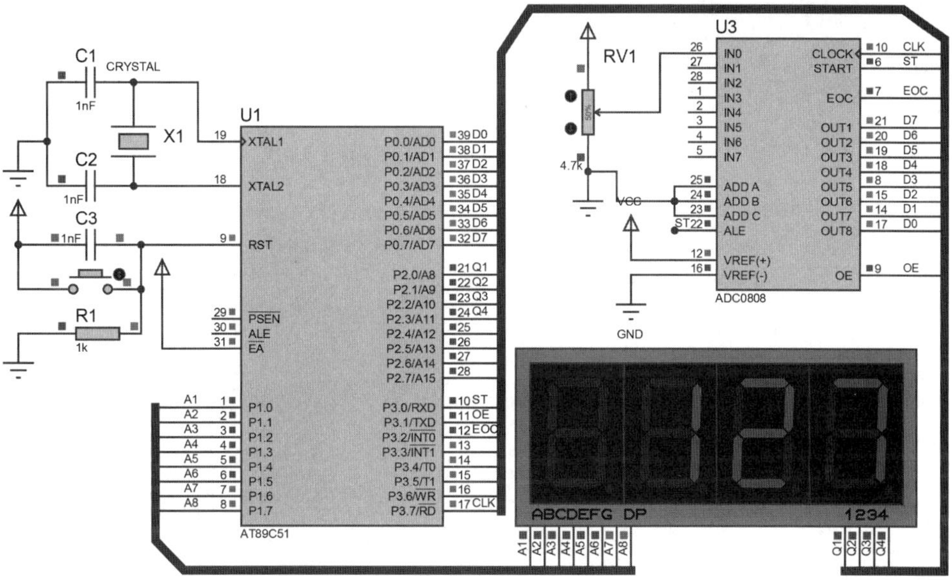

图 8.12 ADC0808 与 8051 的接口电路

另外，ADC0808 的时钟信号 CLOCK 接 51 系列单片机的 P3.7，由 51 系列单片机的定时/计数器 0 工作于方式 2 定时，定时时间为 10μs，时间到后对 P3.7 取反，产生 50kHz 周期性信号作为 ADC0808 的时钟信号。基准电压正端 VREF+接+5V 电源，负端 VREF−接地。在输入通道 IN0 接模拟量，通过滑动变阻器(POP-HT)输入，最大值为+5V，对应数字量为 255，最小值为 0，对应数字量为 0。

为了显示转换得到的数字量，在 51 系列单片机的 P1 口和 P2 口接了 4 个共阳极数码管(7SEG-MPX4-CA)，采用动态方式显示，P1 口输出字段码，P2 口的低 4 位输出位选码，数码管通过固定定时方式显示，由 51 系列定时/计数器 1 产生 20ms 的周期性定时，定时时间到后对 4 个数码管依次显示一次，显示时，把转换得到的 8 位二进制数(00000000B～11111111B)转换成 3 位十进制数(000～255)通过右边 3 个数码管显示。

2) 软件编程

C51 程序代码如下：

```
//设系统时钟频率为12MHz，P1 口为字段码口，P2 口为位选码口
#include <reg51.H>
#define  uchar  unsigned char
uchar code dispcode[4]={0x08,0x04,0x02,0x00};  //LED 显示的控制代码
uchar code codevalue[10]={0xC0,0xF9,0xA4,0xB0,0x99,0x92,
0x82,0xF8,0x80,0x90};    //0～9 共阳极字段码
uchar temp;              //存储 ADC0808 转换后处理过程中的临时数值
uchar dispbuf[4];        //存储十进制值
sbit ST=P3^0;
sbit OE=P3^1;
sbit EOC=P3^2;
sbit CLK=P3^7;
uchar count;             //LED 显示位控制
uchar getdata;           //ADC0808 转换后的数值

void delay(uchar m)      //定义延时函数
{
```

```
        while(m--)
        {  }
}

void main(void)
{
    ET0=1;
    ET1=1;
    EA=1;
    TMOD=0x12;                      //T0 工作在模式 2, T1 工作在模式 1
    TH0=246;
    TL0=246;
    TH1=(65536-20000)/256;
    TL1=(65536-20000)%256;
    TR1=1;
    TR0=1;
    while(1)
    {
        ST=0;
        ST=1;                       //产生启动转换的正脉冲信号
        ST=0;
        while(EOC==0)    {;}         //等待转换结束
        OE=1;
        getdata=P0;
        OE=0;
        temp=getdata;               //暂存转换结果
        /*将转换结果转换为十进制数*/
        dispbuf[2]=getdata/100;
        temp=temp-dispbuf[2]*100;
        dispbuf[1]=temp/10;
        temp=temp-dispbuf[1]*10;
        dispbuf[0]=temp;
    }
}

void T0X(void)interrupt 1 using 1        //定时/计数器 0 中断，产生转换时钟
{
    CLK=~CLK;
}

void T1X(void) interrupt 3 using 1       //定时/计数器 1 中断，数码管显示
{
    TH1=(65536-20000)/256;
    TL1=(65536-20000)%256;
    for(count=0;count<=3;count++)
    {
        P2=dispcode[count];
        P1=codevalue[dispbuf[count]];    //输出字段码
        delay(255);
    }
}
```

8.3　串行 D/A、A/D 与 51 系列单片机的接口

串行 D/A、A/D 转换器体积小、硬件接口简单，使用非常广泛。串行 D/A、A/D 芯片有很多种类型，下面分别以一种常见的类型来介绍它们与 51 系列单片机的接口。

8.3.1　串行 D/A 芯片 MAX517 与 51 系列单片机的接口

MAX517 是美国 MAXIM 公司生产的 8 位电压输出型串行 D/A 芯片。它采用 I^2C 总线接口，允许多个设备之间进行通信。

1．MAX517 的主要特点

MAX517 的主要特点如下。
(1)　采用单一+5V 电源供电。
(2)　I^2C 总线接口。
(3)　8 脚 SO/DIP 封装。
(4)　上电复位所有锁存器。
(5)　掉电模式电流为 4μA。
(6)　输出电压最大为参考电压。

2．MAX517 的外部特性

MAX517 采用单一+5V 电源工作，其引脚如图 8.13 所示。

其各项功能说明如下。

OUT0：D/A 转换输出端。当数字量为 00H 时，OUT0 输出最小电压 0V，当数字量为 FFH 时，OUT0 输出最大电压(基准电压)。

GND：接地。

SCL：时钟线。

SDA：数据线。

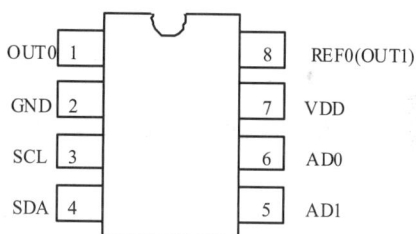

图 8.13　MAX517 的引脚图

AD1、AD0：芯片地址输入端，一组 I^2C 总线可以连接 4 片 MAX517 芯片，通过地址输入端区分不同的芯片。

VDD：工作电源端，电压范围为+4.5～+5.5V。

REF0(OUT1)：基准电压输入端。基准电压不大于工作电压，对于 MAX518 为第二个 D/A 通道的转换输出端，MAX518 的基准电压为工作电压。

3．MAX517 的工作时序

MAX517 使用 I^2C 总线接口，信息传送只需要两根信号线，即数据线 SDA 和时钟线 SCL。在每一次信息的传输过程中，主控制器首先产生开始信号，然后给 MAX517 发送一个地址位字节，MAX517 接收到地址字节位后，给主控制器发送一个应答信号；其次，主控制器给 MAX517 发送一个控制位字节，MAX517 接收到控制字节位后，再给主控制器发

送一个应答信号；最后，主控制器给 MAX517 发送 8 位转换数据。MAX517 接收到数据后进行转换，再给主控制器发送一个应答信号；主控制器接收到后产生结束信号。至此，一次转换过程完成。每个字节的传送都是高位在前、低位在后。数据线 SDA 上每一位信息状态的改变只能发生在时钟线 SCL 为低电平期间。

MAX517 的一个地址字节格式如下：

BIT7	BIT6	BIT5	BIT4	BIT3	BIT2	BIT1	BIT0
0	1	0	1	1	AD1	AD0	0

其中，前 3 位 010 出厂时已设定。对于 MAX517，BIT4 和 BIT3 这两位应取 1。因为一个主控制器上可以挂 4 个 MAX517，而具体是对哪一个 MAX517 进行操作，则由 AD1、AD0 的不同取值来控制。

MAX517 的控制字节格式如下：

BIT7	BIT6	BIT5	BIT4	BIT3	BIT2	BIT1	BIT0
R2	R1	R0	RST	PD	X	X	A0

在该字节格式中，R2、R1、R0 已预先设定为 0；RST 为复位位，该位为 1 时，复位所有的寄存器；PD 为电源工作状态位，该位为 1 时，MAX517 工作在 4μA 的休眠模式，为 0 时，返回正常的操作状态；A0 为地址位，由于 MAX517 只有一个通道 OUT0，该位应设置为 0，A0 为 0 时选择 OUT0 通道输出，A0 为 1 时选择 OUT1 通道输出。

4．MAX517 与 51 系列单片机的接口

MAX517 与 51 系列单片机在 Proteus 中的连接电路如图 8.14 所示。MAX517 的 SDA 和 SCL 分别与 8051 的 P1.1 和 P1.0 相连，MAX517 的 AD1、AD0 和 GND 均接地，MAX517 的 REF0 和 VDD 接+5V 电源。MAX517 的 OUT0 为输出的模拟电压，连接到直流电压表(DC voltmeters)，在 P2.0 接了按键 K0，每按一次 K0，输出数字量加 1，相应的模拟量增加一个单位。

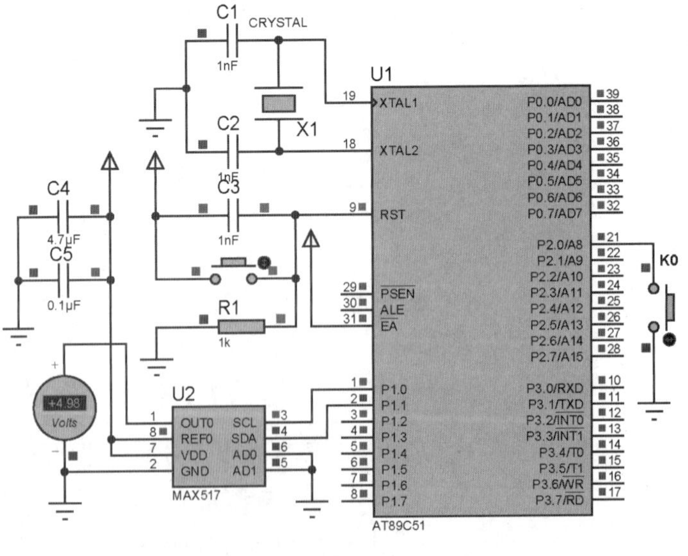

图 8.14　MAX517 与单片机的连接电路

C51 程序代码如下：

```
/******************************************************************/
/* 功能：本程序是实现 MAX517 芯片的 D/A 转换。每按一次 K0 键数字量加 1， */
/* 显示的模拟量相应地增加一个单位 */
/******************************************************************/
#include <reg52.h>                //引用标准库的头文件
#include <intrins.h>

#define uchar unsigned char
#define uint unsigned int

sbit SCL = P1^0;                  //MAX517 串行时钟
sbit SDA = P1^1;                  //MAX517 串行数据
sbit K0 = P2^0;                   //定义按键
void start(void)                  //起始条件子程序
{
    SDA = 1;
    SCL = 1;
    _nop_();
    SDA = 0;
    _nop_();
}
void stop(void)                   //停止条件子程序
{
    SDA = 0;
    SCL = 1;
    nop_();
    SDA = 1;
    nop_();
}
void ack(void)                    //应答子程序
{
    SDA = 0;
    nop_();
    SCL = 1;
    nop_();
    SCL = 0;
}
void send(uchar ch)               //发送数据子程序，ch 为要发送的数据
{
    uchar BitCounter = 8;         //位数控制
    uchar tmp;                    //中间变量控制
    do
    {
        tmp = ch;
        SCL = 0;
        nop_();
        if ((tmp&0x80)==0x80)     //如果最高位是 1
            SDA = 1;
        else
            SDA = 0;
        SCL = 1;
        tmp = ch<<1;              //左移
```

```
            ch = tmp;
            BitCounter--;
        }
        while(BitCounter);
        SCL = 0;
}
void DACOut(uchar ch)              //串行 D/A 转换子程序
{
        start();                   //发送启动信号
        send(0x58);                //发送地址字节
        ack();
        send(0x00);                //发送命令字节
        ack();
        send(ch);                  //发送数据字节
        ack();
        stop();                    //结束一次转换
}
void main(void)                    //主程序
{
        uchar i;
        SP=0x50;
        i=0xff;
        while(1)
        {
           if (!K0)
           {i++; while(!K0);}
           DACOut(i);              //对数字作 D/A 转换
        }
}
```

8.3.2　串行 A/D 芯片 MAX1241 与 51 系列单片机的接口

MAX1241 是 MAXIM 公司推出的一种单通道 12 位逐次逼近型串行 A/D 转换器，具有低功耗、高精度、转换速度快、体积小、接口简单等优点。

1. MAX1241 的功能特点

MAX1241 的功能特点如下。

(1) +2.7～+5.25 V 单电源供电。

(2) 12 位分辨率。

(3) 8 脚 DIP/SO 封装。

(4) 低功耗：P_{max}=3mW(73 KSPS)，P_{min}=5μW(待机工作方式)。

(5) 内部提供采样/保持电路。

(6) 兼容于 SPI/QSPI/MICROWIRE 串行三线外设接口。

(7) 内部提供转换时钟。

2. MAX1241 的外部特性

MAX1241 采用 8 脚 DIP/SO 封装；它的外部引脚图如图 8.15 所示。

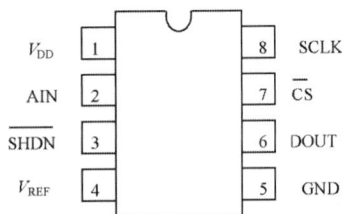

图 8.15　MAX1241 的引脚图

其各项功能说明如下。

V_{DD}：电源输入端，电源电压范围为+2.7～+5.25V。

AIN：模拟信号输入端，输入电压范围为 0～V_{REF}，MAX1241 可以在 9μs 内把输入信号转换为数字信号。

$\overline{SHDN}$：关断控制输入端，可实现 MAX1241 两种工作模式的切换，$\overline{SHDN}$ 接低电平，MAX1241 工作于待机工作模式，输入电流可减小至 10μA 以下，处于节能模式；$\overline{SHDN}$ 接高电平，MAX1241 工作于正常工作模式，可实现 D/A 转换。

V_{REF}：基准电压输入端，范围为 0～V_{DD}。外接基准电压时须同时通过一个 0.1μF 的电容接地。

GND：接地端。

DOUT：数据输出端。启动转换后输出低电平，当其输出高电平时，表示数据转换完成，就可以读取数据了。

$\overline{CS}$：片选端，输入，低电平有效。当 $\overline{CS}$ 由高电平变为低电平时启动转换。

SCLK：外部时钟脉冲输入端。最高频率可达 2.1MHz，当数据转换完成后，输入外部时钟脉冲，每个时钟脉冲的上升沿读出一位数据，低位在前，高位在后，第一个时钟脉冲的下降沿表示数据输出开始。MAX1241 是 12 位 A/D 转换器，所以要完整地读出转换数据，至少需要外部输入 13 个脉冲。

3. MAX1241 的工作过程

MAX1241 的工作时序如图 8.16 所示，工作过程如下。

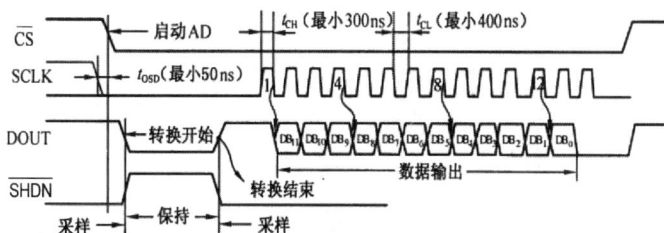

图 8.16　MAXI241 的工作时序

(1) 在 $\overline{SHDN}$ 为高电平的条件下，每次使片选信号 $\overline{CS}$ 由高电平变为低电平则启动转换，此时，时钟脉冲 SCLK 必须为低电平。

(2) A/D 转换启动后，内部控制逻辑切换采样/保持电路为保持状态，并使输出数据线 DOUT 变低电平，转换结束时 DOUT 由低电平变高电平。在整个转换期内，SCLK 应保持低电平。

(3) 一次转换结束后，内部控制逻辑将自动把采样/保持电路切换为采样状态。在外部时钟脉冲 SCLK 作用下读出数据，从图 8.16 可以看出，每一位数据是在时钟脉冲由高电平变低电平时送到数据输出端 DOUT 上，并一直保持到时钟脉冲下一次下降沿，因而每一位数据可以在时钟脉冲上升沿读出。在 13 个时钟脉冲后，数据读取结束，可将片选信号 $\overline{CS}$ 置为高电平，DOUT 端输出高电平。只要使片选信号再次有效，就可以重新开始一轮新的

A/D 转换和读取过程。

(4) 数据读取完成后，如果仍然保持片选信号有效，则 DOUT 端始终输出低电平。

4．MAX1241 与 51 系列单片机的接口

MAX1241 与 51 系列单片机在 Proteus 中的电路如图 8.17 所示，MAX1241 的电源与基准电压都采用+5V 电源供电，电源引脚配置一个 0.1μF 的滤波电容，基准电压输入端接被测电压，这里通过滑动变阻器(POT-HG)输入。关断控制输入端 $\overline{SHDN}$ 与 8051 的 P3.4 相连，P3.4 输出高电平处于正常工作模式，输出低电平处于节能模式。数据输出端 DOUT 与 P3.0 相连，外部时钟脉冲输入端 SCLK 与 P3.1 相连，片选端 $\overline{CS}$ 与 P3.2 相连。另外，连接了液晶显示器 LCD(LM016L)显示 ADC1241 测量的 12 位结果。LCD 与 51 系列单片机的连接与前面相同。

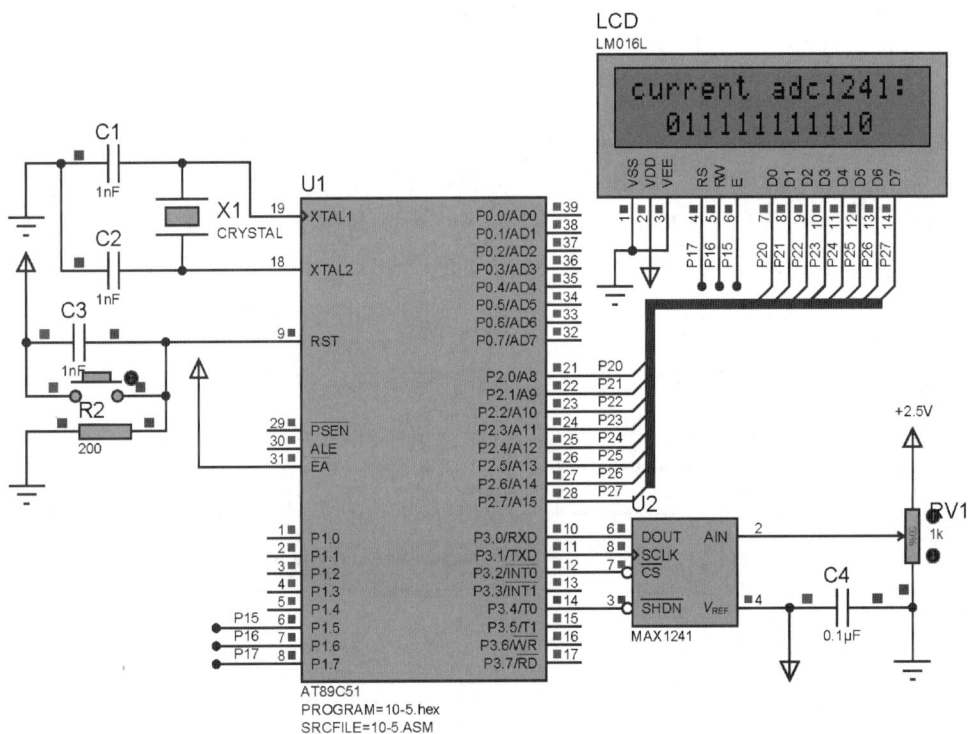

图 8.17 MAX1241 与 8051 的接口电路

C51 程序代码如下：

```
/****************************************************************/
//功能：读出 MAX1241 芯片的 12 位转换值并在 LCD 上显示。
//DOUT 数据输出端、SCLK 时钟输入端和 CS 片选控制端分别由 8051
//的 P3.0、P3.1 和 P3.2 控制，而 MAX1241 的 SHDN 由 P3.4 控制
/****************************************************************/
#include <reg52.h>
#include <intrins.h>
#define uchar unsigned char
sbit    EN=P1^5;              //LCD1602 控制线定义
sbit    RW=P1^6;
```

```c
sbit     RS=P1^7;
sbit     DOUT=P3^0;                //MAX1241 控制线定义
sbit     SCLK=P3^1;
sbit     CS=P3^2;
sbit     SHDN=P3^4;
uchar buff1[]={"current adc1241:"};    //第一行显示内容
uchar buff2[12];                        //ADC1241 的 12 位数据缓冲器

//检查忙函数
void  fbusy()
{
    P2 = 0xff;
    RS = 0;
    RW = 1;
    EN = 1;
    EN = 0;
    while((P2 & 0x80))
    {
        EN = 0;
        EN = 1;
    }
}
//写命令函数
void wc51r(uchar  j)
{
    fbusy();
    EN = 0;
    RS = 0;
    RW = 0;
    EN = 1;
    P2 = j;
    EN = 0;
}
//写数据函数
void wc51ddr(uchar  j)
{
    fbusy();               //读状态;
    EN = 0;
    RS = 1;
    RW = 0;
    EN = 1;
    P2 = j;
    EN = 0;
}
void  init()
{
    wc51r(0x01);          //清屏
    wc51r(0x38);          //使用 8 位数据，显示两行，使用 5×7 的字型
    wc51r(0x0c);          //显示器开，光标开，字符不闪烁
    wc51r(0x06);          //字符不动，光标自动右移一格
```

```
}
void adc(void)                //读 ADC1241 函数，读出的 12 位编码放缓冲器
{
    uchar    i;
    SHDN=1;SCLK=0;CS=0;
    while(!DOUT){;}
    SCLK=1;
    for (i=0;i<12;i++)
    {
        SCLK=0;  _nop_();SCLK=1;
        if (DOUT) buff2[i]=0x31;else buff2[i]=0x30;
    }
    CS=1;SHDN=0;
}
void main()                    //主程序
{
    uchar  k;
    SP=0x50;
    EA=0;
    init();
    wc51r(0x80);
    for (k=0;k<16;k++)        //第一行显示 "current adc1241:"
    { wc51ddr(buff1[k]);}
    while(1)
    {
        adc();                 //调用 A/D 转换函数，12 位结果放缓冲器 buff2
        wc51r(0xc2);
        for (k=0;k<12;k++)    //第二行显示 buff2 缓冲器的 12 位结果
        { wc51ddr(buff2[k]);}
    }
}
```

习   题

8.1　简述 D/A 转换器的主要性能指标。

8.2　简述逐次逼近型 A/D 转换器的工作原理。

8.3　简述双重积分型 A/D 转换器的工作原理。

8.4　简述 A/D 转换器的主要性能指标。

8.5　简述 DAC0832 的基本组成。

8.6　DAC0832 有几种工作方式？这几种方式是如何实现的？

8.7　简述 ADC0808/0809 的工作过程。

8.8　利用 DAC0832 芯片，采用单缓冲方式，产生一个周期具有 8 级阶梯的梯形波，用 C51 编程实现。

8.9　设计 8 路模拟量输入的巡回检测系统，使用查询的方法采样数据，采样的数据存放在片内 RAM 的 8 个单元中，用 C51 编程实现。

8.10　参考本书 MAX1241 的例子，设计数字电压表，输入电压为 0~5V，LCD 显示，显示形式为 0~5.00V，用 C51 编程实现。

8.11　参考本书 MAX517 的例子，产生方波、三角波和正弦波，用 C51 编程实现。

微课资源

扫一扫，获取本章相关微课视频。

8.1.1　DAC 基本概念	8.1.2　DAC0832 的引脚和应用	8.2.1　ADC 基本概念

8.2.2　ADC0808 的引脚和应用	8.3.1　串行 DA 转换器接口和应用	8.3.2　串行 AD 转换器接口和应用

第 9 章

51 系列单片机应用系统设计

【学习目标】

(1) 了解单片机应用系统开发的基本方法。

(2) 熟悉单片机多点温度测量系统的总体方案，硬件系统及软件系统的设计方法。

(3) 熟悉带温湿度的电子万年历的总体方案，硬件系统及软件系统的设计方法。

(4) 熟悉单片机电子密码锁的总体方案，硬件系统及软件系统的设计方法。

【本章知识导图】

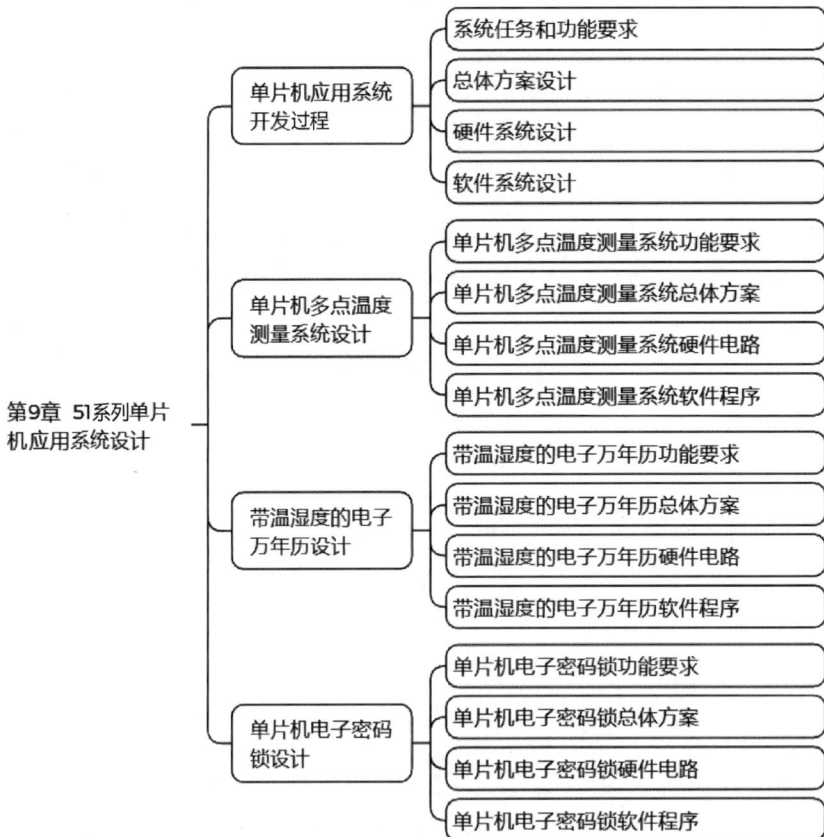

```
                                    ┌─ 系统任务和功能要求
                    ┌─ 单片机应用系统 ─┼─ 总体方案设计
                    │   开发过程       ├─ 硬件系统设计
                    │                 └─ 软件系统设计
                    │
                    │                 ┌─ 单片机多点温度测量系统功能要求
                    ├─ 单片机多点温度 ─┼─ 单片机多点温度测量系统总体方案
                    │   测量系统设计   ├─ 单片机多点温度测量系统硬件电路
                    │                 └─ 单片机多点温度测量系统软件程序
第9章 51系列单片 ──┤
机应用系统设计       │                 ┌─ 带温湿度的电子万年历功能要求
                    ├─ 带温湿度的电子 ─┼─ 带温湿度的电子万年历总体方案
                    │   万年历设计     ├─ 带温湿度的电子万年历硬件电路
                    │                 └─ 带温湿度的电子万年历软件程序
                    │
                    │                 ┌─ 单片机电子密码锁功能要求
                    └─ 单片机电子密码 ─┼─ 单片机电子密码锁总体方案
                        锁设计         ├─ 单片机电子密码锁硬件电路
                                      └─ 单片机电子密码锁软件程序
```

前面章节已经介绍了单片机的基本组成、功能及扩展电路，单片机的软、硬件资源的组织和使用。此外，一个实际的单片机应用系统设计还涉及很多复杂的内容与问题，如最优方案的选择、软硬件设计与配合等。本章先介绍单片机应用系统的开发过程，再通过 3 个实例来具体介绍。另外，考虑到现在复杂的单片机应用程序开发基本上不再用汇编语言，而是用 C 语言，因此，本章软件程序部分都使用 C 语言编写，没有再给出相应的汇编程序。

9.1　单片机应用系统开发过程

单片机应用系统由硬件系统和软件系统两部分组成。硬件系统是指单片机和扩展的存储器、I/O 接口、外围扩展的功能芯片及其接口电路。软件系统包括监控程序和各种应用程序。

9.1.1　单片机应用系统开发的基本过程

开发一个单片机应用系统，一般可分为以下几个步骤。

1. 明确系统的任务和功能要求

开发设计一个单片机应用系统，首先要明确具体任务是什么，以及要达到什么样的功能要求。不同的任务，其具体的功能要求不一样。系统的任务和功能要求一般由开发系统的投资方提出，开发设计人员确认。例如，开发一套单片机路灯控制系统，首先要明确功能要求，如：定时开灯、关灯，根据季节的变化改变开灯、关灯时间，故障路灯的状态信息及时反馈、某些路灯的单独控制以及成本信息等。目标任务和功能要求应尽可能清晰、完善。有些目标任务在开始设计时并不是非常清晰且完善，随着系统的研制开发、现场应用以及市场变化可能会有不断的更新和变化，设计方案要尽可能适应这些变化。

2. 系统的总体方案设计

根据系统的功能技术指标要求，确定系统的总体设计方案。系统的总体方案设计包括系统总体设计思想、方案选择、单片机的选择、关键器件的选型、硬件和软件功能的划分以及总体设计方案的确定等。在此阶段要对元器件市场情况有所了解。

在总体方案设计时要综合考虑硬件与软件，硬件选择上要能满足精度要求，软件采用合适的数学模型和算法。硬件功能和软件功能在一定程度上具有互换性，即有些硬件电路的功能可用软件实现，反之亦然。具体如何选择，要根据具体功能要求、设计难易程度及整个系统的性价比，加以综合平衡后确定。一般而言，使用硬件完成速度较快，精度高，可节省 CPU 的时间，但价格相对昂贵。使用软件实现则相对经济，但占用 CPU 较多的时间，精度相对低。一般原则是：在 CPU 时间允许的情况下尽量采用软件。

3. 系统详细设计

系统总体方案确定后，就可以进行详细的硬件系统设计和软件系统设计。硬件系统设计主要包括具体芯片的选择、单片机最小系统设计和外围相应接口电路设计；软件系统设计主要包含资源分配、模块划分、模块设计与主程序设计，设计时要画出主要模块的流程图，最后给出所有软件程序。

4. 系统仿真与制作

系统详细设计后，系统设计正确与否，可以先进行软硬件仿真，现在单片机软硬件仿真系统和工具很多，软件仿真工具如 Keil C51，硬件仿真工具如 Proteus。另外，很多单片机系统开发公司都提供自己的仿真和开发工具。仿真完成后就可以进行具体实物制作。实物制作完成后，就可以用实物进行系统调试与修改。

5. 系统调试与修改

系统调试是检测所设计系统的正确性与可靠性的必要过程。单片机应用系统设计是一个相当复杂的工程过程，在设计和制作过程中，难免存在一些局部性的问题或错误。系统调试可发现存在的问题和错误，以便及时进行修改。调试与修改的过程可能要反复多次，最终才能使系统试运行成功，并达到设计要求。

6. 生成正式系统或产品

系统硬件和软件调试通过后，就可以把调试完毕的软件固化在 EPROM 中，然后脱机(脱离开发系统)运行。如果脱机运行正常，再在真实环境或模拟真实环境下运行，经多次运行正常，开发过程即告结束。这时的系统只能作为样机系统，给样机系统加上外壳、面板，再配上完整的文档资料，就可生成正式的系统(或产品)。

9.1.2 单片机应用系统的硬件系统设计

单片机应用系统的硬件系统设计是指通过单片机芯片、扩展电路、外围功能芯片及其接口电路组成相应的具体硬件电路。单片机应用系统的硬件系统设计包括 3 部分内容，即单片机芯片及主要器件的选择、单片机系统扩展及配置和其他电路设计。

1. 单片机芯片及主要器件的选择

单片机应用系统的设计是以单片机为核心，合理选择单片机芯片可以使设计更加方便、简洁和经济。现在生产 51 系列单片机芯片的厂家很多，不同厂家的芯片其内部结构与功能部件各不相同，但它们的基本原理相同，指令相互兼容，选择时要根据当前情况进行。一般可根据以下几个方面进行选择。

1) 程序存储器

现在单片机系统设计时一般都选择内部带程序存储器的，这样可使系统更加简单。带程序存储器的有 ROM、EPROM、E^{2}PROM、FlashROM 或 OTPROM 等类型，容量有 2KB、4KB、8KB、16KB、32KB、64KB 等。通常的做法是在软件开发过程中采用 E^{2}PROM 或 FlashROM 型芯片，而最终产品采用 OTPROM 型芯片(一次性可编程 EPROM 芯片)，这样既可提高系统开发效率，又可以提高产品的性价比。

2) 数据存储器

单片机片内带 128B 或 256B 存储器，在一般数据处理时够用，系统不用再扩展片外数据存储器，这样系统比较简单。如果是大批量数据处理，集成片内数据存储器不够用，这时只有通过随机存储器芯片扩展片外数据存储器。

3) 集成的外部设备

很多生产单片机的厂家都在基本系统的基础上又集成了相应的外部设备,比如在片内集成看门狗电路 WDT、PWM 发生器、串行 E^2PROM、A/D 接口、D/A 接口、比较器等。提供 UART、I^2C、SPI、CAN 等通信协议的串行通信接口。集成的外部设备不同,芯片的功能和价格也不一样,可通过系统使用情况进行选择。

4) 并行 I/O 接口

在单片机应用系统中,外部设备通常是通过并行 I/O 接口来实现连接,单片机带的并行 I/O 口越多,可扩展的外部设备就越多、越方便。但单片机芯片的引脚数目增多必然使芯片面积变大,进而导致单片机系统的体积增大,选择时一般在够用的情况下有一定的余量即可。

5) 系统速度匹配

51 系列单片机时钟频率可在 1.2~24MHz,在不影响系统性能的前提下,时钟频率选择低一点好,这样可以降低对元器件工作速度的要求,提高系统的可靠性。

单片机应用系统中,除了单片机芯片外,还涉及一些主要器件,如电子时钟系统中的实时时钟芯片、温度控制系统中的温度传感器芯片、无线数据收发系统中的无线数据收发模块芯片、显示系统中的显示模块等,这些功能模块芯片现在有很多,同种功能的模块也有很多公司生产,不同公司的产品其内部结构不同,使用方法也不一样,在使用时可以根据具体情况进行选择,通过相应的方法来使用。

2. 单片机系统扩展及配置

单片机系统扩展是指单片机内部的功能单元(如程序存储器、数据存储器、I/O 口、定时/计数器、中断系统等)的容量不能满足应用系统的要求时,必须在片外进行扩展,这时应选择适当的芯片,设计相应的扩展连接电路;系统是按照系统功能要求来配置外围设备,如键盘、显示器、打印机、A/D 转换器、D/A 转换器等,设计相应的接口电路。

系统扩展和配置设计遵循的原则如下。

(1) 尽可能选择典型通用的电路,符合单片机的常规用法。为硬件系统的标准化、模块化奠定良好的基础。

(2) 系统的扩展与外围设备配置的水平应充分满足应用系统当前的功能要求,并留有适当余地,便于以后进行功能扩充。

(3) 硬件结构应结合应用软件方案一并考虑。硬件结构与软件方案会产生相互影响,考虑的原则是:软件能实现的功能尽可能由软件实现,即尽可能地用软件代替硬件,以简化硬件结构,降低成本,提高可靠性。但必须注意,由软件实现的功能,其响应时间要比直接用硬件长。因此,某些功能选择以软件代替硬件实现时,应综合考虑系统响应速度、实时要求等相关的技术指标。

(4) 整个系统中相关的器件要尽可能做到性能匹配。例如,选用高频晶振时,存储器的存取时间会变短,应选择存取速度较快的芯片;选择 CMOS 芯片单片机构成低功耗系统时,系统中的所有芯片都应该选择低功耗产品。如果系统中相关的器件性能差异很大,系统综合性能将降低,甚至不能正常工作。

(5) 可靠性及抗干扰设计是硬件设计中不可忽视的一部分,它包括芯片、器件选择、去耦滤波、印制电路板布线、通道隔离等。如果设计中只注重功能实现,而忽视可靠性及抗干扰设计，结果会事倍功半，甚至会造成系统崩溃、前功尽弃。

(6) 单片机外接电路较多时，必须考虑其驱动能力。驱动能力不足时，系统工作会不可靠。解决的办法是增加驱动能力，增强总线驱动器的驱动能力或者减少芯片功耗，降低总线负载。

3. 其他电路设计

除了前面提到的电路外，一般还有下面几个部分。

1) 译码电路

外部扩展电路比较多时，就需要设计译码电路。译码电路要尽可能简单，这就要求存储空间分配合理，译码方式选择得当。

考虑到修改方便与保密性，译码电路除了可以使用常规的门电路、译码器实现外，还可以利用只读存储器与可编程门阵列来实现。

2) 总线驱动器

如果单片机外部扩展的器件较多且负载过重，就要考虑设计总线驱动器。比如，51 系列单片机的 P0 口负载能力为 8 个 TTL 芯片，P2 口负载能力为 4 个 TTL 芯片，如果 P0、P2 口实际连接的芯片数目超出上述定额，就必须在 P0、P2 口增加总线驱动器来提高它们的驱动能力。P0 口应使用双向数据总线驱动器(如 74LS245)，P2 口可使用单向总线驱动器(如 74LS244)。

3) 抗干扰电路

针对可能出现的各种干扰，应设计抗干扰电路。在单片机应用系统中，一个不可缺少的抗干扰电路就是抗电源干扰电路。最简单的实现方法是在系统弱电部分(以单片机为核心)的电源入口对地跨接一个大电容(100μF 左右)与一个小电容(0.1μF 左右)，在系统内部芯片的电源端对地跨接一个小电容(0.01~0.1μF)。

另外，可以采用隔离放大器、光电隔离器件，抗共地干扰，采用差分放大器抗共模干扰，采用低通滤波器抗白噪声干扰，采用屏蔽手段抗辐射干扰等。

9.1.3 单片机应用系统的软件设计

整个单片机应用系统是一个整体。在进行应用系统总体设计时，软件设计和硬件设计应统一考虑，相结合进行。软、硬件功能可以在一定范围内相互转换。一些硬件电路的功能可以由软件来实现；反之亦然。在应用系统设计中，系统的软、硬件功能划分要根据系统的要求而定，若要提高速度、减少存储器容量和软件研制的工作量，则多用硬件来实现；若要提高灵活性和适应性、节省硬件开支，则多用软件来实现。系统的硬件电路设计定型后，软件的功能也就基本明确了。

一个应用系统中的软件一般是由系统监控程序和应用程序两部分构成的。其中，应用程序是用来完成如测量、计算、显示、打印、输出控制等各种实质性功能的软件；系统监控程序是控制单片机系统按预定操作方式运行的程序，它负责组织调度各应用程序模块，完成系统自检、初始化、处理键盘命令、处理接口命令、处理条件触发和显示等功能。

设计软件时，应根据系统软件功能的要求，将软件分成若干个相对独立的部分，并根据它们之间的联系和时间上的关系，设计出软件的总体结构，画出程序流程框图。画流程框图时还要对系统资源作具体的分配和说明。根据系统特点和用户需求选择编程语言，现在一般采用汇编语言和 C 语言。汇编语言编写程序对硬件操作很方便，编写的程序代码短，以前单片机应用系统软件主要用汇编语言来编写；C 语言功能丰富，表达能力强，使用灵活方便，应用面广，目标程序效率高，可移植性好，现在单片机应用系统开发很多都用 C 语言。

1. 软件设计的特点

应用系统中的软件是根据系统功能设计的，应可靠地实现系统的各种功能。应用系统种类繁多，应用软件各不相同，但是一个优秀的应用系统软件应具有以下特点。

(1) 软件结构清晰、简洁，流程合理。

(2) 各功能程序实现模块化和系统化。这样，既便于调试、调用，又便于移植、修改和维护。

(3) 程序存储区、数据存储区规划合理，既能节约存储容量，又能给程序设计与操作带来方便。

(4) 运行状态应实现标志化管理。各个功能程序运行状态、运行结果以及运行要求都应设置状态标志以便查询，程序的转移、运行、控制都可通过状态标志来控制。

(5) 经过调试和修改后的程序应进行规范化，去除修改"痕迹"。规范化的程序便于交流、借鉴，也为以后的软件模块化、标准化打下基础。

(6) 应实现全面软件抗干扰设计。软件抗干扰是计算机应用系统提高可靠性的有力措施。

(7) 为了提高运行的可靠性，在应用软件中设置自诊断程序，在系统运行前先运行自诊断程序，以检查系统各特征参数是否正常。

2. 资源分配

合理分配资源对软件的正确编写起着很重要的作用。单片机应用系统的资源主要分为片内资源和片外资源。片内资源包括单片机内部的中央处理器、程序存储器、数据存储器、定时/计数器、中断、串行口、并行口等。不同的单片机芯片，内部资源的情况各不相同，在设计时就要充分利用内部资源。当内部资源不够用时，就需要进行片外扩展。

在这些资源分配中，定时/计数器、中断、串行口等的分配比较容易，这里介绍程序存储器和数据存储器的分配。

1) 程序存储器 ROM/EPROM 资源的分配

程序存储器 ROM/EPROM 用于存放程序和表格数据。按照 MCS-51 单片机的复位及中断入口的规定，002FH 以前的地址单元作为中断和复位入口地址区。在这些单元中一般都设置了转移指令，用于跳转到相应的中断服务程序或复位启动程序。当程序存储器中存放的功能程序及子程序数量较多时，应尽可能为它们设置入口地址表。一般的常数、表格集中设置在表格区。二次开发、扩展部分尽可能放在高位地址区。

2) 数据存储器 RAM 资源的分配

RAM 分为片内 RAM 和片外 RAM。片外 RAM 的容量比较大，通常用来存放大量数据，如采样结果数据；片内 RAM 容量较小，应尽量重叠使用，如数据暂存区与显示缓冲区、打印缓冲区重叠。

对于 51 系列单片机来说，片内 RAM 是指 00H～7FH 的单元，这 128 个单元的功能并不完全相同，分配时应注意发挥各自的特点，做到物尽其用。

00H～1FH 这 32 字节可以作为工作寄存器组，在工作寄存器的 8 个单元中，R0 和 R1 具有指针功能，是编程的重要角色，应充分发挥其作用。系统上电复位时，PSW 等于 00H，当前工作寄存器选择为第 0 组，而工作寄存器组 1 用作堆栈，并向工作寄存器组 2、3 延伸。若在中断服务程序中，也要使用 R1 寄存器且不将原来的数据覆盖，则可在主程序中先将堆栈空间设置在其他位置，然后在进入中断服务程序后选择工作寄存器组 1，这时若再执行如"MOV R1, #00H"指令时，就不会覆盖主程序 R1(01H 单元)中原来的内容，因为中断服务程序中 R1 的地址已改变为 09H、11H 或 19H。在中断服务程序结束时，可重新选择工作寄存器组 0。因此，通常可在应用程序中，安排主程序及调用的子程序来使用工作寄存器组 0，而安排定时器溢出中断、外部中断、串行口中断使用工作寄存器组 1、2 或 3。

9.2 单片机多点温度测量系统设计

温度是我们生活中非常重要的物理量。随着科学技术的不断进步与发展，温度测量在工业控制、电子测温计、医疗仪器、家用电器等各种控制系统中广泛应用。

9.2.1 单片机多点温度测量系统功能要求

单片机多点温度测量系统功能要求如下。
(1) 能够测量多点温度值。
(2) 精度为 0.1℃。
(3) 能通过显示器显示测量点编号和温度值。
(4) 可轮流显示各测量点或指定显示某个测量点。
(5) 可增加温度上下限报警功能(此为扩展功能，用户自己添加)。

9.2.2 单片机多点温度测量系统总体方案

51 系列单片机多点温度测量系统方案选择主要涉及两个方面，即温度测量方案和显示方案。
(1) 温度测量通常可以采用两种方法。一种方法是用热敏电阻之类的器件。由于感温效应，热敏电阻的阻值能够随温度发生变化，当热敏电阻接入电路，则流过它的电流或其两端的电压就会随温度发生相应的变化，再将随温度变化的电压或电流采集过来，进行 A/D 转换后，发送到单片机进行数据处理，通过显示电路，就可以将被测温度显示出来。这种设计需要用到 A/D 转换电路，其测温电路比较麻烦。第二种方法是使用温度传感器芯片。温度传感器芯片能把温度信号转换成数字信号，直接发送给单片机，转换后通过显示电路显示即可。这种方法电路结构简单，设计方便，而且精度较高，可满足绝大部分功能要求，目前使用非常广泛。本设计方案选择第二种方法。
(2) 显示可以采用 LED 数码管显示或 LCD 液晶显示。LED 数码管显示亮度高，显示内容清晰，但显示信息多时需要数码管个数量大，只能通过动态显示方式连接，显示时需占用 CPU 的大量时间。LCD 液晶显示的信息量大，显示效果好，一般都带控制器，显示过程由控制器控制，不需要占用 CPU 的时间。因此设计中采用 LCD 液晶显示。

单片机多点温度测量系统的总体结构如图 9.1 所示，系统包含以下几个部分：51 系列单片机、时钟电路、复位电路组成的 51 系列单片机最小系统；多点测温模块；LCD 显示模块和按键模块。处理时，由 51 系列单片机控制依次从各个测温模块测量出温度数字量，根据数字量和温度的关系计算出温度值存入缓冲区；由按键控制从缓冲区依次取出并在 LCD 显示器显示，或显示某个测量点温度值。

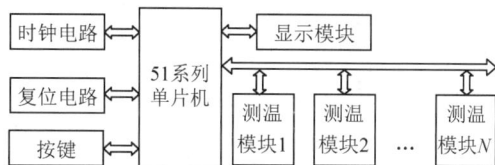

图 9.1 单片机多点温度测量系统的总体结构框图

9.2.3 单片机多点温度测量系统主要部件

根据系统设计方案，系统主要部件有 3 个，即 51 系列单片机、温度传感器芯片和 LCD 模块芯片。51 系列单片机选择价格便宜且市场容易购买的 AT89C51，LCD 选择 LCD1602，温度传感器芯片选择 DS18B20。AT89C51 和 LCD1602 在前面已经介绍过，这里不再赘述；下面介绍温度传感器芯片 DS18B20。

1. DS18B20 概述

DS18B20 是 DALLAS 公司生产的单总线数字温度传感器芯片，具有 3 引脚 TO-92 小体积封装形式；温度测量范围为-55℃～+125℃；可编程为 9～12 位 A/D 转换精度；用户可自设定非易失性的报警上下限值；被测温度以 16 位补码方式串行输出；测温分辨率可达 0.0625℃；其工作电源既可在远端引入，也可采用寄生电源方式产生；多个 DS18B20 可以并联到 3 根或 2 根线上，CPU 只需一根端口线就能与诸多 DS18B20 通信，占用微处理器的端口较少，可广泛用于工业、民用、军事等领域的温度测量及控制仪器、测控系统和大型设备中。

2. DS18B20 的外部结构

DS18B20 芯片可采用 3 脚 TO-92 小体积封装或 8 脚 SOIC 封装。其外形和引脚图如图 9.2 所示。

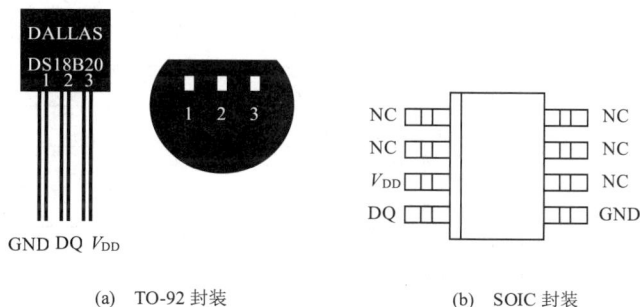

(a) TO-92 封装　　　　　　　(b) SOIC 封装

图 9.2 DS18B20 的外形及引脚图

图 9.2 中各引脚定义如下。

DQ：数字信号输入输出端。

GND：电源地。

V_{DD}：外接供电电源输入端(在寄生电源接线方式时接地)。

3. DS18B20 的内部结构

DS18B20 内部主要由 4 部分组成，包括 64 位光刻 ROM、温度传感器、非易失性温度报警触发器 TH 和 TL 以及配置寄存器等。其内部结构框图如图 9.3 所示。

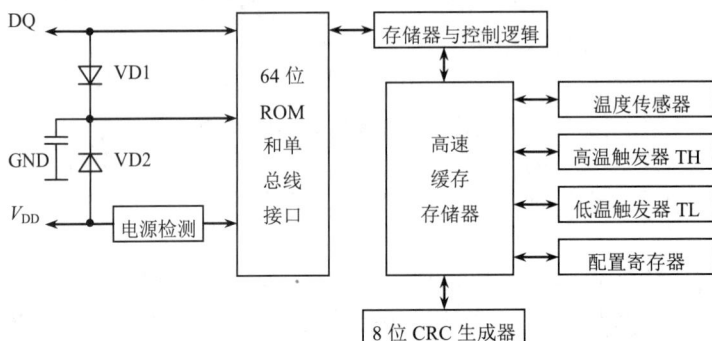

图 9.3　DS18B20 的内部结构框图

DS18B20 的存储部件有以下两种。

1)　光刻 ROM 存储器

光刻 ROM 存储器中存放的是 64 位序列号，出厂前已被光刻好，它可以看作是该 DS18B20 的地址序列号。不同器件的地址序列号不同。64 位序列号的排列是：前 8 位 (28H)是产品类型标号，接下来的 48 位是该 DS18B20 自身的序列号，最后 8 位是前面 56 位的循环冗余校验码。光刻 ROM 存储器的作用是使每个 DS18B20 都各不相同，这样就可以实现一根总线上挂接多个 DS18B20 的目的。

2)　高速暂存存储器

高速暂存存储器由 9 字节组成，其分配如表 9.1 所示。第 0 个和第 1 个字节存放转换所得的温度值；第 2 个和第 3 个字节分别为高温触发器 TH 和低温触发器 TL；第 4 个字节为配置寄存器；第 5~7 个字节保留；第 8 个字节为 CRC 校验寄存器。

表 9.1　DS18B20 高速暂存存储器的分布

字节序号	功　能
0	温度转换后的低字节
1	温度转换后的高字节
2	高温触发器 TH
3	低温触发器 TL
4	配置寄存器
5	保留
6	保留
7	保留
8	CRC 校验寄存器

DS18B20 中的温度传感器可完成对温度的测量，当温度转换命令发布后，转换后的温度以补码形式存放在高速暂存存储器的第 0 个和第 1 个字节中。以 12 位转换为例：用 16 位符号扩展的二进制补码数形式提供，以 0.0625℃/LSB 形式表示，其中 S 为符号位。表 9.2 是 12 位转换后得到的 12 位数据，高字节的前 5 位是符号位，如果测得的温度大于 0，这 5 位为 0，只要将测到的数值乘以 0.0625 即可得到实际温度；如果温度小于 0，这 5 位为 1，将测得的数值取反加 1 再乘以 0.0625 即可得到实际温度。

表 9.2 DS18B20 温度值格式

	D7	D6	D5	D4	D3	D2	D1	D0
低字节	2^3	2^2	2^1	2^0	2^{-1}	2^{-2}	2^{-3}	2^{-4}
	D7	D6	D5	D4	D3	D2	D1	D0
高字节	S	S	S	S	S	2^6	2^5	2^4

例如，+125℃的数字输出为 07D0H，+25.0625℃的数字输出为 0191H，−25.0625℃的数字输出为 FF6FH，−55℃的数字输出为 FC90H。表 9.3 列出了 DS18B20 部分温度值与采样数据的对应关系。

表 9.3 DS18B20 的部分温度数据

温度/℃	16 位二进制编码	十六进制表示
+125	0000 0111 1101 0000	07D0H
+85	0000 0101 0101 0000	0550H
+25.0625	0000 0001 1001 0001	0191H
+9.125	0000 0000 1010 0010	00A2H
+0.5	0000 0000 0000 1000	0008H
0	0000 0000 0000 0000	0000H
−0.5	1111 1111 1111 1000	FFF8H
−9.125	1111 1111 0101 1110	FF5EH
−25.0625	1111 1110 0110 1111	FE6FH
−55	1111 1100 1001 0000	FC90H

高温触发器和低温触发器分别存放温度报警的上限值 T_H 和下限值 T_L；DS18B20 完成温度转换后，将转换后的温度值 T 与温度报警的上限值 T_H 和下限值 T_L 作比较，若 $T>T_H$ 或 $T<T_L$，则把该器件的告警标志置位，并对主机发出的告警搜索命令作出响应。

配置寄存器用于确定温度值的数字转换分辨率，该字节各位的意义如图 9.4 所示。

D7	D6	D5	D4	D3	D2	D1	D0
TM	R1	R0	1	1	1	1	1

图 9.4 DS18B20 的内部结构

其中：低 5 位一直都是 1；TM 是测试模式位，用于设置 DS18B20 是在工作模式还是在测试模式。在 DS18B20 出厂时该位被设置为 0，用户不要去改动；R1 和 R0 用于设置分辨率，如表 9.4 所示(DS18B20 出厂时被设置为 12 位)。

表 9.4　温度值分辨率设置表

R1	R0	分辨率/位	温度最大转换时间/ms
0	0	9	93.75
0	1	10	187.5
1	0	11	275.00
1	1	12	750.00

CRC 校验寄存器存放的是前 8 个字节的 CRC 校验码。

4. DS18B20 的温度转换过程

根据 DS18B20 的通信协议，主机控制 DS18B20 完成温度转换必须经过 3 个步骤：每一次读写之前都要对 DS18B20 进行复位；复位成功后发送一条 ROM 指令；最后发送 RAM 指令，这样才能对 DS18B20 进行预定的操作。DS18B20 的 ROM 指令和 RAM 指令如表 9.5 和表 9.6 所示。

表 9.5　ROM 指令

指　令	约定代码	功　能
读 ROM	33H	读 DS18B20 温度传感器 ROM 中的编码(即 64 位地址)
匹配 ROM	55H	发出此命令之后，接着发出 64 位 ROM 编码，访问单总线上与该编码相对应的 DS18B20，使之作出响应，为下一步对该 DS18B20 的读写做准备
搜索 ROM	F0H	用于确定挂接在同一总线上 DS18B20 的个数和识别 64 位 ROM 地址，为操作各器件做好准备
跳过 ROM	0CCH	忽略 64 位 ROM 地址，直接向 DS18B20 发出温度转换命令。适用于单片工作
告警搜索命令	0ECH	执行后只有温度超过设定值上限或下限的片子才作出响应

表 9.6　RAM 指令

指　令	约定代码	功　能
温度变换	44H	启动 DS18B20 进行温度转换，12 位转换时最长为 750ms(9 位为 93.75ms)。结果存入内部 9 B RAM 中
读暂存器	BEH	读内部 RAM 中 9 B 的内容
写暂存器	4EH	发出向内部 RAM 的第 3、4 字节写上、下限温度数据命令，紧跟该命令之后，是传送 2 B 的数据
复制暂存器	48H	将 RAM 中第 3、4 字节的内容复制到 E^2PROM 中
重调 E^2PROM	B8H	将 E^2PROM 中的内容恢复到 RAM 中的第 3、4 字节
读供电方式	B4H	读 DS18B20 的供电模式。寄生供电时 DS18B20 发送"0"，外接电源供电时 DS18B20 发送"1"

每一步骤都有严格的时序要求，所有时序都是将主机作为主设备，单总线器件作为从设备。而每一次命令和数据的传输都是从主机主动启动写时序开始，如果要求单总线器件回送数据，在进行写命令后，主机需启动读时序完成数据接收。数据和命令的传输都是低

位在前。

时序可分为初始化时序、读时序和写时序。复位时要求主 CPU 将数据线下拉 500μs，然后释放，DS18B20 收到信号后等待 15～60μs，然后发出 60～240μs 的低电平，主 CPU 收到此信号则表示复位成功。

读时序分为读"0"时序和读"1"时序两个过程。对于 DS18B20 的读时序是从主机把单总线拉低之后，在 15μs 之内就需释放单总线，以让 DS18B20 把数据传输到单总线上。DS18B20 完成一个读时序过程至少需要 60μs。

对于 DS18B20 的写时序仍然分为写"0"时序和写"1"时序两个过程。DS18B20 写"0"时序和写"1"时序的要求不同，当要写"0"时，单总线要被拉低至少 60μs，以保证 DS18B20 能够在 15～45μs 之间正确地采样 I/O 总线上的"0"电平；当要写"1"时，单总线被拉低之后，在 15μs 之内就需释放单总线。

5. DS18B20 与单片机的接口

DS18B20 可采用外部电源供电，也可采用内部寄生电源供电。可单片连接形成单点测温系统，也能够多片连接组网形成多点测温系统。在多片连接时，DS18B20 必须采用外部电源供电方式。DS18B20 通常与单片机有以下连接方式。

图 9.5 是单片寄生电源供电方式连接，在该方式下，DS18B20 从单线信号线上汲取能量，在信号线 DQ 处于高电平期间把能量储存在内部电容里，在信号线处于低电平期间消耗电容上的电能工作，直到高电平到来再给寄生电源(电容)充电。寄生电源方式有 3 个好处：①进行远距离测温时，无须本地电源；②可以在没有常规电源的条件下读取 ROM；③电路更加简洁，仅用一根 I/O 口来实现测温。

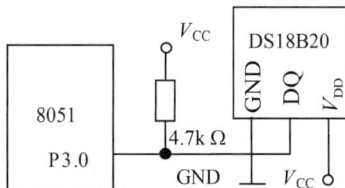

图 9.6 所示为单片外部电源供电方式。在外部电源供电方式下，DS18B20 工作电源由 V_{DD} 引脚接入，GND 引脚接地。

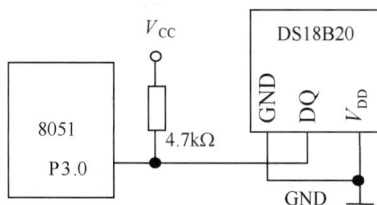

图 9.5　单片寄生电源供电　　　　　　　图 9.6　单片外部电源供电

图 9.7 所示为外部供电方式的多点测温电路，多个 DS18B20 直接并联在唯一的总线上，实现组网多点测温。

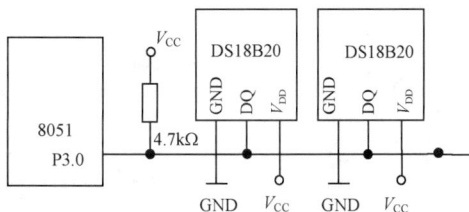

图 9.7　外部供电方式的多点测温电路

C 语言部分接口程序代码如下:

```c
#include<reg51.h>
#include<intrins.h>
#define uchar unsigned char
#define uint unsigned int
sbit DQ=P3^0;               //定义 DS18B20 数据线
uchar DATA_L,DATA_H;        //存放读出的 DS18B20 的 12 位编码
uchar NUM1,NUM2;            //定义存放读 ROM 的编号, 存放显示通道的编号
//定义延时函数
void delay(uint useconds)
{ for(;useconds>0;useconds--); }
//DS18B20 复位
void ds18b20_init(void)
{
    while(1)
    {
        DQ=1; _nop_();_nop_();
        DQ=0;   delay(50);
        DQ=1;   delay(3);
        if (!DQ){delay(25); break;}
        DQ=0;        //否则再发送复位信号
    }
}
//从单总线上读取一个字节
uchar read_byte(void)
{
    uchar i;
    uchar value = 0;
    DQ = 1; _nop_();_nop_();
    for (i=8;i>0;i--)
    {
        value>>=1;
        DQ = 0;_nop_();_nop_();_nop_();
        DQ = 1;
        delay(1);
        if(DQ)value|=0x80;
        delay(6);
    }
    return(value);
}
//向单总线上写一个字节
void write_byte(uchar val)
{
    uchar i;
    DQ = 1; _nop_();_nop_();
    for (i=8; i>0; i--)              //一次写 1B
    {
        DQ = 0;
        DQ = val&0x01;
        delay(5);
        DQ = 1;
```

```
        val=val/2;
    }
    delay(5);
}
```

9.2.4 单片机多点温度测量系统硬件电路

单片机多点温度测量系统在 Proteus 中的硬件电路如图 9.8 所示。单片机系统由 AT89C51 单片机、复位电路和时钟电路组成，时钟采用 12MHz 的晶振。

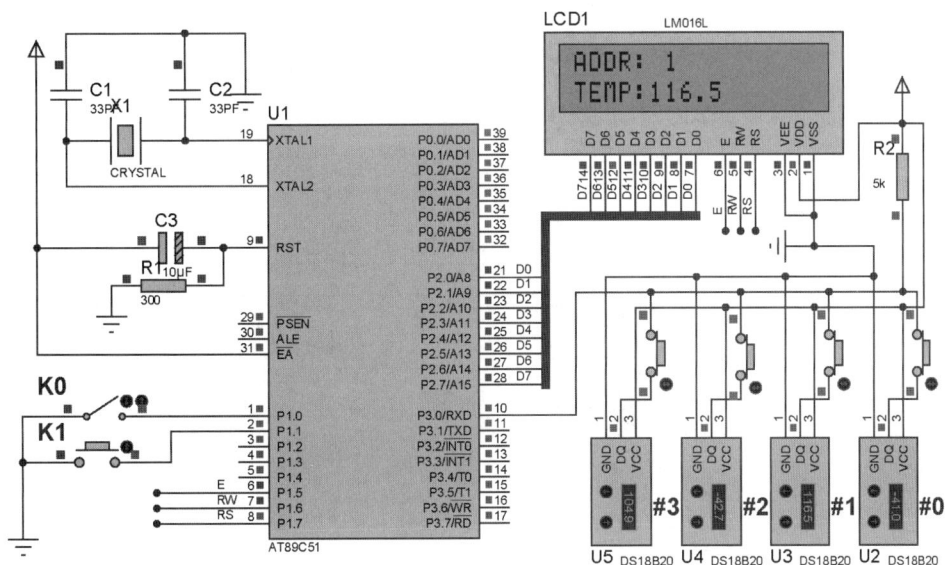

图 9.8 单片机多点温度测量系统硬件电路

多点温度测量模块采用 4 个温度传感器 DS18B20，单总线结构，外部电源供电方式，所有的 DS18B20 的 DQ 连接在一起与单片机的 P3.0 相连，通过上拉电阻接电源。每一个 DS18B20 都有一个唯一的 64 位 ROM 地址，只要发送相应的 ROM 地址就能访问该器件。要访问某个 DS18B20，就必须知道它的 64 位 ROM 地址。可以通过程序读出它们的 ROM 地址。由于读 ROM 地址时，一次只能接入一个 DS18B20，因此，4 个 DS18B20 的数据线 DQ 通过开关连接到 AT89C51 的 P3.0。系统测量温度之前首先要读入 4 个 DS18B20 的 ROM 地址，然后才能正常地测出温度值，因此设置了一个模式开关 K0，开关接通读 DS18B20 的 ROM 地址，断开正常测温。

显示器采用 LCD1602(LM016L)，其数据线与 AT89C51 的 P2 口相连，RS 与 P1.7 相连，RW 与 P1.6 相连，E 端与 P1.5 相连。设定了一个按键 K1，与 AT89C51 的 P1.1 相连，用于选择 DS18B20，按一次，测量点号加 1，对相应的 DS18B20 进行处理。

9.2.5 单片机多点温度测量系统软件程序

单片机多点温度测量系统的软件程序主要由主程序、读 DS18B20 器件 ROM 地址程序、显示 DS18B20 器件 ROM 地址程序、读 DS18B20 器件温度值程序、显示 DS18B20 器件温度值程序,以及 LCD、DS18B20 器件驱动程序等组成。其主要程序如下。

1. 主程序

主程序中首先进行 LCD 初始化,其次通过检测按键判断是读 DS18B20 的 ROM 地址还是读 DS18B20 的温度值,如果是读 ROM,则依次调用读 ROM 程序和显示 ROM 程序;如果是读温度,则调用测量温度程序和显示温度程序。

注意:测量某个模块之前一定要读出该模块的 ROM 并保存到相应的存储单元。主程序流程如图 9.9 所示。

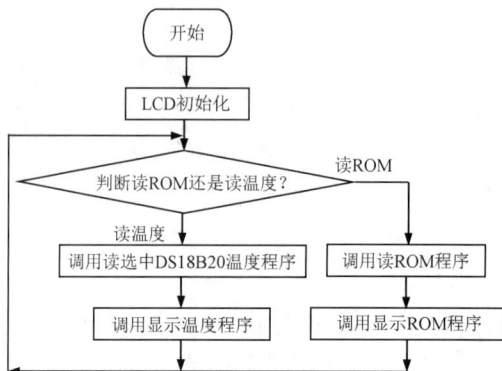

图 9.9 主程序流程图

2. 读 ROM 程序

K0 开关接通,读 ROM 地址,一次只能把一片 DS18B20 连接到单总线上,读 ROM 程序实现把当前连接到总线上的 DS18B20 的 ROM 地址读出。读 ROM 程序处理过程如下:首先计算存放当前 DS18B20 ROM 地址的存储单元的偏移地址,然后依次进行 DS18B20 初始化、发送读 ROM 命令和读 ROM 地址到存储单元。读 ROM 程序流程如图 9.10 所示。

3. 显示 ROM 地址程序

显示 ROM 地址程序实现依次从当前存放 ROM 地址的缓冲区中取出地址显示,显示 ROM 地址程序流程如图 9.11 所示。

4. 读选中 DS18B20 温度程序

K0 开关断开,读选中 DS18B20 温度程序实现读出选中器件的温度值,处理过程如下:根据当前器件号计算出存放 ROM 地址的偏移量,读选中 DS18B20 器件温度值处理过程分 3 个步骤。第一步是向总线发送启动温度转换命令,启动连接总线上的 DS18B20 器件温度转换,由于 12 位 DS18B20 温度转换时间比较长,因此启动转换后一定要调用延时程序等待转换完成才能去读温度值;第二步取当前 DS18B20 器件的 64 位 ROM 地址,发送到总线匹配对应的 DS18B20 器件;第三步向总线发送读暂存器命令读匹配的 DS18B20 器件转换的温度值。读选中 DS18B20 温度程序流程如图 9.12 所示。

5. 显示温度程序

显示温度程序显示读出的温度值及相应提示信息。DS18B20 的温度值是 12 位,存放在两个字节中，其中高字节的高 5 位为符号位，如果温度值是正数，则符号位为 0，如果温度值是负数，则符号位为 1。显示温度程序处理时，先根据高字节的高 5 位判断温度值是正数还是负数，如果是正数，则提取其中的百位、十位、个位及小数位，转换成字符编码放入相应的显示缓冲区；如果是负数，则提取其中的负号(-)、十位、个位及小数位，转换成字符编码放入相应的显示缓冲区；最后把显示缓冲区的内容显示到 LCD 显示器。显示温度程序流程如图 9.13 所示。

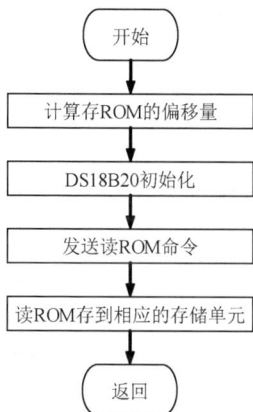

图 9.10　读 ROM 程序流程图

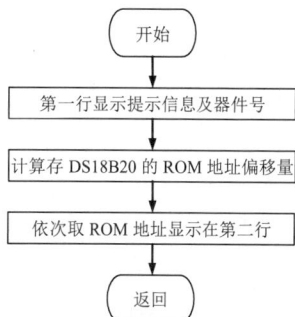

图 9.11　显示 ROM 地址程序流程图

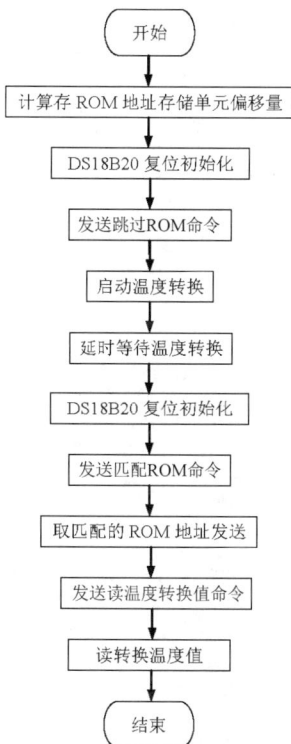

图 9.12　读选中 DS18B20 温度程序流程图

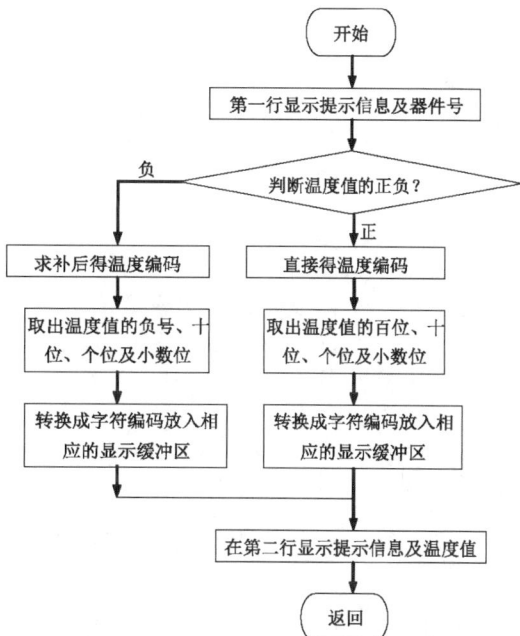

图 9.13　显示温度程序流程图

6. C51 程序

C51 程序如下:

```
//K0 接通,通过 K1 按键依次读入 4 个 DS18B20 的 ROM 并显示
//K0 断开,通过 K1 按键依次读入 4 个 DS18B20 的温度值并显示
#include<reg51.h>
#include<intrins.h>
#define uchar unsigned char
#define uint unsigned int
sbit DQ=P3^0;              //定义 DS18B20 数据线
sbit EN=P1^5;
sbit RW=P1^6;
sbit RS=P1^7;             //定义 LCD 的控制线
sbit K0=P1^0;             //定义功能开关,K0 断开,显示温度;K0 接通,读 ROM
sbit K1=P1^1;             //定义通道选择键
uchar DATA_L,DATA_H;      //存放读出的 DS18B20 的 12 位编码
uchar NUM1,NUM2;          //定义存放读 ROM 的编号,存放显示通道的编号
//存放 4 个 DS18B20 的 64 位 ROM 地址,第 0~7 单元存放第一个 DS18B20,第 8~15 单元存放
//第二个 DS18B20,第 16~23 单元存放第三个 DS18B20,第 24~31 单元存放第四个 DS18B20
uchar rom[32];
uchar code  LCDData[] ="0123456789";        //定义 0~9 的字符编码
uchar code  dot_tab[] ="0112334456678899"; //定义小数位的对应字符编码
uchar LCD1_line[16]="ADDR:         ";       //LCD 显示第一行
uchar LCD2_line[16]="TEMP:         ";       //LCD 显示第二行
//LCD 检查忙函数
void  fbusy()
{
    P2 = 0xff;
    RS = 0;
    RW = 1;
    EN = 1;
    EN = 0;
    while((P2 & 0x80))
    {
        EN = 0;
        EN = 1;
    }
}
//LCD 写命令函数
void  wc51r(uchar  j)
{
    fbusy();
    EN = 0;
    RS = 0;
    RW = 0;
    EN = 1;
    P2 = j;
    EN = 0;
}
//LCD 写数据函数
void  wc51ddr(uchar  j)
```

```
{
    fbusy();            //读状态;
    EN = 0;
    RS = 1;
    RW = 0;
    EN = 1;
    P2 = j;
    EN = 0;
}
//LCD1602 初始化
void  lcd_init()
{
    wc51r(0x01);            //清屏
    wc51r(0x38);            //使用 8 位数据, 显示两行, 使用 5×7 的字型
    wc51r(0x0c);            //显示器开, 光标开, 字符不闪烁
    wc51r(0x06);            //字符不动, 光标自动右移一格
}
//定义延时函数
void delay(uint useconds)
{
    for(;useconds>0;useconds--);
}
//DS18B20 复位
void ds18b20_init(void)
{
    while(1)
    {
        DQ=1;  _nop_();_nop_();
        DQ=0;   delay(50);
        DQ=1;   delay(3);
        if (!DQ)  {delay(25);   break;}
        DQ=0;           //否则再发送复位信号
    }
}
//从单总线上读取一个字节
uchar read_byte(void)
{
    uchar i;
    uchar value = 0;
    DQ = 1; _nop_();_nop_();
    for (i=8;i>0;i--)
    {
        value>>=1;
        DQ = 0;_nop_();_nop_();_nop_();
        DQ = 1;
        delay(1);
        if(DQ)value|=0x80;
        delay(6);
    }
    return(value);
}
//向单总线上写一个字节
```

```
void write_byte(uchar val)
{
    uchar i;
    DQ = 1; _nop_(); _nop_();
    for (i=8; i>0; i--)                 //一次写一个字节
    {
        DQ = 0;
        DQ = val&0x01;
        delay(5);
        DQ = 1;
        val=val/2;
    }
    delay(5);
}
//读出总线上的 DS18B20 器件的 ROM 地址，存入指定的 ROM 单元
void read_rom()
{
    uchar i,j;
    j=NUM1*8;                           //计数当前 DS18B20 器件 ROM 的偏移地址
    ds18b20_init();
    write_byte(0x33);                   //发送读 ROM 命令
    for(i=0;i<8;i++)
    {
        rom[j+i]=read_byte();
    }
}
//显示读出的 DS18B20 器件的 ROM 地址
void disp_rom()
{
    uchar k,j;
    uchar temp,temp1,temp2;
    LCD1_line[6]=LCDData[NUM1];
    wc51r(0x80);                        //写入显示缓冲区起始地址为第一行第一列
    for (k=0;k<16;k++)                  //显示第一行
    { wc51ddr(LCD1_line[k]); }
    j=NUM1*8;                           //计数当前 DS18B20 器件 ROM 的偏移地址
    wc51r(0xc0);                        //写入显示缓冲区起始地址为第二行第二列
    for (k=0;k<8;k++)                   //第二行显示读出的 DS18B20 器件的 ROM 地址
    {
        temp=rom[j+k];
        temp1=temp/16;
        temp2=temp%16;
        if (temp1>9) temp1=temp1+0x37;else temp1=temp1+0x30;
        if (temp2>9) temp2=temp2+0x37;else temp2=temp2+0x30;
        wc51ddr(temp1);
        wc51ddr(temp2);
    }
}
//读选中的 DS18B20 器件的温度值
void read_temp()
{
    uchar i,j;
```

```
        j=NUM2*8;                    //计数当前 DS18B20 器件 ROM 的偏移地址
        ds18b20_init();              //DS18B20 初始化
        write_byte(0xcc);            //跳过 ROM 命令
        write_byte(0x44);            //启动温度转换
        delay(400);
        ds18b20_init();              //DS18B20 初始化
        write_byte(0x55);            //发送匹配命令
        for(i=0;i<8;i++)             //送入匹配的 64 位 ROM 地址
        {
            write_byte(rom[j+i]);
        }
        write_byte(0xbe);            //发送读暂存器命令
        DATA_L=read_byte();          //读出温度低字节
        DATA_H=read_byte();          //读出温度高字节
}
//显示匹配的 DS18B20 器件的温度值
void disp_temp()
{
    uchar k;
    uchar temp;
    LCD1_line[6]=LCDData[NUM2];
    wc51r(0x80);                         //写入显示缓冲区起始地址为第一行第一列
    for (k=0;k<16;k++)                   //第一行显示"
    {  wc51ddr(LCD1_line[k]);}
    wc51r(0xc0);                         //写入显示缓冲区起始地址为第二行第一列
    if((DATA_H&0xf0)==0xf0)              //如果温度寄存器中的高位为1,则温度为负
    {
        DATA_L=~DATA_L;                  //负温度时将补码转换成二进制,取反再加1
        if(DATA_L==0xff)
        {
            DATA_L=DATA_L+0x01;
            DATA_H=~DATA_H;
            DATA_H=DATA_H+0x01;
        }
        else
        {
            DATA_L=DATA_L+0x01;
            DATA_H=~DATA_H;
        }
        LCD2_line[10]=dot_tab[DATA_L&0x0f];       //查表得小数位的值
        temp=((DATA_L&0xf0)>>4)|((DATA_H&0x0f)<<4);
        LCD2_line[6]='-';                         //显示 "-" 号
        LCD2_line[7]=LCDData[(temp%100)/10];      //查表得负温度十位
        LCD2_line[8]=LCDData[(temp%100)%10];      //查表得负温度个位
    }
    else                                          //温度为正
    {
        LCD2_line[10]=dot_tab[DATA_L&0x0f];       //查表得小数位的值
        temp=((DATA_L&0xf0)>>4)|((DATA_H&0x0f)<<4);
        LCD2_line[6]=LCDData[temp/100];           //查表得温度百位
        LCD2_line[7]=LCDData[(temp%100)/10];      //查表得温度十位
        LCD2_line[8]=LCDData[(temp%100)%10];      //查表得温度个位
```

```
        }
        LCD2_line[9]='.';
        for (k=0;k<16;k++)                  //第二行显示温度值
            { wc51ddr(LCD2_line[k]); }
    }
//主函数
void main()
{
    NUM1=0;NUM2=0;                      //编号初始化为 0
    lcd_init();                        //LCD 初始化
    while(1)
    {
        if(K0==0)                      //判断是读 ROM 还是显示温度
        {
            if(K1==0)                  //读 ROM,默认读 0 号,按一次 K1 键编号加 1
            {
                while(K1==0);
                NUM1++;if(NUM1==4) NUM1=0;           //如果加到 4,则回到 0
            }
            read_rom();                //读当前 ROM 的数值并保存
            disp_rom();                //显示当前 ROM 的数值
        }
        else
        {
            if(K1==0)                  //显示温度,默认显示 0 号,按一次 K1 键编号
            {
                while(K1==0);
                NUM2++;if(NUM2==4) NUM2=0;           //如果加到 4,则回到 0
            }
            read_temp();               //读当前匹配 DS18B20 的温度
            disp_temp();               //显示当前匹配 DS18B20 的温度
        }
    }
}
```

9.3 带温湿度的电子万年历设计

在日常生活中,电子万年历与我们密切相关,在很多地方都会用到电子万年历。除了专用的时钟、计时显示牌外,许多应用系统常常也带有实时时钟显示,如各种智能化仪器仪表、工业过程控制系统及家用电器等。

9.3.1 带温湿度的电子万年历功能要求

本设计电子万年历主要功能如下。

(1) 自动计时功能。

(2) 能显示日期、时间和温湿度,显示效果良好。

(3) 有日期、时间校正功能,能对时间进行校准。

(4) 具有整点报时功能，在整点时使用蜂鸣器进行报时(扩展功能，用户自己添加)。

(5) 具有定时闹钟功能，能设定定时闹钟，在时间到时能使蜂鸣器鸣叫(扩展功能，用户自己添加)。

9.3.2　带温湿度的电子万年历总体方案

带温湿度的电子万年历方案设计主要涉及 3 个方面，即计时方案、显示方案和温湿度采集方案。

1. 计时方案

计时有两种方法：第一种是通过单片机内部的定时/计数器，采用软件编程来实现时钟计时，这样实现的时钟一般称为软时钟，这种方法的硬件线路简单，系统功能一般与软件设计相关，通常用在对时间精度要求不高的场合；第二种是采用专用的硬件时钟芯片计时，采用这种方法实现的时钟一般称为硬时钟。专用的时钟芯片功能比较强大，除了自动实现基本计时外，一般还具有日历和闰年补偿等功能，计时准确，软件编程简单，但硬件成本相对较高，通常用在对时间精度要求较高的场合。电子万年历时间精度要求高，包含年、月、日、小时、分钟、秒和星期等多种信息，所以选择硬件时钟芯片计时。

2. 显示方案

显示通常采用两种方式，即 LCD 液晶显示和 LED 数码管显示，其中 LCD 液晶显示又分为字符液晶显示和图形点阵液晶显示。LED 数码管显示亮度高，显示内容清晰，根据具体的连接方式可分为静态显示和动态显示，在多个数码管时一般采用动态显示，动态显示时需要占用 CPU 的大量时间来执行动态显示程序，显示效果往往和显示程序的执行相关。LCD 液晶显示一般能显示的信息多，显示效果好，液晶显示器一般都带控制器，显示过程由自带的控制器控制，不需要 CPU 参与，但液晶显示器造价相对较高，如果只显示西文字符，可以选择字符液晶显示器，如果要显示图形点阵、汉字，则要选择图形点阵液晶显示器。对于带温湿度的电子万年历，显示的信息多，而且包含汉字显示，所以选择图形点阵液晶显示器。

3. 温湿度采集方案

温湿度采集可以采用两种方法，即传统模拟式温湿度采集和数字温湿度传感器温湿度采集。第一种方法一般以温湿度一体式的探头作为测温元件，将温度和湿度信号采集出来，经过稳压滤波、运算放大、非线性校正、*U/I* 转换、恒流及反向保护等电路处理后，转换成与温度和湿度成线性关系的电流信号或电压信号，电流信号或电压信号再通过 A/D 转换器转换成数字量后送单片机实现温湿度测量；第二种方法通过用数字温湿度传感器实现温湿度测量，数字温湿度传感器内部带温度和湿度敏感元件(如热敏电阻、湿敏电容等)，可根据环境温度和湿度的变化而改变其物理特性(如电阻值或电容值)，这些物理特性的变化通过内部的 A/D 转换器转换成数字量输送至单片机。数字温湿度传感器响应速度快、抗干扰能力强、性能稳定可靠、功耗低、性价比高，而且与单片机的接口简单，在温湿度采集中得到了广泛应用。所以，这里选择数字温湿度传感器实现温湿度采集。

总体设计框图如图 9.14 所示。系统主要包含 4 个模块，即 51 系列单片机、时钟芯片、数字温湿度传感器和 LCD 模块。51 系列单片机选择价格便宜、市场容易购买的 AT89C52，时钟芯片选用 DS1302，数字温湿度传感器选择 DHT11，LCD 模块选择 LCD12864。AT89C52 是 52 子系列的 51 系列单片机，集成 8KB 内部程序存储器，内部结构和 8051 相同，这里不再介

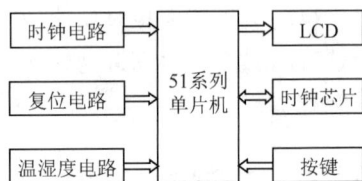

图 9.14　总体设计框图

绍；LCD12864 在 7.4 节已经介绍过；这里只介绍时钟芯片 DS1302 和数字温湿度传感器 DHT11。

9.3.3　时钟芯片 DS1302 模块

1. DS1302 概述

DS1302 是 DALLAS 公司推出的高性能、低功耗涓流充电时钟芯片，内含有实时时钟/日历寄存器和 31 B 静态 RAM，实时时钟/日历寄存器能提供 2100 年之前的秒、分、时、日、月、年等信息，每月的天数和闰年的天数可自动调整，时钟操作可通过 AM/PM 指示决定采用 24 小时或 12 小时格式。内部 31 B 静态 RAM 可提供用户访问。对时钟/日历寄存器、RAM 的读/写，可以采用单字节方式或多达 31 B 的字符组方式；工作电压范围宽，为 2.0～5.5V；与 TTL 兼容，VCC=5V；温度范围宽，可在-40℃～+85℃内正常工作；采用主电源和备份电源双电源供电，备份电源可由电池或大容量电容实现；功耗很低，保持数据和时钟信息时功率小于 1mW。

2. DS1302 引脚功能

DS1302 可采用 8 脚 DIP 封装或 SOIC 封装，引脚如图 9.15 所示。

引脚功能如下。

(1)　X1、X2：32.768kHz 晶振接入引脚。

(2)　GND：地。

(3)　$\overline{\text{RST}}$：复位引脚，低电平有效。

(4)　I/O：数据输入输出引脚，具有三态功能。

(5)　SCLK：串行时钟输入引脚。

(6)　VCC1：电源 1 引脚。

(7)　VCC2：电源 2 引脚。

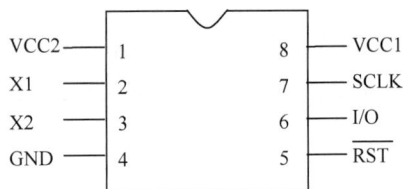

图 9.15　DS1302 引脚排列

在单电源与电池供电的系统中，VCC1 提供低电源并提供低功率的备用电源。在双电源系统中，VCC2 提供主电源，VCC1 提供备用电源，以便在没有主电源时能保存时间信息以及数据，DS1302 由 VCC1 和 VCC2 两者中较大的供电。DS1302 与单片机之间能简单地采用同步串行的方式进行通信，通信只需 $\overline{\text{RST}}$(复位线)、I/O(数据线)和 SCLK(串行时钟) 3 根信号线。

3. DS1302 的时钟/日历寄存器及片内 RAM

DS1302 有一个控制寄存器、12 个时钟/日历寄存器和 31 个 RAM。

1) 控制寄存器

控制寄存器用于存放 DS1302 的控制命令字，DS1302 的 $\overline{RST}$ 引脚回到高电平后写入的第一个字就是控制命令字。它用于对 DS1302 读写过程进行控制，它的格式如图 9.16 所示。

D7	D6	D5	D4	D3	D2	D1	D0
1	RAM/$\overline{CK}$	A4	A3	A2	A1	A0	RD/$\overline{W}$

图 9.16 控制寄存器的格式

各项功能说明如下。

(1) D7：固定为 1。

(2) D6：RAM/$\overline{CK}$ 位，片内 RAM 或日历、时钟寄存器选择位，当 RAM/$\overline{CK}$=1 时，对片内 RAM 进行读写；当 RAM/$\overline{CK}$=0 时，对日历、时钟寄存器进行读写。

(3) D5～D1：地址位，用于选择进行读写的日历、时钟寄存器或片内 RAM。对日历、时钟寄存器或片内 RAM 的选择如表 9.7 所示。

表 9.7 日历、时钟寄存器的选择

寄存器名称	D7	D6	D5	D4	D3	D2	D1	D0
	1	RAM/$\overline{CK}$	A4	A3	A2	A1	A0	RD/$\overline{W}$
秒寄存器	1	0	0	0	0	0	0	0 或 1
分寄存器	1	0	0	0	0	0	1	0 或 1
小时寄存器	1	0	0	0	0	1	0	0 或 1
日寄存器	1	0	0	0	0	1	1	0 或 1
月寄存器	1	0	0	0	1	0	0	0 或 1
星期寄存器	1	0	0	0	1	0	1	0 或 1
年寄存器	1	0	0	0	1	1	0	0 或 1
写保护寄存器	1	0	0	0	1	1	1	0 或 1
涓流充电寄存器	1	0	0	1	0	0	0	0 或 1
时钟突发模式	1	0	1	1	1	1	1	0 或 1
RAM0	1	1	0	0	0	0	0	0 或 1
⋮	1	1	⋮	⋮	⋮	⋮	⋮	0 或 1
RAM30	1	1	1	1	1	1	0	0 或 1
RAM 突发模式	1	1	1	1	1	1	1	0 或 1

(4) D0：读写位，当 RD/$\overline{W}$=1 时，对日历、时钟寄存器或片内 RAM 进行读操作；当 RD/$\overline{W}$=0 时，对日历、时钟寄存器或片内 RAM 进行写操作。

2) 日历、时钟寄存器

DS1302 共有 12 个寄存器，其中有 7 个与日历、时钟相关，存放的数据为 BCD 码形式。日历、时钟寄存器的格式如表 9.8 所示。

表 9.8　日历、时钟寄存器的格式

寄存器名称	取值范围	D7	D6	D5	D4	D3	D2	D1	D0
秒寄存器	00~59	CH	秒的十位			秒的个位			
分寄存器	00~59	0	分的十位			分的个位			
小时寄存器	01~12 或 00~23	12/24	0	A/P	HR	小时的个位			
日寄存器	01~31	0	0	日的十位		日的个位			
月寄存器	01~12	0	0	0	1 或 0	月的个位			
星期寄存器	01~07	0	0	0	0	星期几			
年寄存器	01~99	年的十位				年的个位			
写保护寄存器		WP	0	0	0	0	0	0	0
涓流充电寄存器		TCS	TCS	TCS	TCS	DS	DS	RS	RS
时钟突发寄存器									

说明:

(1) 数据都以 BCD 码形式表示。

(2) 小时寄存器的 D7 位为 12 小时制/24 小时制的选择位,当为 1 时选择 12 小时制,当为 0 时选择 24 小时制。当为 12 小时制时,D5 位为 1 是上午,D5 位为 0 是下午,D4 位为小时的十位。当为 24 小时制时,D5、D4 位为小时的十位。

(3) 秒寄存器中的 CH 位为时钟暂停位,当为 1 时,时钟暂停;为 0 时,时钟开始启动。

(4) 写保护寄存器中的 WP 为写保护位,当 WP=1 时,写保护;当 WP=0 时,未写保护。当对日历、时钟寄存器或片内 RAM 进行写时,WP 应清零;当对日历、时钟寄存器或片内 RAM 进行读时,WP 一般置 1。

(5) 涓流充电寄存器的 TCS 位控制涓流充电特性,当它为 1010 时才能使涓流充电器工作。DS 为二极管选择位。DS 为 01 选择一个二极管,DS 为 10 选择两个二极管,DS 为 11 或 00 充电器被禁止,与 TCS 无关。RS 用于选择连接在 VCC2 与 VCC1 之间的电阻,RS 为 00,充电器被禁止,与 TCS 无关,电阻选择情况如表 9.9 所示。

表 9.9　RS 对电阻的选择情况

RS 位	电阻器	阻值
00	无	无
01	R1	2kΩ
10	R2	4kΩ
11	R3	8kΩ

3) 片内 RAM

DS1302 片内有 31 个 RAM 单元,对片内 RAM 的操作有单字节方式和多字节方式两种。当控制命令字为 C0H~FDH 时为单字节读写方式,命令字中的 D5~D1 用于选择对应的 RAM 单元,其中奇数为读操作,偶数为写操作。当控制命令字为 FEH、FFH 时为多字节操作(表 9.8 中的 RAM 突发模式)，多字节操作可一次对所有的 RAM 单元内容进行读写。FEH 为写操作，FFH 为读操作。

4) DS1302 的输入输出过程

DS1302 通过 $\overline{\text{RST}}$ 引脚驱动输入输出过程，当置 $\overline{\text{RST}}$ 为高电平时，启动输入输出过程。在 SCLK 时钟的控制下，首先把控制命令字写入 DS1302 的控制寄存器，其次根据写入的控制命令字，依次读写内部寄存器或片内 RAM 单元的数据。对于日历、时钟寄存器，根据控制命令字，一次可以读写一个日历、时钟寄存器，也可以一次读写 8 B。对所有的日历、时钟寄存器(表 9.8 中的"时钟突发模式")，写的控制命令字为 0BEH，读的控制命令字为 0BFH。对于片内 RAM 单元，根据控制命令字，一次可读写 1 B，也可读写 31B。当数据读写完后，$\overline{\text{RST}}$ 变为低电平，结束输入输出过程。无论是命令字还是数据，一个字节传送时都是低位在前，高位在后，每一位的读写发生在时钟的上升沿。

4. DS1302 与 51 系列单片机的接口

图 9.17 是 DS1302 与 51 系列单片机的一种连接图。

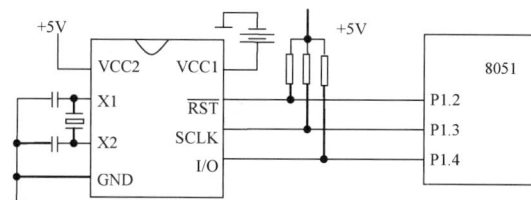

图 9.17　DS1302 与 51 系列单片机的连接图

DS1302 的 X1 和 X2 接 32kHz 晶体，VCC2 接主电源 VCC，VCC1 接备用电源(3V 的电池)。51 系列单片机与 DS1302 连接只需要 3 条线：时钟线 SCLK 与 P1.3 相连，数据线 I/O 与 P1.4 相连，复位线 $\overline{\text{RST}}$ 与 P1.2 相连。C51 部分接口驱动程序如下：

```
#include <reg51.h>
#include <intrins.h>
sbit T_RST = P1^2;     //DS1302 复位线引脚
sbit T_CLK = P1^3;     //DS1302 时钟线引脚
sbit T_IO = P1^4;      //DS1302 数据线引脚
…
```

```
//往 DS1302 写入 1B 数据
void WriteB(uchar ucDa)
{
    uchar i;
    ACC = ucDa;
    for(i=8; i>0; i--)
    {
        T_IO = ACC0;        //相当于汇编中的 RRC
        T_CLK = 1;
        T_CLK = 0;
        ACC = ACC >> 1;
    }
}
//从 DS1302 读取 1B 数据
```

```
uchar  ReadB(void)
{
    uchar i;
    for(i=8; i>0; i--)
    {
        ACC = ACC >>1;
        ACC7 = T_IO;T_CLK = 1;T_CLK = 0;      //相当于汇编中的 RRC
    }
    return(ACC);
}
//DS1302 单字节写，向指定单元写命令/数据，ucAddr: DS1302 地址，
//ucDa: 要写的命令/数据
void  v_W1302(uchar ucAddr,uchar ucDa)
{
    T_RST = 0;
    T_CLK = 0;
    _nop_();_nop_();
    T_RST = 1;
    _nop_();_nop_();
    WriteB(ucAddr);              /* 地址，命令 */
    WriteB(ucDa);                /* 写 1B 数据*/
    T_CLK = 1;
    T_RST =0;
}
//DS1302 单字节读，从指定地址单元读出的数据
uchar  uc_R1302(uchar  ucAddr)
{
    uchar ucDa=0;
    T_RST = 0;T_CLK = 0;
    T_RST = 1;
    WriteB(ucAddr);              /*写地址*/
    ucDa = ReadB();              /*读 1B 命令/数据 */
    T_CLK = 1;T_RST =0;
    return(ucDa);
}
```

9.3.4　数字温湿度传感器 DHT11 模块

1. DHT11 简介

DHT11 是一款含有已校准数字信号输出的温湿度复合传感器，可实现温湿度一体检测。内部包含一个电阻式感湿元件和一个 NTC 测温元件，用于检测湿度和温度，并与一个高性能、低功耗 8 位微处理器连接，把湿度和温度值转换成数字量输出。每个 DHT11 传感器都在极为精确的湿度校验中进行校准，校准系数以程序的形式存放在 OTP 内存中，传感器内部在检测信号的处理过程中要调用这些校准系数。主要参数如下。

(1) 测量范围：湿度为 5%～95% RH，温度为-20℃～+60℃。

(2) 测量精度：湿度为±5% RH，温度为±2℃。

(3) 分辨率：湿度为 1% RH，温度为 0.1℃。

(4) 供电电压：3.3～5.5V。

(5) 输出信号：数字信号，单总线结构。

(6) 供电电流：待机 0.06mA(低速模式)，测量 1.0mA(高速模式)。

DHT11 还具有温度自动补偿功能，能够根据当前的环境温度，对传感器数据进行自我修复，使输出的数据更加精准。该传感器品质卓越、响应快、抗干扰能力强、功耗低、性价比高，很多地方都使用 DHT11 测量环境的温度和湿度。

2. DHT11 的外部引脚

DHT11 温湿度传感器采用单总线结构，其外观及引脚如图 9.18 所示，共 4 个引脚，引脚定义如下。

图 9.18　DHT11 外观及引脚图

(1) VDD：供电引脚，电压范围为 3～5.5V，为传感器提供工作所需的直流电源。

(2) DATA：串行数据输出引脚，单总线输出已校准的数字信号，用于输出温度和湿度数据。

(3) NC：悬空，未使用。

(4) GND：接地引脚，电源的负极，用于完成电路的接地，保证设备的正常工作。

3. DHT11 的工作原理

DHT11 检测环境温湿度得到的数据由 40 位二进制编码组成，包括湿度和温度的整数部分和小数部分以及一个校验和。具体数据格式如下：湿度整数数据(8 位)、湿度小数数据(8 位)、温度整数数据(8 位)、温度小数数据(8 位)、校验和(8 位)。校验和数据是通过将前 4个字节(湿度整数数据、湿度小数数据、温度整数数据、温度小数数据)相加得到的末 8位。这种格式确保了数据传输的正确性，通过计算校验和可以检测数据传输过程中是否出现了错误。DHT11 传感器与微处理器之间的通信采用单总线数据格式，除了起始信号外，一次完整的通信时间大约为 4ms，数据传输为 40 位，高位先出。DHT11 一次完整通信时序如图 9.19 所示。

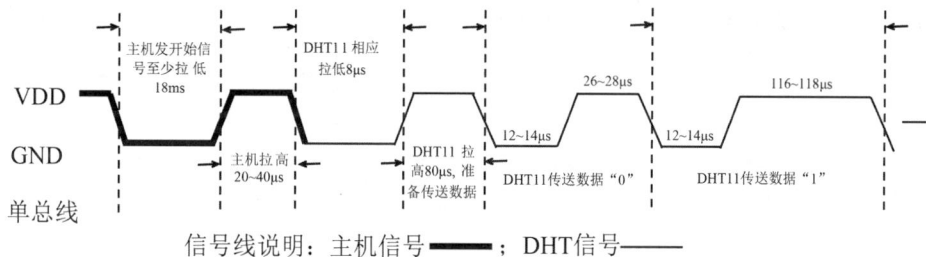

图 9.19　DHT11 通信时序

过程如下。

第一步，单片机通过并口线向 DHT11 的数据线 DATA 发送起始信号，先把数据线 DATA 拉成高电平，再把数据线 DATA 拉成低电平，低电平时间至少 18ms，然后把数据线 DATA 拉成高电平，高电平时间 20~40μs。

第二步，DHT11 获取起始信号后，由低速模式变成高速模式，开始采集环境温湿度并转换成 40 位二进制编码数据，在起始信号结束后，DHT11 通过数据线 DATA 送回 80μs 低电平响应信号，随后把数据线 DATA 拉高 80μs，准备传送数据。

第三步，每一位数据的传送，DHT11 先拉低数据线 12~14μs，然后拉高数据线，如果数据线拉高 26~28μs 表示输出"0"，拉高 116~118μs 表示输出"1"。这些时序要求必须严格遵守，以确保传感器能够正确、可靠地工作，DHT11 采集 40 位温湿度数据传送完成后会再次转换到低速模式，等待下一次起始信号使之再重复上述工作。

4. DHT11 与 51 系列单片机的接口

DHT11 采用单总线结构，51 系列单片机只需通过一根并口线与 DHT11 数据线 DATA 相连即可，硬件电路如图 9.20 所示，DHT11 数据线 DATA 接 51 系列单片机 P3.6，VDD 接+5V 电源，GND 接地，NC 悬空。

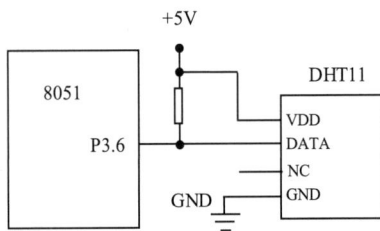

图 9.20　DHT11 与 51 系列单片机连接

C51 部分接口驱动程序如下：

```
#include <reg52.h>
#define uchar unsigned char
#define uint unsigned int

sbit Data=P3^6;    //定义 DHT11 数据线
//定义湿度、温度、校验和临时存放变量
uchar R_H,R_L,T_H,T_L,revise,RH,RL,TH,TL;
void delay_μs(uchar n);       //延时μs
void delay_ms(uint z);        //延时 ms
void DHT11_start();           //给 DHT11 发送起始信号
uchar DHT11_rec_byte();       //接收 DHT11 一个字节
void DHT11_receive();         //接收 DHT11 的 40 位数据
```

```
//定义延时函数
void delay_μs(uchar n)        //延时μs
{
    while(--n);
}
```

```c
void delay_ms(uint z)                //延时 ms
{
    uint i,j;
    for(i=z;i>0;i--)
        for(j=110;j>0;j--);
}


//定义 DHT11 驱动函数
void DHT11_start()                   //给 DHT11 发送起始信号
{
    Data=1;
    delay_μs(2);
    Data=0;
    delay_ms(30);                    //延时 18ms 以上
    Data=1;
    delay_μs(30);
}


uchar DHT11_rec_byte()               //接收 DHT11 一个字节
{
    uchar i,dat=0;
    for(i=0;i<8;i++)
    {
        while(!Data);                //等待 50μs 低电平过去
        delay_μs(8);                 //延时 60μs, 如果还为高, 则数据为 1, 否则为 0
        dat<<=1;
        if(Data==1)  dat+=1;
        while(Data);                 //等待数据线拉低
    }
    return dat;
}


void DHT11_receive()                 //接收 DHT11 的 40 位数据
{
    DHT11_start();
    if(Data==0)
    {
        while(Data==0);              //等待拉高
        delay_μs(40);                //拉高后延时 80μs
        R_H=DHT11_rec_byte();        //接收湿度高 8 位
        R_L=DHT11_rec_byte();        //接收湿度低 8 位
        T_H=DHT11_rec_byte();        //接收温度高 8 位
        T_L=DHT11_rec_byte();        //接收温度低 8 位
        revise=DHT11_rec_byte();     //接收校正位
        delay_μs(25);
        if((R_H+R_L+T_H+T_L)==revise) //接收正确, 存入指定单元
        {
            RH=R_H;
            RL=R_L;
            TH=T_H;
```

```
                TL=T_L;
        }
    }
}
```

9.3.5　带温湿度的电子万年历硬件电路

Proteus 中硬件电路如图 9.21 所示，单片机采用 AT89C52，系统时钟为 12MHz，时钟芯片采用 DS1302，DS1302 的 X1 和 X2 接 32kHz 晶体，VCC2 接主电源 VCC，VCC1 接备用电源(3V 的电池)，DS1302 复位线 $\overline{\text{RST}}$ 与 AT89C52 单片机的 P1.2 相连，时钟线 SCLK 与 P1.3 相连，数据线 I/O 与 P1.4 相连。显示器采用 LCD12864，LCD12864 数据线与 AT89C52 单片机的 P0 口相连，$\overline{\text{RST}}$ 与 P2.0 相连，E 端与 P2.1 相连。RW 与 P2.2 相连，RS 与 P2.3 相连，CS1 与 P2.4 相连，CS2 与 P2.5 相连，温湿度传感器采用 DHT11，DHT11 数据线 DATA 与 AT89C52 单片机 P3.6 相连，VDD 接+5V 电源，GND 接地。

另外，根据需要，按键设置了 3 个(K0、K1 和 K2)，采用独立式键位结构，通过 P3 口低 3 位相连。K0 为模式选择键，K1 为加 1 键，K2 为减 1 键。K0 键没有按下，则正常走时，K0 键按第一次，则可调年，按第二次，则可调月，按第三次，则可调日，按第四次，则可调小时，按第五次，则可调分，按第六次，则可调星期，按第七次，则又回到正常走时。

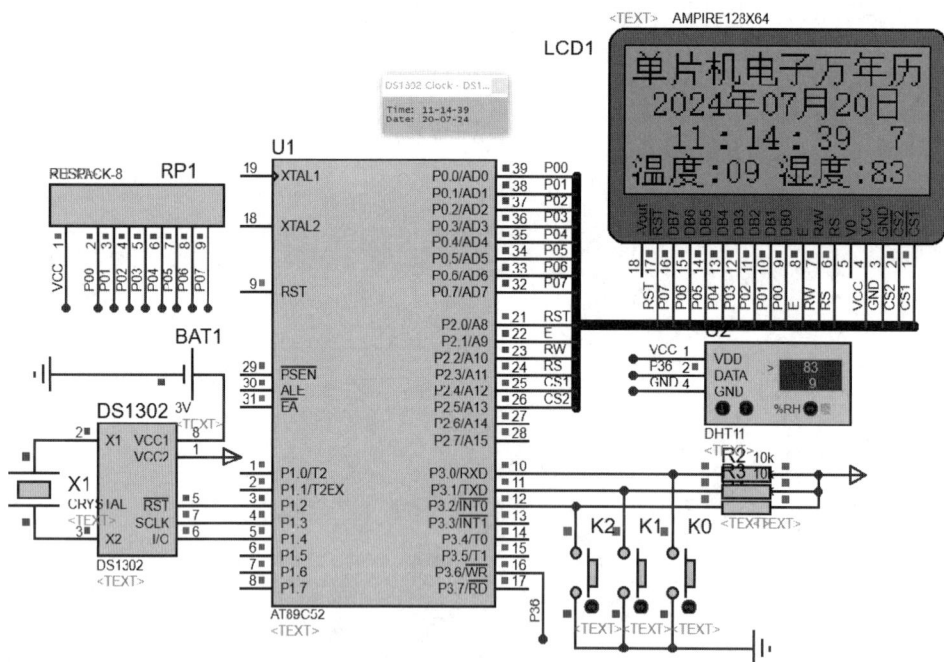

图 9.21　硬件定时 LCD 显示时钟硬件电路

9.3.6　带温湿度的电子万年历软件程序

根据系统的功能，软件程序划分为以下几个部分，包括系统主程序、DS1302 驱动程序、LCD12864 驱动程序和 DHT11 驱动程序。主程序中调用 DS1302 驱动程序、LCD 驱动程序、DHT11 驱动程序和独立式按键处理程序。DS1302 驱动程序、LCD12864 驱动程序和 DHT11 驱动程序前面已介绍过，这里主要介绍主程序。

主程序流程如图 9.22 所示，首先将 LCD12864 初始化，其次在 LCD12864 中显示日期、时间和温湿度的提示信息，然后进入死循环，在循环体中先判断是否有键被按下，如按下 K0 键，则功能单元加 1；如按下 K1 键，则根据功能单元的内容把日期时间相应缓冲单元加 1，把修改后的日期时间缓冲单元内容写入 DS1302；如按下 K2 键，则根据功能单元的内容把日期时间相应缓冲单元减 1；并把修改后的日期时间缓冲单元内容写入 DS1302(在这个过程中注意日期时间缓冲单元和 DS1302 日期时间存储单元数据格式的转换)。其次读 DS1302 日历时钟寄存器，读出的内容一方面存入日期时间缓冲单元；另一方面在 LCD12864 相应位置显示。最后读入 DHT11 的温度和湿度值，送 LCD12864 相应位置显示，重复此过程。

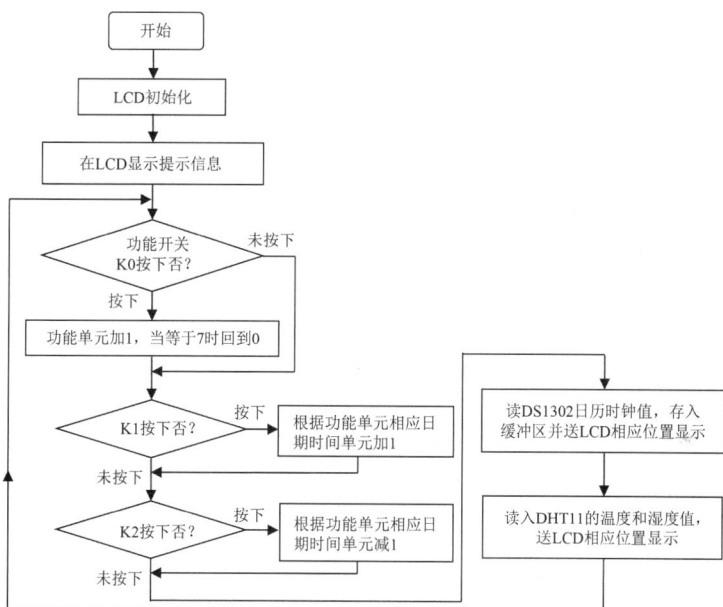

图 9.22 主程序流程图

C51 程序代码如下：

```c
#include  <reg51.h>
#include  <absacc.h>            //定义绝对地址访问
#include  <intrins.h>
#define  uchar  unsigned  char
#define  uint  unsigned  int

sbit  T_CLK = P1^3;            //DS1302 时钟线引脚
sbit  T_IO = P1^4;            //DS1302 数据线引脚
sbit  T_RST = P1^2;            //DS1302 复位线引脚
sbit  ACC7 =ACC^7;
sbit  ACC0 =ACC^0;
void  WriteB(uchar  ucDa);
uchar  ReadB(void);
```

```
void  v_W1302(uchar ucAddr,uchar ucDa);
uchar  uc_R1302(uchar  ucAddr);

sbit Data=P3^6;                   //定义 DHT11 数据线
//定义湿度、温度、校验和临时存放变量
uchar R_H,R_L,T_H,T_L,RH,RL,TH,TL,revise;
void delay_μs(uchar n);
void delay_ms(uint z);
void DHT11_start();               //给 DHT11 发送起始信号
uchar DHT11_rec_byte();           //接收 DHT11 一个字节
void DHT11_receive();             //接收 DHT11 的 40 位数据

sbit  key0=P3^0;                  //定义按键
sbit  key1=P3^1;
sbit  key2=P3^2;

uchar data ttime[3]={0x00,0x00,0x00};       //分别为小时、分和秒的值
uchar data tdata[4]={0x00,0x00,0x00,0x01}; //分别为年、月、日

//LCD12864 常量定义
#define lcdrow 0xc0           //设置起始行
#define lcdpage 0xb8          //设置起始页
#define lcdcolumn 0x40        //设置起始列
#define c_page_max 0x08       //页数最大值
#define c_column_max 0x40     //列数最大值

//LCD12864 端口定义
#define bus P0
sbit rst=P2^0;
sbit e=P2^1;
sbit rw=P2^2;
sbit rs=P2^3;
sbit cs1=P2^4;
sbit cs2=P2^5;

void select(uchar);
void send_cmd(uchar);
void send_data(uchar);
void clear_screen(void);
void initial(void);
void display_zf(uchar,uchar,uchar,uchar);
void display_hz(uchar,uchar,uchar,uchar);

//字符表
//宋体 12；此字体下对应的点阵为：宽*高=8*16
//取模方式：纵向取模下，高位从上到下，从左到右取模

uchar code table_zf[]={
//0x08,0x78,0x88,0x00,0x00,0xC8,0x38,0x08,0x00,0x00,0x07,0x38,0x0E,0x01,
  0x00,0x00,          /*"V"*/
//0x00,0xF8,0x88,0x88,0x88,0x08,0x08,0x00,0x00,0x19,0x20,0x20,0x20,0x11,
  0x0E,0x00,          /*"5"*/
```

```
//0xC0,0x30,0x08,0x08,0x08,0x08,0x38,0x00,0x07,0x18,0x20,0x20,0x20,0x10,
  0x08,0x00,          /*"C"*/
//0x00,0xF8,0x88,0x88,0x88,0x08,0x08,0x00,0x00,0x19,0x20,0x20,0x20,0x11,
  0x0E,0x00,          /*"5"*/
//0x00,0x00,0x10,0x10,0xF8,0x00,0x00,0x00,0x00,0x00,0x20,0x20,0x3F,0x20,
  0x20,0x00           /*"1"*/
0x00,0xE0,0x10,0x08,0x08,0x10,0xE0,0x00,0x00,0x0F,0x10,0x20,0x20,0x10,
  0x0F,0x00,          /*"0",0*/
0x00,0x00,0x10,0x10,0xF8,0x00,0x00,0x00,0x00,0x00,0x20,0x20,0x3F,0x20,
  0x20,0x00,          /*"1",1*/
0x00,0x70,0x08,0x08,0x08,0x08,0xF0,0x00,0x00,0x30,0x28,0x24,0x22,0x21,
  0x30,0x00,          /*"2",2*/
0x00,0x30,0x08,0x08,0x08,0x88,0x70,0x00,0x00,0x18,0x20,0x21,0x21,0x22,
  0x1C,0x00,          /*"3",3*/
0x00,0x00,0x80,0x40,0x30,0xF8,0x00,0x00,0x00,0x06,0x05,0x24,0x24,0x3F,
  0x24,0x24,          /*"4",4*/
0x00,0xF8,0x88,0x88,0x88,0x08,0x08,0x00,0x00,0x19,0x20,0x20,0x20,0x11,
  0x0E,0x00,          /*"5",5*/
0x00,0xE0,0x10,0x88,0x88,0x90,0x00,0x00,0x00,0x0F,0x11,0x20,0x20,0x20,
  0x1F,0x00,          /*"6",6*/
0x00,0x18,0x08,0x08,0x88,0x68,0x18,0x00,0x00,0x00,0x00,0x3E,0x01,0x00,
  0x00,0x00,          /*"7",7*/
0x00,0x70,0x88,0x08,0x08,0x88,0x70,0x00,0x00,0x1C,0x22,0x21,0x21,0x22,
  0x1C,0x00,          /*"8",8*/
0x00,0xF0,0x08,0x08,0x08,0x10,0xE0,0x00,0x00,0x01,0x12,0x22,0x22,0x11,
  0x0F,0x00,          /*"9",9*/
0x00,0x00,0x80,0x80,0x80,0x00,0x00,0x00,0x00,0x19,0x24,0x24,0x12,0x3F,
  0x20,0x00,          /*"a",10*/
0x10,0xF0,0x00,0x80,0x80,0x00,0x00,0x00,0x00,0x3F,0x11,0x20,0x20,0x11,
  0x0E,0x00,          /*"b",11*/
0x00,0x00,0x00,0x80,0x80,0x80,0x00,0x00,0x00,0x0E,0x11,0x20,0x20,0x20,
  0x11,0x00,          /*"c",12*/
0x00,0x00,0x80,0x80,0x80,0x90,0xF0,0x00,0x00,0x1F,0x20,0x20,0x20,0x10,
  0x3F,0x20,          /*"d",13*/
0x00,0x00,0x80,0x80,0x80,0x80,0x00,0x00,0x00,0x1F,0x24,0x24,0x24,0x24,
  0x17,0x00,          /*"e",14*/
0x00,0x80,0x80,0xE0,0x90,0x90,0x20,0x00,0x00,0x20,0x20,0x3F,0x20,0x20,
  0x00,0x00,          /*"f",15*/
0x00,0x00,0x00,0xC0,0xC0,0x00,0x00,0x00,0x00,0x00,0x00,0x30,0x30,0x00,
  0x00,0x00           /*":",16*/
};

//汉字表
//宋体 12：此字体下对应的点阵为：宽*高=16*16
//取模方式：纵向取模下，高位从上到下、从左到右取模
uchar code table_hz[]={
//0x00,0x00,0xF8,0x49,0x4A,0x4C,0x48,0xF8,0x48,0x4C,0x4A,0x49,0xF8,0x00,0x00,0x00,
//0x10,0x10,0x13,0x12,0x12,0x12,0x12,0xFF,0x12,0x12,0x12,0x12,0x13,0x10,0x10,0x00,
  /*"单",0*/
//0x00,0x00,0x00,0xFE,0x20,0x20,0x20,0x20,0x20,0x3F,0x20,0x20,0x20,0x20,0x00,0x00,
//0x00,0x80,0x60,0x1F,0x02,0x02,0x02,0x02,0x02,0x02,0xFE,0x00,0x00,0x00,0x00,0x00,
  /*"片",1*/
```

```
//0x10,0x10,0xD0,0xFF,0x90,0x10,0x00,0xFE,0x02,0x02,0x02,0xFE,0x00,0x00,0x00,0x00,
//0x04,0x03,0x00,0xFF,0x00,0x83,0x60,0x1F,0x00,0x00,0x00,0x3F,0x40,0x40,0x78,0x00,
    /*"机",2*/
//0x00,0x00,0xFE,0x02,0x02,0xF2,0x92,0x9A,0x96,0x92,0x92,0xF2,0x02,0x02,0x02,0x00,
//0x80,0x60,0x1F,0x40,0x20,0x17,0x44,0x84,0x7C,0x04,0x04,0x17,0x20,0x40,0x00,0x00,
    /*"原",3*/
//0x04,0x84,0x84,0xFC,0x84,0x84,0x00,0xFE,0x92,0x92,0xFE,0x92,0x92,0xFE,0x00,0x00,
//0x20,0x60,0x20,0x1F,0x10,0x10,0x40,0x44,0x44,0x44,0x7F,0x44,0x44,0x44,0x40,0x00,
    /*"理",4*/
//0x00,0x00,0xE0,0x9F,0x88,0x88,0x88,0x88,0x88,0x88,0x88,0x88,0x88,0x08,0x00,0x00,
//0x08,0x08,0x08,0x08,0x08,0x08,0x08,0x08,0x48,0x80,0x40,0x3F,0x00,0x00,0x00,0x00,
    /*"与",5*/
//0x00,0x00,0xFC,0x04,0x44,0x84,0x04,0x25,0xC6,0x04,0x04,0x04,0x04,0xE4,0x04,0x00,
//0x40,0x30,0x0F,0x40,0x40,0x41,0x4E,0x40,0x40,0x63,0x50,0x4C,0x43,0x40,0x40,0x00,
    /*"应",6*/
//0x00,0x00,0xFE,0x22,0x22,0x22,0x22,0xFE,0x22,0x22,0x22,0x22,0xFE,0x00,0x00,0x00,
//0x80,0x60,0x1F,0x02,0x02,0x02,0x02,0x7F,0x02,0x02,0x42,0x82,0x7F,0x00,0x00,0x00,
    /*"用",7*/
//0x00,0x00,0x02,0x02,0xFE,0x42,0x82,0x02,0x42,0x72,0x4E,0x40,0xC0,0x00,0x00,0x00,
//0x80,0x40,0x30,0x0C,0x83,0x80,0x41,0x46,0x28,0x10,0x28,0x46,0x41,0x80,0x80,0x00,
    /*"及",8*/
//0x24,0x24,0xA4,0xFE,0x23,0x22,0x00,0x3E,0x22,0x22,0x22,0x22,0x22,0x3E,0x00,0x00,
//0x08,0x06,0x01,0xFF,0x01,0x06,0x40,0x49,0x49,0x49,0x7F,0x49,0x49,0x49,0x41,0x00,
    /*"程",12*/
//0x00,0x00,0xFC,0x04,0x04,0x04,0x14,0x15,0x56,0x94,0x54,0x34,0x14,0x04,0x04,0x00,
//0x40,0x30,0x0F,0x00,0x01,0x01,0x01,0x41,0x81,0x7F,0x01,0x01,0x01,0x05,0x03,0x00,
    /*"序",13*/
//0x40,0x40,0x42,0xCC,0x00,0x40,0xA0,0x9E,0x82,0x82,0x82,0x9E,0xA0,0x20,0x20,0x00,
//0x00,0x00,0x00,0x3F,0x90,0x88,0x40,0x43,0x2C,0x10,0x28,0x46,0x41,0x80,0x80,0x00,
    /*"设",14*/
//0x40,0x40,0x42,0xCC,0x00,0x40,0x40,0x40,0x40,0xFF,0x40,0x40,0x40,0x40,0x40,0x00,
//0x00,0x00,0x00,0x7F,0x20,0x10,0x00,0x00,0x00,0xFF,0x00,0x00,0x00,0x00,0x00,0x00
    /*"计",15*/

0x00,0x00,0xF8,0x49,0x4A,0x4C,0x48,0xF8,0x48,0x4C,0x4A,0x49,0xF8,0x00,0x00,0x00,
0x10,0x10,0x13,0x12,0x12,0x12,0x12,0xFF,0x12,0x12,0x12,0x12,0x13,0x10,0x10,0x00,
    /*"单",0*/
0x00,0x00,0x00,0xFE,0x20,0x20,0x20,0x20,0x20,0x3F,0x20,0x20,0x20,0x20,0x00,0x00,
0x00,0x80,0x60,0x1F,0x02,0x02,0x02,0x02,0x02,0x02,0xFE,0x00,0x00,0x00,0x00,0x00,
    /*"片",1*/
0x10,0x10,0xD0,0xFF,0x90,0x10,0x00,0xFE,0x02,0x02,0x02,0xFE,0x00,0x00,0x00,0x00,
0x04,0x03,0x00,0xFF,0x00,0x83,0x60,0x1F,0x00,0x00,0x00,0x3F,0x40,0x40,0x78,0x00,
    /*"机",2*/
0x00,0x00,0xF8,0x88,0x88,0x88,0x88,0xFF,0x88,0x88,0x88,0x88,0xF8,0x00,0x00,0x00,
0x00,0x00,0x1F,0x08,0x08,0x08,0x08,0x7F,0x88,0x88,0x88,0x88,0x9F,0x80,0xF0,0x00,
    /*"电",3*/
0x80,0x82,0x82,0x82,0x82,0x82,0x82,0xE2,0xA2,0x92,0x8A,0x86,0x82,0x80,0x80,0x00,
0x00,0x00,0x00,0x00,0x00,0x40,0x80,0x7F,0x00,0x00,0x00,0x00,0x00,0x00,0x00,0x00,
    /*"子",4*/
0x04,0x04,0x04,0x04,0x04,0xFC,0x44,0x44,0x44,0x44,0x44,0xC4,0x04,0x04,0x04,0x00,
0x80,0x40,0x20,0x18,0x06,0x01,0x00,0x00,0x40,0x80,0x40,0x3F,0x00,0x00,0x00,0x00,
    /*"万",5*/
```

```
0x00,0x20,0x18,0xC7,0x44,0x44,0x44,0x44,0xFC,0x44,0x44,0x44,0x44,0x04,0x00,0x00,
0x04,0x04,0x04,0x07,0x04,0x04,0x04,0x04,0xFF,0x04,0x04,0x04,0x04,0x04,0x04,0x00,
  /*"年",6*/
0x00,0x00,0xFE,0x02,0x42,0x42,0x42,0x42,0xFA,0x42,0x42,0x42,0x42,0xC2,0x02,0x00,
0x80,0x60,0x1F,0x80,0x40,0x20,0x18,0x06,0x01,0x00,0x40,0x80,0x40,0x3F,0x00,0x00,
  /*"历",7*/

0x00,0x20,0x18,0xC7,0x44,0x44,0x44,0x44,0xFC,0x44,0x44,0x44,0x44,0x04,0x00,0x00,
0x04,0x04,0x04,0x07,0x04,0x04,0x04,0x04,0xFF,0x04,0x04,0x04,0x04,0x04,0x04,0x00,
  /*"年",8*/
0x00,0x00,0x00,0xFE,0x22,0x22,0x22,0x22,0x22,0x22,0x22,0x22,0xFE,0x00,0x00,0x00,
0x80,0x40,0x30,0x0F,0x02,0x02,0x02,0x02,0x02,0x02,0x42,0x82,0x7F,0x00,0x00,0x00,
  /*"月",9*/
0x00,0x00,0x00,0xFE,0x82,0x82,0x82,0x82,0x82,0x82,0x82,0xFE,0x00,0x00,0x00,0x00,
0x00,0x00,0x00,0xFF,0x40,0x40,0x40,0x40,0x40,0x40,0x40,0xFF,0x00,0x00,0x00,0x00,
  /*"日",10*/
0x00,0x00,0x00,0xBE,0x2A,0x2A,0x2A,0xEA,0x2A,0x2A,0x2A,0x3E,0x00,0x00,0x00,0x00,
0x00,0x44,0x42,0x49,0x49,0x49,0x49,0x7F,0x49,0x49,0x49,0x49,0x41,0x40,0x00,0x00,
  /*"星",11*/
0x00,0x04,0xFF,0x24,0x24,0x24,0xFF,0x04,0x00,0xFE,0x22,0x22,0x22,0xFE,0x00,0x00,
0x88,0x48,0x2F,0x09,0x09,0x19,0xAF,0x48,0x30,0x0F,0x02,0x42,0x82,0x7F,0x00,0x00,
  /*"期",12*/
0x00,0x00,0x00,0xE0,0x00,0x00,0x00,0xFF,0x00,0x00,0x00,0x20,0x40,0x80,0x00,0x00,
0x08,0x04,0x03,0x00,0x00,0x40,0x80,0x7F,0x00,0x00,0x00,0x00,0x00,0x01,0x0E,0x00,
  /*"小",13*/
0x00,0xFC,0x84,0x84,0x84,0xFC,0x00,0x10,0x10,0x10,0x10,0x10,0xFF,0x10,0x10,0x00,
0x00,0x3F,0x10,0x10,0x10,0x3F,0x00,0x00,0x01,0x06,0x40,0x80,0x7F,0x00,0x00,0x00,
  /*"时",14*/
0x80,0x40,0x20,0x90,0x88,0x86,0x80,0x80,0x80,0x83,0x8C,0x10,0x20,0x40,0x80,0x00,
0x00,0x80,0x40,0x20,0x18,0x07,0x00,0x40,0x80,0x40,0x3F,0x00,0x00,0x00,0x00,0x00,
  /*"分",15*/
0x20,0x10,0x2C,0xE7,0x24,0x24,0x00,0xF0,0x10,0x10,0xFF,0x10,0x10,0xF0,0x00,0x00,
0x01,0x01,0x01,0x7F,0x21,0x11,0x00,0x07,0x02,0x02,0xFF,0x02,0x02,0x07,0x00,0x00,
  /*"钟",16*/
0x24,0x24,0xA4,0xFE,0x23,0x22,0x00,0xC0,0x38,0x00,0xFF,0x00,0x08,0x10,0x60,0x00,
0x08,0x06,0x01,0xFF,0x01,0x06,0x81,0x80,0x40,0x40,0x27,0x10,0x0C,0x03,0x00,0x00,
  /*"秒",17*/
0x00,0x00,0x00,0x00,0x00,0x00,0x80,0xC0,0xC0,0x00,0x00,0x00,0x00,0x00,0x00,0x00,
0x00,0x00,0x00,0x00,0x00,0x00,0x30,0x30,0x30,0x00,0x00,0x00,0x00,0x00,0x00,0x00,
  /*":",18*/
0x10,0x60,0x02,0x8C,0x00,0x00,0xFE,0x92,0x92,0x92,0x92,0x92,0xFE,0x00,0x00,0x00,
0x04,0x04,0x7E,0x01,0x40,0x7E,0x42,0x42,0x7E,0x42,0x7E,0x42,0x42,0x7E,0x40,0x00,
  /*"温",19*/
0x00,0x00,0xFC,0x24,0x24,0x24,0xFC,0x25,0x26,0x24,0xFC,0x24,0x24,0x24,0x04,0x00,
0x40,0x30,0x8F,0x80,0x84,0x4C,0x55,0x25,0x25,0x25,0x55,0x4C,0x80,0x80,0x80,0x00,
  /*"度",20*/
0x10,0x60,0x02,0x8C,0x00,0xFE,0x92,0x92,0x92,0x92,0x92,0x92,0xFE,0x00,0x00,0x00,
0x04,0x04,0x7E,0x01,0x44,0x48,0x50,0x7F,0x40,0x40,0x7F,0x50,0x48,0x44,0x40,0x00,
  /*"湿",21*/
0x00,0x00,0xFC,0x24,0x24,0x24,0xFC,0x25,0x26,0x24,0xFC,0x24,0x24,0x24,0x04,0x00,
0x40,0x30,0x8F,0x80,0x84,0x4C,0x55,0x25,0x25,0x25,0x55,0x4C,0x80,0x80,0x80,0x00,
  /*"度",22*/
```

```
};

void  main(void)
{
    uchar temp,set;
    SP=0X50;
    initial();
    select(1);
    display_hz(0,0,4,0);
    display_zf(2,8,1,2);
    display_zf(2,16,1,0);
    display_hz(2,40,1,8);
    display_hz(4,32,1,18);
    display_hz(6,0,2,19);
    display_zf(6,32,1,16);
    select(2);
    display_hz(0,0,4,4);
    display_hz(2,8,1,9);
    display_hz(2,40,1,10);
    display_hz(4,0,1,18);
    display_hz(6,0,2,21);
    display_zf(6,32,1,16);
    while(1)
      {
        P3=0xFF;
        if(key0==0) { delay_ms(10);if (key0==0) { while (key0==0); set++;
        if(set==7) set=0;}}
        if(key1==0) { delay_ms(10);   //如果是加 1 键,则日历、时钟相应位加 1
        if (key1==0) { while (key1==0);
              switch(set)
                {
                  case 1: tdata[0]++;if (tdata[0]==100) tdata[0]=0;
                          temp=(tdata[0]/10)*16+tdata[0]%10;
                          v_W1302(0x8e,0);
                          v_W1302(0x8c,temp);
                          v_W1302(0x8e,0x80);
                          break;
                  case 2: tdata[1]++;if (tdata[1]==13) tdata[1]=1;
                          temp=(tdata[1]/10)*16+tdata[1]%10;
                          v_W1302(0x8e,0);
                          v_W1302(0x88,temp);
                          v_W1302(0x8e,0x80);
                          break;
                  case 3: tdata[2]++;if (tdata[2]==32) tdata[2]=1;
                          temp=(tdata[2]/10)*16+tdata[2]%10;
                          v_W1302(0x8e,0);
                          v_W1302(0x86,temp);
                          v_W1302(0x8e,0x80);
                          break;
                  case 4: ttime[0]++;if (ttime[0]==24) ttime[0]=0;
                          temp=(ttime[0]/10)*16+ttime[0]%10;
```

```
                              v_W1302(0x8e,0);
                              v_W1302(0x84,temp);
                              v_W1302(0x8e,0x80);
                              break;
                case 5: ttime[1]++;if (ttime[1]==60) ttime[1]=0;
                        temp=(ttime[1]/10)*16+ttime[1]%10;
                        v_W1302(0x8e,0);
                        v_W1302(0x82,temp);
                        v_W1302(0x8e,0x80);
                        break;
                case 6: tdata[3]++;if(tdata[3]==8)tdata[3]=1;
                        temp=(tdata[3]/10)*16+tdata[3]%10;
                        v_W1302(0x8e,0);
                        v_W1302(0x8a,temp);//写星期
                        v_W1302(0x8e,0x80);
                        break;
              }
            }
         }
   if(key2==0) { delay_ms(10);       //如果是减 1 键,则日历、时钟相应位减 1
              if (key2==0) { while (key2==0);
              switch(set)
              {
                case 1: tdata[0]--;if (tdata[0]==0xff) tdata[0]=99;
                        temp=(tdata[0]/10)*16+tdata[0]%10;
                        v_W1302(0x8e,0);
                        v_W1302(0x8c,temp);
                        v_W1302(0x8e,0x80);
                        break;
                case 2: tdata[1]--;if (tdata[1]==0x00) tdata[1]=12;
                        temp=(tdata[1]/10)*16+tdata[1]%10;
                        v_W1302(0x8e,0);
                        v_W1302(0x88,temp);
                        v_W1302(0x8e,0x80);
                        break;
                case 3: tdata[2]--;if (tdata[2]==0x00) tdata[2]=31;
                        temp=(tdata[2]/10)*16+tdata[2]%10;
                        v_W1302(0x8e,0);
                        v_W1302(0x86,temp);
                        v_W1302(0x8e,0x80);
                        break;
                case 4: ttime[0]--;if (ttime[0]==0xff) ttime[0]=23;
                        temp=(ttime[0]/10)*16+ttime[0]%10;
                        v_W1302(0x8e,0);
                        v_W1302(0x84,temp);
                        v_W1302(0x8e,0x80);
                        break;
                case 5: ttime[1]--;if (ttime[1]==0xff) ttime[1]=59;
                        temp=(ttime[1]/10)*16+ttime[1]%10;
                        v_W1302(0x8e,0);
                        v_W1302(0x82,temp);
                        v_W1302(0x8e,0x80);
```

```
                            break;
                  case 6:tdata[3]--;if(tdata[3]==0)tdata[3]=7;
                            temp=(tdata[3]/10)*16+tdata[3]%10;
                            v_W1302(0x8e,0);
                            v_W1302(0x8a,temp);//写星期
                            v_W1302(0x8e,0x80);
                            break;
            }
      }
}
temp=uc_R1302(0x8d);//读年，分成十位和个位，转换成字符放入日历显示缓冲区
tdata[0]=(temp/16)*10+temp%16;  //存入年单元
select(1);
display_zf(2,24,1,tdata[0]/10);
display_zf(2,32,1,tdata[0]%10);
temp=uc_R1302(0x89);//读月，分成十位和个位，转换成字符放入日历显示缓冲区
tdata[1]=(temp/16)*10+temp%16;  //存入月单元
select(1);
display_zf(2,56,1,tdata[1]/10);
select(2);
display_zf(2,0,1,tdata[1]%10);
temp=uc_R1302(0x87);//读日，分成十位和个位，转换成字符放入日历显示缓冲区
tdata[2]=(temp/16)*10+temp%16;  //存入日单元
select(2);
display_zf(2,24,1,tdata[2]/10);
display_zf(2,32,1,tdata[2]%10);
temp=uc_R1302(0x85);//读小时，分成十位和个位，转换成字符放入时间显示缓冲区
temp=temp&0x7f;
ttime[0]=(temp/16)*10+temp%16;  //存入小时单元
select(1);
display_zf(4,16,1,ttime[0]/10);
display_zf(4,24,1,ttime[0]%10);
temp=uc_R1302(0x83);//读分，分成十位和个位，转换成字符放入时间显示缓冲区
ttime[1]=(temp/16)*10+temp%16;  //存入分单元
select(1);
display_zf(4,48,1,ttime[1]/10);
display_zf(4,56,1,ttime[1]%10);
temp=uc_R1302(0x81);//读秒，分成十位和个位，转换成字符放入时间显示缓冲区
temp = temp & 0x7f;
ttime[2]=(temp/16)*10+temp%16;
select(2);
display_zf(4,16,1,ttime[2]/10);
display_zf(4,24,1,ttime[2]%10);
temp=uc_R1302(0x8b);      //读星期
tdata[3]=temp%16;          //存入星期单元
display_zf(4,48,1,temp%10);
DHT11_receive();
select(1);
display_zf(6,40,1,TH/10);
display_zf(6,48,1,TH%10);
select(2);
display_zf(6,40,1,RH/10);
display_zf(6,48,1,RH%10);
```

高等院校计算机教育系列教材

```
            delay_ms(100);
        }
}

//DS1302 驱动函数
//略，见 9.3.3 节

//LCD12864 驱动函数库
//略，7.4.3 节

//延时函数和 DHT11 驱动函数
//略，见 9.3.4 节
```

9.4　单片机电子密码锁设计

锁具是人们日常生活中的常用工具。传统锁具是机械锁，通过钥匙打开，使用过程中钥匙容易遗失，钥匙多了携带也不方便。电子密码锁则可以避免这些缺点，使用时只需记住几组密码，不仅不用携带钥匙，还提高了安全性能。

9.4.1　单片机电子密码锁功能要求

单片机电子密码锁的功能要求如下。
(1)　密码为 6 位数字。
(2)　扫描键盘判断是否密码输入。
(3)　密码输入正确则开锁，显示密码正确和相关的提示信息。延时 5s 系统关锁。
(4)　密码输入错误则不开锁，显示密码错误提示信息，蜂鸣器报警。
(5)　用户可修改密码(扩展功能,用户自己添加)。

9.4.2　单片机电子密码锁总体方案

单片机电子密码锁总体方案如图 9.23 所示，控制器采用 AT89C52 单片机，密码通过矩阵键盘模块输入，显示模块采用 LCD 显示器，存储模块采用 AT24C02 存储芯片，报警模块采用扬声器和发光二极管声光报警，开锁模块用继电器完成开锁。

处理过程如下：用户通过矩阵键盘输入密码，按下确认键后，AT89C52 单片机将用户

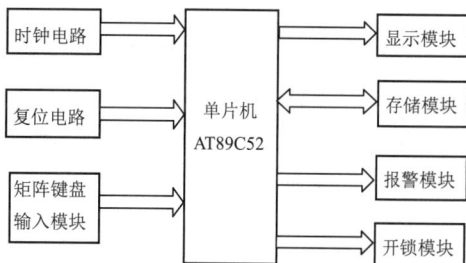

图 9.23　总体方案图

输入的密码与保存在 AT24C02 存储芯片的密码进行对比，判断输入的密码是否正确，如果输入正确，则通过 LCD 显示模块显示密码正确，报警模块给出正确的绿色指示灯，开锁模块开锁。如果输入错误，LCD 显示模块将会显示密码错误，报警模块给出错误的红色指示灯，扬声器声音报警，不开锁。

9.4.3 单片机电子密码锁主要部件

根据系统设计方案，系统中的主要部件有 4 个，即 51 系列单片机、存储器模块、LCD 模块芯片和矩阵键盘模块。51 系列单片机选择价格便宜、容易购买的 AT89C52，存储器模块选择串行存储器芯片 24C02C，LCD 选择 LCD1602。AT89C52、LCD1602 和矩阵键盘在前面已经介绍过，这里不再赘述。下面介绍串行存储器芯片 24C02C。

1. 24C02C 简介

24C02C 是美国 CATALYST 公司出品的串行 CMOS E^2PROM 芯片，采用 I^2C 总线传送数据，传输速率为 2kb/s。可用电擦除，也可编程自定义写周期，自动擦除时间不超过 10ms，典型时间为 5ms。24C02C 采用特有的噪声保护施密特触发输入技术和 ESD 技术，强干扰下数据不易丢失，在汽车电子及电度表、水表、煤气表中得到了广泛应用。

有两种写入方式：一种是字节写入方式；另一种是页写入方式。允许在一个写周期内同时对 1 B 到一页的若干字节进行编程写入，一页的大小取决于芯片内页寄存器的大小。其中，24C02C 具有 16 B 数据的页面写能力。

2. 24C02C 的引脚

24C02C 可采用标准的 8 脚 DIP 封装或 SOP 封装。其引脚排列如图 9.24 所示。

引脚功能如下。

SCL：串行时钟线。这是一个输入引脚，用于形成器件数据发送或接收的时钟。

SDA：串行数据线。这是一个双向传输线，用于地址和数据的发送或接收。它是一个漏极开路端，因此要求接一个上拉电阻到 V_{CC} 端(速率为 100kHz 时电阻为 10kΩ，速率为 400kHz 时电阻为 1kΩ)。对于一般的数据传输，仅在 SCL 为低电平期间 SDA 才允许变化。SCL 为高电平期间，留给开始信号(START)和停止信号(STOP)。

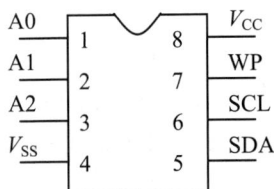

图 9.24 24C02C 引脚图

A0、A1、A2：芯片地址输入端。这些输入端用于多个芯片级联时设置器件地址，使用 24C02C 时，一组 I^2C 总线上最大可连接 8 个芯片。如果只有一个 24C02C 在总线上，这些地址输入引脚(A0、A1、A2)悬空或连接到 V_{SS}。

WP：写保护。如果 WP 引脚连接到 V_{CC}，所有的内容都被写保护(只能读)。当 WP 引脚连接到 V_{SS} 或悬空，允许对器件进行正常的读/写操作。

V_{CC}：电源线。

V_{SS}：地线。

3. 24C02C 的器件地址

24C02C 采用 I^2C 总线，I^2C 总线上的每个器件都有一个唯一的器件地址，位数为 8 位。24C02C 器件地址的高 4 位 D7~D4 固定为 1010，接下来的 3 位 D3~D1(A2、A1、A0)为器件的片选地址位，用来定义 8 位中的哪位被访问。器件地址的最低位 D0 为读写控制位，值为"1"时表示对器件进行读操作，值为"0"时表示对器件进行写操作，如图 9.25 所示。

D7	D6	D5	D4	D3	D2	D1	D0
1	0	1	0	A2	A1	A0	R/$\overline{W}$

图 9.25　24C02C 的器件地址码

4. 24C02C 的读、写操作

1)　开始信号和结束信号

当 I²C 总线进行信息传送时，读写由数据线 SDA 和时钟线 SCL 控制，数据传输位速率在标准模式下可达 100kb/s，快速模式下可达 400kb/s，高速模式下可达 3.4Mb/s。连接到同一总线的集成电路数只受 400pF 的最大总线电容的限制。

数据线 SDA 和时钟线 SCL 平时都为高电平。当主器件向某个从器件传送信息时，首先应向总线传送开始信号，然后才能传送信息，信息传送结束时应传送结束信号。开始信号和结束信号的规定如下。

开始信号：SCL 为高电平时，SDA 由高电平向低电平跳变，开始传送数据。

结束信号：SCL 为高电平时，SDA 由低电平向高电平跳变，结束传送数据。

开始信号和结束信号之间传送的是信息，信息的字节数没有限制，但每个字节必须为 8 位，高位在前，低位在后。数据线 SDA 上每一位信息状态的改变只能发生在时钟线 SCL 为低电平期间，因为 SCL 为高电平期间，SDA 状态的改变已经被用来表示开始信号和结束信号，如图 9.26 所示。

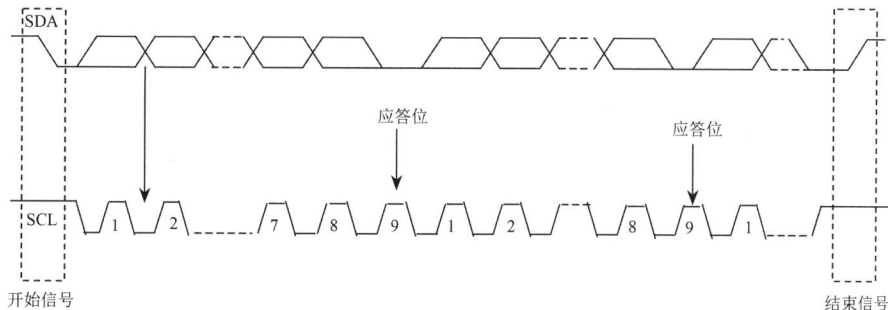

图 9.26　I²C 总线信息传送

主器件每次传送信息的第一个字节必须是从器件地址码，选中从器件，并确定对从器件进行读或是写，第二个字节为从器件单元地址，用于选择从器件的内部单元，第三个字节开始传送数据。主器件每传送一个字节数据，从器件都必须给出低电平的应答信号，主器件接收到应答信号后，根据实际情况作出是否继续传递信号的判断。若未收到低电平的应答信号，则判断为从器件出现故障。

主器件读从器件数据时，从器件发送数据，主器件接收数据，主器件接收到数据后，也发送一个低电平的应答信号，从器件接收到后继续发送下一个数据，如主器件没有发送低电平的应答信号，而是高电平的非应答信号，则从器件结束数据传送且等待主器件的结束信号以结束读操作。

2)　24C02C 的读操作

24C02C 支持 3 种不同的读操作，即指定地址读、当前地址读和顺序地址读。

(1) 指定地址读。

图 9.27 所示为 24C02C 的指定地址读时序。指定地址读操作允许主器件对 24C02C 的任意一个字节进行读操作，主器件首先发送起始信号和 24C02C 地址码($R/\overline{W}$ 位为 0)，接收到 24C02C 的应答信号后，主器件再发送 24C02C 内单元地址，再次接收到 24C02C 的应答信号后，主器件重新发送起始信号和 24C02C 地址码(此时 $R/\overline{W}$ 位置 1)，24C02C 响应后回送低电平的应答信号，然后输出指定单元的 8 位数据，主器件接收到后发送高电平的非应答信号，然后产生停止信号，结束指定地址读过程。

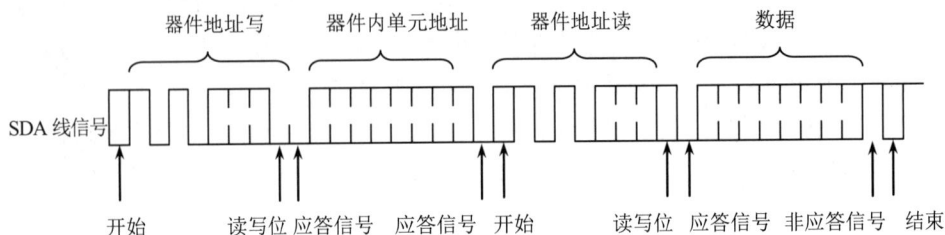

图 9.27　24C02C 指定地址读时序

(2) 当前地址读。

图 9.28 所示为 24C02C 的当前地址读时序。主器件发送起始信号和 24C02C 地址码 ($R/\overline{W}$ 位置 1)，24C02C 响应后先回送低电平的应答信号，然后发送一个 8 位数据。主器件接收到后发送一个高电平的非应答信号，然后产生停止信号，结束当前地址读。

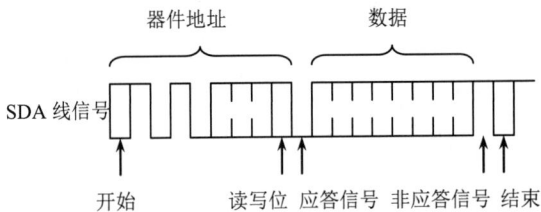

图 9.28　24C02C 当前地址读时序

(3) 顺序地址读。

图 9.29 所示为 24C02C 的顺序地址读时序。顺序读操作可通过当前地址读或指定地址读操作启动。在 24C02C 发送完一个 8 位数据后，主器件产生一个低电平的应答信号来响应，告知 24C02C 主器件要求更多的数据。24C02C 接收到应答信号后将继续发送下一个 8 位数据，直到主器件发送非应答信号。最后主器件发送停止位时结束顺序地址读操作。

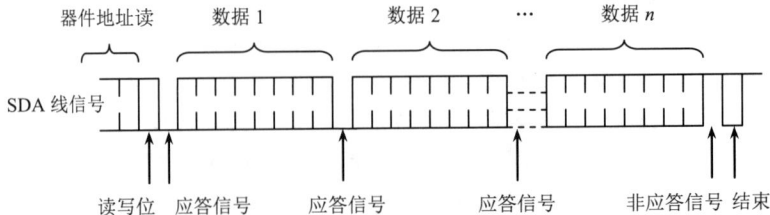

图 9.29　24C02C 顺序地址读时序

3) 24C02C 的写操作

24C02C 支持字节写和页写。

(1)　字节写。

图 9.30 所示为 24C02C 的字节写时序。主器件首先发送起始命令和 24C02C 地址码 (R/$\overline{\text{W}}$ 位置 0)给 24C02C，收到 24C02C 送回的应答信号后，主器件再发送 24C02C 内单元地址，再次收到 24C02C 的应答信号后，再发送 8 位数据，24C02C 收到后再次发送低电平应答信号，主器件收到后产生停止信号，总线结束。24C02C 在主器件产生停止信号后开始内部数据的擦写，在内部擦写过程中，24C02C 不再应答主器件的任何请求。

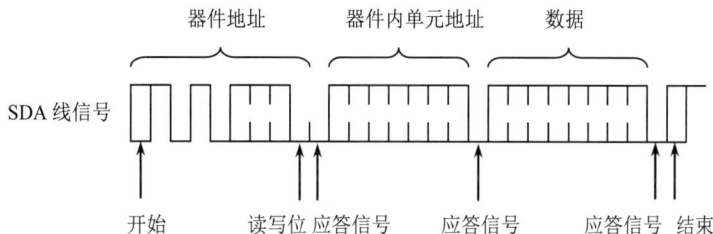

图 9.30　24C02C 字节写时序

(2)　页写。

图 9.31 所示为 24C02C 的页写时序。在页写模式下，主器件一次可向 24C02C 写入 16 B 数据。页写操作的启动和字节写一样，不同的是主器件传送了 1 B 数据收到 24C02C 的应答信号后并不产生停止信号，而是继续发送下一个字节。最后一个字节发送完毕，接收到 24C02C 回送的应答信号后，主器件发送停止信号，页写结束。

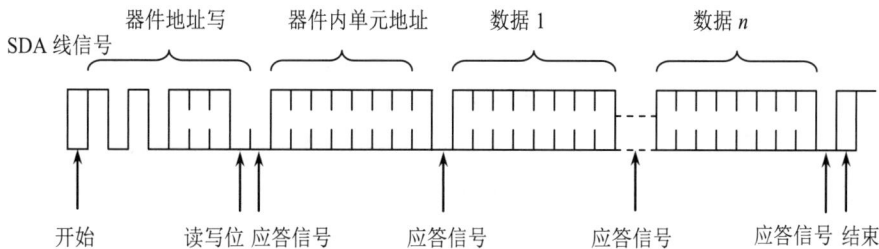

图 9.31　24C02C 页写时序

4)　24C02C 的写保护

写保护操作特性可使用户避免由于不当操作而造成对存储区域内部数据的改写，当 WP 引脚接高电平时，整个寄存器区全部被保护起来而变为只可读取。24C02C 可以接收从器件地址和字节地址，但是在接收到第一个数据字节后不发送应答信号，从而避免寄存器区域被编程改写。

5. 24C02C 与单片机的接口

图 9.32 是在 Proteus 中 AT89C52 单片机与 24C02C 的一种接口电路。AT89C52 单片机的 P1.0、P1.1 作为 I^{2}C 总线与 24C02C 的 SCL 和 SDA 相连。P1.2 与 WP 引脚相连，24C02C 的地址线 A2、A1、A0 直接接地。地址编码为 000，24C02C 的器件地址码的高 7 位为 1010000。

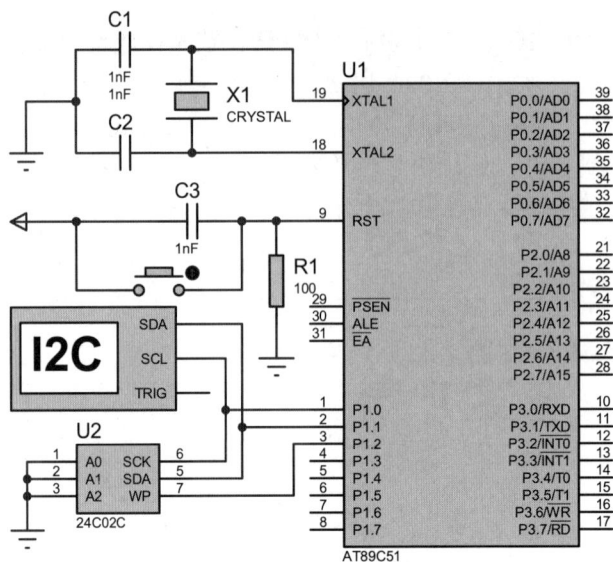

图 9.32　AT89C52 与 24C02C 的接口电路

C 语言部分接口程序代码如下：

```
         #include  <reg51.h>
         #include  <intrins.h>
         sbit   SCL=P1^0;            //定义数据线
         sbit   SDA=P1^1;            //定义时钟线
         sbit   WP=P1^2;             //定义写保护线
         bit  ack;                   //定义应答位
//I2c 开始函数
void  Start_I2c()
{
    SDA=1;  _nop_();
    SCL=1;  _nop_();_nop_();_nop_();
    SDA=0;  _nop_();_nop_();_nop_();
    SCL=0;  _nop_();_nop_();
}
//I2c 停止函数
void  Stop_I2c()
{
    SDA=0;  _nop_();
    SCL=1;  _nop_();_nop_();_nop_();
    SDA=1;  _nop_();_nop_();_nop_();
}
//主机答 0 程序，主机接收一个字节数据应答 0
void slave_0(void)
{
    SDA=0;  _nop_();  _nop_();  _nop_();
    SCL=1;  _nop_();  _nop_();  _nop_();
    SCL=0;  _nop_();  _nop_();  _nop_();
    SDA=1;  _nop_();
}
//主机答 1 程序，主机接收最后一个字节数据应答 1
void slave_1(void)
{
```

```
    SDA=1;   _nop_();   _nop_();    _nop_();
    SCL=1;   _nop_();   _nop_();    _nop_();
    SCL=0;   _nop_();   _nop_();
}
//检查从机应答程序，接收到应答信号 ack =1，否则 ack =0
void check_ACK(void)
{
    SDA=1;  _nop_();  _nop_();  _nop_();
    SCL=1;
    ack=0;  _nop_();  _nop_();
    if (SDA==0) ack=1;
    SCL=0;
}
//写一个字节函数
void  WByte(uchar c)
{
    uchar BitCnt;
    for(BitCnt=0;BitCnt<8;BitCnt++)
    {
       if((c<<BitCnt)&0x80) SDA=1; else  SDA=0;
       _ nop_();
       SCL=1;
       nop_();  _nop_();  _nop_();  _nop_();  _nop_();
       SCL=0;
    }
 }
//接收一个字节函数
uchar  RByte()
{
    uchar  retc;
    uchar  BitCnt;
    retc=0;
    SDA=1;
    for(BitCnt=0;BitCnt<8;BitCnt++)
    {
       _nop_();
       SCL=0;   _nop_(); _nop_(); _nop_(); _nop_(); _nop_();
       SCL=1;   _nop_(); _nop_();
       retc=retc<<1;
       if(SDA==1)retc=retc+1;
       nop_();  _nop_();
    }
    SCL=0;  _nop_();  _nop_();
    return(retc);
}
/******************************************************************
   向器件指定地址按页写函数
   函数原型  bit WNByte(uchar sla, uchar suba, ucahr *s, uchar no);
   入口参数有 4 个:器件地址码、器件单元地址、写入的数据串、写入的字节个数
   成功则返回 1,不成功则返回 0,使用后必须结束总线
******************************************************************/
bit WNByte(uchar sla,uchar suba,uchar *s,uchar no)
{
uchar  i;
    WP=0;
    Start_I2c();
```

```
    WByte(sla);
    check_ACK();
    if(!ack)return(0);
    WByte(suba);
    check_ACK();
    if(!ack)return(0);
    for(i=0;i<no;i++)
    {
        WByte(*s);
        check_ACK();
        if(!ack)return(0);
        s++;
    }
    Stop_I2c();
    WP=1;
    return(1);
}
/***************************************************************
从器件指定地址读多个字节
    函数原型   bit RNByte(uchar sla, uchar suba, ucahr *s, uchar no);
    入口参数有四个:器件地址码、器件单元地址、写入的数据串、写入的字节个数
成功则返回 1,不成功则返回 0,使用后必须结束总线。
***************************************************************/
bit RNByte(uchar sla,uchar suba,uchar *s,uchar no)
{
    uchar  i;
    Start_I2c();
    WByte(sla);
    check_ACK();
    if(!ack)return(0);
    WByte(suba);
        check_ACK();
    if(!ack)return(0);
    Start_I2c();
    WByte(sla+1);
    check_ACK();
    if(!ack)return(0);
    for(i=0;i<no-1;i++)
    {
        *s=RByte();
        slave_0();
        s++;
    }
    *s=RByte();
    slave_1();
    Stop_I2c();
    return(1);
}
```

9.4.4   单片机电子密码锁硬件电路

电子密码锁在 Proteus 中的硬件电路如图 9.33 所示。

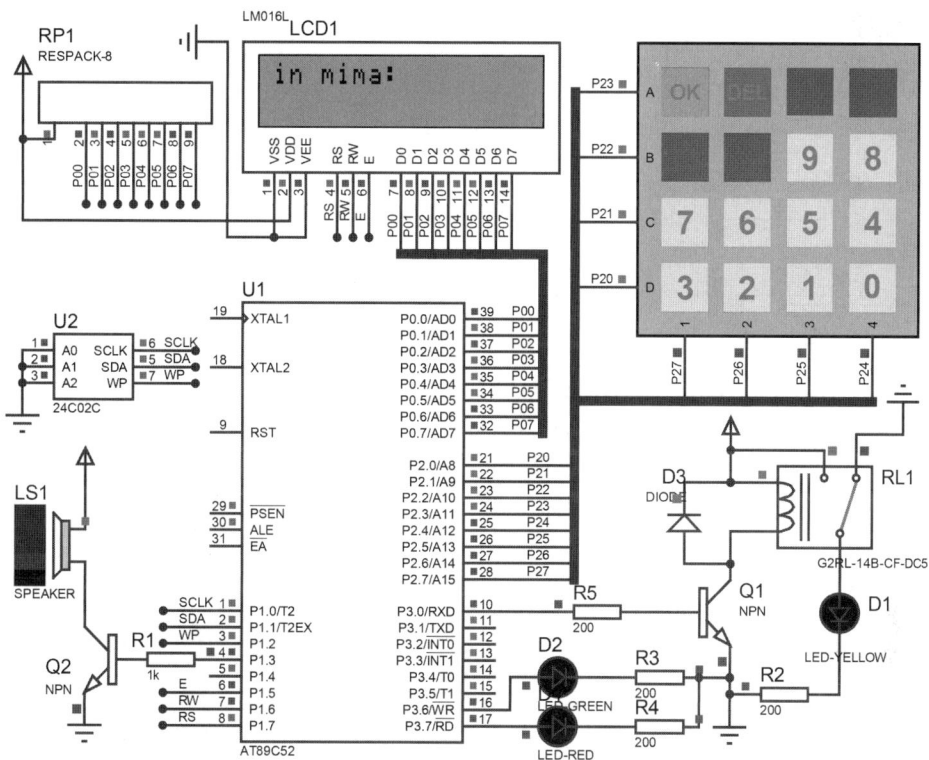

图 9.33　电子密码锁的硬件电路

其中：主芯片选择 AT89C52 单片机芯片，时钟电路和复位电路在 Proteus 中可以隐含。键盘输入模块由 4×4 矩阵键盘(KEYPAD-SMALLCALC)修改面板实现，通过 P2 口连接，P2 口的低 4 位接行线输入，P2 口的高 4 位接列线输出；显示模块由 LCD1602(LM016L)实现，LCD1602 的数据线 D0～D7 和 P0 口相连，P0 口输出时需带上拉电阻(RESPACK-8)，3 根控制信号 RS、RW、E 分别和单片机的 P1.7、P1.6、P1.5 相连；存储模块由串行存储器芯片 24C02 实现，24C02C 的控制信号 SCLK、SDA、WP 分别与单片机的 P1.0、P1.1、P1.2 相连，只用一片 24C02C，其地址线 A0、A1、A2 直接接地；报警模块分 LED 灯光报警和声音报警，LED 灯由红灯(LED-RED)和绿灯(LED-GREEN)组成，分别与单片机的 P3.7、P3.6 相连，当密码输入正确时开锁，绿灯显示，当密码输入错误则不开锁，红灯显示。声音报警由扬声器(SPEAKER)实现，由 P1.3 通过三极管 Q2(NPN)驱动，当密码输入错误时 P1.3 输出高电平，扬声器报警。开锁模块通过继电器(G2RL-14B-CF-DC5)实现，由 P3.0 通过三极管 Q1(NPN)驱动，当密码输入正确，P3.0 输出高电平，继电器接通开锁。

9.4.5　单片机电子密码锁软件程序

单片机电子密码锁软件程序由主程序、4×4 键盘驱动程序、LCD1602 显示驱动程序和 24C02C 存储器驱动程序等组成，其他程序前面已经介绍过，这里只介绍主程序。

1. 主程序

主程序流程如图 9.34 所示。

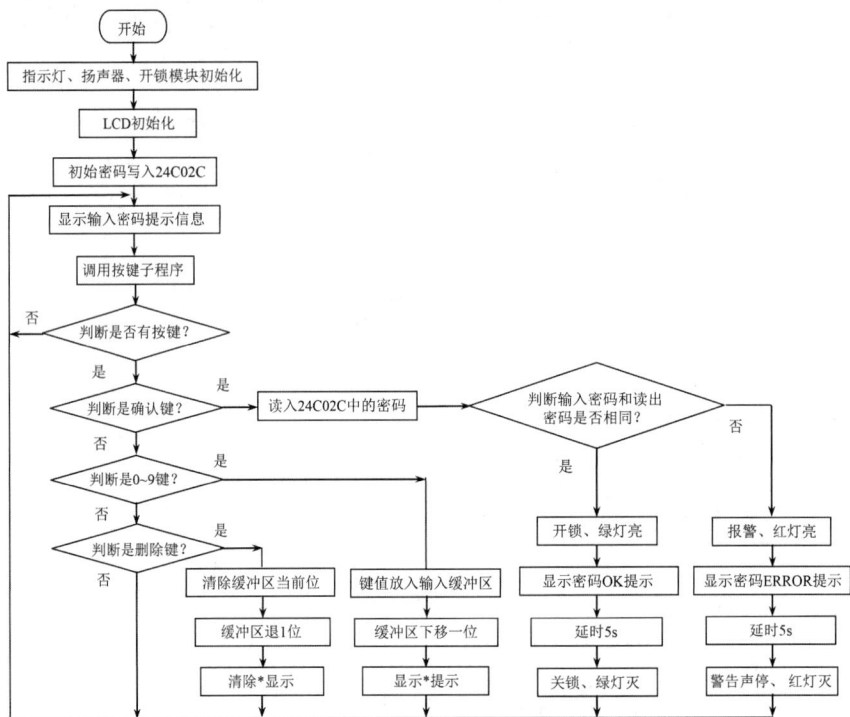

图 9.34 主程序流程图

首先对红绿指示灯、扬声器报警、开锁模块初始化，指示灯不亮，扬声器不响，继电器不开锁，LCD 初始化，初始密码写入 24C02C，进入循环。在循环中依次为：显示输入密码提示信息，调用键盘处理程序，然后根据按键进行相应处理。如果没有键按下，则直接返回；如果按下的是确认键，则读出 24C02 中的密码，把输入密码和读出的密码相比较，相同则密码正确，开锁绿灯亮，显示密码正确提示信息，不同则密码错误，报警红灯亮，显示密码错误提示信息；如果按下的是 0~9 键，键值放入输入缓冲区，显示"*"，如果按下的是删除键，清除当前输入缓冲区，清除当前显示的"*"。另外，按下确认键，不管密码正确与否，都延时 5s，清除相关信息，再回到等待输入密码状态。

2. 程序代码

C51 程序如下：

```c
#include <reg51.h>
#include <intrins.h>
#include <string.h>
#define uchar unsigned char
#define uint unsigned int
////I2C 芯片 24C02C 接口及常量定义
sbit SCL=P1^0;
sbit SDA=P1^1;
sbit WP=P1^2;
```

```
bit  ack;
uchar sla=0xa0;
uchar suba=0x10;
//I2C 芯片 24C02C 函数声明
void  Start_I2c();
void  Stop_I2c();
void slave_0(void);
void slave_1(void);
void check_ACK(void);
void  WByte(uchar c);
uchar  RByte();
bit WNByte(uchar sla,uchar suba,uchar *s,uchar no);
bit RNByte(uchar sla,uchar suba,uchar *s,uchar no);
void delay(uint N);
//LCD1602 接口定义及函数声明
#define LCDDATA  P0
sbit  RS=P1^7;
sbit  RW=P1^6;
sbit  E=P1^5;
void  init();
void  fbusy();
void  wc51r(uchar j);
void  wc51ddr(uchar j);
void  lcd1602wstr(uchar hang,uchar lie,uchar length,uchar *str);
//4×4 键盘接口定义及函数声明
#define KEYCTR  P2
uchar  checkkey();
uchar  keyscan();
void delay500ms(unsigned char m);
//LED 指示灯、扬声器、继电器接口定义
sbit GREENLED=P3^6;
sbit REDLED=P3^7;
sbit LOCK=P3^0;
sbit SPEAKER=P1^3;
//变量及数组定义
uchar key;                          //按键值
uchar number0=0;                    //密码个数
uchar  mm[10]={0,1,2,3,4,5};        //原始密码
uchar  inmm[10]={0,0,0,0,0,0};      //输入密码
uchar code table0[]={"in mima:"};   //输入密码提示
uchar code table1[]={"mima ok"};    //密码正确提示
uchar code table2[]={"mima error"}; //密码错误提示
void main()
{
REDLED=0;                   //指示灯、报警扬声器、开锁继电器初始化
GREENLED=0;
LOCK=0;
SPEAKER=0;
init();                 //LCD 初始化
WNByte(sla,suba,mm,6); //初始密码写入 24C02C
while(1)
{
```

```
        lcd1602wstr(0,0,strlen(table0),table0);        //显示输入密码提示
            key=keyscan();                             //调用键盘程序,返回键值送 key
        if (key!=0xff)                                 //如果没有键按下,返回
        {                                              //有键按下
            if(key==0x0f)                              //如果是确认键
            {
                RNByte(sla,suba,mm,6);                 //从 24C02C 中读出密码
                if  ((mm[0]==inmm[0])&&(mm[1]==inmm[1])&&(mm[2]==inmm[2])
                &&(mm[3]==inmm[3])&&(mm[4]==inmm[4])&&(mm[5]==inmm[5]))
                //输入密码和读出密码比较
                {
                    GREENLED=1;REDLED=0;LOCK=1;        //密码正确,绿灯亮,开锁
                    lcd1602wstr(1,0,strlen(table1),table1);//显示密码正确提示
                    number0=0;                         //输入密码个数清零
                    delay500ms(10);                    //延时 5s
                    GREENLED=0;REDLED=0;LOCK=0;        //绿灯灭,关锁
                    init();
                }
                Else
                {
                    REDLED=1;GREENLED=0;LOCK=0;SPEAKER=1;//密码错,红灯亮,报警
                    lcd1602wstr(1,0,strlen(table2),table2);//显示密码错误提示
                    number0=0;                         //输入密码个数清零
                    delay500ms(10);     SPEAKER=0;REDLED=0;  //红灯灭,报警关
                    init();
                }
            }
if((key==0x00)||(key==0x01)||(key==0x02)||(key==0x03)||
(key==0x04)||(key==0x05)||(key==0x06)||(key==0x07)||
(key==0x08)||(key==0x09))  //如果为 0~9 键
            {
                inmm[number0]=key; number0++;          //键值放入输入缓冲区
                wc51r(0x87+number0);wc51ddr('*');      //显示"*"
            }
            if(key==0x0E)                              //如果是删除键
            {
                inmm[number0]=0;                       //当前输入缓冲区清零
                wc51r(0x87+number0);wc51ddr(' ');      //清除当前显示位
                number0--;                             //输入个数退 1 位
            }
        }
    }
}
//定义延时 500ms 函数
void delay500ms(unsigned  char  m)
{
        unsigned  char k1,k2;
        TMOD=0X01;                  //定时/计数器 0 选择方式 1
        TH0=0x3C;TL0=0xB0;  //50ms 计数值的初值
        TR0=1;
        for (k1=0;k1<m;k1++)
        {
```

```
            for (k2=0;k2<10;k2++)      //重复10次实现500ms
            {
                while(!TF0);
                TF0=0;
                TH0=0x3C;TL0=0xB0;
            }
        }
}
//4×4矩阵键盘全扫描函数
uchar  checkkey()                        //有键按下返回0，无键按下返回0xff
{
    uchar  i;
    KEYCTR=0x0F;
    i=KEYCTR;
    i=i|0xF0;
    if  (i==0xff)  return(0xff);
        else  return(0);
}
//4×4矩阵键盘扫描函数
uchar  keyscan()                         //有键按下返回键值，无键按下返回0xff
{
    uchar  scancode;
    uchar  codevalue;
    uchar  m;
    uchar  k;
    uchar  i,j;
    if  (checkkey()==0xff)  return(0xff);
      else
        {
            delay(20);
            if(checkkey()==0xff)  return(0xff);
            else
          {
            scancode=0xef;
            for  (i=0;i<4;i++)
            {
                k=0x01;
                KEYCTR=scancode;
                m=0x00;
                for  (j=0;j<4;j++)
                {
                    if  ((KEYCTR&k)==0)
                    {
                        codevalue=m+i;
                        while (checkkey()!=0xff);
                    }
                    else
                    {k=k<<1;m=m+4;}
                }
                scancode=scancode<<1;  scancode++;
            }
          }
        }
```

```
            return(codevalue);
        }
}
//定义延时消抖函数
void delay(uint N)
{
    uint i;
    for(i = 0;i < N;i++);
}
//LCD 驱动函数
//略，见 9.2.5 节
//I2c 驱动函数
//略，见 9.4.3 节
```

习　　题

9.1　说明单片机应用系统设计需要具备的知识和能力以及开发的步骤。

9.2　简要介绍硬件系统在设计时通常要考虑哪些方面的问题。

9.3　简要介绍软件设计时如何合理地分配系统资源。

9.4　简述 DS1302 的输入输出过程。

9.5　简述 DS18B20 通常有哪些连接方式。

9.6　设计题：改进电子万年历，添加扩展功能。

9.7　设计题：改进单片机多点温度测量系统，添加扩展功能。

9.8　设计题：改进单片机电子密码，添加扩展功能。

9.9　根据自己在生活中的经验，可以提出有一定意义的项目，改善原来非自动化的测试和控制方法。先调查其应用价值，然后提出设计思路并开发、调试。

微课资源

扫一扫，获取本章相关微课视频。

9.1　单片机应用系统开发的基本过程　　9.2　单片机多点温度测量系统设计　　9.3　带温湿度的电子万年历设计　　9.4　单片机电子密码锁设计

高等院校计算机教育系列教材

第 10 章

51 系列单片机仿真实验

【学习目标】

(1) 掌握 Keil C51 开发环境和 Proteus 软件的使用方法。

(2) 掌握 51 系列单片机片内并行接口、定时/计数器、串行接口及中断系统的编程和应用。

(3) 掌握常用输入设备键盘、输出设备数码管和 LCD1602 显示器与 51 系列单片机接口及编程应用。

(4) 掌握 D/A 转换器 DAC0832 与 51 系列单片机接口及编程应用。

(5) 掌握 A/D 转换器 ADC0808/0809 与 51 系列单片机接口及编程应用。

【本章知识导图】

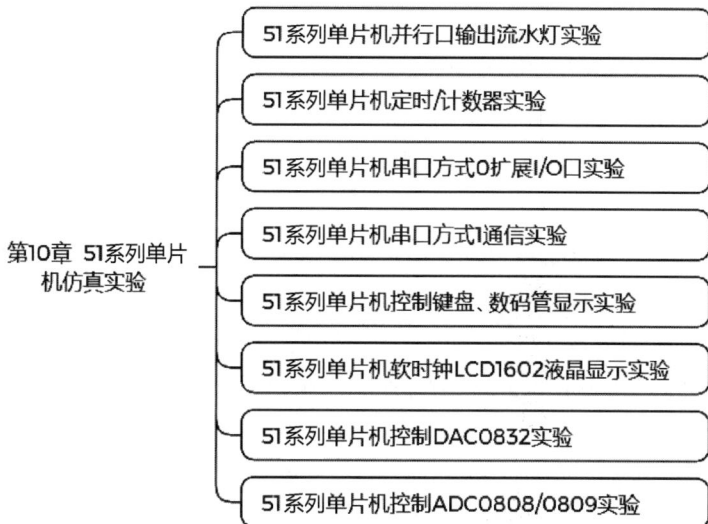

```
                                  ┌─────────────────────────────────┐
                                  │ 51系列单片机并行口输出流水灯实验        │
                                  └─────────────────────────────────┘
                                  ┌─────────────────────────────────┐
                                  │ 51系列单片机定时/计数器实验            │
                                  └─────────────────────────────────┘
                                  ┌─────────────────────────────────┐
                                  │ 51系列单片机串口方式0扩展I/O口实验      │
                                  └─────────────────────────────────┘
                                  ┌─────────────────────────────────┐
                                  │ 51系列单片机串口方式1通信实验           │
      第10章 51系列单片          ┌─┤                                   │
      机仿真实验          ───────┤  └─────────────────────────────────┘
                                  │ ┌─────────────────────────────────┐
                                  ├─┤ 51系列单片机控制键盘、数码管显示实验   │
                                  │ └─────────────────────────────────┘
                                  │ ┌─────────────────────────────────┐
                                  ├─┤ 51系列单片机软时钟LCD1602液晶显示实验  │
                                  │ └─────────────────────────────────┘
                                  │ ┌─────────────────────────────────┐
                                  ├─┤ 51系列单片机控制DAC0832实验          │
                                  │ └─────────────────────────────────┘
                                  │ ┌─────────────────────────────────┐
                                  └─┤ 51系列单片机控制ADC0808/0809实验     │
                                    └─────────────────────────────────┘
```

实验 1 51 系列单片机并行口输出流水灯实验

【实验目的】

(1) 学习 51 系列单片机并行接口的使用。

(2) 掌握 Keil C51 开发环境和 Proteus 软件的使用。

(3) 掌握延时函数的编写和调用。

4. 掌握移位函数、数组方式实现流水灯的方法。

【实验内容】

内容 1：在 51 系列单片机最小系统基础上，P2 口连接 8 个发光二极管，发光二极管低电平点亮。通过移位函数_crol_()左移(或右移)编写 C51 程序，实现一个从低位到高位(或从高位到低位)轮流点亮发光二极管的流水灯效果，每次只点亮一个，一直重复。

内容 2：硬件电路同内容 1，用数组方式编写 C51 程序，实现这样的流水灯显示效果，从低位(或高位)开始：1 个灯亮，2 个灯亮，3 个灯亮……，8 个灯亮，7 个灯亮……，1 个灯亮，重复。

内容 3：硬件电路在内容 1 的基础上，在 P1.0 接拨动开关，编写 C51 程序，用开关选择内容 1 和内容 2 的流水灯输出。

【实验方法】

(1) 在 Proteus 中设计硬件电路图。

(2) 在 Keil C51 中编写软件程序，编译连接形成 hex 下载文件。

(3) 切换到 Proteus 中，在 51 系列单片机里添加形成的 hex 下载文件，仿真运行观察结果。

Proteus 和 Keil C51 的使用方法参考第 5 章。

【实验要求】

提交实验报告，报告内容包括实验目的、实验内容、实验方法(实验电路图、C51 程序代码及相关说明)、仿真运行截图及相应描述和实验小结。

实验 2 51 系列单片机定时/计数器实验

【实验目的】

(1) 了解定时/计数器的结构和工作原理。

(2) 掌握定时/计数器外部事件计数和系统时钟定时产生波形的方法。

(3) 掌握定时/计数器中断的使用方法。

【实验内容】

内容 1：在 51 系列单片机最小系统基础上，P2 口连接 8 个发光二极管，发光二极管高电平点亮，P1.0 连接一个发光二极管，低电平点亮，在 P3.4/T0 口连接一个按钮模拟外部事件，按钮未按下输入高电平，按下输入低电平，定时/计数器 0 工作于计数，统计外部事件次数，统计的次数通过 P2 口连接的 8 个发光二极管显示，当统计到 10 次，点亮 P1.0 连接的发光二极管，亮 1s 后熄灭，同时清除 P2 口的 8 个发光二极管，编写 C51 程序，定时/计数器 0 溢出采用查询方式处理。

内容 2：在 51 系列单片机最小系统基础上，P1.0 连接一个发光二极管，低电平点亮，用定时/计数器 1 工作于定时，对机器周期计数，选择方式 1(16 位定时/计数器方式)，定时时间为 10ms，10ms 到后对 P1.0 取反，从 P1.0 输出周期为 20ms 的方波，产生的方波用示波器测量，编写 C51 程序，定时/计数器 1 溢出采用中断方式处理。

内容 3：硬件电路同内容 2，在内容 2 的基础上从 P1.0 输出高电平 4ms、低电平 6ms、周期 10ms 的 PWM 波，产生的 PWM 波用示波器测量，编写 C51 程序，定时/计数器 1 溢出采用中断方式处理。

【实验方法】

(1)　在 Proteus 中设计硬件电路图。

(2)　在 Keil C51 中编写软件程序，编译连接形成 hex 下载文件。

(3)　切换到 Proteus 中，在 51 系列单片机里添加形成的 hex 下载文件，仿真运行观察结果。

Proteus 和 Keil C51 的使用方法参考第 5 章。

【实验要求】

提交实验报告，报告内容包括实验目的、实验内容、实验方法(实验电路图、C51 程序代码及相关说明)、仿真运行截图及相应描述和实验小结。

实验 3　51 系列单片机串口方式 0 扩展 I/O 口实验

【实验目的】

(1)　了解 51 系列单片机串行接口的结构和原理。

(2)　掌握 51 系列单片机串口方式 0 扩展并行输入/输出口的方法。

(3)　掌握串口中断的使用方法。

【实验内容】

内容 1：在 51 系列单片机最小系统基础上，串口方式 0 连接并入串出芯片 74HC165 扩展 8 位并行输入口，扩展并行输入口连接 8 个拨动开关，在 P2 口连接 8 个发光二极管，当扩展的 8 个拨动开关动作时，点亮对应的发光二极管，编写相应的 C51 程序。

内容 2：在 51 系列单片机最小系统基础上，串口方式 0 连接串入并出芯片 74HC164 扩展 8 位并行输出口，连接 8 个发光二极管，发光二极管高电平点亮，编写 C51 程序，实现实验 1 的流水灯效果。

内容 3(选做)：在内容 2 的基础上再级联一个 74HC164 芯片，扩展 16 位并行输出口，连接 16 个发光二极管，发光二极管高电平点亮，编写 C51 程序，实现 16 位流水灯效果。

【实验方法】

(1)　在 Proteus 中设计硬件电路图。

(2)　在 Keil C51 中编写软件程序，编译连接形成 hex 下载文件。

(3) 切换到 Proteus 中，在 51 系列单片机里添加形成的 hex 下载文件，仿真运行观察结果。

Proteus 和 Keil C51 的使用方法参考第 5 章。

【实验要求】

提交实验报告，报告内容包括实验目的、实验内容、实验方法(实验电路图、C51 程序代码及相关说明)、仿真运行截图及相应描述和实验小结。

实验 4   51 系列单片机串口方式 1 通信实验

【实验目的】

(1) 了解 51 系列单片机串行接口的结构和原理。
(2) 掌握 51 系列单片机串口方式 1 实现两个单片机双机通信。
(3) 掌握 51 系列单片机串口方式 1 实现单片机和 PC 机通信。
(4) 掌握串口中断的使用方法。

【实验内容】

内容 1：两个单片机双机通信，甲机发送，乙机接收，选择方式 1，波特率为 9600b/s，甲机 P3.1(TXD)和乙机的 P3.0(RXD)相连，甲机 P3.0(RXD)和乙机的 P3.1(TXD)相连，甲机 P1 口连接 8 个拨动开关，接通输入低电平，断开输入高电平，乙机 P1 口接 8 个发光二极管，低电平点亮。甲机 P3.6 接按钮开关，按下输入低电平，按下一次甲机通过串口把 P1 口开关状态发送出去，乙机接收后通过 P1 口连接 8 个发光二极管显示，甲机串口采用查询方式，乙机串口接收采用中断方式。添加串口虚拟终端，虚拟终端的 RXD 和甲机 P3.1(TXD)相连，在虚拟终端上查看传送的数据。编写相应的 C51 程序。

内容 2：下载虚拟串口驱动软件和串口调试助手，安装虚拟串行端口，在内容 1 的基础上，把乙机换成 COMPIM 串口仿真器，COMPIM 的 RXD 和 TXD 与甲机的 RXD 和 TXD 直接相连；打开串口调试助手，COMPIM 串口仿真器和串行调试助手选择对应的 COM 口，波特率设置为 9600b/s，与单片机设置一致，其他保持默认。通过串口调试助手查看单片机发送的数据。编写相应的 C51 程序。

【实验方法】

(1) 在 Proteus 中设计硬件电路图。
(2) 在 Keil C51 中编写软件程序，编译连接形成 hex 下载文件。
(3) 切换到 Proteus 中，在 51 系列单片机里添加形成的 hex 下载文件，仿真运行观察结果。

Proteus 和 Keil C51 的使用方法参考第 5 章。

【实验要求】

提交实验报告，报告内容包括实验目的、实验内容、实验方法(实验电路图、C51 程序代码及相关说明)、仿真运行截图及相应描述和实验小结。

实验 5　51 系列单片机控制键盘、数码管显示实验

【实验目的】

(1) 了解键盘、数码管的结构和原理。

(2) 掌握独立键盘、数码管静态显示的使用方法。

(3) 掌握矩阵键盘、数码管动态显示的使用方法。

【实验内容】

内容 1：在 51 系列单片机最小系统基础上，P1 口连接 8 个独立式按键，按下一次输入一次负脉冲。P1 口连接一个共阳极数码管显示器(7SEG-MPX1-CA)，公共端接电源，字段码端通过限流电阻和 P2 口对应位相连。P1.0 按键按下，数码管显示"0"，P1.1 按键按下，数码管显示"1"，以此类推。编写相应的 C51 程序。

内容 2：在 51 系列单片机最小系统基础上，P3 口接 4×4 矩阵键盘的电路。P3 口的低 4 位作为列线输出，高 4 位作为行线输入，编码采用顺序编码，按从右到左、从下到上编码，最右下角按键编码为"0"，中间以此类推，最左上角按键编码为"F"。P0 口和 P2 口连接 8 位共阴极数码管显示器(7SEG-MPX8-CC-BLUE)，P0 口为段码口，P2 口为位码口。编写 C51 程序，按键编码在数码管左边显示，原来内容依次右移。

【实验方法】

(1) 在 Proteus 中设计硬件电路图。

(2) 在 Keil C51 中编写软件程序，编译连接形成 hex 下载文件。

(3) 切换到 Proteus 中，在 51 系统单片机里添加形成的 hex 下载文件，仿真运行观察结果。

Proteus 和 Keil C51 的使用方法参考第 5 章。

【实验要求】

提交实验报告，报告内容包括实验目的、实验内容、实验方法(实验电路图、C51 程序代码及相关说明)、仿真运行截图及相应描述和实验小结。

实验 6　51 系列单片机软时钟 LCD1602 液晶显示实验

【实验目的】

(1) 了解 LCD1602 液晶显示器的结构和原理。

(2) 掌握 LCD1602 液晶显示器的使用方法。

(3) 掌握 51 系统单片机定时/计数器产生时钟的方法。

【实验内容】

内容 1：在 51 系统单片机最小系统基础上，LCD1602(LM016L)的数据线与 8051 的 P2 口相连，RS 与 8051 的 P1.7 相连，R/$\overline{W}$ 与 8051 的 P1.6 相连，E 端与 8051 的 P1.5 相连。编写相应的 C51 程序，在 LCD1602 第 1 行第 4 列开始显示 CLOCK，第 2 行第 6 列和第 9 列显示"："。

内容 2：在内容 1 硬件电路和软件程序基础上，用 51 系统单片机定时/计数器产生时钟(小时、分钟、秒)，在 LCD1602 第 2 行第 4 列和第 5 列显示小时十位和个位；第 2 行第 7 列和第 8 列显示分钟十位和个位；第 2 行第 10 列和第 1 列显示秒十位和个位。

【实验方法】

(1) 在 Proteus 中设计硬件电路图。

(2) 在 Keil C51 中编写软件程序，编译连接形成 hex 下载文件。

(3) 切换到 Proteus 中，在 51 系统单片机里添加形成的 hex 下载文件，仿真运行观察结果。

Proteus 和 Keil C51 的使用方法参考第 5 章。

【实验要求】

提交实验报告，报告内容包括实验目的、实验内容、实验方法(实验电路图、C51 程序代码及相关说明)、仿真运行截图及相应描述和实验小结。

实验 7　51 系统单片机控制 DAC0832 实验

【实验目的】

(1) 了解 DAC0832 的结构和原理。

(2) 掌握 DAC0832 的使用方法。

(3) 掌握 DAC0832 产生波形的方法。

【实验内容】

内容 1：在 51 系列单片机最小系统基础上，DAC0832 与 51 系列单片机采用单缓冲连接方式。其中 DAC0832 的 $\overline{WR2}$ 和 $\overline{XFER}$ 引脚直接接地，DAC 寄存器直通，输入寄存器受控导通，ILE 引脚接电源，$\overline{WR1}$ 和 $\overline{CS}$ 引脚连接在一起接 51 系列单片机的 P2.0，DAC0832 的 DI0～DI7 与 51 系列单片机的 P0 口(数据总线)相连，DAC0832 输出端接运算放大器(LM324)，把电流转换成电压送虚拟直流电压表(DC VOLTMETER)显示。在 P1.0 连接按键，按键按下输入低电平，通过按键改变从 P0 口送给 DAC0832 的数字量，按键按下一次，数字量加 1。编写相应的 C51 程序。

内容 2：在内容 1 硬件电路基础上，在运算放大器(LM324)的输出端接虚拟示波器(OSCILLOSCOPE)。编写 C51 程序，分别产生方波、三角波、锯齿波和正弦波，波形通过 P1.0 连接的按键选择。

【实验方法】

(1) 在 Proteus 中设计硬件电路图。

(2) 在 Keil C51 中编写软件程序，编译连接形成 hex 下载文件。

(3) 切换到 Proteus 中，在 51 系列单片机里添加形成的 hex 下载文件，仿真运行观察结果。

Proteus 和 Keil C51 的使用方法参考第 5 章。

【实验要求】

提交实验报告，报告内容包括实验目的、实验内容、实验方法(实验电路图、C51 程序代码及相关说明)、仿真运行截图及相应描述和实验小结。

实验 8　51 系统单片机控制 ADC0808/0809 实验

【实验目的】

(1) 了解 ADC0808/0809 的结构和原理。

(2) 掌握 ADC0808/0809 的使用方法。

(3) 掌握 LCD1602 的使用方法。

【实验内容】

内容 1：在实验 6 中 LCD1602 液晶显示硬件电路连接基础上，添加 ADC0808 相应电路，基准电压正端 VREF₊接+5V 电源，负端 VREF₋接地。ADC0808 的地址线 ADDA、ADDB、ADDC 接地，直接选中 0 通道。在输入通道 IN0 接模拟量，通过滑动变阻器(POP-HT)输入，滑动变阻器上方接+5V 电源，下方接地；锁存信号 ALE 和启动信号 START 连接在一起接 51 系统单片机的 P3.0。输出允许信号 OE 接 51 系统单片机的 P3.1。转换结束信号 EOC 接 51 系统单片机的 P3.2，通过查询方式检测是否转换结束。ADC0808 的数据线 D0～D7 与 51 系列单片机的 P0 口对应相连，从 P0 口读入 A/D 转换结果。读入结果通过 LCD1602 显示，LCD1602 第 1 行第 1 列开始显示"Voltage："，第 2 行第 5 列开始显示读入的数字量，显示形式为 3 位十进制，范围为 000～255。编写相应的 C51 程序。

内容 2：在内容 1 的基础上，修改程序，更改显示形式为 0.00--5.00，实现 LCD1602 液晶显示简易数字电压表。

【实验方法】

(1) 在 Proteus 中设计硬件电路图。

(2) 在 Keil C51 中编写软件程序，编译连接形成 hex 下载文件。

(3) 切换到 Proteus 中，在 51 系统单片机里添加形成的 hex 下载文件，仿真运行观察结果。

Proteus 和 Keil C51 的使用方法参考第 5 章。

【实验要求】

提交实验报告，报告内容包括实验目的、实验内容、实验方法(实验电路图、C51 程序代码及相关说明)、仿真运行截图及相应描述和实验小结。

附录 A

C51 的库函数

C51 编译器提供了丰富的库函数，使用库函数可以大大简化用户的程序设计工作，从而提高编程效率，基于 MCS-51 系列单片机本身的特点，某些库函数的参数和调用格式与 ANSIC 标准有所不同。

每个库函数都在相应的头文件中给出了函数原型声明，用户如果需要使用库函数，必须在源程序的开始处采用预处理命令#include，将有关的头文件包含进来。下面是 C51 中常见的库函数(下面各节标题所列文件名是该库函数的头文件)。

A.1　寄存器库函数 reg×××.h

在 reg×××.h 头文件中定义了 MCS-51 的所有特殊功能寄存器和相应的位，定义时都用大写字母。当在程序的头部把寄存器库函数 reg×××.h 包含后，在程序中就可以直接使用 MCS-51 中的特殊功能寄存器和相应的位。

A.2　字符函数 ctype.h

函数原型：`extern bit isalpha (char c);`
再入属性：reentrant
功能：检查参数字符是否为英文字母，是则返回 1；否则返回 0。

函数原型：`extern bit isalnum(char c);`
再入属性：reentrant
功能：检查参数字符是否为英文字母或数字字符，是则返回 1；否则返回 0。

函数原型：`extern bit iscntrl (char c);`
再入属性：reentrant
功能：检查参数字符是否在 0x00～0x1f 之间或等于 0x7f，是则返回 1；否则返回 0。

函数原型：`extern bit isdigit(char c);`
再入属性：reentrant
功能：检查参数字符是否为数字字符，是则返回 1；否则返回 0。

函数原型：`extern bit isgraph (char c);`

再入属性：reentrant

功能：检查参数字符是否为可打印字符，可打印字符的 ASCII 值为 0x21～0x7e，是则返回 1；否则返回 0。

函数原型：`extern bit isprint (char c);`

再入属性：reentrant

功能：除了与 isgraph 相同之外，还接收空格符(0x20)。

函数原型：`extern bit ispunct (char c);`

再入属性：reentrant

功能：检查参数字符是否为标点、空格或格式字符，是则返回 1；否则返回 0。

函数原型：`extern bit islower (char c);`

再入属性：reentrant

功能：检查参数字符是否为小写英文字母，是则返回 1；否则返回 0。

函数原型：`extern bit isupper (char c);`

再入属性：reentrant

功能：检查参数字符是否为大写英文字母，是则返回 1；否则返回 0。

函数原型：`extern bit isspace (char c);`

再入属性：reentrant

功能：检查参数字符是否为空格、制表符、回车、换行、垂直制表符和送纸之一，是则返回 1；否则返回 0。

函数原型：`extern bit isxdigit (char c);`

再入属性：reentrant

功能：检查参数字符是否为十六进制数字字符，是则返回 1；否则返回 0。

函数原型：`extern char toint (char c);`

再入属性：reentrant

功能：将 ASCII 字符的 0～9、A～F 转换为十六进制数，返回值为 0～F。

函数原型：`extern char tolower (char c);`

再入属性：reentrant

功能：将大写字母转换成小写字母，如果不是大写字母，则不作转换，直接返回相应的内容。

函数原型：`extern char toupper (char c);`

再入属性：reentrant

功能：将小写字母转换成大写字母，如果不是小写字母，则不作转换，直接返回相应的内容。

A.3 一般输入/输出函数 stdio.h

C51 库中包含的输入/输出函数 stdio.h 是通过 MCS-51 的串行口工作的。在使用输入/输出函数 stdio.h 库中的函数之前，应先对串行口进行初始化。下面以 2400 波特率(时钟频率为 12MHz)为例，初始化程序如下：

```
SCON=0x52;
TMOD=0x20;
TH1=0xf3;
TR1=1;
```

当然也可以用其他波特率。

在输入/输出函数 stdio.h 中，库中的所有其他函数都依赖 getkey()和 putchar()函数，如果希望支持其他 I/O 接口，只需修改这两个函数。

函数原型：`extern char _getkey(void);`
再入属性：reentrant
功能：从串口读入一个字符，不显示。

函数原型：`extern char getkey(void);`
再入属性：reentrant
功能：从串口读入一个字符，并通过串口输出对应的字符。

函数原型：`extern char putchar(char c);`
再入属性：reentrant
功能：从串口输出一个字符。

函数原型：`extern char *gets(char * string,int len);`
再入属性：non-reentrant
功能：从串口读入一个长度为 len 的字符串存入 string 指定的位置。输入以换行符结束。输入成功则返回传入的参数指针，失败则返回 NULL。

函数原型：`extern char ungetchar(char c);`
再入属性：reentrant
功能：将输入的字符送到输入缓冲区，并将其值返回给调用者，下次使用 gets 或 getchar 时可得到该字符，但不能返回多个字符。

函数原型：`extern char ungetkey(char c);`
再入属性：reentrant
功能：将输入的字符送到输入缓冲区，并将其值返回给调用者，下次使用_getkey 时可得到该字符，但不能返回多个字符。

函数原型：`extern int printf(const char * fmtstr[,argument]…);`
再入属性：non-reentrant
功能：以一定的格式通过 MCS-51 的串口输出数值或字符串，返回实际输出的字符数。

函数原型：`extern  int  sprintf(char * buffer,const char*fmtstr[,argument] );`

再入属性：non-reentrant

功能：sprintf 与 printf 的功能相似，但数据不是输出到串口，而是通过一个指针 buffer 送入可寻址的内存缓冲区，并以 ASCII 码形式存放。

函数原型：`extern  int  puts (const char * string);`

再入属性：reentrant

功能：将字符串和换行符写入串行口，错误时返回 EOF；否则返回一个非负数。

函数原型：`extern  int  scanf(const char * fmtstr[,argument]…);`

再入属性：non-reentrant

功能：以一定的格式通过 MCS-51 的串口读入数据或字符串，存入指定的存储单元，注意，每个参数都必须是指针类型。scanf 返回输入的项数，错误时返回 EOF。

函数原型：`extern  int  sscanf(char *buffer,const char * fmtstr[,argument]);`

再入属性：non-reentrant

功能：sscanf 与 scanf 功能相似，但字符串的输入不是通过串口，而是通过另一个以空结束的指针。

A.4　内部函数 intrins.h

函数原型：`unsigned  char  _crol_ (unsigned char var,unsigned char n);`
　　　　　`unsigned  int  _irol_ (unsigned int var,unsigned char n);`
　　　　　`unsigned  long  _irol_ (unsigned long var,unsigned char n);`

再入属性：reentrant/intrinsic

功能：将变量 var 循环左移 n 位，它们与 MCS-51 单片机的 RL A 指令相关。这 3 个函数的不同之处在于变量的类型与返回值的类型不一样。

函数原型：`unsigned  char  _cror_ (unsigned char var,unsigned char n);`
　　　　　`unsigned  int  _iror_ (unsigned int var,unsigned char n);`
　　　　　`unsigned  long  _iror_ (unsigned long var,unsigned char n);`

再入属性：reentrant/intrinsic

功能：将变量 var 循环右移 n 位，它们与 MCS-51 单片机的 RR A 指令相关。这 3 个函数的不同之处在于变量的类型与返回值的类型不一样。

函数原型：`void _nop_ (void);`

再入属性：reentrant/intrinsic

功能：产生一个 MCS-51 单片机的 NOP 指令。

函数原型：`bit _testbit_ (bit  b);`

再入属性：reentrant/intrinsic

功能：产生一个 MCS-51 单片机的 JBC 指令。该函数对字节中的一位进行测试。如为 1，则返回 1，如为 0，则返回 0。该函数只能对可寻址位进行测试。

A.5 标准函数 stdlib.h

函数原型：`float atof(void *string);`

再入属性：non-reentrant

功能：将字符串 string 转换成浮点数值并返回。

函数原型：`long atol(void *string);`

再入属性：non-reentrant

功能：将字符串 string 转换成长整型数值并返回。

函数原型：`int atoi(void *string);`

再入属性：non-reentrant

功能：将字符串 string 转换成整型数值并返回。

函数原型：`void *calloc(unsigned int num,unsigned int len);`

再入属性：non-reentrant

功能：返回 n 个具有 len 长度的内存指针，如果无内存空间可用，则返回 NULL。所分配的内存区域用 0 进行初始化。

函数原型：`void *malloc(unsigned int size);`

再入属性：non-reentrant

功能：返回一个具有 size 长度的内存指针，如果无内存空间可用，则返回 NULL。所分配的内存区域不进行初始化。

函数原型：`void *realloc (void xdata *p,unsigned int size);`

再入属性：non-reentrant

功能：改变指针 p 所指向的内存单元的大小，原内存单元的内容被复制到新的存储单元中，如果该内存单元的区域较大，多出的部分不作初始化。

realloc 函数返回指向新存储区的指针，如果无足够大的内存可用，则返回 NULL。

函数原型：`void free(void xdata *p);`

再入属性：non-reentrant

功能：释放指针 p 所指向的存储器区域，如果返回值为 NULL，则该函数无效，p 必须是以前用 callon、malloc 或 realloc 函数分配的存储器区域。

函数原型：`void init_mempool(void *data *p,unsigned int size);`

再入属性：non-reentrant

功能：对被 calloc、malloc 或 realloc 函数分配的存储器区域进行初始化。指针 p 指向存储器区域的首地址，size 表示存储区域的大小。

A.6　字符串函数 string.h

函数原型：`void *memccpy(void *dest,void *src,char val,int len);`

再入属性：non-reentrant

功能：复制字符串 src 中 len 个元素到字符串 dest 中。如果实际复制了 len 个字符，则返回 NULL。复制过程在复制完字符 val 后停止，此时返回指向 dest 中下一个元素的指针。

函数原型：`void *memmove (void *dest,void *src,int len);`

再入属性：reentrant/intrinsic

功能：memmove 的工作方式与 memccpy 相同，只是复制的区域可以交叠。

函数原型：`void *memchr (void *buf,char c,int len);`

再入属性：reentrant/intrinsic

功能：顺序搜索字符串 buf 的前 len 个字符以找出字符 val，成功后返回 buf 中指向 val 的指针，失败时返回 NULL。

函数原型：`char memcmp(void *buf1,void *buf2,int len);`

再入属性：reentrant/intrinsic

功能：逐个字符比较串 buf1 和 buf2 的前 len 个字符，相等时返回 0，如 buf1 大于 buf2，则返回一个正数；如 buf1 小于 buf2，则返回一个负数。

函数原型：`void *memcpy (void *dest,void *src,int len);`

再入属性：reentrant/intrinsic

功能：从 src 所指向的存储器单元复制 len 个字符到 dest 中，返回指向 dest 中最后一个字符的指针。

函数原型：`void *memset (void *buf,char c,int len);`

再入属性：reentrant/intrinsic

功能：用 val 来填充指针 buf 中 len 个字符。

函数原型：`char *strcat (char *dest,char *src);`

再入属性：non-reentrant

功能：将串 src 复制到串 dest 的尾部。

函数原型：`char *strncat (char *dest,char *src,int len);`

再入属性：non-reentrant

功能：将串 src 的前 len 个字符复制到串 dest 的尾部。

函数原型：`char strcmp (char *string1,char *string2);`

再入属性：reentrant/intrinsic

功能：比较串 string1 和串 string2，相等则返回 0；string1>string2，则返回一个正数；string1<string2，则返回一个负数。

函数原型：`char strncmp(char *string1,char *string2,int len);`

再入属性：non-reentrant

功能：比较串 string1 与串 string2 的前 len 个字符，返回值与 strcmp 相同。

函数原型：`char *strcpy (char *dest,char *src);`

再入属性：reentrant/intrinsic

功能：将串 src，包括结束符，复制到串 dest 中，返回指向 dest 中第一个字符的指针。

函数原型：`char strncpy (char *dest,char *src,int len);`

再入属性：reentrant/intrinsic

功能：strncpy 与 strcpy 相似，但它只复制 len 个字符。如果 src 的长度小于 len，则 dest 串以 0 补齐到长度 len。

函数原型：`int strlen (char *src);`

再入属性：reentrant

功能：返回串 src 中的字符个数，包括结束符。

函数原型：`char *strchr (const char *string,char c);`

　　　　　`int strpos (const char *string,char c);`

再入属性：reentrant

功能：strchr 搜索 string 串中第一个出现的字符"c"，如果找到则返回指向该字符的指针，否则返回 NULL。被搜索的字符可以是串结束符，此时返回值是指向串结束符的指针。strpos 的功能与 strchr 类似，但返回的是字符"c"在串中出现的位置值或-1，string 中首字符的位置值是 0。

函数原型：`int strspn(char *string,char *set);`

　　　　　`int strcspn(char *string,char * set);`

　　　　　`char *strpbrk (char *string,char *set);`

　　　　　`char *strrpbrk (char *string,char *set);`

再入属性：non-reentrant

功能：strspn 搜索 string 串中第一个不包括在 set 串中的字符，返回值是 string 中包括在 set 里的字符个数。如果 string 中所有的字符都包括在 set 里面，则返回 string 的长度(不包括结束符)，如果 set 是空串则返回 0。

strcspn 与 strspn 相似，但它搜索的是 string 串中第一个包含在 set 里的字符。strpbrk 与 strspn 相似，但返回指向搜索到的字符的指针，而不是个数，如果未搜索到，则返回 NULL。strrpbrk 与 strpbrk 相似，但它返回指向搜索到的字符的最后一个字符指针。

A.7　数学函数 math.h

函数原型：`extern int abs(int i)`

　　　　　`extern char cabs(char i)`

　　　　　`extern float fabs(float i)`

　　　　　`extern long labs(long i)`

再入属性：reentrant

功能：计算并返回 i 的绝对值。这 4 个函数除了变量和返回值类型不同之外，其他功能完全相同。

函数原型：`extern  float  exp(float  i)`

`extern  float  log(float  i)`

`extern  float  log10(float  i)`

再入属性：non-reentrant

功能：exp 返回以 e 为底的 i 的幂；log 返回 i 的自然对数(e = 2.718282)；log10 返回以 10 为底的 i 的对数。

函数原型：`extern  float  sqrt(float  i)`

再入属性：non-reentrant

功能：返回 i 的正平方根。

函数原型：`extern  int  rand( )`

`extern  void  srand(int  i)`

再入属性：reentrant/non-reentrant

功能：rand 返回一个 0～32767 之间的伪随机数；srand 用来将随机数发生器初始化成一个已知的值，对 rand 的相继调用将产生相同序列的随机数。

函数原型：`extern  float  cos(float  i)`

`extern  float  sin(float  i)`

`extern  float  tan(float  i)`

再入属性：non-reentrant

功能：cos 返回 i 的余弦值，sin 返回 i 的正弦值，tan 返回 i 的正切值，所有函数的变量范围都是$-\pi/2\sim+\pi/2$，变量的值必须在$-65535\sim+65535$ 之间，否则会产生一个 NaN 错误。

函数原型：`extern  float  acos(float  i)`

`extern  float  asin(float  i)`

`extern  float  atan(float  i)`

`extern  float  atan2(float  i,float  j)`

再入属性：non-reentrant

功能：acos 返回 i 的反余弦值，asin 返回 i 的反正弦值，atan 返回 i 的反正切值，所有函数的值域都是$-\pi/2\sim+\pi/2$，atan2 返回 x/y 的反正切值，其值域为$-\pi\sim+\pi$。

函数原型：`extern  float  cosh(float  i)`

`extern  float  sinh(float  i)`

`extern  float  tanh(float  i)`

再入属性：non-reentrant

功能：cosh 返回 i 的双曲余弦值，sinh 返回 i 的双曲正弦值，tanh 返回 i 的双曲正切值。

A.8　绝对地址访问函数 absacc.h

函数原型：
```
#define  CBYTE ((unsigned char volatile  code  *) 0)
#define  DBYTE ((unsigned char volatile  data  *) 0)
#define  PBYTE ((unsigned char volatile  pdata *) 0)
#define  XBYTE ((unsigned char volatile  xdata *) 0)
#define  CWORD ((unsigned int  volatile  code  *) 0)
#define  DWORD ((unsigned int  volatile  data  *) 0)
#define  PWORD ((unsigned int  volatile  pdata *) 0)
#define  XWORD ((unsigned int  volatile  xdata *) 0)
```

再入属性：reentrant

功能：CBYTE 以字节形式对 code 区寻址，DBYTE 以字节形式对 data 区寻址，PBYTE 以字节形式对 pdata 区寻址，XBYTE 以字节形式对 xdata 区寻址，CWORD 以字形式对 code 区寻址，DWORD 以字形式对 data 区寻址，PWORD 以字形式对 pdata 区寻址，XWORD 以字形式对 xdata 区寻址。例如，XBYTE[0x0001]是以字节形式对片外 RAM 的 0001H 单元进行访问。

附录 B

单片机技术及嵌入式系统的网络资源

B.1　单片机及嵌入式系统技术网站

(1)　STC 单片机技术论坛 https://www.stcai.com/cp_ctmcusc。

(2)　21ic 电子网 http://www.21ic.com/。

(3)　立功科技 http://www.zlgmcu.com/。

(4)　创芯网 https://bbs.eetop.cn/。

(5)　与非网 https://www.eefocus.com/。

(6)　电子发烧友 http://www.elecfans.com/。

(7)　电子工程世界 https://www.eeworld.com.cn/。

B.2　单片机及嵌入式系统官方网站

(1)　深圳国芯(STC)官方网站 https://www.stcai.com/。

(2)　意法半导体(ST 中国)官方网站 https://www.stmcu.com.cn/。

(3)　安谋科技(ARM 中国)官方网站 https://www.armchina.com/。

参 考 文 献

[1] 张培仁. 基于 C 语言编程 MCS-51 单片机原理与应用[M]. 北京：清华大学出版社，2003.

[2] 张齐，杜群贵. 单片机应用系统设计技术——基于 C 语言编程[M]. 北京：电子工业出版社，2004.

[3] 李建忠. 单片机原理及应用[M]. 西安：西安电子科技大学出版社，2002.

[4] 丁元杰. 单片微机原理及应用[M]. 北京：机械工业出版社，2000.

[5] 赵亮，侯国锐. 单片机 C 语言编程与实例[M]. 北京：人民邮电出版社，2003.

[6] 王建校，杨建国. 51 系列单片机及 C51 程序设计[M]. 北京：科学出版社，2002.

[7] 吴延海. 微型计算机接口技术[M]. 重庆：重庆大学出版社，1997.

[8] 严天峰. 单片机应用系统设计与仿真调试[M]. 北京：北京航空航天大学出版社，2005.

[9] 李光飞，李良儿，楼然苗. 单片机课程设计实例指导[M]. 北京：北京航空航天大学出版社，2005.

[10] 谭浩强. C 程序设计[M]. 2 版. 北京：清华大学出版社，1999.

[11] 蔡菲娜. 单片微型计算机原理和应用[M]. 杭州：杭州大学出版社，1995.

[12] 蒋辉平，周国雄. 基于 Proteus 的单片机系统设计与仿真实例[M]. 北京：机械工业出版社，2009.

[13] 周润景，张丽娜. 基于 Proteus 的电路及单片机系统设计与仿真[M]. 北京：北京航空航天大学出版社，2006.

[14] 马淑华，王凤文，张美金. 单片机原理与接口技术[M]. 2 版. 北京：北京邮电大学出版社，2005.

[15] 谢维成，杨加国. 单片机原理、接口及应用程序设计[M]. 北京：电子工业出版社，2011.

[16] 谢维成，牛勇. 微机原理与接口技术[M]. 武汉：华中科技大学出版社，2009.

[17] 张靖武，周灵彬，方曙光. 单片机原理、应用与 Proteus 仿真[M]. 2 版. 北京：电子工业出版社，2011.

[18] 韩克，薛迎霄. 单片机应用技术——基于 Proteus 的项目设计与仿真[M]. 北京：电子工业出版社，2013.

[19] 华清远见嵌入式培训中心，袁东. 51 单片机应用开发实战手册[M]. 北京：电子工业出版社，2011.

[20] 张毅刚. 单片机原理及接口技术(C51 编程)[M]. 北京：人民邮电出版社，2021.

[21] 林立，张俊亮. 单片机原理及应用——基于 Proteus 仿真[M]. 5 版. 北京：电子工业出版社，2022.

[22] 刘霞，李文，王忠东. 单片机原理及应用(C51 编程+Proteus 仿真)[M]. 北京：机械工业出版社，2023.